广视角·全方位·多品种

权威·前沿·原创

皮书系列为
"十二五"国家重点图书出版规划项目

生态城市绿皮书

GREEN BOOK OF
ECO-CITIES

中国生态城市建设发展报告
（2014）

THE REPORT ON THE DEVELOPMENT OF CHINA'S ECO-CITIES
(2014)

顾　问／王伟光　张广智　陆大道　李景源　阎晓辉

主　编／刘举科　孙伟平　胡文臻

副主编／曾　刚　常国华　钱国权　康玲芬

社会科学文献出版社

SOCIAL SCIENCES ACADEMIC PRESS (CHINA)

图书在版编目（CIP）数据

中国生态城市建设发展报告. 2014/刘举科，孙伟平，
胡文臻主编. —北京：社会科学文献出版社，2014.6
（生态城市绿皮书）
ISBN 978 - 7 - 5097 - 6040 - 6

Ⅰ.①中… Ⅱ.①刘… ②孙… ③胡… Ⅲ.①生态
城市 - 城市建设 - 研究报告 - 中国 - 2014 Ⅳ.①X321.2

中国版本图书馆 CIP 数据核字（2014）第 106710 号

生态城市绿皮书
中国生态城市建设发展报告（2014）

主　　编／刘举科　孙伟平　胡文臻
副 主 编／曾　刚　常国华　钱国权　康玲芬

出 版 人／谢寿光
出 版 者／社会科学文献出版社
地　　址／北京市西城区北三环中路甲 29 号院 3 号楼华龙大厦
邮政编码／100029

责任部门／社会政法分社（010）59367156　　　　　责任编辑／赵慧英
电子信箱／shekebu@ ssap. cn　　　　　　　　　　责任校对／王　磊
项目统筹／王　绯　　　　　　　　　　　　　　　　责任印制／岳　阳
经　　销／社会科学文献出版社市场营销中心（010）59367081　59367089
读者服务／读者服务中心（010）59367028

印　　装／北京季蜂印刷有限公司
开　　本／787mm×1092mm　1/16　　　　　　　印　　张／23
版　　次／2014 年 6 月第 1 版　　　　　　　　　字　　数／370 千字
印　　次／2014 年 6 月第 1 次印刷
书　　号／ISBN 978 - 7 - 5097 - 6040 - 6
定　　价／98.00 元

主要编撰者简介

李景源 男 全国政协委员。中国社会科学院学部委员、文哲学部副主任，中国社会科学院文化研究中心主任，哲学研究所前所长，中国历史唯物主义学会副会长，博士，研究员，博士生导师。

刘举科 男 甘肃省城市发展研究院副院长，兰州城市学院副院长，甘肃中国传统文化研究会副会长，教育部全国高等教育自学考试指导委员会教育类专业委员会委员，教授，硕士生导师，享受国务院政府特殊津贴专家。

孙伟平 男 中国社会科学院社会发展研究中心主任，中国社会科学院哲学研究所副所长，中国辩证唯物主义研究会副会长，中国现代文化学会副会长，博士，研究员，博士生导师。

胡文臻 男 中国社会科学院社会发展研究中心副主任，中国社会科学院文化研究中心副主任、副研究员，特约研究员，博士。

曾 刚 男 华东师范大学城市与区域规划研究院院长，国家自然科学基金委员会特聘专家，中国城市规划学会理事，中国自然资源学会理事，教授，博士生导师。

常国华 女 兰州城市学院化学与环境科学学院副教授，中国科学院生态环境研究中心环境科学博士。

钱国权 男 甘肃省城市发展研究院副院长，甘肃省循环经济研究会会长，特聘教授，人文地理学博士。

康玲芬 女 兰州城市学院城市经济与旅游文化学院副院长，自然地理学博士。

摘　要

　　城镇化是现代化的必由之路，生态城市是城镇化的必然选择。《中国生态城市建设发展报告（2014）》以绿色发展、循环经济、低碳生活、健康宜居为理念，以服务现代化建设、增进人的幸福、实现人的全面发展为宗旨，以更新民众观念、提供决策咨询、指导工程实践、引领绿色发展为己任，把生态城市理念全面融入城镇化进程中，用农业带、自然带和人文带"三带镶嵌"，推动形成绿色低碳的生产生活方式，探索一条具有中国特色的新型生态城市发展之路。

　　我国已进入城镇化快速发展阶段。2013 年，我国城镇化率达到了 53.73%。但同时，大范围长时间雾霾肆虐，"城市病"日益加深的严峻现实令人忧虑。生态化仍处于"初绿"阶段。人民群众在生活水平大幅度提高的同时，急切期盼生态环境的改善。绿色、智慧、健康、宜居的生态城市建设成为最大的民生工程。我们仍然坚持生态城市绿色发展理念与建设标准，坚持普遍性要求与特色发展相结合的原则，用动态评价模型对 280 多个大中城市进行考核评价，评选出生态城市健康发展 100 强和特色发展 50 强，并有针对性地进行"分类评价，分类指导，分类建设，分步实施"。在考核评价的同时还对人文素质和汽车文明与生态城市建设的关系问题进行了深入讨论，提出了"人的自然健康是绿色发展的首要前提，生态环境是人的自然健康的最基本保障"。我们深切地感受到，生态城市理念的落实，雾霾、城市病治理是一项综合工程，需要强化制度、创新技术，并以持之以恒的决心来实现。

关键词： 生态城市　绿色发展　健康宜居　分类评价　分类指导

Abstract

Urbanization is the only way for modernization and the development of eco-cities is an inevitable course for urbanization. Motivated by the conceptions of green development, circulation economy, low-carbon life and city's habitability for people, *The Report on the Development of China's Eco-cities* (*2014*) attempts to explore a new path for constructing city's ecological civilization with Chinese characteristics, aiming to better serve the modernization goals and help human beings to achieve a comprehensive development. It tries to improve the general public's ecological awareness, provide decision-making consultation and guidance of engineering practices for the eco-city's construction, as well as to advocate and lead the green development. By integrating the concept of eco-city into the progression of urbanization and linking cities with agricultural zones, natural zones and cultural zones, the report intends to help cultivate a green and low-carbon way for people's production and life.

China has now stepped into a phase in which urbanization is developing rapidly. In 2013, the rate of China's urbanization reached 53.73%. But at the same time, the widespread and haunting haze in the country and urban disease are getting worse, incurring more concerns. The development of eco-cities is still in the light-green phase. With living standards greatly improved, people are eagerly looking forward to the improvement in the ecological environment. Therefore, to construct green, smart, healthy and habitable eco-cities now becomes the most important project for the people's well-being. The report upholds the conceptions and the standards of eco-city's green development and puts them into effect. The researchers and writers of this report have built a dynamic evaluation model to examine and evaluate to what phase the cities have fulfilled the general demands and featured purposes. By means of the evaluation model, among prefecture-level cities, top 100 eco-cities of "healthy development" and top 50 cities of "featured development" are selected. In addition, the report presents a new step-by-step approach to develop the eco-cities under the principle of "categorized evaluation, categorized guidance, categorized construction and phased implementation". And it also discusses in detail how the urbanization for the people and urban automobile culture are interrelated to the construction of eco-cities. Concerning this issue, the report advocates that "Man's natural health is the primary prerequisite for green development and ecological environment is the most fundamental guarantee for man's natural health". It is an integrated and collaborative project to solve the problem of haze and urban disease, demanding scientific regulations, technology and sustained commitment.

Keywords: Eco-city; Green Development; Healthy and Habitable; Categorized Evaluation; Categorized Guidance

目 录

ⒼⅣ 核心问题探索

ⒼⅤ 附 录

皮书数据库阅读 **使用指南**

CONTENTS

序　言

李景源

中国城镇化进入了快速发展阶段，但与之相伴随的资源、环境等瓶颈问题，使城市发展面临严峻的挑战。要从根本上破解这些难题，需要在城市转型发展上做文章，即走中国特色的新型城镇化道路是唯一选择。中共十八大明确了"生态文明"在国家战略中的核心地位。中央经济工作会议进一步提出，"要把生态文明理念和原则全面融入城镇化全过程，走集约、智能、绿色、低碳的新型城镇化道路"。同时，国务院印发的《国家新型城镇化规划（2014～2020年)》是今后一个时期指导全国城镇化健康发展的宏观性、战略性和基础性规划。这些均凸显出国家发展战略转向了生态文明和新型城镇化的方向。

城市是人类栖居的重要家园。自从有了城市，即有了人类对理想城市的探寻。然而，理想社会和理想城市到底是什么样子，不同时代，人类的想象迥异。从古希腊柏拉图的"理想国"到近代西方霍华德的"田园城市"，从中国老子的"小国寡民"到陶渊明的"世外桃源"，无不是给城市插上了想象力翅膀的结晶。通过梳理中西方对理想城市的探索，就构建中国现代理想城市的新范式进行阐释，能引领中国生态城市建设的发展方向，促进社会的整体进步。

一　西方理想城市的探索

西方在几千年的历史发展中，留下了宝贵的城市理论与实践印痕，深深地影响着和启发着后世的城市发展。

（一）古典理想城市

早在古罗马时期，维特鲁威提出的城市方案即被公认为西方最早的理想城

市方案。虽然后来又涌现出众多提出不同理想城市方案的学者，但理想城市的核心元素始终未游离出维特鲁威的早期特征。西方古典理想城市的特点尤其强调"秩序感"，即凸显简单的几何形状的城市外围，突出位于城市几何中心的主要设施的位置；彰显中间城市设施和城堡或碉楼之间的一个清晰的视线或轴线关系。

（二）近代理想城市

英国工业革命推动了城市化进程，使农业文明下的城乡平衡状态被打破，从而导致了一系列城市问题。针对工业革命后的城市问题，世界各国的规划师开始了不懈的探索，尝试了各种不同的破解方法和途径。直到 1898 年，英国著名城市学家霍华德提出了"田园城市"的基本构想，这是一种兼采城市与乡村优点的城市建设理想模式。初步为现代城市规划与设计理论奠定了坚实的基础。

（三）现代理想城市

1. 新城市主义

二战后，随着城市的进一步扩张，西方国家的近郊化发展模式带来了新的城市问题，在诸如土地、交通、空气、人际关系等方面均出现了不和谐的音符。在这种情况下，20 世纪末产生了几种以人为本的理论和实践，即所谓的"新城市主义"。新城市主义追求紧凑的、愉快的邻里社区模型，动态的、人性化的城市空间，以宪章的形式提出 27 条原则，从街区、街道、建筑物三个层次阐述了城市规划的设计与开发理念。新城市主义注重以市场运作实现其发展理念，但对环境问题有所忽视。

2. 精明增长

精明增长是一种旨在使土地、城市建设、生态环境、服务面向、城乡关系和人们生活等方面得到集约发展的一种增长模式。其目标是控制城市无节制的扩张，主要涉及保护耕地、保护环境、振兴城市经济乃至提高城乡居民生活质量等内容。城市精明增长的实现方式包括：发挥价格的引导作用；利用政府财税政策的引导作用和土地利用法规的管控作用等。与新城市主义相比较，精明增长理论对环境问题的关注更多。

3. 紧凑城市

1973 年，George B. Dantzig 等首先提出紧凑型城市的理念。1990 年，在"城市环境绿皮书"中，欧共体委员会再次提出"紧凑城市"的概念。此后，学者们开始广泛关注"紧凑城市"理念。"紧凑城市"理论认为：紧凑城市不是一个只注重高层次与高密度开发的城市，保护城市的经济活力与社会互动才是高密度的真正价值所在，不但强调公共交通等基础设施的经济效率，而且强调公共服务的经济效率，并使城市周边自然环境保持优良状态。密集和邻近的开发模式、公交系统连接的城市地区和本地服务与就业机会的可达性构成紧凑城市的核心特征。

二 中国理想城市的探索

（一）中国古代理想城市的探索

中国古代没有明确阐述有关理想城市的理论，但强调居住环境。仰韶文化时期，聚落选址即有明显的环境选择取向，其后出现的风水学说对中国古代的城市规划和城市建筑有了更深刻的影响。风水学说实际上是人类对大自然作用于人居环境的精深学问，强调认识自然、遵循自然和利用自然，有限制地改造自然，创造出人类最佳的生存环境，从而达到阴阳和合、天人和谐和身心怡悦的至善境界。其中倡导的"天人合一""面南而居"和"山环水抱"等理念对现代城市选址仍具有启发性。因此，中国古代所遵循的城市营造思想就是中国古代对理想城市的探索结果。中国古代理想城市的特征主要包括：与自然结合；追求社会和谐；城乡统筹与建设秩序的治理；人居环境的营造；审美文化的综合集成等。

（二）中国现代理想城市的探索

近年来，随着中国社会经济的快速发展，人们对理想城市的要求也有所改变。综观中国城市发展历程，有关学术界和城市管理机构等先后提出过多种不同名称的理想城市模式。每一种理想城市发展模式，无不是针对现存的城市问

题展开的，大多数均陷入了"头痛医头脚痛医脚"的怪圈，而唯有生态城市发展模式是比较理想的城市发展模式。生态城市发展模式的提出，得到了政界、学界和企业界等多方城市建设参与主体的认同和响应，并在全国范围内开始了各具特色的实践探索。

三 中国梦·城市梦——中国理想城市的构想

针对城市发展的现状和未来趋势，中国的城市转型发展应实现四大转变，即从褐色发展转向绿色发展，由线性发展转向循环发展，从粗放、无序、非均衡发展转向集约、有序、均衡发展，从对 A、B 模式的扬弃转向对 C 模式的探索。根据城市转型方向和当前城市发展所遇到的核心问题，我们认为中国现代理想城市的范式涉及五大核心要素，即绿色、生态、低碳、智慧和宜居。

（一）绿色

由于绿色来源于大自然，在中国文化中，绿色是生命的象征，也是有关生态环境组织的代表色。随着绿色在文化、技术、行动和环保等领域的广泛应用，其内涵被引申为和平、健康、平衡、安全、自然、和谐等。因此，在现代理想城市构建中，"绿色"的内涵可以引申为人与自然间的和谐关系。

（二）生态

一般而言，生态是指一切生物的生存状态，以及它们相互之间息息相关的关系。城市是人与自然构成的复合生态系统，在现代理想城市构筑中，"生态"一词的内涵可以引申为生态学原理对城市规划与建设的指导作用。即在城市的自然基础上，充分考虑规划建设对城市生态的影响，探究处理好人类行为与自然环境的关系，崇尚城市与自然的共生共融，实现经济效益、社会效益和生态效益的统一，执着于人地关系的可持续发展。

（三）低碳

低碳是指较低水平的温室气体排放。在现代理想城市建设中，"低碳"的内涵可以引申为：在城市通过发展低碳经济和应用低碳技术，达到改变人们生活方式、减少城市温室气体排放和减少对城市自然环境破坏的目标，彻底摆脱"三高"对社会经济运行模式的影响，倡导健康、节能、适度的生活和消费模式，以达到经济发展、公共生活和政府管理的低碳化。

（四）智慧

2008 年，IBM 最早提出智慧城市理念。它的特点是更透彻、更广泛的互联互通和智能化，其实质是寻求新的经济增长点。智慧城市概念一经提出，国际各大城市即竞相将其列入城市发展战略，以促进城市转型、升级和经济振兴。所谓智慧城市，就是将城市各种设施进行有效整合，使城市在管理、生产和生活方面成为一个有机的整体，是未来城市发展的一种新理念。

（五）宜居

自古以来，人类始终执着于对居住环境的追求，在一定意义上说，宜居逐渐成为城市发展不可或缺的功能和永恒主题。在现代城市建设中，宜居的内涵至少可以引申为：通过科学的规划，能够为人类提供优雅舒适的城市家园（包括自然环境和人文环境），也即整个城市巨系统运行良好，并能够不断优化人类生存状态，使人们能够得到可持续发展，以保证人们工作满意、生活幸福和居住惬意，并有长期居住下去的良好意愿。

总之，城市作为人类物质文明和精神文明的载体，既是人类建设的最高成就，又是人类对生存环境的完美追求。理想城市是一种"城市梦"，是中国梦的重要元素。毋庸置疑，要实现中国梦，我们还有很长的路要走，还有很多的障碍要突破。而目前基于生态文明理念构建理想城市的实践，是我们对中国梦最好的诠释。

总 报 告

General Report

G.1

中国生态城市建设发展报告（2014）

刘举科 孙伟平 胡文臻 王定君

　　21 世纪是中国的城市化世纪。未来中国将处于历史上最大规模的城镇化进程中，数亿人将从农村进入城市，城市的数量和规模将不断增长，而与之伴随的各种"城市病"成为人们关注的重大问题，城市发展必将在人口、资源、环境和生态方面面临更为严峻的约束和挑战。联合国人居中心的沃利·恩道曾经忧心忡忡地说："城市化既可能是无可比拟的未来光明前景之所在，也可能是前所未有的灾难之凶兆。所以，未来会怎样就取决于我们当今的所作所为。"①

　　2013 年中国生态城市发展的政策背景发生了什么变化？生态城市建设取得了哪些新的进展？如何依据动态评价模型分析不同类型生态城市建设的现状、问题和变化？如何将生态文明理念切实融入城镇化进程中，使生态城市建

---

① 沃利·恩道：《城市化的世界·序》，转引自仇保兴《国外城市化的主要教训》，《城市规划》2004 年第 4 期。

设成为人们的自觉自愿行动？围绕上述问题，本报告承继《中国生态城市建设发展报告（2013）》的思路和原则，首先分析了 2013 年以来中国生态城市建设新的时代背景，综合考察了全国生态城市建设取得的新进展。其次进一步完善了生态城市建设评价指标体系和动态评价模型，按照环境友好型、资源节约型、循环经济型、景观休闲型、绿色消费型、综合创新型等六种类型，对全国生态城市的建设和发展状况作了整体和分类排名评价分析。最后秉承全面深化生态文明体制改革的时代要求，基于新型城镇化道路发展要求，聚焦生态城市建设的治理体系建构和治理能力提升问题，提出了一系列生态城市建设的思路和举措。

一 中国生态城市建设的新背景和新进展

2013 年，中国共产党十八届三中全会提出了全面深化生态文明体制改革的要求，中央城镇化工作会议将生态文明列为中国特色新型城镇化道路的重要内涵和特点，中国生态城市建设由此拉开了新的序幕。2013 年，全国各地开始了新型城镇化道路的探索，生态文明的理念进一步深入人心，生态城市的制度变革已经启动，中国生态城市建设由此取得了新的进展。

（一）中国生态城市建设的新背景

中国共产党十八大报告高度重视生态文明建设，将生态文明建设与经济建设、政治建设、文化建设、社会建设并列，构建了"五位一体"的国家发展战略，并提出了建设"美丽中国"的伟大目标。2013 年 11 月，中国共产党十八届三中全会提出要紧紧围绕建设美丽中国深化生态文明体制改革，加快建立生态文明制度，健全国土空间开发、资源节约利用、生态环境保护的体制机制，推动形成人与自然和谐发展的现代化建设新格局。2013 年 12 月，中国共产党中央城镇化工作会议指出，中国要走以人为本、科学发展、中国特色的新型城镇化道路，明确要求将生态文明理念渗透进城市发展，"让城市融入大自然，让居民望得见山、看得见水、记得住乡愁"。2014 年 3 月编制的《国家新型城镇化规划（2014～2020 年)》提出，"加快绿色城市建设，推进智慧城市建设，注重人文城市建设，把以人为本、尊重自然、传承历史、绿色低碳理念融入城市规划全过程"。这些国家层面的政治决策为中国生态城市的建设提供了新的时代背景，为中国生态城市的建设确定了新的发展目标，为中国生态城市的建设注入了新的发展动力。

1. 以人为本，探索中国特色城镇化道路

（1）中国城镇化发展的现状。城镇化是人口从农村向城市集中的过程。这个过程呈现出两个特征：一是城镇的数量不断增多，二是城市人口规模不断扩大。整体来看，从1949年到2013年，中国的城镇化走过了一条曲折的发展道路。改革开放之前的30年，由于重工业优先发展战略的实施和极"左"政治运动的干扰，城镇化进程非常缓慢。1949年新中国成立时，城市化率只有10.64%，远低于当时世界平均28%的水平，也低于当时发展中国家平均16%的水平。1978年我国的城市化率达到17.9%，全国城市数量仅为193个。30年城市发展严重滞后，其中1966～1978年连续12年徘徊不前，1968～1972甚至出现下降。① 改革开放后的30多年里，中国的城镇化开始加速。2013年我国常住人口城镇化率为53.7%，但户籍人口城镇化率为36%左右，不仅远低于发达国家80%的平均水平，也低于人均收入与我国相近的发展中国家60%的平均水平。1978～2013年，城镇常住人口从1.7亿增加到7.3亿，城镇化率从17.9%提升到53.7%，年均提高1.02个百分点；城市数量从193个增加到658个，建制镇数量从2173个增加到20113个。② 综上所述，一方面，中国的城镇化发展迅速，成就突出；另一方面，中国的城镇化发展还有很大空间，城镇化水平还有待进一步提高。

（2）中国城镇化存在的问题。在中国城镇化进程加快的同时，也有许多问题困扰着中国城市发展水平的提高，制约着中国城市发展质量的提升。一是经济、社会、人口、资源、环境不协调，支撑城市发展的生态环境条件日益脆弱。如陆大道等的研究报告所言，中国急速冒进式城镇化导致的问题表现为"人口城镇化率虚高，空间上建设布局出现无序乃至失控，耕地、水资源等重

---

① 中国发展研究基金会编《促进人的发展的中国新型城市化战略》，人民出版社，2010，第9页。

② 新华社：《国家新型城镇化规划（2014～2020年）》。

要资源过度消耗，环境受到严重污染"。① 二是城市规划短视，随意更改，城市管理粗放，各种形式的"城市病"问题日益突出。如周振华研究报告所言，我国的一些大城市面临着六个方面的问题，分别是交通问题、用水问题、能源问题、环境问题、土地问题和安全问题。具体表现为交通拥堵出行不便，水资源匮乏和污水垃圾处理能力不足，水体污染、大气污染、土壤退化等环境问题加剧，土地开发管理缺乏系统规划，公共安全事件频发，城市安全隐患突出等。②

（3）新型城镇化道路的发展要求。未来的新型城镇化到底应该遵循一条什么样的发展路径？2013 年 12 月的中央城镇化工作会议提出，要以人为本，推进以人为核心的城镇化。要把生态文明理念和原则全面融入城镇化全过程，走集约、智能、绿色、低碳的新型城镇化道路。会议要求紧紧围绕提高城镇化发展质量，稳步提高户籍人口城镇化水平；大力提高城镇土地利用效率、城镇建成区人口密度；切实提高能源利用效率，降低能源消耗和二氧化碳排放强度；高度重视生态安全，扩大森林、湖泊、湿地等绿色生态空间比重，增强水源涵养能力和环境容量；不断改善环境质量，减少主要污染物排放总量，控制开发强度，增强抵御和减缓自然灾害的能力，提高历史文物保护水平。会议要求推进城市的绿色、循环、低碳发展，尽可能减少对资源环境的破坏和干扰。对土地、水资源、能源的利用要集约化。要在建设中传承文化，发展有地域特色、历史记忆、民族特点的美丽城镇。会议要求城镇建设要体现尊重自然、顺应自然、天人合一的理念，依托现有山水脉络等独特风光，让城市融入大自然，让居民望得见山、看得见水、记得住乡愁；要融入现代元素，更要保护和弘扬传统优秀文化，延续城市历史文脉；要融入让群众生活更舒适的理念，体现在每一个细节中。③

（4）新型城镇化道路对中国生态城市建设的启示。城镇化是人类经济社会进步和现代化的重要发展方向，其出发点、立足点和落脚点都应当以人

---

① 陆大道等：《2006 中国区域发展报告——城镇化进程及空间扩张》，商务印书馆，2007，第 1 页。
② 周振华编著《城市发展：愿景与实践》，格致出版社、上海人民出版社，2010，第 6 页。
③ 新华社：《中央城镇化工作会议公报》。

为本。生态城市建设也要遵循以人为本的思想，围绕"人"本身做好文章。第一，坚持绿色、循环、低碳的城市发展方向，促进城市在生产、生活、生态三个方面的绿色发展。第二，坚持尊重自然、顺应自然、天人合一的发展理念，促进城市在自然、历史、人文三个维度的和谐发展。第三，坚持土地、能源、资源集约利用的原则，促进城市在空间、资源、环境三方面的永续发展。

2. 深化改革，探索生态文明建设新体制

（1）生态文明建设理念的内涵。生态文明是一种人与自然和谐发展的文明境界和社会形态。2012 年，中国共产党十八大报告将生态文明建设与经济建设、政治建设、文化建设、社会建设并列形成"五位一体"的社会主义建设总格局，提出了建设美丽中国的目标，全面系统地阐述了生态文明建设的战略思想和部署，要求从优化国土空间开发格局、全面促进资源节约、加大自然生态系统和环境保护力度、加强生态文明制度建设四个方面着手推进生态文明的建设工作。2013 年 11 月，党的十八届三中全会提出，建设生态文明，必须建立系统完整的生态文明制度体系，用制度保护生态环境。要健全自然资源资产产权制度和用途管制制度，划定生态保护红线，实行资源有偿使用制度和生态补偿制度，改革生态环境保护管理体制。①

（2）生态文明制度体系的构成。中国共产党十八届三中全会通过的《中共中央关于全面深化改革若干重大问题的决定》，首次确立了生态文明制度体系，从源头、过程、后果的全过程，按照"源头严防、过程严管、后果严惩"的思路，阐述了生态文明制度体系的构成及其改革方向、重点任务。② 一是建立源头严防的制度体系。主要是建立和完善国家对土地、水、林业、海洋等自然资源的监管体制，对各类自然生态空间进行统一的用途规划和严格管制。二是建立过程严管的制度体系。主要是推行生态产品价格改革，实行资源有偿使用制度，通过制定严格的环境标准，采取行政控制、技术强制和市场控制等手

---

① 新华网：《中国共产党十八届三中全会公报》，2013 年 11 月 12 日。
② 杨伟民：《建立系统完整的生态文明制度体系》，《光明日报》2013 年 11 月 23 日。

段实现生态环境的保护。三是建立后果严惩的制度体系。主要是对相关责任人建立生态环境损害责任终身追究制，同时实行环境损害评估制度和损害赔偿制度。

（3）中国生态文明制度建设的现状。近年来，我国在推进生态环境保护方面做了很多工作，也取得了显著成绩。但目前自然资源约束趋紧、环境污染状况严重、生态系统退化的形势仍然十分严峻，严重制约着我国经济的持续健康发展。我国目前面临的生态问题，除了以往历史阶段过度开发是主要原因外，体制不完善、机制不健全等深层次制度因素也起了很大作用。我国已经基本建立了社会主义市场经济体制，但还没有建立起体现生态文明理念和原则的社会主义市场经济体制。近年来我国逐步建立了一些生态环境保护方面的制度，但是存在制度体系不系统、制度结构不完整等不足。因此，要在源头上建立有效防范的制度，在过程上建立严密的监管制度，在后果上建立严厉的责任追究和赔偿制度。

（4）生态文明制度改革对中国生态城市建设的启示。法国经济学家卡里纳·巴比尔说，"任何一种可持续发展战略都离不开城市，它们在我们所面临的一切政治、经济、社会、环境、卫生或文化问题中居于核心地位"。[①] 因此，城市是生态文明制度改革的主战场。生态城市建设要从思想理念落实为切实的实践行动，就必须通过建立和健全生态文明制度体系来实现。从 20 世纪 60 年代末起，一些发达国家开始通过严格的立法来构建生态城市制度体系，并取得了良好成效，对我国建立生态城市制度体系很有借鉴意义。美国是世界上最早以立法形式强制推行污染预防的国家，力求实现城市化过程中生态保护的源头严防。通过制定《国家环境政策法》，创造了环境影响评价制度；通过制定关于城市土地用途管制的法律，建立了规制性征收制度。日本在 1993 年颁布了《环境基本法》，针对城市型污染提出了生态环境保护基本策略，确认了政府、企业、民众在环境保护方面的责任和义务，并陆续制定了 200 多个与土地、住宅、城市建设相关的生态城市法律法规，形成了保障生态城市建设的法律制度体系。

---

① 皮埃尔·雅克等主编《城市：改变发展轨迹》，社会科学文献出版社，2010，第 19 页。

（二）中国生态城市建设的新进展

在《中国生态城市建设发展报告（2012）》中，我们基于相关指标体系，依据城市绿色发展的深度和广度，把生态城市建设分为初绿、中绿、深绿三个发展阶段。当前我国的生态城市建设已经全面启动，但相关制度机制还未规范成型，建设和发展水平相对较低，因此我们判定我国的生态城市建设还处于初绿阶段，还需进一步改革、发展和深化。2013年，由于生态文明建设成为国家发展的重要方略，国家提出要全面深化生态文明体制改革，构建生态文明制度体系，并且启动了新型城镇化发展战略，要求把生态文明的理念全面融入城市规划和建设，积极推动城市绿色发展，所以生态城市建设的速度大大加快了。

1. 生态文明的理念已经深入人心

生态文明理念是以正确处理人与自然的关系、建立人与自然的互惠共生结构为内容的观念体系，它引导着生态文明的实践活动。随着政府和民间的双向互动、双向建构，生态文明的理念已经广泛渗透到城市居民心中，主要表现为：（1）建设美丽中国成为脍炙人口、振奋民心的主旋律宣传目标，建设美丽城市成为各地政府和民众追求的共同愿景。2013年8月30日，中国社会科学院、国务院参事室、中共广州市委、广州市人民政府、中山大学共同主办"2013新型城市化·广州论坛"，主题为"生态文明与美丽城乡"。2013年9月12日，北京举行"城市与生活"发展研讨会。经过广大读者和网友投票评选，海南海口市、湖南长沙市等被评为十佳生态文明建设示范城市，江苏江阴市、辽宁海城市等被评为十佳新型城镇化建设示范城市。（2）"尊重自然、顺应自然和保护自然"的生态文明理念已经渗透到城市规划和空间布局中。浙江杭州市中国水博园在水环境建设中有效地应用生态文明理念，以"人与自然和谐"为表现主题，以"水文化"为主线来展开创意构思，以保留钱塘江边的生态环境为前提，着力营建具有地域性、多样性和自我修复能力的局部生态系统。①

---

① 徐蔚、任根泉：《中国水博园水环境建设中生态文明理念的应用》，《中国水利》2013年第6期。

（3）"绿色发展、循环经济、低碳生活"的生态城市发展理念已经成为许多城市建设的指导思想。2013 年 9 月 24 日，国家林业局、教育部、共青团中央授予首都经济贸易大学等 13 家单位"国家生态文明教育基地"称号。"国家生态文明教育基地"创建工作的开展，使全社会开始宣扬、树立和普及"绿色发展、循环经济、低碳生活"生态文明理念。（4）PM2.5 等名词已经成为城市居民争相认知的著名词汇。我国许多城市采取了全城布点建立专门的 PM2.5 监测站点、定期向市民公布监测结果等措施，开展 PM2.5 监测并及时公布监测数据成为大势所趋和民意所向。（5）雾霾天气、PX 项目等现象成为城市居民关注和热议的话题。2013 年，全国年平均雾霾天数达 29.9 天，创 52 年来之最，中东部大部地区出现持续时间最长、影响范围最广、强度最强的雾霾过程。人们从对雾霾的深刻感受中一方面增加了对相关知识的认知，另一方面开始对政府的污染治理政策提出质疑并施加舆论压力。2013 年 5 月 4 日，近 3000 名昆明市民聚集在昆明市中心的南屏广场，抗议 PX 炼油项目，表明了公众环保维权意识的提高。（6）"智慧城市"作为生态城市建设的崭新思路受到关注，信息化与生态化的结合令人期待。2013 年 8 月 30 日，广州举办了"智慧城市高端论坛"。智慧城市是指充分借助物联网、传感网、云计算等技术，对城市生活涉及的各个领域，包括交通、医疗、金融、工业、能源、环保、公共安全等，提出有针对性的技术解决方案，并从信息发布、信息沟通、技术支持、网络控制、智能管理等多个方面为生态城市建设提供新的路径和举措。

2. 生态城市的制度变革已经启动

建设生态城市，需要对涉及城市生态的现有政策、法律、规章、制度进行改革和完善，建立有效的源头防范制度、严密的过程监管制度以及严厉的责任追究和赔偿制度。2013 年中国生态制度改革已经启动，城市生态制度的改革和完善主要表现为：（1）加快制定和建立涉及城市资源、环境、生态保护的条例、规定和标准。2013 年 2 月 7 日，我国首部循环经济发展战略规划，即《循环经济发展战略及近期行动计划》由国务院印发实施。2013 年 3 月 1 日，我国监管食品中农药残留的唯一强制性国家标准，即《食品中农药最大残留限量》（GB 2763 – 2012）实施，为规范科学合理用药和农产品质量安全监管提供了法定的技术依据。2013 年 8 月 2 日，环境保护部印发《突发环境事件应急处置阶段污染损害评估工作程序规定》，对突发环境事件应急处置期间造成的直接经济损失进行量化评估提供了制度支持。（2）加强资源节约利用管理方面的制度改革。2013 年 4 月 8 日，国家发改委首次发布了较为全面系统的资源综合利用年度报告——《中国资源综合利用年度报告（2012）》。广东省珠海市通过了《珠海经济特区生态文明建设促进条例》，对十八届三中全会关于"自然资源资产统一确权登记""对领导干部实施自然资源离任审计""建立生态环境损害责任终身追究制"的要求进行了首次实践，在制度上明确规定了生态补偿的条件、对象和方式。（3）加强生态环境保护方面的制度改革。2013 年 6 月 17 日，最高人民法院和最高人民检察院出台《关于办理环境污染刑事案件适用法律若干问题的解释》，对环境污染犯罪明确了新标准，降低了入罪门槛，更加注重环境污染行为犯罪。2013 年 1 月 21 日，环保部与保监会联合制定了《关于开展环境污染强制责任保险试点工作的指导意见》，明确涉重金属企业、按地方有关规定已被纳入投保范围的企业、其他高环境风险企业必须强制投保社会环境污染强制责任险，否则将在环评、信贷等方面受到影响。（4）加强城市生态治理方面的制度改革。2013 年 2 月 27 日，环境保护部决定，对国家重点生态控制区的一些行业执行大气污染物特别排放限值。此项政策措施涉及京津冀、长三角、珠三角等区域共 19 个省（自治区、直辖市）的 47 个地级及以上城市，针对火电、钢铁、石化、水泥、有色、化工等六大行业以及燃煤锅炉项目。特别排放限值的实施将从源头上严格控制大气污染物的新增量，为治理大气污染提供有效的倒逼手段。这是中国污染治理史上涉及面较广且执行力度最大的一项措施。

3. 绿色发展成为生态城市建设的主要方略

我国目前正处在工业化和城市化并行深入发展的阶段。为了应对快速城市化给资源环境生态带来的严峻挑战，城市发展必须摆脱过去高能耗、快速扩张、低效率的粗放式增长模式，走绿色发展之路。2013 年我国城市建设在绿色发展方面的进展主要表现为：（1）绿色 GDP 概念开始广泛传播。绿色 GDP 是指一个国家或地区在考虑了自然资源（主要包括土地、森林、矿

产、水和海洋）与环境因素（包括生态环境、自然环境、人文环境等）之
后经济活动的最终成果，其计算方式就是现行 GDP 总量扣除环境资源成本
和对环境资源的保护服务费用。2013 年 12 月 9 日，中共中央组织部印发
《关于改进地方党政领导班子和领导干部政绩考核工作的通知》，明确干部
绩效考核将不再以 GDP 论政绩，借此遏制不顾资源消耗和环境污染片面追
求 GDP 的现象。（2）资源型城市绿色转型工作开始启动。2013 年 7 月 22
日，"生态文明贵阳国际论坛 2013 年年会"在贵阳开幕，主题为"建设生
态文明：绿色变革与转型——绿色产业、绿色城镇和绿色消费引领可持续发
展"。2013 年 12 月 3 日，国务院办公厅印发了《全国资源型城市可持续发
展规划（2013～2020 年）》，首次界定了全国 262 个资源型城市，并要求到
2020 年基本解决资源枯竭城市的历史遗留问题，同时建立健全促进资源型
城市可持续发展的长效机制。（3）绿色建筑及其技术不断发展。2013 年 3
月 28 日，北京召开"第十届国际绿色建筑与建筑节能大会暨新技术与产品
博览会"，大会主题是"普及绿色建筑，促进节能减排"。中新天津生态城低
碳体验中心被授予"中国绿色建筑三星级设计标志"，其在绿色建筑领域、
环境保护及能源节约方面所做出的贡献受到表彰。（4）节能环保产业发展力
度不断增强。2013 年 8 月 11 日，国务院对外发布《关于加快发展节能环保
产业的意见》，提出国家将鼓励和引导在资源循环利用产业、节能环保服务
业等重点领域的投资，环保产业将以 15% 以上的速度增长。预计到 2015 年，
节能环保产业总产值将达到 4.5 万亿元，节能环保产业将成为国民经济的新
支柱。

4. 低碳减排成为生态城市建设的重要抓手

加强低碳减排工作，建设低碳城市是推动"两型社会"的重要抓手。
低碳生态城市建设要求改变以"大量消耗不可再生资源、大量使用化石燃
料、大量使用小汽车、城市蔓延式发展、贪图舒适奢华的个人享受和丢弃
式产生垃圾"为特征的不可循环的发展模式，有节制地获取和利用资源，
逐步减少化石燃料的使用。为实现国家"十二五"规划提出的能源强度降
低 16%、碳排放强度降低 17% 的目标，需求端和消费端的低碳策略和政策
成为生态城市建设的核心。2013 年，我国城市在低碳减排方面的进展主要

表现为：（1）碳排放权交易开始启动。2013 年 6 月 18 日，深圳市碳排放权交易平台上线，深圳成为我国首个正式启动碳排放交易的试点城市。随后，上海、北京碳排放权交易相继开市，2013 年也由此正式成为中国碳交易元年。（2）汞排放开始受到国际公约限制。2013 年 10 月 12 日，国际《水俣公约》签署。这是中国及其他 140 个国家就控制汞污染问题签署的一项对环境治理至关重要的协议。公约要求水银温度计等产品在 2020 年之前退出各国市场，并且要求限制燃煤发电站、工业锅炉、水泥制造等行业的汞排放，并在 15 年内关闭所有汞矿。（3）大气污染防治行动开始启动。2013 年 6 月 14 日，国务院确定了大气污染防治工作十条措施，一是减少污染物排放。全面整治燃煤小锅炉，加快重点行业脱硫、脱硝、除尘改造。二是严控高耗能、高污染行业新增产能，提前一年完成钢铁、水泥、电解铝、平板玻璃等重点行业的落后产能淘汰任务。三是大力推行清洁生产，大力发展公共交通。四是加快调整能源结构，加大天然气、煤制甲烷等清洁能源供应。五是强化节能环保指标约束，对未通过能评、环评的项目，不得批准开工建设，不得提供土地，不得提供贷款支持，不得供电供水。六是推行激励与约束并举的节能减排新机制，加大排污费征收力度。加强国际合作，大力培育环保、新能源产业。七是用法律、标准"倒逼"产业转型升级。制定、修订重点行业排放标准，建议修订大气污染防治法等法律。强制公开重污染行业企业环境信息。公布重点城市空气质量排名。加大违法行为处罚力度。八是建立环渤海包括京津冀、长三角、珠三角等区域联防联控机制，加强人口密集地区和重点大城市 PM2.5 治理，构建对各省（区、市）大气环境整治目标的责任考核体系。九是将重污染天气纳入地方政府突发事件应急管理，根据污染等级及时采取重污染企业限产限排、机动车限行等措施。十是树立全社会"同呼吸、共奋斗"的行为准则，地方政府对当地空气质量负总责，落实企业治污主体责任，倡导节约、绿色消费方式和生活习惯，动员全民参与环境保护和监督。2013 年 9 月 12 日，国务院正式公布《大气污染防治行动计划》。该计划提出禁止在北京、上海、广州三个城市周边区域新建燃煤电厂，鼓励使用清洁燃料汽车等措施，旨在实现 2017 年全面降低各地区细颗粒物浓度的目标，力争使京津冀地区

PM2.5 浓度降低 25%。这一计划被认为是我国有史以来最为严格的大气治理行动计划。（4）减排考核及处罚力度加大。2013 年 8 月 29 日，环保部公布 2012 年度全国主要污染物总量减排情况考核结果。中石油、中石化分别未完成 COD、NOx 的减排任务。自考核结果公布之日起，暂停审批中石油、中石化两家集团公司除油品升级和节能减排项目外的新、改、扩建炼化项目环评。

二 中国生态城市建设的分类评价分析

本报告按照《中国生态城市建设发展报告（2013）》的基本思路、评价方法及动态评价模型，对中国 2012 年的生态城市建设情况进行了动态评价。从生态环境、生态经济、生态社会等方面构建了生态城市健康指数（ECHI）评价指标体系，对中国 116 个生态城市 2012 年的健康状况进行了综合排名分析，并对环境友好型、资源节约型、循环经济型、景观休闲型、绿色消费型、综合创新型等六种不同类型的生态城市围绕生态城市总体分布情况、评价结果中的城市指标得分特点以及生态城市空间格局等内容进行了分析评价，剖析了生态城市分布差异的原因、部分城市在生态城市建设方面的具体思路和值得借鉴的经验。

（一）生态城市健康状况整体评价分析

通过对生态环境指标中森林覆盖率、PM2.5、生物多样性、河湖水质、人均公共绿地面积、生活垃圾无害化处理率，生态经济指标中单位 GDP 综合能耗、一般工业固体废物综合利用率、城市污水处理率和人均 GDP，生态社会指标中人均预期寿命、生态环保知识、法规普及率、基础设施完好率（每万人水利、环境和公共设施管理业从业人员数）、公众对城市生态环境满意率等指标的计算，得出了中国 116 个生态城市 2012 年健康状况的综合排名。具体结果如表 1 所示。

表 1　2012 年中国 116 个生态城市健康状况排名

城市名称	排名	城市名称	排名	城市名称	排名	城市名称	排名
深　圳	1	重　庆	30	岳　阳	59	焦　作	88
广　州	2	南　昌	31	石嘴山	60	贵　阳	89
上　海	3	绍　兴	32	太　原	61	石家庄	90
南　京	4	长　春	33	淮　南	62	平顶山	91
大　连	5	福　州	34	桂　林	63	梅　州	92
无　锡	6	中　山	35	柳　州	64	洛　阳	93
珠　海	7	济　南	36	呼伦贝尔	65	鸡　西	94
厦　门	8	合　肥	37	湘　潭	66	蚌　埠	95
杭　州	9	湖　州	38	连云港	67	大　同	96
北　京	10	海　口	39	阜　新	68	长　治	97
东　营	11	三　亚	40	济　宁	69	曲　靖	98
沈　阳	12	东　莞	41	萍　乡	70	乌鲁木齐	99
苏　州	13	呼和浩特	42	锦　州	71	伊　春	100
克拉玛依	14	泉　州	43	日　照	72	河　源	101
威　海	15	西　安	44	秦皇岛	73	衡　水	102
大　庆	16	包　头	45	汕　头	74	邯　郸	103
青　岛	17	郑　州	46	德　州	75	张家口	104
天　津	18	成　都	47	张家界	76	汉　中	105
镇　江	19	朔　州	48	宜　春	77	钦　州	106
常　州	20	哈尔滨	49	临　沂	78	内　江	107
烟　台	21	鹰　潭	50	荆　门	79	保　定	108
宁　波	22	吉　林	51	鞍　山	80	兰　州	109
长　沙	23	榆　林	52	宝　鸡	81	金　昌	110
武　汉	24	昆　明	53	银　川	82	怀　化	111
舟　山	25	泰　安	54	西　宁	83	赣　州	112
嘉　兴	26	本　溪	55	丽　江	84	渭　南	113
南　宁	27	徐　州	56	广　元	85	攀枝花	114
新　余	28	马鞍山	57	绵　阳	86	白　银	115
黄　山	29	宜　昌	58	廊　坊	87	安　顺	116

（1）2012 年生态城市的健康状况总体排名状况

2012 年中国 116 个生态城市前 50 名主要为 4 个直辖市（北京市、上海市、天津市、重庆市），华中、华东及西南省份省会城市，5 个计划单列市

（厦门市、宁波市、青岛市、深圳市、大连市），区位优势明显的长三角地区沪宁杭城市圈和苏锡常城市圈城市，如南京市、上海市、无锡市、杭州市、镇江市、常州市、宁波市、舟山市、绍兴市、苏州市等，海峡西岸城市圈城市厦门市、泉州市等以及环渤海城市圈城市和部分华东海滨城市，还有土地、水资源或矿产资源等自然资源丰富的城市，如东营市、大庆市等，新兴工业城市如新余市、克拉玛依市，以及交通运输枢纽城市包头等。

（2）2012年生态城市的健康状况指标特点分析

2012年生态城市的健康状况排名前10名的城市分别为：深圳市、广州市、上海市、南京市、大连市、无锡市、珠海市、厦门市、杭州市、北京市。前五名城市中，深圳市综合排名、生态环境排名和生态经济排名位居前茅，但是生态社会排名第99；广州市综合排名第2，生态环境排名第2，生态经济排名第6，生态社会排名第19；上海市综合排名第3，生态环境排名第3，生态经济排名第15，生态社会排名第11；南京市综合排名第4，生态环境排名第4，生态经济排名第42，生态社会排名第25；大连市综合排名第5，生态环境排名第12，生态经济排名第4，生态社会排名第28。说明以上城市生态城市健康状况指标得分较高，但整体排名靠前的同时存在明显的"短板"，指标得分不均衡。无锡市、珠海市、厦门市、杭州市、北京市也存在类似的问题，说明各城市需要统筹兼顾，在巩固突出优势时，进一步提升综合水平。

（3）2012年生态城市的健康状况评价分析

通过分析2012年中国116个生态城市的健康状况，可以看出，生态健康状况良好的城市，在生态环境、生态经济以及生态社会建设方面采取了一定的行之有效的措施，通过加强环境绿化、保护水资源、保持生物多样性、对垃圾进行无害化处理、做好城市污水处理、加强生态意识教育以及普及法律法规等措施，加强生态城市的建设。

除了处于生态基础条件较好、经济社会发展水平较高的长三角、珠三角等生态盈余城市区的城市外，环渤海城市群、海峡西岸城市群部分城市，都在生态健康状况方面表现较好。一些新兴的工业城市或交通枢纽城市及旅游城市，通过有力的措施，在某些指标方面取得了很好的建设成果，在全国城市中位居前茅。如新余市实施6个"绿化"工程，即集镇出入口绿化、集镇道路节点绿化、集镇河道绿化、集镇公园绿化、集镇庭院绿化、集镇周边绿化，改善了城市生态环境；曲靖市在统筹协调区域水资源管理上也做了大量工作，如成立曲靖灌区管理局，对南盘江上游段沾益、麒麟境内的重点骨干水源工程实行统一管理、统一调度，合理分配使用水资源，提高用水效率；兰州市生活垃圾已全部实现了分类收集、处置和无害化处理。城市生活垃圾处理设施和服务范围向小城镇和乡村延伸，城乡生活垃圾处理率达到了全国平均水平。

一些生态城市建设成效显著的城市，不仅在生态环境、生态经济以及生态社会建设方面采取了一定的行之有效的措施，加强环境绿化、保护水资源、加强生态意识教育等，还进一步完善生态建设制度，探索构建生态城市治理体系，不断提升生态城市治理能力，提升生态城市建设的质量。

2012 年，深圳市正式启动土地管理制度改革，围绕土地用途管制制度改革和土地有偿使用制度改革两大重点推进利用机制创新和产权制度创新；江苏省从 2003 年就着手研究以县为空间单元形成省域主体功能区，并在产业、财政、土地、人口等政策制度方面进行了探索，为形成源头严防的制度体系展开了实践。

杭州市、宁波市等城市积极探索异地开发、水资源使用权交易、排污权交易等多种形式的生态补偿机制。2008 年，浙江省杭州市十一届人大常委会第六次会议表决通过《杭州市污染物排放许可管理条例》，实行污染物排放许可制度，探索建立过程严管的制度体系。

部分省份和城市在建立后果严惩的制度方面进行了积极探索和实践。2006 年 4 月 1 日开始实行的《浙江省渔业管理条例》颁布后，浙江省开始实行渔业生态环境污染损害赔偿制度；2010 年，《山东省海洋生态损害赔偿费和损失补偿费管理暂行办法》颁布，首次明确了海洋溢油、海洋倾废等八种海洋污染事故和违法开发行为的损害评估标准，并严令照价赔偿补偿，最高索赔额度高达 2 亿元。

（二）生态城市建设分类评价分析

按照普遍性要求与特色性要求相结合的原则，我们在进行生态城市建设评

价过程中，除了进行整体评价外，还结合不同类型生态城市的建设特点，考虑建设侧重度、建设难度和建设综合度等因素，对六类不同类型的生态城市采用核心指标与扩展指标相结合的方式，进行了分类评价和分析。

1. 环境友好型城市建设评价结果

环境友好型城市反映了一个城市在一定的自然资源、资源禀赋、社会经济发展水平等因素的制约下，通过环保举措，实现资源合理配置的一种发展模式。

依据环境友好型城市建设评价指标体系，分别对18项指标（13项核心指标和5项扩展指标）进行计算，得出了2012年环境友好型城市发展综合指数排名，结果见表2。

表2　2012年环境友好型城市评价前50名

城市名称	得分	排名	城市名称	得分	排名	城市名称	得分	排名
上　海	0.8823	1	沈　阳	0.8256	18	成　都	0.8085	35
深　圳	0.8770	2	威　海	0.8224	19	昆　明	0.8074	36
广　州	0.8756	3	武　汉	0.8212	20	马鞍山	0.8067	37
苏　州	0.8451	4	重　庆	0.8199	21	泉　州	0.8048	38
北　京	0.8446	5	烟　台	0.8170	22	石嘴山	0.8038	39
珠　海	0.8416	6	中　山	0.8166	23	银　川	0.8026	40
南　京	0.8415	7	长　沙	0.8149	24	太　原	0.8019	41
杭　州	0.8393	8	南　昌	0.8129	25	汕　头	0.8013	42
无　锡	0.8377	9	福　州	0.8122	26	西　宁	0.7997	43
东　营	0.8369	10	济　南	0.8121	27	日　照	0.7988	44
天　津	0.8360	11	郑　州	0.8116	28	洛　阳	0.7988	45
厦　门	0.8353	12	绍　兴	0.8112	29	宜　昌	0.7984	46
大　连	0.8319	13	湖　州	0.8108	30	泰　安	0.7983	47
大　庆	0.8319	14	西　安	0.8106	31	哈尔滨	0.7978	48
宁　波	0.8313	15	南　宁	0.8097	32	秦皇岛	0.7964	49
常　州	0.8266	16	合　肥	0.8092	33	济　宁	0.7957	50
青　岛	0.8262	17	长　春	0.8087	34			

（1）2012年环境友好型城市总体分布

从表2可以看出，环境友好型前50名城市主要是4个直辖市（北京市、上海市、天津市、重庆市），部分省会城市，5个计划单列市（厦门市、宁波市、青岛市、深圳市、大连市），全国沿海开放港口城市如秦皇岛市、烟台市等，还有部分交通条件优越、区位优势明显的南京都市圈城市（南京市、马鞍山市）和苏锡常都市圈城市（苏州市、无锡市、常州市）以及一些土地、水资源或矿产资源等自然资源丰富的城市，如济宁市、日照市、东营市、大庆市等。

（2）2012年环境友好型城市指标得分特点

上述整体分析结果反映了我国2012年环境友好型生态城市的发展状况和水平。从对环境友好型城市13项生态城市健康指数（ECHI）和5项环境友好特色指数的分析来看，上海市、深圳市、广州市、北京市、杭州市等城市，各项指标得分普遍较高，在50个城市的分项指标排名中整体靠前。没有明显的"短板"指标制约城市排名，尤其是在单位GDP二氧化硫排放量、单位GDP化学需氧量排放量、单位GDP氨氮排放量、主要清洁能源使用率（%）等特色指标上得分较高。珠海市、南京市、无锡市、东营市、大庆市等城市存在明显的优势指标和"短板"指标，呈现出不均衡状态，说明这些城市在部分指标控制上需要进一步加强，做到整体改善。

（3）2012年环境友好型城市的空间格局

根据对前50名环境友好型生态城市的综合评价和分析，以及50名城市的得分差异情况，可以归纳出2012年环境友好型生态城市的地域类型和特征，描绘出环境友好型城市的空间格局：（1）沪宁杭城市群分布密集。沪宁杭城市群分布了上海市、苏州市、南京市、杭州市、无锡市、常州市、宁波市、绍兴市、湖州市等环境友好型城市。（2）珠三角城市群表现出色。珠三角城市群分布了广州市、深圳市、珠海市、中山市等环境友好型城市。（3）海峡西岸城市群表现稳定。海峡西岸城市群分布了厦门市、泉州市、福州市、汕头市等环境友好型城市。（4）环渤海城市群分布密集。该城市群分布了北京市、天津市、大连市、济南市、青岛市、烟台市、东营市、威海市、日照市等环境友好型城市。（5）中部城市分布数量下降。（6）东北、西部城市分布稳定。东北城市区域内主要有大庆市、长春市、沈阳市、哈尔滨市等城市，西部主要有重庆市、西安市、成都市、昆明市、南宁市、石嘴山市、银川市、西宁市等

城市。

（4）2012 年环境友好型城市评价分析

通过分析发现，长三角区域内城市地理区位优势明显，社会经济发展基础较好，部分城市绿色经济发展迅速、产业生态状况较好。发展过程中尽管出现了区域内单个城市的热岛效应，[①] 但是该区域经济发达、生态意识较强，环境友好型城市综合指数整体分值较高，排名靠前。珠三角生态基础条件和区域经济基础较好，尽管产业升级压力较大，但在环境友好型城市建设中表现整体出色，广州市、深圳市在排名中位列前茅。海西城市群核心城市厦门市是沿海开放城市，生态环境基础条件较好，在特色指标的评价中整体状况较好，特色指标评价结果与城市综合指数评价结果之间差异小，但是该区域内城市发展程度不一，赣州市、鹰潭市、梅州市、漳州市等城市，都没有进入前 50 名城市之列。

环渤海城市群尽管环境友好型城市分布密集，但是各城市在特色指标中存在明显的"长板"指标和"短板"指标并存的情况，指标得分和排名之间的差异较大。环渤海港口密集的渤海湾、锦州湾、莱州湾等近岸海域存在化学需氧量、氨氮以及石油类污染物，环渤海城市群的环境友好型城市建设也存在差异，所以需要进一步在环境友好特色指标上下功夫，还应注意提升生态城市建设的基础工作。而受到社会经济发展水平的制约，中部城市在环境友好型前 50 名城市中所占比重较小，而且主要为各省省会城市，且与历年情况比较发现，中部城市进入前 50 的城市数目呈下降趋势，整体表现一般。

东北作为老工业基地，资源曾过度开发，生态环境条件恶化，在化学需氧量的减排和污染物治理等方面还需要做大量工作。西部经济发展落后，生态环境相对脆弱，自我修复能力较差。相对于沪宁杭城市群所在的长三角地区和珠三角地区而言，东北及西部地区人类负荷超过了生态容量，生态承载力小于生态足迹，属于生态亏空城市区，需要强化富有地方特色的生态环境建设。

---

① 董小林等：《中国城市群环境问题分析与发展模式》，《上海环境科学》2013 年第 3 期。

2. 资源节约型城市建设评价结果

资源节约型城市就是在生产、流通、消费等领域，通过采取综合性措施，提高资源的利用效率，以最少的资源消耗获得最大的经济和社会收益，保障经济社会可持续发展的城市。[①] 资源节约型城市的核心就是在保证城市经济效率和人民生活质量的前提下，降低资源消耗量，提高资源的利用效率，使之既能够满足当代城市发展的现实需求，又能满足未来城市的发展需求。[②]

2014 年我国资源节约型城市建设状况的评价与分析所采用的指标与 2013 年基本相同，分别对 18 项指标（13 项核心指标和 5 项扩展指标）进行计算，得出了 2012 年资源节约型城市发展综合指数排名，结果见表 3。

表 3　2012 年资源节约型城市评价前 50 名

城市名称	得分	排名	城市名称	得分	排名	城市名称	得分	排名
深　圳	0.8744	1	常　州	0.8271	18	合　肥	0.8177	35
广　州	0.8722	2	镇　江	0.8270	19	中　山	0.8169	36
上　海	0.8571	3	宁　波	0.8256	20	重　庆	0.8166	37
大　连	0.8414	4	烟　台	0.8243	21	西　安	0.8160	38
无　锡	0.8408	5	长　沙	0.8236	22	成　都	0.8158	39
南　京	0.8395	6	武　汉	0.8229	23	新　余	0.8155	40
杭　州	0.8390	7	舟　山	0.8226	24	湖　州	0.8149	41
北　京	0.8389	8	嘉　兴	0.8218	25	哈尔滨	0.8145	42
厦　门	0.8375	9	济　南	0.8215	26	昆　明	0.8143	43
东　营	0.8370	10	福　州	0.8215	27	海　口	0.8128	44
大　庆	0.8355	11	呼和浩特	0.8212	28	郑　州	0.8123	45
青　岛	0.8348	12	绍　兴	0.8194	29	泉　州	0.8116	46
沈　阳	0.8347	13	克拉玛依	0.8192	30	包　头	0.8111	47
苏　州	0.8339	14	南　宁	0.8191	31	泰　安	0.8090	48
珠　海	0.8335	15	黄　山	0.8189	32	太　原	0.8088	49
威　海	0.8332	16	长　春	0.8186	33	吉　林	0.8085	50
天　津	0.8282	17	南　昌	0.8181	34			

---

① 黄侃婧：《资源节约型和环境友好型城市化道路选择原因分析》，《法制与经济》2009 年第 6 期。

② 李景源、孙伟平、刘举科：《中国生态城市建设发展报告（2012）》，社会科学文献出版社，2012，第 319 页。

（1）2012年资源节约型城市总体分布

从表3可以看出，资源节约型前50名的城市中，3个直辖市（北京市、上海市、天津市），4个省会城市（广州市、南京市、杭州市、沈阳市），5个计划单列市（厦门市、宁波市、青岛市、深圳市、大连市），以及分布于长三角生态盈余城市区的苏州市、常州市、镇江市、无锡市等城市，整体得分较高，排名靠前，属于非常节约型生态城市。节约型生态城市除舟山、嘉兴、绍兴等长三角城市圈城市外，主要是中部省会城市。西部省会城市和中部新兴工业城市主要为比较节约型生态城市。

（2）2012年资源节约型城市指标得分特点

从对资源节约型城市13项生态城市健康指数（ECHI）和5项资源节约特色指数的分析来看，第三产业占GDP的比重单项排名位于前列的城市有北京市、海口市、广州市、上海市、呼和浩特市和深圳市等城市，同时深圳市、广州市、北京市等城市的每万人拥有公共车辆数较高，单项排名位于前列；威海市、中山市、烟台市、嘉兴市等城市万元GDP水耗较低，单项排名位于前列，对这些城市位居资源节约型城市前50名具有很大的贡献；深圳市、南京市、广州市、杭州市、上海市和北京市等城市整体排名靠前，但是万元GDP水耗、人均电耗的排名比较靠后，既有每万人拥有公共汽车数（辆）、第三产业占GDP的比重、经济聚集指数等明显的"长板"指标，也有显著的"短板"指标，如万元GDP水耗、人均电耗等。

（3）2012年资源节约型城市的空间格局

根据对前50名资源节约型生态城市的综合评价和分析，以及前50名城市的得分差异情况，可以归纳出2012年资源节约型生态城市的地域类型和特征，描绘出资源节约型生态城市的空间格局：①长三角生态盈余城市区分布密集。这一区域分布了上海市、苏州市、南京市、杭州市、无锡市、常州市、宁波市、绍兴市、湖州市、镇江市、舟山市、嘉兴市等资源节约型城市。②珠三角城市群表现出色。珠三角城市群分布了广州市、深圳市、珠海市、中山市等资源节约型城市，这一分布与环境友好型城市的空间格局极为相似，说明生态盈余区城市由于其绿色产业基础和产业生态化措施，在环境保护和资源节约方面都有着出色的表现。③海峡西岸城市群表现稳定。海峡西岸城市群分布了厦门市、泉州市、福州市等资源节约型城市。④环渤海城市群分布密集。该城市群分布了北京市、天津市、大连市、济南市、青岛市、烟台市、东营市、威海市等资源节约型城市。⑤中部省会城市发展稳定。⑥东北、西部城市分布较少。东北城市区域内主要有大庆市、长春市、沈阳市、哈尔滨市、吉林市等城市，西部主要有重庆市、西安市、成都市、昆明市、南宁市等城市。⑦另有部分新兴工业城市或交通枢纽城市，如新余市、包头市等。总体来看，西北地区只有西安市和克拉玛依市两个城市进入前50名，说明西北资源节约型城市偏少，明显处于生态亏空区，资源利用效率较低，迫切需要加快产业结构升级和转型。

（4）2012年资源节约型城市评价分析

长三角是中国经济发展最为迅速的城镇密集化地区，作为长三角地区以外向型经济为主导的沿海城市，宁波是华东地区重要的发电和化工基地，节能减排任务繁重。宁波市出台差别电价，引导企业转型升级，引进先进的节能减排管理经验，推广新技术和新产品，推出以银行担保贷款促进企业节能减排的新路，加快了污染型企业的节能减排进程，成为资源节约型生态城市建设的样本。杭州的城市发展格局和产业格局逐步向"节能、高效"方向发展，主城区向"退二进三"方向发展，萧山区、余杭区向"优二兴三"方向发展。政府综合运用经济、法律、环保和必要的行政手段，坚决淘汰轻工、纺织等行业的落后产能，促进产业结构逐步趋向合理，新能源、物联网、节能环保等战略性新兴产业发展迅速。在公共交通设施上，推行地铁、公交车、出租车、水上巴士、公共自行车五种交通工具"零换乘"的公共交通模式，并加大财政补助力度对新能源汽车进行补贴。南京规划的"一城三区"建设近年来已经全面展开，各个新城和市区的功能结构逐步得到优化。河西新城打造绿色生态的新形象；仙林市区侧重发展科教功能；东山新市区凸显宜居生活；江北新市区促进产业结构的优化升级。长三角地区不仅有较好的生态基础条件，各个城市还通过积极的手段和措施，减少高能耗产业，降低能源消耗，提高能源利用效率，推进技术进步，发展低碳产业，加快建设资源节约型生态城市，并取得了较好的效果。

环渤海地区城市群逐步形成了以京津冀为经济核心区、以辽东半岛和山东半岛为两翼的环渤海区域经济共同发展的大格局。积极推进环渤海地区在产业结构、生态建设、环境保护、城镇空间与基础设施布局等方面的协调发展，实现节约集约利用土地、水资源和能源，充分利用京津雄厚的产业基础，发挥资源、交通、科技人才和对外开放等优势，发展壮大支柱产业和高新技术产业，加快建设现代制造和研发转化基地。完善自主研发体系，提高自主创新能力，为环渤海地区扩大开放和产业转移提供通道和载体。

提高利用效率，加快产业结构升级和转型，调整城市发展和产业格局，加快创新，培育新技术、发展新产业，将成为建设资源节约型生态城市的有力措施。

3. 循环经济型城市建设评价结果

"十一五"以来，通过发展循环经济，我国单位国内生产总值能耗、物耗、水耗大幅度降低，资源循环利用产业规模不断扩大，资源产出率有所提高，初步扭转了工业化、城镇化加快发展阶段资源消耗强度大幅上升的势头，为改变"大量生产、大量消费、大量废弃"的传统增长方式和消费模式探索出了可行路径。

依据循环经济型城市建设评价指标体系，通过对 18 项指标（13 项核心指标和 5 项特色指标）的计算，得出了 2012 年循环经济型前 50 名城市的综合得分及排名，结果见表 4。

（1）2012 年循环经济型城市总体分布

从表 4 可以看出，循环经济型前 50 名的城市主要是长三角地区沪宁杭城市圈和苏锡常城市圈城市，如南京市、上海市、无锡市、杭州市、宁波市、舟山市、绍兴市、苏州市等，海峡西岸城市圈城市厦门市、泉州市等，环渤海城市圈城市，部分华东海滨城市，珠三角城市群，华中及华东省会城市，滇中城市群区域中心城市曲靖市和全国首批循环农业示范城市洛阳市等。

表4 2012年循环经济型城市评价前50名

城市名称	得分	排名	城市名称	得分	排名	城市名称	得分	排名
上　海	0.8737	1	烟　台	0.8233	18	徐　州	0.8068	35
深　圳	0.8566	2	宁　波	0.8205	19	湖　州	0.8062	36
天　津	0.8446	3	济　南	0.8195	20	泉　州	0.8060	37
南　京	0.8409	4	中　山	0.8139	21	成　都	0.8045	38
苏　州	0.8364	5	嘉　兴	0.8134	22	吉　林	0.8044	39
北　京	0.8341	6	重　庆	0.8129	23	哈尔滨	0.8043	40
无　锡	0.8339	7	合　肥	0.8128	24	海　口	0.8042	41
大　庆	0.8338	8	马鞍山	0.8128	25	湘　潭	0.8040	42
大　连	0.8329	9	南　宁	0.8125	26	西　安	0.8037	43
珠　海	0.8294	10	长　沙	0.8124	27	济　宁	0.8029	44
沈　阳	0.8282	11	郑　州	0.8109	28	宜　昌	0.8015	45
青　岛	0.8278	12	福　州	0.8105	29	曲　靖	0.8013	46
杭　州	0.8276	13	绍　兴	0.8102	30	洛　阳	0.8008	47
武　汉	0.8266	14	长　春	0.8101	31	秦皇岛	0.8007	48
厦　门	0.8263	15	包　头	0.8098	32	日　照	0.8005	49
克拉玛依	0.8259	16	昆　明	0.8095	33	岳　阳	0.8000	50
威　海	0.8239	17	南　昌	0.8088	34			

（2）2012年循环经济型城市指标得分特点

针对循环经济型城市13项生态城市健康指数（ECHI）和5项循环经济特色指数进行分析，省会城市在5项特色指标中的排名和综合指标的排名一样比较靠前，如天津市、上海市、武汉市和南京市。马鞍山市、曲靖市和洛阳市等二级城市，在工业固体废物产生量（万吨）、工业用水重复利用量（万吨）、单位GDP电耗（千瓦时/万元）等特色指标中得分较高，排名靠前，也正是在这些指标中的出色表现，马鞍山市、曲靖市和洛阳市跻身全国循环经济生态城市前50名。另外，园林城市排名相对靠前，尤其在工业用水重复利用量（万吨）、二氧化硫排放总量（万吨）等指标方面排名靠前，相对而言资源型工业城市如大庆市、克拉玛依市排名靠后。

（3）2012年循环经济型城市的空间格局

根据对前50名循环经济型生态城市的综合评价和分析，以及前50名城市

的得分差异情况，可以归纳出 2012 年资源节约型生态城市的地域类型和特征，描绘出资源节约型城市的空间格局。

循环经济型城市主要分布在长三角地区沪宁杭城市圈和苏锡常城市圈，如南京市、上海市、无锡市、杭州市、宁波市、舟山市、绍兴市、苏州市等，海峡西岸城市圈如厦门市、泉州市等。另外还有环渤海城市圈城市和部分华东海滨城市，以及被列为国家循环经济试点城市的部分城市湘潭市、洛阳市等。整体分布上东部生态盈余城市区城市、中部省会城市和西部循环经济试点城市较多。

（4）2012 年循环经济型城市评价分析

2012 年排在前 10 位的城市主要是位于环渤海城市群经济核心区的天津市、北京市，长三角沪宁杭城市群区域中的上海市、南京市、苏州市、马鞍山市，省会城市武汉市、济南市，滇中城市群区域中心城市曲靖市和全国首批循环农业示范城市洛阳市。这些城市整体在循环经济发展中措施到位，效果显著。比如在固废综合利用方面，天津市从发展以"废物→再生→产品"为特征的静脉产业入手，着力提高资源再生水平，减少废物排放。以科技创新和技术引进为支撑，建立健全资源再生利用网络体系，重点开展工业固体废物综合利用和生活垃圾资源化等。并在碱渣、钢渣和粉煤灰的治理上取得了重要突破，钢渣、粉煤灰综合利用率达到 100%。利用碱渣建成了塘沽紫云公园。该园是国内乃至世界少有的利用工业废料建设的环保型公园，彻底改善了这一地区的生态环境。

基于马鞍山市良好的社会经济基础，马鞍山市被安徽省政府设为省内首批"生态省建设综合示范基地"，该市也相应成立了生态创建工作组织协调机构，编制了《马鞍山生态市建设规划》，大力发展循环经济，调整产业结构，积极促进工业清洁生产。马鞍山污染负荷最大的马钢集团股份公司，固体废弃物的综合利用率超过 60%，工业用水循环率超过 90%，吨钢耗新水降到 0.62 立方米，处于全国同行业先进行列，吨钢综合能耗降到了 739 千克标煤。[①]

云南弛宏锌锗股份有限公司废渣减量化、资源化再利用，越钢工业循环，宣威磷电有限责任公司磷电矿一体化，曲靖化学有限公司"三气二渣"节能

---

① 王莹：《基于马鞍山市循环经济的绿色供应链管理研究》，合肥工业大学硕士论文，2007。

资源综合利用等成为曲靖市发展循环经济的典型实例，曲靖市通过发展循环经济，极大地实现了经济效益、环境效益和社会效益的统一。①

通过提高资源再生水平，减少废物排放，建立资源再生利用网络体系，积极推进各项循环经济城市建设措施，加快发展循环经济，天津市、马鞍山市、曲靖市等都取得了较好的效果，值得全国循环经济型生态城市借鉴。

4. 景观休闲型城市建设评价结果

我国的景观休闲型城市建设处于起步阶段，加快城市绿地建设发展步伐，改善城市绿地景观结构、提高城市休闲价值，是当前景观休闲型城市建设的重要任务。

景观休闲型城市的评价体系包括反映生态城市共性的 13 项指标和反映景观休闲型城市特征的 5 项扩展指标。通过以上指标体系的评价，经过数据分析系统得出的 2012 年景观休闲型城市前 50 名城市排名如表 5 所示。

表 5　2012 年景观休闲型城市评价前 50 名

城市名称	得分	排名	城市名称	得分	排名	城市名称	得分	排名
深　圳	0.8576	1	南　昌	0.8039	18	鹰　潭	0.7902	35
广　州	0.8535	2	长　沙	0.8036	19	桂　林	0.7900	36
上　海	0.8458	3	嘉　兴	0.8033	20	岳　阳	0.7892	37
无　锡	0.8230	4	烟　台	0.8010	21	秦皇岛	0.7871	38
北　京	0.8229	5	天　津	0.8006	22	西　宁	0.7870	39
珠　海	0.8198	6	合　肥	0.7997	23	昆　明	0.7865	40
南　京	0.8196	7	南　宁	0.7994	24	洛　阳	0.7861	41
大　连	0.8195	8	绍　兴	0.7981	25	长　治	0.7831	42
沈　阳	0.8157	9	长　春	0.7977	26	石家庄	0.7820	43
厦　门	0.8146	10	福　州	0.7975	27	丽　江	0.7819	44
威　海	0.8135	11	西　安	0.7967	28	梅　州	0.7813	45
杭　州	0.8129	12	黄　山	0.7965	29	贵　阳	0.7812	46
苏　州	0.8127	13	郑　州	0.7945	30	银　川	0.7786	47
青　岛	0.8124	14	三　亚	0.7938	31	绵　阳	0.7768	48
镇　江	0.8100	15	成　都	0.7926	32	乌鲁木齐	0.7756	49
武　汉	0.8073	16	重　庆	0.7923	33	兰　州	0.7693	50
宁　波	0.8048	17	包　头	0.7917	34			

---

① 陈英武：《区域循环经济发展的政策思考——以云南曲靖市为例》，《当代经济》2009 年第 2 期。

（1）2012年景观休闲型城市总体分布

从表5可以看出，景观休闲型前50名的城市中位于珠三角、长三角地区沪宁杭城市圈和苏锡常城市圈的城市如深圳市、广州市、上海市、无锡市和作为环渤海城市群京津冀核心城市的北京市等城市生态建设成效显著，占据排名的前10位；而排名后10位的城市大多分布在西部，由于环境基础条件差，环境脆弱，自我修复能力差，经济发达程度低，生态建设水平也相对较低。

（2）2012年景观休闲型城市指标得分特点

进入前50名的城市的5项特色指标的总体排名与全部18项指标排名的动态结果总体趋势呈现相似性，长三角、珠三角、海西城市群整体水平较高，存在不均衡状态，部分生态盈余区城市排名也有靠后情况。同时，一些城市的总排名靠前，但扩展指标的位置相对落后，说明在生态建设的基础方面较好，但是在城市景观休闲建设方面存在一定的差距；而另一些城市的总体排名相对靠后，但扩展指标的排名则相对靠前，说明这些城市在景观休闲建设方面取得了很好的成绩，但生态城市的基础建设方面仍存在一定的不足，发展过程中的区位优势、生态条件与城市的景观休闲建设不匹配，建设存在兼顾不够的状况。如重庆、深圳、天津等大城市景观连接度和公共景观休闲绿地服务率单项指标分值较低，说明这些大城市虽然达到国家级园林城市的评定标准，但在公共绿地的连接度和公共绿地的休闲服务率方面存在的问题较大。这充分反映了这些大城市公共绿地系统结构的不合理，城市居民就近享受景观休闲的便捷程度很低，景观斑块之间的衔接程度差，城市景观系统的斑块破碎化严重，系统内的物种多样性保护存在一定的障碍。

（3）2012年景观休闲型城市的空间格局

根据对前50名生态城市的综合评价和分析，以及50名城市的得分差异情况，可以归纳出2012年景观休闲型生态城市的地域类型和特征，描绘出景观休闲型城市的空间格局。

景观休闲型城市主要分布在生态基础条件较好、区位优势明显、生态修复能力较强的长三角生态盈余城市区如南京市、上海市、无锡市、杭州市、宁波市等，珠三角生态盈余城市区，全国沿海开放港口城市，以及中部和西部省会城市。

（4）2012 年景观休闲型城市评价分析

从景观休闲型生态城市的评价结果来看，前 50 名城市整体得分较高，说明整体健康状况较好，对于单一城市而言，"短板"指标虽不明显，但是城市之间，尤其是排名靠前和靠后的城市之间发展水平差异性较大，发展表现出明显的不均衡。

长三角、珠三角生态盈余区城市数量较多；中部省份除省会城市外，部分生态条件较好的二级城市也取得了较好的建设效果；西部主要是省会城市，如甘肃省、宁夏回族自治区、青海省，除省会城市在景观设施建设中效果明显，进入前 50 名外，二级城市都没有进入前 50 名；景观休闲型城市在空间布局上差异性明显。

一些城市发展迅速，成为景观休闲型城市的后起之秀，跨越式发展速度较快，无锡市从 2008 年的排名第 14 位，一跃成为 2012 年的 4 位；威海市从 2008 年的第 26 位上升到 2012 年的 11 位；镇江市从 27 位上升到 15 位。这些城市在绿地服务率、公共交通发展水平方面都值得借鉴和学习。

5. 绿色消费型城市建设评价结果

绿色消费，也称可持续消费，是指以适度节制消费、避免或减少对环境的破坏、崇尚自然和保护生态等为特征的新型消费行为和过程。绿色消费是构建生态城市的起点，对打造城市良好的生态环境、改善和提高人类生活质量有积极的驱动作用。

依据绿色消费型城市建设评价指标体系，通过对 18 项指标（13 项核心指标和 5 项特色指标）的计算，得出了 2012 年绿色消费型前 50 名城市的综合得分及排名，结果见表 6。

（1）2012 年绿色消费型城市总体分布

从表 6 可以看出，绿色消费型前 50 名的城市，以华东地区为主，有 25 个位于华东地区，分布在华东长三角沪宁杭城市群和苏锡常城市群，中南地区有 9 个城市入围 50 强，西北地区有 3 个城市入围 50 强，而西南地区只有直辖市重庆市入围。在西部省份城市中，属于生态条件较好的昆明市、成都市等城市，都没有入围前 50 名。

表6　2012年绿色消费型城市评价前50名

城市名称	得分	排名	城市名称	得分	排名	城市名称	得分	排名
广　州	0.8723	1	苏　州	0.8294	18	常　州	0.8216	35
深　圳	0.8672	2	青　岛	0.8293	19	济　南	0.8215	36
上　海	0.8582	3	天　津	0.8292	20	武　汉	0.8208	37
大　庆	0.8456	4	西　安	0.8279	21	南　昌	0.8200	38
沈　阳	0.8447	5	烟　台	0.8275	22	东　莞	0.8197	39
大　连	0.8428	6	榆　林	0.8270	23	镇　江	0.8191	40
珠　海	0.8367	7	长　春	0.8254	24	呼和浩特	0.8190	41
克拉玛依	0.8366	8	哈尔滨	0.8250	25	中　山	0.8183	42
包　头	0.8358	9	吉　林	0.8237	26	宁　波	0.8182	43
厦　门	0.8354	10	长　沙	0.8236	27	南　宁	0.8172	44
东　营	0.8353	11	舟　山	0.8231	28	重　庆	0.8168	45
北　京	0.8335	12	合　肥	0.8227	29	郑　州	0.8166	46
威　海	0.8333	13	焦　作	0.8223	30	福　州	0.8163	47
南　京	0.8324	14	绍　兴	0.8219	31	泰　安	0.8158	48
杭　州	0.8324	15	湖　州	0.8218	32	泉　州	0.8149	49
朔　州	0.8312	16	新　余	0.8216	33	呼伦贝尔	0.8148	50
无　锡	0.8307	17	嘉　兴	0.8216	34			

（2）2012年绿色消费型城市指标得分特点

进入前50名的城市从重点反映绿色消费状况的特色指标来看，东北及华北地区部分城市如吉林市、廊坊市、榆林市、长春市、长治市、朔州市、包头市、呼和浩特市、大庆市的恩格尔系数较低，排名靠前；人均消费增长率排名前10的城市分别为吉林市、锦州市、荆门市、昆明市、合肥市、伊春市、丽江市、乌鲁木齐市、无锡市和汉中市；人行道面积比例最高的10个城市为河源市、宝鸡市、焦作市、金昌市、湖州市、朔州市、保定市、贵阳市、内江市和榆林市。在绿色消费型排名位于前列的城市当中，有些城市个别指标的排名较为靠后，在整体水平较好的前提下，存在着明显的"短板"指标，制约了城市的健康发展，例如广州市、珠海市、克拉玛依市、东营市、北京市总体排名分别为第1名、第7名、第8名、第11名、第12名，但是人行道面积比例的排名却比较偏后，分别为第80名、第94名、第103名、第110名、第93名。这些城市在发展过程中，对于个体人性化的关注还有待进一步提升，应将人的发展与城市的发展有机融合，避免城市经济快速发展对人类活动空间的挤占。

（3）2012年绿色消费型城市的空间格局

根据对前50名绿色消费型生态城市的综合评价和分析，以及50名城市的得分差异情况，可以归纳出2012年绿色消费型生态城市的地域类型和特征，描绘出绿色消费型城市的空间格局。

绿色消费型城市主要分布在生态基础条件较好、区位优势明显、生态修复能力较强的长三角生态盈余城市区，如南京市、上海市、无锡市、杭州市、宁波市等；珠三角生态盈余城市区也有一些；环渤海生态持平城市群中绿色消费型城市分布也较多；西北生态赤字区域中生态较脆弱，但西安市、克拉玛依市等城市入围50强；西南地区城市分布极少，与环境友好型生态城市、资源节约型生态城市的西南地区分布情况相比较，呈现出明显的分布差异性。

（4）2012年绿色消费型城市评价分析

从绿色消费型生态城市的评价结果来看，位于长三角地区的沪宁杭城市群和苏锡常城市群城市成为绿色消费型城市50强的主体，西部城市、西北和西南城市由于生态基础条件较差，分布极少。

部分城市在绿色消费型城市排名中位于前列，但是有个别指标的排名较为靠后，存在着明显的"短板"指标制约城市的健康发展。部分二线城市，如河源市，作为广东省一个地级市，地理位置一般，区位优势并不明显，资源条件有限，但是其城市建设过程中，人行道面积占道路面积的比例居第1位，表现出明显的优势；榆林等城市由于在资源条件方面的优势，在恩格尔系数、消费支出占可支配收入的比重、人均消费增长率、人行道面积占道路面积的比例等方面整体表现较好，在二线城市中排名较靠前。可以看出，除了区位优势明显、交通条件及产业结构整体较好、居民收入水平较高的长三角和珠三角城市群以外，一些具有资源优势的地级市如榆林市、克拉玛依市等城市，由于能源产业的支撑和提升，居民收入条件较好，所以在恩格尔系数、消费支出占可支配收入的比重、人均消费增长率等指标中表现突出，成为入围50强的主要原因。而中部和西部一些城市，由于资源条件较差、区位优势不明显或自然生态条件脆弱、人口多、产业发展水平低、集群效应不明显、居民收入相对较低，

在绿色消费型城市的评价指标中排名靠后。

6. 综合创新型城市建设评价结果

综合创新型城市是指以科技进步为动力，生态、生产、生活相互促进，主要依靠科技知识、人力、文化体制等创新要素驱动发展的城市。[①] 良好的交通、通信条件，高素质人才等软实力保障，高效的公共服务体系，绿色低碳的生活，是建设综合创新型城市的重要条件。

综合创新型生态城市指标体系包括 13 个核心指标和百万人口专利授权数、R&D 经费支出占 GDP 比重、高新技术产业增加值占 GDP 比重、机场客货运吞吐量、轨道交通运营里程等 5 个扩展指标。依据综合创新型城市建设评价指标体系，得出了 2012 年综合创新型前 50 名城市的综合得分及排名，结果见表 7。

表7　2012 年综合创新型城市评价前 50 名

城市名称	得分	排名	城市名称	得分	排名	城市名称	得分	排名
北　京	64.39	1	南　京	40.62	18	连云港	37.02	35
深　圳	63.23	2	长　沙	40.49	19	东　莞	36.93	36
上　海	59.86	3	鹰　潭	39.97	20	威　海	36.63	37
广　州	55.14	4	常　州	39.93	21	舟　山	36.21	38
珠　海	50.33	5	成　都	39.37	22	济　南	35.67	39
厦　门	50.30	6	武　汉	39.19	23	湖　州	35.59	40
杭　州	49.49	7	镇　江	39.15	24	克拉玛依	35.57	41
三　亚	46.10	8	中　山	38.94	25	郑　州	35.57	42
苏　州	45.85	9	青　岛	38.85	26	汕　头	35.49	43
无　锡	42.74	10	福　州	38.79	27	绍　兴	35.44	44
西　安	42.57	11	合　肥	38.69	28	廊　坊	34.87	45
海　口	42.35	12	沈　阳	38.53	29	宜　春	34.83	46
宁　波	41.98	13	南　昌	37.72	30	重　庆	34.73	47
大　连	41.89	14	长　春	37.59	31	绵　阳	34.53	48
东　营	41.45	15	烟　台	37.54	32	哈尔滨	34.36	49
天　津	41.42	16	嘉　兴	37.54	33	黄　山	34.36	50
榆　林	40.99	17	徐　州	37.26	34			

[①]　方创琳：《中国创新型城市建设的总体评估与瓶颈分析》，《城市发展研究》2013 年第 5 期。

（1）2012 年综合创新型城市总体分布

从表 7 可以看出，综合创新型城市主要是 4 个直辖市、5 个计划单列市，省会城市和沿海开放港口城市，以及榆林市、克拉玛依市等新兴资源城市。主要分布区域在长三角沪宁杭城市群、苏锡常城市群，珠三角城市群，海峡西岸城市群，以及西南省份省会城市，西北地区城市较少。

（2）2012 年综合创新型城市指标得分特点

从前 50 名城市的总体情况来看，全国综合创新型生态前 50 名城市的总体得分较历年有所上升，分值差异性缩小。珠海市、厦门市、杭州市、三亚市、海口市、沈阳市、舟山市等城市在生态经济和生态体制指标方面得分较高，表现出优势；苏州市、无锡市、西安市、宁波市、大连市、东营市、天津市、南京市、长沙市、常州市、成都市、武汉市、镇江市、青岛市、合肥市、长春市、烟台市、东莞市、济南市、湖州市、克拉玛依市、重庆市、绵阳市、哈尔滨市等城市的优势体现在生态社会和创新能力方面，尤其是苏州市、无锡市、西安市、宁波市等城市在生态社会和创新方面发展成效显著，潜力巨大。

（3）2012 年综合创新型城市的空间格局

根据对前 50 名综合创新型生态城市的综合评价和分析，我国综合创新型生态城市主要分布在长三角生态盈余城市区、珠三角生态盈余城市区、环渤海生态持平城市区、海峡西岸生态持平城市区、中部生态略亏城市区以及东北生态亏空城市区和西部生态亏空城市区。长三角生态盈余城市区总体上处于全国领先位置，许多城市发展基础较好、生态创新综合能力较强；珠三角生态盈余城市区的综合发展水平同样较好；处于我国环渤海地区的环渤海生态持平城市区城市存在较大波动性；海峡西岸生态持平城市区和中部生态略亏城市区以及东北生态亏空城市区比较稳定；西部生态亏空城市区波动明显。

（4）2012 年综合创新型城市评价分析

总体来看，北京市、深圳市、上海市、广州市等城市各方面几乎都在全国处于领先地位，服务能力尤其突出，表现出明显的比较优势；和以往年度相比较，许多城市提升幅度较大、追赶趋势显著，城市间得分差异性减小；一些新兴工业城市和生态建设示范城市在生态环境和生态文化方面表现出优势，但是服务能力表现不佳，需要重点提升城市服务能力。

三　中国生态城市建设的思路和举措

联合国环境规划署的伊丽莎白曾经指出："城市的命运不仅决定一个国家的命运，而且决定我们所居住的整个地球的命运。"[①] 当前中国正处于城市化加速发展的阶段，中国的城镇化道路和城市建设质量必将对中国人乃至全人类的福祉产生重大影响。作为城市发展的理想模式，生态城市成为中国人建设美丽中国、实现中国梦的最佳选择。如何把生态文明的理念全面融入中国的新型城镇化道路，如何探索中国特色的生态城市建设之路？我们必须高瞻远瞩把握发展方向，必须缜密深思进行长远规划，对生态城市建设进行顶层设计，注重生态城市建设的系统性、整体性和协同性。秉承全面深化生态文明体制改革的时代精神，基于中国新型城镇化道路的发展要求，我们认为，必须从生态城市建设的治理体系、治理能力和治理质量方面综合谋划生态城市的长远发展之策。因此本报告提出了建立健全三大制度体系，构建城市生态治理体系；完善和运用三大政策工具，加强城市生态治理能力；加快推进绿色城市建设，提升城市生态治理质量的思路和举措。

（一）建立健全三大制度体系，构建生态城市治理体系

思想理念要落实为人们自觉自愿的行动，必须有合理的制度予以约束、激励和保障。生态城市要成为中国一以贯之的发展理念和实践行动，就必须全面深化生态文明体制改革，建立促进生态城市建设的制度体系，完善执行和落实制度体系的机制，并进而构建生态城市建设的治理体系。

1. 建立健全源头严防的城市生态保护制度体系

建立健全源头严防的城市生态保护制度体系，必须从明晰城市自然资源的产权和管理体制、确定城市生态空间的规划体系和管理机制等方面建立规章制度。它对城市生态保护具有正本清源的作用。这一制度体系的构建，主要从建

---

① 转引自周振华编著《城市发展：愿景与实践》，格致出版社、上海人民出版社，2010，第9页。

立健全以下 6 种制度入手：（1）建立清晰的城市自然资源资产产权制度。这一制度要求澄清城市辖区内的水流、森林、山岭、草原、荒地、滩涂等自然生态空间的产权归属关系，从而形成更清晰的产权边界，形成更明确的监管责任，形成更合理的损益承担机制，形成科学的自然资产保护制度。（2）健全科学的城市自然资源的资产管理体制。这一制度要求对城市自然资源资产实行所有权和管理权的分立和分离，自然资源资产的管理部门须取得所有权代表部门的授权，才能对自然资源资产进行使用和处置，且接受所有权代表部门的监督，确保自然资源资产的数量和价值不会缩减，开发的范围和用途符合全体市民利益，不会产生损害城市生态的后果。这里的自然资源资产包括了城市内所有的矿藏、水流、森林、山岭、草原、荒地、滩涂等自然资源。（3）建立符合主体功能区定位的城市土地开发制度。这一制度要求从区域整体生态保护的角度进行城市土地开发，依据国家主体功能区规划定位调节城市土地资源的配置，停止对耕地的随意侵占，停止对生态空间的不断侵蚀，通过建设用地的结构调整来实施开发，自然价值较高的区域要禁止开发。（4）建立法定的城市空间规划体系。这一制度要求改变现有的部门分割、交叉重叠、互相矛盾的城市空间规划体制，建立统一的、清晰的、全盘的、长期的且具有法律意义的城市空间规划体系。形成城市内生产空间、生活空间、生态空间的开发管制界限，使城市内部的居住区、工业区建设符合生态原则，使城市与郊区功能互补，使城市内的林地、河流、湿地等生态空间形成合理的布局。（5）建立严格的城市生态空间管制制度。这一制度要求对城市内的水域、林地、海域、滩涂、山地、湿地建立用途管制制度，确保城市生态空间不要缩减，最重要的是要树立城市生态红线制度。正如杨伟民所说，城市"山水林田湖"是一个生命共同体，人的命脉在田，田的命脉在水，水的命脉在山，山的命脉在土，土的命脉在树。砍了林，毁了山，就破坏了土地，山上的水就会倾泻到河湖，土淤积在河湖，水就变成了洪水，山就变成了秃山。一个周期后，水也不会再来了，一切生命都不会再光顾了。[①] 城市形成了一个严密的关联度很高的生态系统，任何一个生态要素的缺失都会产生破坏性的连锁反应，因而必须严格城市

---

① 杨伟民：《建立系统完整的生态文明制度体系》，《光明日报》2013 年 11 月 23 日。

内部生态空间的用途管制。（6）在城市内建立国家公园体制。这一制度要求对城市内各种有代表性的自然生态系统、珍稀濒危野生动植物物种的天然集中分布地、有特殊价值的自然遗迹所在地和文化遗址等以国家公园的形式实行统一的、全面的、高质量的保护管理，以克服现有的分部门管理产生的监管分割、规则不一、资金分散、效率低下等弊端，更好地改善城市整体生态环境。

2. 建立健全过程严管的城市生态保护制度体系

建立健全过程严管的城市生态保护制度体系，必须从严格管理城市自然资源和生态环境的开发使用方面建立规章制度。它对城市生态保护具有跟踪监控作用。这一制度体系的构建，主要应从建立健全以下5种制度入手：（1）实行城市自然资源和生态空间有偿使用制度。这一制度要求在城市内建立自然资源和生态产品的真实价格，有效反映城市自然资源的稀缺程度和生态环境的损害成本，让资源使用者在有偿使用过程中更加珍惜和节约利用自然资源，更加注重和保护生态环境。当前要理顺城市土地资源的价格机制，使工业用地和居住用地保持合理的比价关系，提高工业用地价格，抑制工业用地的不合理扩张。同时，要通过资源税等制度理顺城市内自然资源和生态空间的使用和开发机制，提高城市资源和生态空间的开发使用成本，并通过所得收入加大城市生态修复工作。（2）实行城市生态补偿制度。保护生态环境就是保护生产力，改善生态环境就是发展生产力。这一制度要求在城市内部、城市之间以及城市群范围内建立生态产品的购买和补偿机制，使生态产品提供者得到合理的收益，激发城市生态保护的积极性，从而在城市内部和城市之间形成生态片区联网保护机制。（3）建立城市资源环境承载能力监测预警机制。每个城市的资源环境承载能力都有极限，所以必须严密监测人口扩张和经济扩展对城市生态系统造成的负面影响。这一制度要求城市科学评估自己的资源环境承载能力，设立城市开发红线警示，防止过度开发，防止生态超载。（4）健全和完善城市污染物排放许可制。排污许可证制度就是要对排污单位排放污水、废气、固体废弃物、噪声等行为实行许可证管理。这一制度要求排污者必须按证排污，接受城市管理部门的监督。当前中国必须将城市排污许可证制度纳入法制轨道，发挥法律效力，形成对排污者的法律约束。（5）建立城市企事业单位污染物排放总量控制制度。这一制度要求城市根据国家确定的主要污染物总量减排指标，核定企事业单位污水、废气、固体废弃物、噪声等污染物的排放总量，设定排污上限，制约企事业单位的排污行为。

3. 建立健全后果严惩的城市生态保护制度体系

建立健全后果严惩的城市生态保护制度体系，必须从加强城市自然资源和生态环境损害的责任担负和追究方面建立规章制度。它对城市生态保护具有威慑引导作用。这一制度体系的构建，主要应从建立健全以下3种制度入手：（1）建立城市生态环境损害的责任终身追究制度。这一制度主要针对城市领导干部片面追求GDP政绩而不顾生态环境保护的行为，目的是建立生态环境保护的长效约束机制。这一制度有三点要求：第一，要编制城市自然资源资产负债表，对一个城市的水资源状况、环境状况、林地状况、开发强度等进行综合评价，形成一个城市资源环境生态管理的总台账；第二，要在城市领导干部离任时，对照自然资源资产负债表，专门进行自然资源开发后果和生态环境损害程度的审计；第三，对盲目进行决策造成城市自然资源开采过度、生态环境损害严重的领导干部进行终身责任追究。（2）建立城市生态环境损害的经济赔偿制度。这一制度要求对违反相关法律规定、违背城市空间规划、违反城市污染物排放许可和总量控制的行为，进行损害赔偿和经济重罚，从而增加生态环境损害的违法违规成本，约束城市生态环境破坏行为。（3）建立和完善城市生态环境损害的法律追究制度。面对严峻的城市资源环境生态压力，必须建立健全城市环境保护的法律体系。第一要对城市重点建设项目进行严格的环境影响评价，依法独立进行环境监管；第二要加大城市环境执法力度，对突发环境事件责任人进行法律责任追究，对造成城市生态环境损害的责任者依法追究刑事责任。

整体来说，建立和健全生态城市建设的制度体系，就是要把城市生态可持续发展目标与生态承载力约束所决定的行为规范制度化，把通过利益机制引导政府、企业、消费者的政策杠杆制度化，树立和坚定生态可持续的顶层约束理念，形成经济—生态—民生相协调的机制，奠定持续推进生态城市建设的体制机制基础。①

---

① 钟茂初、查玮：《生态文明体制改革要纳入五位一体改革系统》，《中国环境报》2013年11月28日。

（二）完善和运用三大政策工具，加强生态城市治理能力

Van Dijk 将城市管理定义为："协调、整合公共和私人部门的所有行动。其目的是处理城市居民面临的主要问题和打造一个更具竞争力、更公平和更可持续发展的城市。"① 为了实现一个城市自然生态系统与社会系统、经济系统的协调发展，城市的管理部门可以运用许多政策工具。生态城市建设的政策工具是指城市管理部门为了实现城市可持续发展目标和解决城市生态问题所采取的方法、技术和手段的总称，具体分为三大类：一是命令控制性政策工具，二是经济刺激性政策工具，三是社会自愿性政策工具。为推进生态城市建设，提升城市治理能力，政府和主管部门必须完善和运用这三大政策工具。

1. 完善和运用命令控制性政策工具

命令控制性政策工具是指城市管理部门为了实现生态保护目标对城市的开发利用行为进行规定和管制的方法和手段，主要表现为行政干预和法律约束两种方式，具有强制性特征。它主要包括编制城市发展规划、颁布产品标准和产品禁令、设定技术规范和技术标准、制定绩效考核评价机制、颁布相关政策法规等内容。

针对中国当前的生态城市建设现状和问题，我们认为应从以下几个方面完善和运用命令控制性政策工具：（1）完善领导干部政绩考核评价制度。改变仅以 GDP 论英雄的政绩考核方法，强调绿色 GDP 和绿色发展，以生态文明理念来引导领导干部的正确政绩观，把资源消耗、环境损害、生态效益等指标纳入政绩评价，以节能、环保、低碳、循环发展等方面的法规来强化约束政务部门的政绩冲动行为。如银川市与各县（市、区）政府签订节能减排目标责任书，把总量减排工作纳入县（市、区）党政"一把手"的实绩考核范围，实行"一票否决制"，对未完成任务的主要领导严格问责。② （2）完善各级城市生态发展规划。按照城市生态发展要求，科学调研，系统论证，适时颁布相关

① 曼纳·彼得·范戴克：《新兴经济中的城市管理》，中国人民大学出版社，2006，第45页。
② 樊纲、马蔚华主编《低碳城市在行动：政策与实践》，中国经济出版社，2011，第41页。

的建设标准和工作条例。中国环保总局于 2008 年 1 月 15 日颁布了《生态县、生态市、生态省建设指标（修订稿）》，其中生态市建设指标分为经济发展、环境保护和社会进步三类 19 项指标，规定了生态市达标的基本条件。我们认为应该根据生态保护相关要求，进一步从严调整约束性指标，提高单位 GDP能耗等相关指标的标准。（3）完善和强化城市生态红线约束。对城市水土资源、环境容量超载区域实行限制性措施。在生态承载力的限度内，对生态环境资源的消耗量必须设置一个不可突破的上限，推行生态消耗限额控制这一硬约束机制。（4）严格生态环境保护法律法规的执行，加强生态环境损害的处罚力度。对领导干部实行自然资源资产离任审计，建立生态环境损害责任终身追究制。（5）明确规定生态建设资金占全国及各地 GDP 的比重，大幅提高生态建设资金投入，尤其是生态补偿资金和生态转移支付资金投入。

2. 完善和运用经济刺激性政策工具

经济刺激性政策工具主要是通过征税和市场化机制等经济手段来实现对城市生态环境保护的约束和激励。其目的是以最具效率、最适配的方式及有效衔接的进程来优化配置各种自然资源、生态环境资源，以市场经济等方式追求最大效率，即生态效率，以使各主体有利益动力来采取生态文明行为。其形式主要有两种：一种是基于总量控制的市场手段（排污权交易，Cap-and-Trade），另一种是基于价格控制的税收手段（排污费，tax-or price-based regimes）。[①] 关于前一种手段的运用，《中共中央关于全面深化改革的若干重大问题的决定》要求"发展环保市场，推行节能量、碳排放权、排污权、水权交易制度，建立吸引社会资本投入生态环境保护的市场化机制，推行环境污染第三方治理"，关于后一种手段的运用，《中共中央关于全面深化改革的若干重大问题的决定》要求"加快自然资源及其产品价格改革，全面反映市场供求、资源稀缺程度、生态环境损害成本和修复效益"。两种手段的政策意图都是通过市场交易机制使稀缺的生态环境资源实现优化配置，使生态环境资源的利用效率得以提高。

针对中国当前的生态城市建设现状和问题，我们认为应从以下几个方

---

① 樊纲、马蔚华主编《低碳城市在行动：政策与实践》，中国经济出版社，2011，第 41 页。

面完善和运用经济刺激性政策工具：（1）积极探索和完善碳税制度改革。碳税是指针对二氧化碳排放所征收的税，旨在通过对燃煤和石油下游的汽油、航空燃油、天然气等化石燃料产品，按其碳含量的比例征税，实现减少化石燃料消耗和二氧化碳排放、保护环境和应对气候变化的目的。当前中国城市汽车发展迅猛、交通拥堵现象突出、雾霾天气严重肆虐，亟须在各城市开征汽车排放税，将机动车的污染排放列入环境税收征收范围。同时用汽车排放税的收入来补贴公共交通体系建设，鼓励市民减少私家车驾驶，选择公交方式或拼车方式出行。（2）不断完善碳排放交易市场。碳排放交易市场旨在建立一个让污染者可以进行排放权交易的市场，允许污染者自行选择最适当的污染控制方法，进而降低整体的污染减量成本。其主要内容包括选择碳交易管理模式、设定碳排放总量目标、确定碳配额分配原则、明确碳配额分配对象、限定碳交易对象气体、明确碳排放超标处罚等。[①] 我国的碳排放权交易于 2013 年启动，深圳、上海、北京相继建立了碳排放权交易平台，目前还需要进一步参照国际惯例完善相关规则，加强监管，促使其规范化运作。

3. 完善和运用社会自愿性政策工具

社会自愿性政策工具是指政府为促使公众和环保 NGO 通过政策研究、建议与提案、游说宣传等方式促进生态城市建设所采取的一系列措施的总称。这项政策工具运用的主要目的是鼓励支持公众和环保团体对于城市生态环境保护的有序参与、有序保护、有序维权和有效监督，促进生态环境保护的宣传教育、加强对生态破坏事件的监督、进行生态环境信息的交流和整合。

针对当前的生态城市建设，我们认为应从以下几个方面完善和运用社会自愿性政策工具：（1）倡导生态文明学术研究和环境保护政策研究，推进城市环保宣传和生态文明教育。加强生态城市建设的学术交流和研讨，普及生态文明理念；整合各种学术研究力量，进行城市生态项目研究的联合攻关；研发和推广节能减排的环保技术和环保产品，通过出版书籍、发放宣传手册、举办讲座和论坛、组织培训和咨询、发布媒体报道等多种方式开展环保宣传。

---

① 钟锦文：《中国碳减排经济政策工具研究》，武汉理工大学博士学位论文，2011，第 62 页。

（2）创建各种参与方式，组织多种绿色行动，为公众提供环保服务。如组织公众参与城市规划的制定，参加城市建设项目的环境影响评价，参加有关项目实施的听证会，维护市民生态权益。城市发生生态环境危机时，允许并鼓励环保组织和志愿者们直接对目标群体提供特定的物资援助和技术支持，加强政府、企业、公众的沟通，为污染受害者提供心理疏导和安全防范指导，向污染受害者提供法律咨询或法律援助等。（3）建立顺畅的生态环境事件举报流程和制度，为社会公众及时发布环境信息，加强对相关企业的环保监督提供便利。如建立健全环保热线和举报制度就是我国进行环境保护的一种有效措施，是公众知情、参与和监督的有效途径。广泛依靠群众对环境问题和环保隐患的检举揭发，才能真正实现公众参与，从根本上改善环境现状。①

整体来说，运用和完善三大政策工具，就是要在城市实现生态文明制度的政策化，促进生态文明各项制度的执行和落实，防范各主体、各领域、各过程中可能出现的不顾及生态约束、不顾及生态宜居目标的超速发展和过度发展。就是要整合政府、企业和公众在生态城市建设中的力量，综合运用必要的法律、行政和经济手段，促使中央和地方政府、城市的管理者和城市行为主体之间就建立生态城市达成共识，并就防止环境污染、促进节能减排等问题形成激励相容机制，全面提高城市的生态治理能力。

（三）加快推进绿色城市建设，提升生态城市治理质量

《国家新型城镇化规划（2014～2020）》指出，要将生态文明理念全面融入城市发展，加快绿色城市建设。所谓绿色城市，是指在绿色发展观念指导下遵循绿色发展道路构建了绿色生产方式、绿色生活方式和绿色生态体系的城市。加快绿色城市建设，提升生态城市治理质量，须从如下方面着手。

1. 树立绿色发展观

绿色发展观是指人与自然和谐相处、城市与自然互惠共生的观念。城市建设树立绿色发展观，第一要吸取"天人合一"的中国传统智慧，倡导"尊重

---

① 秦静：《中国环境政策工具研究》，兰州大学硕士学位论文，2008，第47页。

自然、顺应自然、保护自然、受益自然、利用自然、反哺自然"的生态文明理念，将城市融于自然之中，让人看得见山，望得见水，记得起乡愁；第二要倡导绿色GDP的观念，以科学发展观论英雄，以绿色发展论政绩，强化生态服务评估考核，落实节能减排责任，促使城市把GDP竞赛转变为公共服务竞赛、节能减排竞赛、绿色发展竞赛。

2. 遵循绿色发展道路

绿色发展道路是指以合理消费、低消耗、低排放、生态资本不断增加为主要特征，以绿色创新为基本途径，以积累真实财富（扣除自然资产损失之后）和增加人类净福利为根本目的的新型经济社会发展道路。[①] 城市建设遵循绿色发展之路，第一要统筹协调城市的自然系统、经济系统和社会系统，实现经济持续增长、社会全面进步、人口有效控制、资源合理开发、环境保护良好的和谐发展目标，减少生态足迹，扩大生态盈余，积累绿色福利。第二要科学理性地构建城市的生产方式、生活方式和消费模式，促进城市坚持绿色发展、循环发展、低碳发展，实现绿色生产、绿色生活、绿色消费，整体形成绿色发展体系。第三要从经济绿色增长、资源环境承载力和政府政策支持度三方面提升城市的绿色发展指数。北京师范大学科学发展观与经济可持续发展研究基地等构建了绿色发展指数，该指数由经济增长绿化度、资源环境承载潜力、政府政策支持度三类一级指标组成。[②] 走绿色发展之路，应该以推动经济绿色增长为主体，以改善资源环境承载力为基础推力，以加大政府政策支持为引导拉力，三者结合形成绿色发展的联动机制。

3. 构建绿色生产方式

绿色生产方式是指以节能、降耗、减污为目标，以管理和技术为手段，实施生产全过程全环节调控，使污染物和碳排放量最少化的一种综合措施。城市构建绿色生产方式，第一要大力发展循环经济，按照减量化、再利用、资源化的原则，加强资源集约综合开发，达到节水、节能、节地、节材的效果，完善

---

① 胡鞍钢：《中国：创新绿色发展》，中国人民大学出版社，2012，第224页。
② 北京师范大学科学发展观与经济可持续发展研究基地等：《2011中国绿色发展指数报告——区域比较》，北京师范大学出版社，2011，第362页。

废旧商品回收体系和垃圾分类处理系统，加强城市固体废弃物循环利用和无害化处置；第二要加快建设可再生能源体系，推动分布式太阳能、风能、生物质能、地热能的多元化、规模化应用，提高新能源和可再生能源利用比例；第三要加强产业结构调整，严格控制高耗能、高排放行业发展，不断绿化传统产业，着力发展新能源、新材料、信息网络、生物工程等战略性新兴产业，构建知识密集型、资源节约型和生态友好型产业体系；第四要加强清洁生产技术的研发和应用，改进和完善生产工艺流程，推广绿色设计，推动绿色制造，增加绿色产品。

4. 构建绿色生活方式

绿色生活方式是指以自然、环保、健康为目标，以绿色消费、绿色出行、绿色居住、绿色志愿服务等为内容的生活方式。廖晓义把绿色生活方式总结为 5 个 R，即节约资源，减少污染（reduce）；绿色消费，环保选购（reevaluate）；重复使用，多次利用（reuse）；分类回收，循环再生（recycle）；保护自然，万物共存（rescue）。① 城市构建绿色生活方式，第一要倡导绿色居住，实施绿色建筑行动计划，完善绿色建筑标准及认证体系、扩大强制执行范围，加快既有建筑节能改造，大力发展绿色建材，倡导绿色装修；第二要倡导绿色出行。合理控制机动车保有量，加快新能源汽车的推广应用，大力发展公共交通体系，鼓励步行、自行车、公交车出行；第三要倡导绿色消费，鼓励大家选购环保绿色产品，尽量少用一次性物品，支持使用可循环产品，节约使用能源资源；第四要倡导绿色志愿服务，鼓励居民参与环保宣传，志愿推进小区或社区绿色服务等。

5. 构建绿色生态体系

绿色生态体系是指以蓝天、绿地、净水为目标，以自然资本丰厚、生态系统和谐、环境保护良好为特征的生态环境体系。"城市成了一个战略空间：一些对环境极具破坏力的力量与环境可持续发展的强烈需要在这里发生直接交汇，而且通常是激烈的交汇。这种对抗引发了两个关注点。其一，城市的治理必须与城市化在环境方面的可持续发展要求相适应；其二，这种适应性意味着

---

① 转引自杨通进《何为绿色生活方式》，《书摘》2003 年第 12 期。

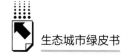
对城市与自然之间存在的各种生态系统予以高度的重视。"① 城市构建绿色生态体系，第一要建立绿色生态体系规划，需要从交通系统、能源系统、水系统、废弃物系统以及自然开放空间系统五个方面优化与完善规划方案；第二要持续向雾霾宣战，坚决实施大气污染防治行动计划，开展区域联防联控联治，改善城市空气质量；第三要合理划定生态保护红线，扩大城市生态空间，发展城市农业带，增加森林、湖泊、湿地面积；第四要将农村废弃地、其他污染土地、工矿用地转化为生态用地，在城镇化地区合理建设绿色生态廊道；第五要强化生态和经济可持续性之间的协同增效、互为依赖，在生态保护、环境优化、资源集约的基础上，实现绿色经济增长。

---

① 皮埃尔·雅克等主编《城市：改变发展轨迹》，社会科学文献出版社，2010，第184页。

整体评价报告

A General Evaluation Report

G.2

中国生态城市健康状况评价报告

崔剑波　寇凤梅　朱小军　张志斌

摘　要:

本报告沿用《中国生态城市建设发展报告（2012）》和《中国生态城市建设发展报告（2013）》中的基本理论和方法，对2012年中国生态城市的健康状况进行统计和综合排名。从中不难看出，大多数城市生态文明建设的顶层设计还没有完全形成，生态建设还停留在中心城市的美化亮化工程上，政绩工程、形象工程的痕迹十分明显，绿色发展只是绿化先行，循环经济、低碳经济均无突破性进展。要让人们真正形成生态文明的价值观，改变决策模式和管理方式、理顺社会治理结构、创新社会秩序、重构人与环境的新型关系、转变生产方式和生活方式的任务还十分艰巨。为此必须创新社会治理体系，提高治理能力，充分发挥政府、企业、非政府组织和社会公众的职能、责任与义务，真正分阶段分步骤地实现绿色发展、循环发展和低碳发展。

关键词：

生态城市　健康指数　评价

一　生态城市健康指数指标体系

《中国生态城市建设发展报告（2013）》以《中国生态城市建设发展报告（2012）》中的基本思路、评价方法和动态评价模型为基础，按照生态城市建设要"分类评价，分类指导，分类建设，分步实施"的原则，依据指标体系和所收集的数据，对中国115个城市2008、2009、2010、2011四年的生态建设效果进行了评价（评价指标体系见表1）。并通过引入建设侧重度、建设难度、建设综合度等概念，试图对中国生态城市建设进行动态指导。评价结果指出，中国生态城市建设经历了十多年的发展历程，虽然取得了举世瞩目的成绩，但仍然处于初级阶段，每个城市在生态建设的诸方面都不平衡、相差很大。因此让每个城市在生活垃圾无害化处理、工业废水排放处理、工业固态废物综合应用、空气质量指数、河湖水质、城市绿化、节能降耗等方面都能完全达标，依然是生态城市建设的基本任务和要求。推行绿色发展、循环发展、低碳发展，全面实行可持续发展的任务还十分艰巨。

表1　生态城市健康指数（ECHI）评价指标体系

一级指标	二级指标	序号	三级指标
生态城市健康指数	生态环境	1	建成区绿化覆盖率(%)
		2	空气质量优良天数(天)
		3	生物多样性(城市绿地面积)(公顷)
		4	河湖水质(人均用水量)(吨/人)
		5	人均绿地面积(平方米/人)
		6	生活垃圾无害化处理率(%)
	生态经济	7	单位GDP综合能耗(吨标准煤/万元)
		8	工业固体废物综合利用率(%)
		9	工业废水排放达标率(%)
		10	人均GDP(元/人)
	生态社会	11	每万人在校大学生数(人)
		12	百人公共图书馆藏书(册、件)
		13	每万人从事水利、环境和公共设施管理业人数(人)

本报告在《中国生态城市建设发展报告（2012）》和《中国生态城市建设发展报告（2013）》中主要思路、评价方法和评价模型的基础上，对评价指标体系进行了微调（见表2），把生态城市分为很健康、健康、亚健康、不健康、很不健康五类，依据指标体系对中国116个生态城市2012年的健康状况进行了综合排名。

表2　生态城市健康指数（ECHI）评价指标体系

一级指标	二级指标	指标权重	序号	三　级　指　标	三级指标相对二级指标的权重
生态城市健康指数	生态环境	0.34	1	森林覆盖率(建成区绿化覆盖率)(%)	0.22
			2	PM2.5（空气质量优良天数）（天）	0.21
			3	生物多样性(城市绿地面积)(公顷)	0.20
			4	河湖水质(人均用水量)(吨/人)	0.19
			5	人均公共绿地面积（人均绿地面积）(平方米/人)	0.10
			6	生活垃圾无害化处理率(%)	0.08
	生态经济	0.33	7	单位GDP综合能耗(吨标准煤/万元)	0.33
			8	一般工业固体废物综合利用率(%)	0.32
			9	城市污水处理率(%)	0.18
			10	人均GDP(元/人)	0.17
	生态社会	0.31	11	人均预期寿命(人口自然增长率)(‰)	0.50
			12	生态环保知识、法规普及率,基础设施完好率(每万人从事水利、环境和公共设施管理业人数)(人)	0.26
			13	公众对城市生态环境满意率［民用车辆数(辆)/城市道路长度(公里)］	0.24

2012年中国116个生态城市的健康状况排名前10位的城市分别为：深圳市、广州市、上海市、南京市、大连市、无锡市、珠海市、厦门市、杭州市、北京市。具体结果如表3所示。

生态城市建设是生态环境、生态经济和生态社会协调可持续发展的一个动态过程，着眼点是大力推进绿色发展、循环发展、低碳发展，其实质是让人类社会可持续发展，让人的生活越来越有保障，越来越健康，越来越有尊严，所以生态城市建设是涉及生产方式和生活方式根本性变革的战略任务。

表3　2012年中国116个生态城市健康状况排名

城市名称	排名	城市名称	排名	城市名称	排名	城市名称	排名
深　圳	1	重　庆	30	岳　阳	59	廊　坊	87
广　州	2	南　昌	31	石嘴山	60	焦　作	88
上　海	3	绍　兴	32	太　原	61	石家庄	90
南　京	4	长　春	33	淮　南	62	平顶山	91
大　连	5	福　州	34	桂　林	63	梅　州	92
无　锡	6	中　山	35	柳　州	64	洛　阳	93
珠　海	7	济　南	36	呼伦贝尔	65	鸡　西	94
厦　门	8	合　肥	37	湘　潭	66	蚌　埠	95
杭　州	9	湖　州	38	连云港	67	大　同	96
北　京	10	海　口	39	阜　新	68	长　治	97
东　营	11	三　亚	40	济　宁	69	曲　靖	98
沈　阳	12	东　莞	41	萍　乡	70	乌鲁木齐	99
苏　州	13	呼和浩特	42	锦　州	71	伊　春	100
克拉玛依	14	泉　州	43	日　照	72	河　源	101
威　海	15	西　安	44	秦皇岛	73	衡　水	102
大　庆	16	包　头	45	汕　头	74	邯　郸	103
青　岛	17	郑　州	46	德　州	75	张家口	104
天　津	18	成　都	47	张家界	76	汉　中	105
镇　江	19	朔　州	48	宜　春	77	钦　州	106
常　州	20	哈尔滨	49	临　沂	78	内　江	107
烟　台	21	鹰　潭	50	荆　门	79	保　定	108
宁　波	22	吉　林	51	鞍　山	80	兰　州	109
长　沙	23	榆　林	52	宝　鸡	81	金　昌	110
武　汉	24	昆　明	53	银　川	82	怀　化	111
舟　山	25	泰　安	54	西　宁	83	赣　州	112
嘉　兴	26	本　溪	55	丽　江	84	渭　南	113
南　宁	27	徐　州	56	广　元	85	攀枝花	114
新　余	28	马鞍山	57	绵　阳	86	白　银	115
黄　山	29	宜　昌	58	廊　坊	87	安　顺	116

　　生态城市建设伴随的是文化创新、知识创新和技术创新。要不断地用新文化来完善和构建新的社会秩序、新的伦理道德体系、新的管理模式和管理体制，以适应生态城市建设的要求；要不断地用新知识构建新的方法论，以适应

人们依赖自然、利用自然和保护自然的客观要求；要不断地利用新技术构建新的产业链，以适应绿色发展、循环发展和低碳发展的要求。当前生态城市健康指数所关注的是生态建设最基本的要求，有助于对中国生态建设现状的了解和引导。

二 2012 年 116 个城市的生态环境健康状况排名

水资源、土地资源、生物资源以及气候资源的数量与质量总称为生态环境。生态环境影响着人类的生存与发展，关系到社会和经济的可持续发展。对城市生态环境状况的分析也应侧重于对上述几方面状况的全面分析。生态环境质量是指生态环境的优劣程度，它以生态学理论为基础，在特定的时间和空间范围内，从生态系统层次上，反映生态环境对人类生存及社会经济持续发展的适宜程度，是根据人类的具体要求对生态环境性质及其变化的结果进行的评定。

生态环境质量评价就是根据特定目的，选择具有代表性、可比性、可操作性的评价指标和方法，对生态环境质量优劣程度进行定性或定量的分析和判别。

生态环境质量评价类型主要包括：1. 生态安全评价；2. 生态风险评价；3. 生态系统健康评价；4. 生态系统稳定性评价；5. 生态系统服务功能评价；6. 生态环境承载力评价。

以下按照表 4 中的指标所采集的数据对城市生态环境健康进行了评价，虽然略显单薄，但也在不同程度上反映了城市生态环境的健康状况。

表 4　生态环境评价指标

生态环境	1	建成区绿化覆盖率(%)
	2	空气质量优良天数(天)
	3	生物多样性(城市绿地面积)(公顷)
	4	河湖水质(人均用水量)(吨/人)
	5	人均绿地面积(平方米/人)
	6	生活垃圾无害化处理率(%)

良好的生态环境是人和社会持续发展的基础。2012 年中国 116 个城市中生态环境排名前 10 位的城市分别为：深圳市、广州市、上海市、南京市、南宁市、黄山市、大庆市、厦门市、重庆市、珠海市。具体排名情况如表 5 所示。

表5　2012 年中国 116 个生态城市生态环境健康状况排名

城市名称	排名	城市名称	排名	城市名称	排名	城市名称	排名
深　圳	1	马鞍山	30	朔　州	59	长　沙	88
广　州	2	吉　林	31	鞍　山	60	钦　州	89
上　海	3	廊　坊	32	包　头	61	绍　兴	90
南　京	4	萍　乡	33	桂　林	62	郑　州	91
南　宁	5	东　莞	34	武　汉	63	保　定	92
黄　山	6	鹰　潭	35	淮　南	64	三　亚	93
大　庆	7	常　州	36	曲　靖	65	平顶山	94
厦　门	8	福　州	37	张家口	66	天　津	95
重　庆	9	邯　郸	38	湘　潭	67	大　同	96
珠　海	10	日　照	39	乌鲁木齐	68	贵　阳	97
沈　阳	11	连云港	40	济　南	69	内　江	98
大　连	12	南　昌	41	攀枝花	70	怀　化	99
青　岛	13	合　肥	42	鸡　西	71	荆　门	100
无　锡	14	宁　波	43	锦　州	72	伊　春	101
昆　明	15	岳　阳	44	长　春	73	德　州	102
克拉玛依	16	泉　州	45	张家界	74	呼伦贝尔	103
苏　州	17	河　源	46	长　治	75	焦　作	104
新　余	18	宜　春	47	石家庄	76	榆　林	105
北　京	19	徐　州	48	宝　鸡	77	成　都	106
本　溪	20	呼和浩特	49	广　元	78	西　宁	107
威　海	21	石嘴山	50	临　沂	79	洛　阳	108
秦皇岛	22	梅　州	51	中　山	80	蚌　埠	109
烟　台	23	阜　新	52	西　安	81	金　昌	110
柳　州	24	汕　头	53	衡　水	82	赣　州	111
杭　州	25	泰　安	54	丽　江	83	白　银	112
镇　江	26	宜　昌	55	绵　阳	84	银　川	113
海　口	27	舟　山	56	哈尔滨	85	渭　南	114
嘉　兴	28	湖　州	57	汉　中	86	安　顺	115
东　营	29	太　原	58	济　宁	87	兰　州	116

（一）城市绿化

城市绿化是栽种植物以改善城市生态环境的一项重要内容，对于还原城市生态系统功能，改善城市居民生活环境质量具有十分重要的意义。通过多年的努力我国的城市绿化已取得了显著的成绩，2012 年 116 个城市平均建成区绿化覆盖率为 40.55%，比 2011 年增加了 0.25%，比 2010 年增加了 0.26%，比 2009 年提高 1.58%，比 2008 年提高了 3.26%；最高的绿化覆盖率为 53.37%，最低的绿化覆盖率也达到了 21.76%。

2012 年中国 116 个城市建成区绿化覆盖率排名前 10 位的城市分别为：新余市、北京市、珠海市、邯郸市、秦皇岛市、黄山市、嘉兴市、湖州市、本溪市、威海市。具体排名情况如表 6 所示。

表 6　2012 年中国 116 个生态城市建成区绿化覆盖率排名

城市名称	排名	城市名称	排名	城市名称	排名	城市名称	排名
新　余	1	柳　州	18	宜　春	35	汕　头	52
北　京	2	长　治	19	克拉玛依	36	大　同	53
珠　海	3	深　圳	20	重　庆	37	银　川	54
邯　郸	4	东　莞	21	梅　州	38	张家口	55
秦皇岛	5	青　岛	22	无　锡	39	绍　兴	56
黄　山	6	大　连	23	桂　林	40	石家庄	57
嘉　兴	7	南　昌	24	鸡　西	41	宜昌市	58
湖　州	8	河　源	25	镇　江	42	福　州	59
本　溪	9	德　州	26	日　照	43	赣　州	60
威　海	10	南　京	27	沈　阳	44	广　州	61
鹰　潭	11	泰　安	28	常　州	44	东　营	62
宝　鸡	12	马鞍山	29	南　宁	46	湘　潭	62
昆　明	13	临　沂	30	海　口	46	阜　新	64
萍　乡	14	烟　台	31	西　安	46	杭　州	65
廊　坊	15	岳　阳	32	包　头	46	曲　靖	66
吉　林	16	大　庆	33	苏　州	50	合　肥	67
朔　州	17	上　海	34	厦　门	51	连云港	68

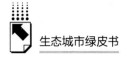

续表

城市名称	排名	城市名称	排名	城市名称	排名	城市名称	排名
石 嘴 山	69	焦 作	81	保 定	93	榆 林	105
淮 南	70	攀 枝 花	82	丽 江	94	钦 州	106
荆 门	71	宁 波	83	内 江	95	呼伦贝尔	107
平 顶 山	72	武 汉	84	郑 州	96	长 沙	108
成 都	73	济 南	85	呼和浩特	97	三 亚	109
太 原	74	汉 中	85	洛 阳	98	贵 阳	110
锦 州	75	绵 阳	87	中 山	99	金 昌	111
徐 州	76	鞍 山	88	乌鲁木齐	100	兰 州	112
泉 州	77	西 宁	89	济 宁	101	白 银	113
衡 水	77	蚌 埠	90	怀 化	102	伊 春	114
张 家 界	79	哈 尔 滨	91	长 春	103	渭 南	115
舟 山	80	广 元	92	天 津	104	安 顺	116

新余市实施6个"绿化"工程,即集镇出入口绿化、集镇道路节点绿化、集镇河道绿化、集镇公园绿化、集镇庭院绿化、集镇周边绿化,改善了城市生态环境。新余市 2008 年绿化覆盖率为 43.59%,2009 年为 47.1%,2010 年 49.17%,2011 年为 52.67%,2012 年为 53.37%,虽然每年都有增长,但 2009、2010、2011、2012 年的增长率分别为 8.1%、4.3%、7.1%、1.3%,呈现递减趋势。

北京市实施立体绿化建设工程,大幅提升城市空间立体绿化建设发展水平。北京市 2008 年绿化覆盖率为 37.87%、2009 年为 47.68%、2010 年 55.1%、2011 年为 51.59%、2012 年为 51.92%,2009、2010、2011、2012 年的增长率分别为 25.9%、15.6%、-6.4%、0.64%,增长率呈现递减趋势。

珠海市实施四大重点绿化工程建设,即森林碳汇工程、生态景观林带工程、森林进城围城工程和乡村绿化美化工程,提升了现有的森林绿地水平。珠海市 2008 年绿化覆盖率为 45.16%、2009 年为 45.1%、2010 年为 50.1%、2011 年为 51.11%、2012 年为 51.15%,虽然每年都有增长,但 2009、2010、2011、2012 年的增长率分别为 0.0%、11.1%、20%、0.001%,增长率波动幅度较大。

邯郸市构建以山、水、路为构架,环、块、点、楔、网状绿地相结合的城市绿地系统结构模式,概括为"二河、五水、二山、三环、六区、八带"的空间布局结构，极大地提升了城市绿化水平。

秦皇岛市极力打造"绿化＋文化"的生态园林城市，城市绿化布局日趋合理、城市绿量逐年增加、绿化品位大幅提升、人居生态环境明显改善。黄山市通过创建国家生态园林城市、打造最佳旅居城市工程，使建成区绿地率逐年递增。嘉兴市充分利用星罗棋布的河湖水网，亲水造绿，依水造景，借水造势，大力实施园林绿化建设，形成了城乡良好的生态环境。湖州市实施"森林城市"的近山工程，使城市绿化成为靓丽的风景线。本溪市通过森林城区建设工程、城市河岸风光带建设工程、生态风景林建设工程、工矿废弃地复绿及生态景观林建设工程、道路绿化工程，使城区绿化明显改观。威海市实施中心城区、环翠区、高区、经区的绿化工程，通过完成里口山风景名胜区、双岛湾科技城绿化、东部滨海新城绿化、环翠楼公园、塔山公园和海源公园等公园和道路绿化建设的改造工程，提升了城区绿化覆盖率。

（二）空气质量

洁净大气是人类赖以生存的必要条件之一，不仅关乎人类的生存质量，也深深影响着地球上的其他生物，改善空气质量对于提高人类生活水平具有十分重要的意义。2012 年中国全年空气质量优良的城市有厦门市、汕头市、梅州市、河源市、珠海市、安顺市、钦州市、内江市、黄山市、赣州市、宜春市、萍乡市、海口市、三亚市。2012 年中国 116 个生态城市空气优良天数平均为341 天，空气优良天数最低的为 270 天。具体见表 7。

表 7　2012 年中国 116 个生态城市空气质量优良天数排名

城市名称	排名	城市名称	排名	城市名称	排名	城市名称	排名
珠　海	1	梅　州	1	广　元	15	东　莞	25
厦　门	1	河　源	1	福　州	18	伊　春	26
黄　山	1	钦　州	1	泉　州	18	怀　化	26
海　口	1	内　江	1	曲　靖	18	广　州	28
三　亚	1	赣　州	1	舟　山	21	丽　江	28
萍　乡	1	安　顺	1	新　余	21	克拉玛依	30
汕　头	1	深　圳	15	中　山	21	大　庆	31
宜　春	1	昆　明	15	张家界	21	长　治	31

城市名称	排名	城市名称	排名	城市名称	排名	城市名称	排名
呼伦贝尔	33	张 家 口	53	徐 州	74	武 汉	96
鹰 潭	34	东 营	55	杭 州	76	荆 门	97
阜 新	34	嘉 兴	55	泰 安	76	郑 州	98
日 照	34	岳 阳	55	榆 林	78	哈 尔 滨	98
锦 州	37	淮 南	55	金 昌	79	蚌 埠	98
威 海	38	朔 州	59	长 沙	80	南 京	101
秦 皇 岛	38	无 锡	60	合 肥	81	绍 兴	101
烟 台	40	衡 水	60	鸡 西	81	包 头	101
南 宁	40	上 海	62	保 定	81	焦 作	104
本 溪	40	宁 波	62	南 昌	84	宝 鸡	105
柳 州	40	马 鞍 山	62	沈 阳	85	西 宁	105
大 连	44	湘 潭	62	银 川	85	临 沂	107
桂 林	44	攀 枝 花	62	邯 郸	85	渭 南	108
绵 阳	44	济 宁	67	平 顶 山	88	白 银	109
贵 阳	44	青 岛	68	洛 阳	89	德 州	110
鞍 山	48	重 庆	68	济 南	90	西 安	111
廊 坊	48	汉 中	68	石 嘴 山	90	天 津	112
大 同	48	长 春	71	太 原	90	成 都	113
呼和浩特	51	苏 州	72	湖 州	93	乌鲁木齐	114
宜 昌	51	吉 林	72	连 云 港	94	北 京	115
镇 江	53	常 州	74	石 家 庄	94	兰 州	116

　　2012 年中国各城市在大气污染方面采取的措施主要有：一是严格控制尘类污染，对在建、待建、拆迁、开山采石等工地和物料堆场、道路等处的清扫保洁、施工运输车辆等进行全方位、全过程监控。二是治理机动车排气污染，更新所有旧中巴车，制定机动车尾气路检和年检规范，进一步规范油品市场，新装营运车推行欧Ⅲ标准发动机。三是全面实施煤改气工程，发布禁止、限制燃烧高污染燃料的通告，在市区范围内禁止除工业企业外的单位和个人使用燃煤，同时限制工业企业使用高污染燃料，取缔燃煤生产、销售场所，并在码头、大桥、火车站等交通口岸阻断燃煤营运途径，摧毁非法燃煤加工、销售点。四是下大力气整治油烟扰民问题，开展餐饮业集中区域、重点街道油烟噪声整治，加大对餐饮业污染的处罚力度，对在禁止地点新设可能产生油烟、噪声污染的餐饮项目的，责令关闭并处罚款。

（三）城市绿地面积

2008年城市绿化面积排名在前10位的城市有：上海市、广州市、深圳市、南京市、北京市、重庆市、南宁市、东莞市、沈阳市、乌鲁木齐市；2009年城市绿化面积排名在前10位的城市有：上海市、广州市、深圳市、南京市、北京市、重庆市、南宁市、东莞市、沈阳市、河源市；2010年城市绿化面积排名在前10位的城市有：上海市、广州市、深圳市、南京市、北京市、重庆市、南宁市、东莞市、沈阳市、大庆市；2011年城市绿化面积排名在前10位的城市有：广州市、上海市、深圳市、南京市、北京市、重庆市、南宁市、东莞市、沈阳市、天津市。2008～2011绿化面积连续四年排名在前10位的城市有上海市、广州市、深圳市、南京市、北京市、重庆市、南宁市、东莞市、沈阳市。2012年的整体排名情况如表8所示。

表8　2012年中国116个生态城市绿地面积排名

城市名称	排名	城市名称	排名	城市名称	排名	城市名称	排名
广　州	1	无　锡	18	长　沙	35	威　海	52
上　海	2	武　汉	19	福　州	36	洛　阳	53
深　圳	3	厦　门	20	石家庄	37	银　川	54
南　京	4	杭　州	21	南　昌	38	马鞍山	55
北　京	5	徐　州	22	汕　头	39	兰　州	56
重　庆	6	西　安	23	邯　郸	40	本　溪	57
南　宁	7	哈尔滨	24	常　州	41	秦皇岛	58
东　莞	8	合　肥	25	包　头	42	保　定	59
沈　阳	9	长　春	26	珠　海	43	济　宁	60
乌鲁木齐	10	昆　明	27	泉　州	44	海　口	61
天　津	11	黄　山	28	呼和浩特	45	泰　安	62
大　庆	12	郑　州	29	镇　江	46	蚌　埠	63
青　岛	13	济　南	30	贵　阳	47	伊　春	64
苏　州	14	烟　台	31	柳　州	48	大　同	65
连云港	15	宁　波	32	吉　林	49	岳　阳	66
成　都	16	太　原	33	东　营	50	廊　坊	67
大　连	17	临　沂	34	鞍　山	51	宜　昌	68

城市名称	排名	城市名称	排名	城市名称	排名	城市名称	排名
嘉 兴	69	赣 州	81	长 治	93	广 元	105
绍 兴	70	张家口	82	攀枝花	94	白 银	106
湖 州	71	阜 新	83	萍 乡	95	中 山	107
淮 南	72	鸡 西	84	怀 化	96	三 亚	108
宝 鸡	73	湘 潭	85	舟 山	97	河 源	109
日 照	74	西 宁	86	朔 州	98	金 昌	110
绵 阳	75	钦 州	87	荆 门	99	鹰 潭	111
新 余	76	锦 州	88	梅 州	100	张家界	112
石嘴山	77	平顶山	89	渭 南	101	汉 中	113
德 州	78	桂 林	90	衡 水	102	呼伦贝尔	114
焦 作	79	宜 春	91	内 江	103	丽 江	115
克拉玛依	80	曲 靖	92	榆 林	104	安 顺	116

（四）水资源

目前，全世界还有超过10亿的人口用不上清洁的水，人类每年有310万人因饮用不洁水患病而死亡。面临全球性的水资源匮乏，第47届联合国大会确定每年3月22日为世界水日。2007年3月22日，第15个世界水日，主题是"应对水短缺"，处理好水资源短缺问题是一项十分重要的工作。

2012年我国城市人年平均用水量为68.1吨，有些城市人年平均用水量高达881.7吨，而有些城市人年平均用水量仅为4.7吨。其中用水量排名前10位的城市有：德州市、榆林市、曲靖市、赣州市、汉中市、安顺市、宜春市、内江市、衡水市、保定市，这些城市人年均用水量都没有超出10吨。其具体排名情况如表9所示。

表9　2012年中国116个生态城市人均用水量排名

城市名称	排名	城市名称	排名	城市名称	排名	城市名称	排名
德 州	1	汉 中	5	衡 水	9	梅 州	13
榆 林	2	安 顺	6	保 定	10	广 元	14
曲 靖	3	宜 春	7	怀 化	11	丽 江	15
赣 州	4	内 江	8	呼伦贝尔	12	廊 坊	16

续表

城市名称	排名	城市名称	排名	城市名称	排名	城市名称	排名
泰　安	17	威　海	42	合　肥	67	沈　阳	92
渭　南	18	荆　门	43	中　山	68	宁　波	93
钦　州	19	绍　兴	44	青　岛	69	杭　州	94
张家界	20	大　同	45	东　营	70	太　原	95
济　宁	21	宜　昌	46	汕　头	71	大　庆	96
临　沂	22	嘉　兴	47	吉　林	72	鞍　山	97
河　源	23	重　庆	48	济　南	73	无　锡	98
朔　州	24	石家庄	49	西　安	74	包　头	99
鹰　潭	25	郑　州	50	南　宁	75	攀枝花	100
绵　阳	26	湖　州	51	石嘴山	76	乌鲁木齐	101
邯　郸	27	岳　阳	52	金　昌	77	海　口	102
张家口	28	伊　春	53	镇　江	78	苏　州	103
宝　鸡	29	淮　南	54	呼和浩特	79	北　京	104
连云港	30	哈尔滨	55	白　银	80	柳　州	105
平顶山	31	蚌　埠	56	长　沙	81	武　汉	106
焦　作	32	湘　潭	57	贵　阳	82	三　亚	107
桂　林	33	昆　明	58	成　都	83	本　溪	108
泉　州	34	阜　新	59	银　川	84	厦　门	109
萍　乡	35	鸡　西	60	大　连	85	南　京	110
徐　州	36	秦皇岛	61	西　宁	86	上　海	111
长　治	37	舟　山	62	常　州	87	广　州	112
洛　阳	38	锦　州	63	南　昌	88	珠　海	113
日　照	39	福　州	64	天　津	89	克拉玛依	114
黄　山	40	新　余	65	马鞍山	90	深　圳	115
烟　台	41	长　春	66	兰　州	91	东　莞	116

德州市水资源人均占有量仅是全国的10%，主要依靠调引黄河水和开采地下水支撑全市各类用水需求，水已成为全市可持续发展的"瓶颈"。主要表现在三个方面：一是地表水资源短缺，二是客水资源不稳定，三是地下水资源超采严重。

榆林市是全国第二批节水型试点城市，在驾乘全国能源化工基地建设的快车高速前进的同时，水资源也正在经受前所未有的考验，水资源严重短缺仍是榆林面临的重大问题。靠打井吃水的当地老百姓原先在地下不到100米

就可以找到水，现在打到二三百米也很难找到水源，有些地方常年从外地买水吃。

曲靖市在统筹协调区域水资源管理上也做了大量工作，如成立曲靖灌区管理局，对南盘江上游段沾益、麒麟境内的重点骨干水源工程实行统一管理，统一调度，合理分配使用水资源，提高用水效率；成立南盘江管理处，对南盘江干流上游段沾益、麒麟、陆良境内的重点河闸实行统一管理，提高供用水及防洪调度效率；成立独木水库管理局，赋予综合行政执法权，增强执法能力，有力推进水库污染防治工作；成立曲靖市公安局水务分局（现为曲靖市公安局二分局）、曲靖市水政监察支队，各县设水政监察大队，有力提升了全市水事违法案件、水事矛盾纠纷等的查处、调解力度。在此基础上，还专门制定了《曲靖市南盘江管理办法》《曲靖独木水库保护条例》等法规规章，为强化水资源管理提供法制依据。通过水资源管理体制机制的不断改进完善，全市的水资源管理水平逐步提高，为实施用水总量控制，协调上下游、左右岸及各取用水户的关系提供了保障。目前全市共保有取水许可证716套，新建项目取水许可现场验收率达100%。将全市主要的江河水库划分为不同使用目的的水功能区，共划分一级水功能区52个，其中保护区7个、缓冲区6个、开发利用区11个、保留区28个，并在11个开发利用区中划分了二级水功能区21个。截至2011年底共建成各类水库687座［其中大型2座、中型25座、小（一）型118座、小（二）型542座］，坝塘1845座，库塘总库容17.49亿立方米，全市已建成的水库座数居云南省第三位，库容居云南省第二位，为全市节水型社会建设奠定了坚实的水资源基础。

（五）人均绿地面积

2008年人均绿地面积排名在前10位的城市有：深圳市、黄山市、广州市、东莞市、南京市、南宁市、石嘴山市、乌鲁木齐市、威海市、厦门市；2009年城市人均绿地面积排名在前10位的城市有：河源市、深圳市、黄山市、广州市、东莞市、大庆市、石嘴山市、南京市、上海市；2010年城市人均绿地面积排名在前10位的城市有：河源市、深圳市、黄山市、广州市、东莞市、大庆市、石嘴山市、南京市、南宁市、厦门市；2011年城市人均绿地面积排名在前 10 位的城市有：深圳市、东莞市、广州市、南京市、石嘴山市、厦门市、上海市、黄山市、乌鲁木齐市、克拉玛依市。2008～2011 年连续四年排名在前 10 位的城市有深圳市、广州市、东莞市、南京市、石嘴山市。2012 年的具体排名情况如表 10 所示。

表 10　2012 年中国 116 个生态城市人均绿地面积排名

城市名称	排名	城市名称	排名	城市名称	排名	城市名称	排名
深　圳	1	镇　江	30	吉　林	59	邯　郸	88
东　莞	2	三　亚	31	阜　新	60	洛　阳	89
广　州	3	金　昌	32	徐　州	61	岳　阳	90
南　京	4	威　海	33	重　庆	62	丽　江	91
克拉玛依	5	昆　明	34	大　同	63	长　治	92
乌鲁木齐	6	杭　州	35	长　沙	64	绵　阳	93
厦　门	7	马鞍山	36	西　宁	65	钦　州	94
上　海	8	天　津	37	福　州	66	张家口	95
黄　山	9	常　州	38	日　照	67	张家界	96
大　庆	10	攀枝花	39	哈尔滨	68	德　州	97
珠　海	11	武　汉	40	嘉　兴	69	济　宁	98
南　宁	12	济　南	41	蚌　埠	70	荆　门	99
北　京	13	舟　山	42	郑　州	71	广　元	100
石嘴山	14	宁　波	43	宜　昌	72	桂　林	101
沈　阳	15	合　肥	44	泉　州	73	平顶山	102
无　锡	16	贵　阳	45	中　山	74	保　定	103
连云港	17	柳　州	46	朔　州	75	榆　林	104
伊　春	18	鞍　山	47	廊　坊	76	宜　春	105
包　头	19	秦皇岛	48	萍　乡	77	内　江	106
本　溪	20	南　昌	49	宝　鸡	78	怀　化	107
银　川	21	长　春	50	湘　潭	79	曲　靖	108
东　营	22	西　安	51	临　沂	80	衡　水	109
苏　州	23	烟　台	52	焦　作	81	赣　州	110
呼和浩特	24	兰　州	53	绍　兴	82	河　源	111
大　连	25	淮　南	54	白　银	83	呼伦贝尔	112
新　余	26	汕　头	55	鹰　潭	84	梅　州	113
太　原	27	成　都	56	石家庄	85	渭　南	114
海　口	28	湖　州	57	锦　州	86	汉　中	115
青　岛	29	鸡　西	58	泰　安	87	安　顺	116

（六）生活垃圾无害化处理

2012 年生活垃圾无害化处理率为 100% 的城市有：兰州市、曲靖市、秦皇岛市、邯郸市、石家庄市、保定市、沈阳市、鞍山市、青岛市、临沂市、日照市、威海市、东营市、镇江市、常州市、苏州市、无锡市、绍兴市、湖州市、舟山市、嘉兴市、宁波市、杭州市、梅州市、珠海市、中山市、岳阳市、湘潭市、宜春市、萍乡市、鹰潭市、新余市等。具体排名如表 11 所示。

表 11　2012 年中国 116 个生态城市生活垃圾无害化处理率排名

城市名称	排名	城市名称	排名	城市名称	排名	城市名称	排名
东　营	1	泰　安	1	厦　门	51	黄　山	76
无　锡	1	本　溪	1	德　州	52	平 顶 山	77
珠　海	1	马 鞍 山	1	克拉玛依	53	衡　水	78
杭　州	1	岳　阳	1	泉　州	54	荆　门	79
沈　阳	1	太　原	1	贵　阳	55	阜　新	80
苏　州	1	湘　潭	1	西　安	56	宜　昌	81
威　海	1	济　宁	1	汉　中	57	南　京	82
青　岛	1	萍　乡	1	广　元	58	郑　州	83
镇　江	1	日　照	1	吉　林	59	南　昌	84
常　州	1	秦 皇 岛	1	攀 枝 花	60	榆　林	85
烟　台	1	张 家 界	1	廊　坊	61	大　连	86
宁　波	1	宜　春	1	深　圳	62	锦　州	87
长　沙	1	临　沂	1	大　庆	63	丽　江	88
舟　山	1	鞍　山	1	武　汉	63	焦　作	89
嘉　兴	1	石 家 庄	1	宝　鸡	65	呼伦贝尔	90
新　余	1	梅　州	1	柳　州	66	渭　南	90
绍　兴	1	曲　靖	1	济　南	67	福　州	92
中　山	1	伊　春	1	钦　州	68	哈 尔 滨	93
合　肥	1	河　源	1	呼和浩特	69	鸡　西	93
湖　州	1	邯　郸	1	石 嘴 山	69	张 家 口	93
海　口	1	保　定	1	西　宁	71	长　春	96
三　亚	1	兰　州	1	包　头	72	桂　林	97
成　都	1	天　津	48	南　宁	73	淮　南	98
鹰　潭	1	重　庆	49	乌鲁木齐	74	徐　州	99
昆　明	1	北　京	50	上　海	75	广　州	100

城市名称	排名	城市名称	排名	城市名称	排名	城市名称	排名
朔　州	101	内　江	105	金　昌	109	安　顺	113
怀　化	102	白　银	106	汕　头	110	大　同	114
洛　阳	103	蚌　埠	107	长　治	111	赣　州	115
绵　阳	104	连云港	108	东　莞	112	银　川	116

兰州市全面实行生活垃圾分类收集、处置，已全部实现了无害化处理。城市生活垃圾处理设施和服务范围向小城镇和乡村延伸，城乡生活垃圾处理率已达到全国平均水平。科学制定了生活垃圾分类办法：动员社区及家庭积极参与，逐步推行垃圾分类。稳步推进废弃含汞荧光灯、废温度计、废旧电池等有害垃圾的单独收运和处理工作，鼓励居民分开盛放。同时，限制包装材料过度使用，减少包装性废物产生，促进包装物回收再利用。建立餐厨垃圾排放登记制度：建立高水分有机生活垃圾收运系统，实现厨余垃圾单独收集、循环利用。进一步加强餐饮业和单位餐厨垃圾分类收集管理。杜绝污水处理厂含水率大于60%的污泥和工业固体废物、危险废物、医疗废物、电子废物等进入城市生活垃圾填埋场。全面推广废旧商品回收利用、焚烧发电、生物处理等生活垃圾资源化利用方式。逐步淘汰垃圾敞开式收运方式：生活垃圾处理设施用地纳入城市"黄线"保护范围，禁止擅自占用或者改变用途，严格控制设施周边的开发建设活动。同时，积极推广密闭、环保、高效的生活垃圾收集、中转和运输系统。加大投入力度，加快生活垃圾分类体系、处理设施和监管能力建设。鼓励社会资金参与生活垃圾处理设施建设和运营。完善垃圾处理税收优惠政策：改善环卫作业工作环境，完善环卫用工制度和保险救助制度，落实环卫职工的工资和福利待遇，保障职工合法权益。同时，严格执行并不断完善城市生活垃圾处理税收优惠政策。

三　2012 年 116 个城市的生态经济健康状况排名

生态经济是指在生态系统承载能力范围内，运用生态经济学原理和系统工程方法改变生产和消费方式，挖掘一切可以利用的资源潜力，发展一些经济发达、生态高效的产业，建设体制合理、社会和谐的文化以及生态健康、景观适宜的环境。生态经济是实现经济腾飞与环境保护、物质文明与精神文明、自然生态与人类生态高度统一和可持续发展的经济。本报告对中国 116 个城市的生态经济健康状况进行了排名（评价指标见表 12）。其中前 10 名的城市分别是：东营市、深圳市、无锡市、大连市、大庆市、广州市、珠海市、苏州市、长沙市、威海市。具体排名如表 13 所示。

表 12　生态经济评价指标

生态经济	7	单位 GDP 综合能耗(吨标准煤/万元)
	8	一般工业固体废物综合利用率(%)
	9	城市污水处理率(%)
	10	人均 GDP(元/人)

表 13　2012 年中国 116 个城市的生态经济健康状况排名

城市名称	排名	城市名称	排名	城市名称	排名	城市名称	排名
东　营	1	北　京	21	东　莞	41	西　宁	61
深　圳	2	镇　江	22	南　京	42	临　沂	62
无　锡	3	宁　波	23	朔　州	43	连云港	63
大　连	4	沈　阳	24	三　亚	44	洛　阳	64
大　庆	5	烟　台	25	徐　州	45	平顶山	65
广　州	6	榆　林	26	鹰　潭	46	淮　南	66
珠　海	7	济　南	27	哈尔滨	47	黄　山	67
苏　州	8	嘉　兴	28	海　口	48	吉　林	68
长　沙	9	南　昌	29	泰　安	49	南　宁	69
威　海	10	福　州	30	包　头	50	宜　春	70
天　津	11	新　余	31	呼伦贝尔	51	宝　鸡	71
杭　州	12	成　都	32	岳　阳	52	焦　作	72
克拉玛依	13	郑　州	33	济　宁	53	张家界	73
青　岛	14	舟　山	34	德　州	54	锦　州	74
上　海	15	泉　州	35	湘　潭	55	汕　头	75
常　州	16	合　肥	36	重　庆	56	呼和浩特	76
厦　门	17	湖　州	37	桂　林	57	太　原	77
武　汉	18	银　川	38	荆　门	58	日　照	78
绍　兴	19	西　安	39	蚌　埠	59	兰　州	79
中　山	20	长　春	40	马鞍山	60	石嘴山	80

续表

城市名称	排名	城市名称	排名	城市名称	排名	城市名称	排名
石家庄	81	大 同	90	保 定	99	邯 郸	108
宜 昌	82	曲 靖	91	渭 南	100	河 源	109
绵 阳	83	阜 新	92	柳 州	101	赣 州	110
廊 坊	84	梅 州	93	鞍 山	102	怀 化	111
昆 明	85	钦 州	94	本 溪	103	张家口	112
萍 乡	86	秦皇岛	95	鸡 西	104	安 顺	113
广 元	87	长 治	96	汉 中	105	白 银	114
贵 阳	88	衡 水	97	乌鲁木齐	106	金 昌	115
丽 江	89	伊 春	98	内 江	107	攀枝花	116

（一）单位 GDP 综合能耗

单位 GDP 能耗，是指一定时期内一个国家（地区）每生产一个单位的国内（地区）生产总值所消耗的能源。表 14 是 2012 年中国 116 个生态城市单位 GDP 综合能耗排名，其中前 10 名的城市分别为：黄山市、深圳市、北京市、三亚市、珠海市、厦门市、汕头市、广州市、福州市、中山市。

表 14 2012 年中国 116 个生态城市单位 GDP 综合能耗排名

城市名称	排名	城市名称	排名	城市名称	排名	城市名称	排名
黄 山	1	海 口	15	常 州	29	绍 兴	43
深 圳	2	赣 州	16	蚌 埠	30	威 海	44
北 京	3	西 安	17	烟 台	31	钦 州	45
三 亚	3	合 肥	18	河 源	32	衡 水	46
珠 海	5	长 沙	19	无 锡	33	徐 州	47
厦 门	6	东 莞	20	青 岛	34	秦皇岛	48
汕 头	7	上 海	21	本 溪	35	阜 新	49
广 州	8	宁 波	22	大 连	36	武 汉	50
福 州	9	桂 林	23	嘉 兴	37	洛 阳	51
中 山	10	镇 江	24	天 津	38	宝 鸡	52
杭 州	11	苏 州	25	银 川	39	怀 化	53
鹰 潭	12	泉 州	26	成 都	40	曲 靖	54
连云港	13	郑 州	27	舟 山	41	宜 春	55
南 昌	14	张家界	28	东 营	42	昆 明	56

城市名称	排名	城市名称	排名	城市名称	排名	城市名称	排名
廊　坊	57	石家庄	70	呼和浩特	87	石嘴山	102
济　南	58	德　州	73	南　京	88	伊　春	103
济　宁	58	南　宁	74	湘　潭	89	兰　州	104
湖　州	60	吉　林	75	新　余	90	萍　乡	105
张家口	61	锦　州	76	绵　阳	91	马鞍山	106
长　春	62	临　沂	77	西　宁	92	金　昌	107
淮　南	63	哈尔滨	78	太　原	93	渭　南	108
泰　安	64	焦　作	79	宜　昌	94	日　照	109
岳　阳	65	保　定	80	克拉玛依	95	内　江	110
广　元	66	平顶山	81	大　同	95	邯　郸	111
梅　州	67	呼伦贝尔	82	贵　阳	97	长　治	112
榆　林	68	汉　中	83	鞍　山	98	白　银	113
沈　阳	69	荆　门	84	鸡　西	99	安　顺	114
重　庆	70	朔　州	85	包　头	100	攀枝花	115
丽　江	70	大　庆	86	柳　州	101	乌鲁木齐	116

2012 年我国一次能源消费量为 36.2 亿吨标煤，消耗了全世界 20% 的能源，单位 GDP 能耗是世界平均水平的 2.5 倍，美国的 3.3 倍，日本的 7 倍，同时高于巴西、墨西哥等发展中国家。中国每消耗 1 吨标煤的能源仅创造 14000 元人民币的 GDP，而全球平均水平是消耗 1 吨标煤创造 25000 元 GDP，美国的水平是 31000 元 GDP，日本是 50000 元 GDP。

在我国能源消费结构中，煤炭占 68.5%，石油占比为 17.7%，水能 7.1%，天然气 4.7%，核能占 0.8%，其他占 1.2%。实现雾霾治理、减少温室气体排放，中国必须从源头减少煤炭消耗，尤其是坚决减少高硫、低热值煤炭的消耗。

2012 年，我国消耗了占全世界近一半的煤炭，火电则燃烧了全国一半的电煤。在水电开发上，中国可以开发的水能总量约为 5 亿千瓦，目前约已开发 2.3 亿千瓦，开发难度越来越大，还面临生态环保和移民等问题。建议大力发展核电，尽快重新启动内陆核电站，减少火电数量。

（二）工业固体废物综合利用率

工业固体废物主要包括：尾矿、煤矸石、粉煤灰、冶炼渣、工业副产石膏、赤泥和电石渣。工业固体废物综合利用是节能环保战略性新兴产业的重要组成部分，是为工业又好又快发展提供资源保障的重要途径，也是解决工业固体废物不当处置与堆存所带来的环境污染和安全隐患的治本之策。2012年中国116个生态城市工业固体废物综合利用率排名前10位的城市分别为：三亚市、泰安市、长春市、天津市、克拉玛依市、哈尔滨市、日照市、广元市、蚌埠市、梅州市、兰州市和渭南市，具体排名如表15所示。

表15　2012年中国116个生态城市工业固体废物综合利用率排名

城市名称	排名	城市名称	排名	城市名称	排名	城市名称	排名
三　亚	1	榆　林	23	徐　州	45	中　山	67
泰　安	2	张家界	24	连云港	46	淮　南	68
长　春	3	大　庆	25	南　京	47	桂　林	69
天　津	4	珠海市	25	绍　兴	47	济　南	70
克拉玛依	5	萍　乡	27	岳　阳	49	济　宁	71
哈尔滨	6	湖　州	28	平顶山	50	朔　州	72
日　照	6	柳　州	28	杭　州	51	赣　州	73
广　元	8	厦　门	30	新　余	52	内　江	74
蚌　埠	9	青　岛	31	宁　波	53	重　庆	75
梅　州	10	西　安	31	长　沙	54	银　川	76
兰　州	10	广　州	33	南　宁	55	烟　台	77
渭　南	10	湘　潭	33	威　海	56	北　京	78
绵　阳	13	大　连	35	鹰　潭	57	大　同	79
舟　山	14	嘉　兴	36	鸡　西	57	深　圳	80
南　昌	15	泉　州	37	荆　门	59	郑　州	81
成　都	16	沈　阳	38	无　锡	60	东　莞	82
镇　江	17	武　汉	39	宜　春	61	安　顺	83
常　州	18	苏　州	40	临　沂	62	伊　春	84
汕　头	19	德　州	41	福　州	63	呼伦贝尔	85
西　宁	19	东　营	42	阜　新	64	丽　江	86
钦　州	21	合　肥	43	海　口	65	黄　山	87
上　海	22	马鞍山	44	乌鲁木齐	66	锦　州	88

城市名称	排名	城市名称	排名	城市名称	排名	城市名称	排名
长　治	89	太　原	96	吉　林	103	河　源	110
石嘴山	90	邯　郸	97	包　头	104	怀　化	111
曲　靖	91	白　银	98	宜　昌	105	鞍　山	112
宝　鸡	92	衡　水	99	昆　明	106	张家口	113
焦　作	93	廊　坊	100	汉　中	107	攀枝花	114
贵　阳	94	石家庄	101	秦皇岛	108	金　昌	115
洛　阳	95	保　定	102	呼和浩特	109	本　溪	116

为了提高工业固体废物综合利用率，到 2015 年中国将总投资 1000 亿元，重点建设尾矿提取有价组分、尾矿充填、尾矿生产高附加值建筑材料、尾矿无害化农业和生态应用、粉煤灰高附加值利用、钢渣处理与综合利用、有色冶炼渣综合利用、氰化渣综合利用、工业副产石膏高附加值利用、赤泥综合利用等 10 大工程，预计实现年产值 1445 亿元，年利用大宗工业固体废物 41210 万吨。

（三）城市污水处理率

2012 年，全国投运的城镇污水处理设施共 3836 座，总设计处理能力 1.49 亿立方米/日，平均日处理水量 1.16 亿立方米。2012 年中国 116 个生态城市污水处理率排名前 10 位的城市有：朔州市、银川市、洛阳市、宜春市、邯郸市、新余市、海口市、威海市、烟台市、石家庄市。具体排名情况如表 16 所示。

表 16　2012 年中国 116 个生态城市污水处理率排名

城市名称	排名	城市名称	排名	城市名称	排名	城市名称	排名
朔　州	1	石家庄	10	东　营	19	大　庆	28
银　川	1	郑　州	11	临　沂	20	秦皇岛	29
洛　阳	3	大　连	12	西　安	21	福　州	30
宜　春	4	长　沙	13	宝　鸡	21	克拉玛依	31
邯　郸	5	贵　阳	13	杭　州	23	武　汉	32
新　余	6	深　圳	15	平顶山	24	保　定	33
海　口	7	南　昌	16	济　宁	25	中　山	34
威　海	8	昆　明	17	日　照	26	哈尔滨	35
烟　台	9	吉　林	18	泰　安	27	青　岛	36

续表

城市名称	排名	城市名称	排名	城市名称	排名	城市名称	排名
张家口	37	合 肥	57	大 同	77	镇 江	97
成 都	38	焦 作	58	长 春	78	宁 波	98
厦 门	39	鹰 潭	59	怀 化	79	广 元	99
长 治	40	汉 中	59	北 京	80	苏 州	100
湖 州	41	无 锡	61	泉 州	80	南 宁	101
西 宁	42	湘 潭	61	广 州	82	梅 州	102
济 南	43	东 莞	63	乌鲁木齐	83	汕 头	103
重 庆	44	丽 江	64	安 顺	84	锦 州	104
蚌 埠	45	荆 门	65	本 溪	85	连云港	105
河 源	46	曲 靖	66	渭 南	85	内 江	106
宜 昌	47	伊 春	66	衡 水	87	南 京	107
黄 山	48	马鞍山	68	榆 林	88	金 昌	108
德 州	49	绍 兴	69	鞍 山	88	舟 山	109
珠 海	50	常 州	70	呼和浩特	90	白 银	110
天 津	51	太 原	70	萍 乡	91	钦 州	111
廊 坊	52	呼伦贝尔	70	绵 阳	92	阜 新	112
嘉 兴	53	上 海	73	张家界	93	鸡 西	113
桂 林	54	包 头	74	淮 南	94	柳 州	114
沈 阳	55	徐 州	74	兰 州	95	赣 州	115
岳 阳	56	三 亚	76	石嘴山	96	攀枝花	116

2012 年我国河湖水质污染现象依然严重，需要全面落实城镇污水处理管理制度，继续加强城市内涝防治、加快城镇污水处理配套管网建设等工作。北京共计 82 条 2020 公里长的有水河流中，四类、五类和劣五类水质河道长度占到总长度的 44.1%。河流中下游水质大部分仍为劣五类（不能灌溉农田）水体，下游河湖仍然存在黑臭现象，所以水质污染的全方位综合治理力度必须加强，要建立不同区域协调、协同治污、防污体系，采取有效措施从源头根治。

（四）人均 GDP

2012 年中国国内生产总值为 519322 亿元，比上年增长 7.8%，按照年末汇率计算，GDP 约合 8.26 万亿美元，人均 GDP 为 6100 美元。2012 年中国

116 个生态城市人均 GDP 排名前 10 位的有：东营市、大庆市、克拉玛依市、包头市、深圳市、无锡市、苏州市、广州市、大连市、珠海市，具体排名如表 17 所示。

表 17　2012 年中国 116 个生态城市人均 GDP 排名

城市名称	排名	城市名称	排名	城市名称	排名	城市名称	排名
东　营	1	烟　台	30	徐　州	59	鸡　西	88
大　庆	2	新　余	31	三　亚	60	阜　新	89
克拉玛依	3	济　南	32	昆　明	61	桂　林	90
包　头	4	鞍　山	33	湘　潭	62	平顶山	91
深　圳	5	本　溪	34	哈尔滨	63	临　沂	92
无　锡	6	嘉　兴	35	洛　阳	64	绵　阳	93
苏　州	7	郑　州	36	焦　作	65	黄　山	94
广　州	8	宜　昌	37	石家庄	66	张家口	95
大　连	9	攀枝花	38	兰　州	67	蚌　埠	96
珠　海	10	乌鲁木齐	39	鹰　潭	68	大　同	97
天　津	11	东　莞	40	泰　安	69	内　江	98
威　海	12	南　昌	41	廊　坊	70	汕　头	99
长　沙	13	长　春	42	锦　州	71	白　银	100
杭　州	14	福　州	43	岳　阳	72	保　定	101
南　京	15	朔　州	44	德　州	73	曲　靖	102
舟　山	16	成　都	45	长　治	74	衡　水	103
北　京	17	湖　州	46	萍　乡	75	宜　春	104
宁　波	18	泉　州	47	济　宁	76	张家界	105
上　海	19	银　川	48	重　庆	77	钦　州	106
常　州	20	吉　林	49	海　口	78	汉　中	107
呼和浩特	21	马鞍山	50	贵　阳	79	渭　南	108
镇　江	22	石嘴山	51	西　宁	80	怀　化	109
绍　兴	23	合　肥	52	秦皇岛	81	伊　春	110
青　岛	24	太　原	53	荆　门	82	河　源	111
沈　阳	25	呼伦贝尔	54	宝　鸡	83	丽　江	112
榆　林	26	金　昌	55	连云港	84	广　元	113
武　汉	27	西　安	56	南　宁	85	赣　州	114
中　山	28	日　照	57	淮　南	86	梅　州	115
厦　门	29	柳　州	58	邯　郸	87	安　顺	116

经济活动一方面在索取资源，使资源从绝对量上逐年减少，另一方面通过排泄废弃物或破坏资源使生态环境从质量上日益恶化。所以经济活动有着正负两方面的效应，应该在国民经济核算中扣除为了减少负面影响所承担的成本，实施绿色 GDP。

四 2012 年 116 个城市的生态社会健康状况排名

生态社会是人与人、人与自然和谐共生的健康可持续社会，确保一代比一代活得更有保障、更加健康、更加有尊严。在这个意义上生态社会的评价体系十分复杂（评价指标见表 18）。

表 18 生态社会评价指标

	11	人均预期寿命(人口自然增长率)(‰)
生态社会	12	生态环保知识、法规普及率,基础设施完好率（每万人从事水利、环境和公共设施管理业人数)（人）
	13	公众对城市生态环境满意率［民用车辆数(辆)/城市道路长度(公里)］

以下对中国 116 个生态城市进行排名，前 10 名为：呼和浩特市、本溪市、沈阳市、柳州市、杭州市、三亚市、舟山市、鞍山市、北京市、天津市，具体排名结果如表 19 所示。

表 19 中国 116 个城市生态社会排名情况

城市名称	排名	城市名称	排名	城市名称	排名	城市名称	排名
呼和浩特	1	鞍 山	8	石嘴山	15	包 头	22
本 溪	2	北 京	9	太 原	16	金 昌	23
沈 阳	3	天 津	10	哈尔滨	17	阜 新	24
柳 州	4	上 海	11	兰 州	18	南 京	25
杭 州	5	宜 昌	12	广 州	19	吉 林	26
三 亚	6	长 春	13	珠 海	20	海 口	27
舟 山	7	鸡 西	14	镇 江	21	大 连	28

续表

城市名称	排名	城市名称	排名	城市名称	排名	城市名称	排名
淮　南	29	南　昌	51	郑　州	73	内　江	95
贵　阳	30	济　南	52	绵　阳	74	连云港	96
克拉玛依	31	东　营	53	张家界	75	石家庄	97
威　海	32	桂　林	54	秦皇岛	76	安　顺	98
厦　门	33	乌鲁木齐	55	绍　兴	77	深　圳	99
丽　江	34	无　锡	56	马鞍山	78	中　山	100
常　州	35	合　肥	57	萍　乡	79	湘　潭	101
银　川	36	大　庆	58	福　州	80	鹰　潭	102
湖　州	37	青　岛	59	宝　鸡	81	衡　水	103
呼伦贝尔	38	苏　州	60	洛　阳	82	东　莞	104
武　汉	39	渭　南	61	德　州	83	平顶山	105
嘉　兴	40	西　宁	62	汕　头	84	宜　春	106
宁　波	41	重　庆	63	朔　州	85	泉　州	107
伊　春	42	焦　作	64	日　照	86	赣　州	108
黄　山	43	长　治	65	泰　安	87	曲　靖	109
大　同	44	南　宁	66	新　余	88	徐　州	110
广　元	45	荆　门	67	河　源	89	榆　林	111
烟　台	46	汉　中	68	临　沂	90	邯　郸	112
锦　州	47	张家口	69	济　宁	91	钦　州	113
成　都	48	长　沙	70	蚌　埠	92	廊　坊	114
攀枝花	49	昆　明	71	梅　州	93	保　定	115
西　安	50	白　银	72	岳　阳	94	怀　化	116

（一）人口自然增长率

　　人均寿命以人口自然增长率来代替，并且暂时定为负向指标，可以认为是评价各城市控制人口增长的能力，从一个侧面考察各城市的治理水平和能力。2012 年中国 116 个生态城市人口自然增长率指标排名前 10 位的城市为：天津市、本溪市、鸡西市、吉林市、柳州市、呼伦贝尔市、河源市、伊春市、镇江市、长春市。具体排名结果如表 20 所示。

表20　2012年中国116个生态城市人口自然增长率排名

城市名称	排名	城市名称	排名	城市名称	排名	城市名称	排名
天　津	1	渭　南	27	大　同	58	钦　州	88
本　溪	2	嘉　兴	31	张家口	60	南　昌	89
鸡　西	3	郑　州	31	兰　州	61	泉　州	90
吉　林	4	舟　山	33	合　肥	62	西　安	90
柳　州	4	东　营	34	长　治	63	怀　化	92
呼伦贝尔	6	青　岛	34	马鞍山	64	梅　州	93
河　源	7	昆　明	36	衡　水	65	东　莞	94
伊　春	8	大　庆	37	武　汉	66	福　州	95
镇　江	9	无　锡	38	宝　鸡	67	三　亚	96
长　春	9	宁　波	38	中　山	68	平顶山	97
呼和浩特	9	日　照	38	包　头	69	银　川	98
烟　台	12	广　元	41	西　宁	70	朔　州	99
威　海	13	克拉玛依	42	桂　林	71	赣　州	99
鞍　山	14	泰　安	43	白　银	72	蚌　埠	101
阜　新	15	临　沂	43	太　原	73	宜　春	102
丽　江	16	汉　中	45	湘　潭	74	石家庄	102
锦　州	17	荆　门	46	秦皇岛	74	新　余	104
哈尔滨	18	绵　阳	46	汕　头	74	保　定	105
湖　州	19	南　京	48	乌鲁木齐	74	珠　海	106
沈　阳	20	内　江	49	张家界	78	安　顺	107
成　都	21	苏　州	50	长　沙	79	厦　门	108
上　海	22	济　南	50	济　宁	79	海　口	109
绍　兴	23	攀枝花	50	广　州	81	连云港	110
宜　昌	24	贵　阳	53	南　宁	82	榆　林	111
洛　阳	25	杭　州	54	曲　靖	82	廊　坊	112
大　连	26	重　庆	54	金　昌	82	徐　州	113
常　州	27	石嘴山	56	岳　阳	85	鹰　潭	114
黄　山	27	德　州	56	北　京	86	邯　郸	114
焦　作	27	淮　南	58	萍　乡	86	深　圳	116

（二）每万人从事水利、环境和公共设施管理业人数

水利管理业包括：防洪管理、水资源管理、水库管理、调水引水管理及其他水资源管理。环境管理业包括：自然保护区管理、野生动植物保护、生态功能保护区的管理、生态示范区的管理等。环境管理业包括：城市市容管理、城市环境卫生管理、水污染治理、危险废物治理、汽车尾气的治理、燃烧烟气的

治理、生产工艺废气治理、大气污染治理、固体废物污染治理、噪声及光污染治理、辐射污染治理、地质灾害治理等。公共设施管理业包括：市政公共设施管理、城市绿化管理、游览景区管理、公园管理，以及旅游度假村、自然保护区的人工森林公园、旅游胜地、风景区、古迹、遗址等的管理。以下是中国116个生态城市每万人从事水利、环境和公共设施管理业人数排名，前10位的城市分别为：三亚市、北京市、杭州市、呼和浩特市、珠海市、海口市、沈阳市、舟山市、厦门市、本溪市。具体排名结果如表21所示。

表21　2012年中国116个生态城市每万人从事水利、环境和公共设施管理业人数排名

城市名称	排名	城市名称	排名	城市名称	排名	城市名称	排名
三　亚	1	哈尔滨	26	乌鲁木齐	51	萍　乡	76
北　京	2	榆　林	27	南　宁	52	重　庆	77
杭　州	3	贵　阳	28	张家界	53	连云港	78
呼和浩特	4	南　京	29	张家口	54	石家庄	79
珠　海	5	丽　江	30	成　都	55	伊　春	80
海　口	6	淮　南	31	福　州	56	蚌　埠	81
沈　阳	7	西　安	32	湖　州	57	焦　作	82
舟　山	8	南　昌	33	绍　兴	58	无　锡	83
厦　门	9	阜　新	34	广　元	59	荆　门	84
本　溪	10	镇　江	35	攀枝花	60	邯　郸	85
深　圳	11	宁　波	36	昆　明	61	安　顺	86
太　原	12	武　汉	37	黄　山	62	青　岛	87
鞍　山	13	嘉　兴	38	秦皇岛	63	大　庆	88
柳　州	14	鹰　潭	39	合　肥	64	廊　坊	89
广　州	15	克拉玛依	40	郑　州	65	绵　阳	90
银　川	16	渭　南	41	新　余	66	平顶山	91
石嘴山	17	大　连	42	济　南	67	徐　州	92
上　海	18	桂　林	43	朔　州	68	马鞍山	93
宜　昌	19	大　同	44	呼伦贝尔	69	岳　阳	94
兰　州	20	吉　林	45	苏　州	70	怀　化	95
金　昌	21	常　州	46	白　银	71	宝　鸡	96
包　头	22	长　沙	47	汉　中	72	济　宁	97
长　春	23	长　治	48	东　营	73	德　州	98
天　津	24	西　宁	49	烟　台	74	汕　头	99
鸡　西	25	威　海	50	锦　州	75	梅　州	100

续表

城市名称	排名	城市名称	排名	城市名称	排名	城市名称	排名
洛　阳	101	衡　水	105	钦　州	109	日　照	113
中　山	102	曲　靖	106	临　沂	110	内　江	114
赣　州	103	泰　安	107	保　定	111	泉　州	115
宜　春	104	湘　潭	108	河　源	112	东　莞	116

（三）民用车辆数/城市道路长度

民用车辆数/城市道路长度这个指标被认为是负向指标，即值越大越不利于生态城市的发展，值越小越利于生态城市的发展。2012年中国116个生态城市民用车辆数/城市道路长度指标排名前10位的城市分别为：伊春市、本溪市、石嘴山市、攀枝花市、淮南市、大庆市、南京市、蚌埠市、珠海市、东莞市，具体排名结果如表22所示。

表22　2012年中国116个生态城市民用车辆数/城市道路长度排名

城市名称	排名	城市名称	排名	城市名称	排名	城市名称	排名
伊　春	1	克拉玛依	18	白　银	35	绵　阳	52
本　溪	2	舟　山	19	大　连	36	太　原	53
石嘴山	3	宜　昌	20	柳　州	37	上　海	54
攀枝花	4	连云港	21	合　肥	38	南　昌	55
淮　南	5	重　庆	22	黄　山	39	朔　州	56
大　庆	6	汕　头	23	梅　州	40	哈尔滨	57
南　京	7	马鞍山	24	荆　门	41	鹰　潭	58
蚌　埠	8	厦　门	25	天　津	42	南　宁	59
珠　海	9	徐　州	26	宝　鸡	43	安　顺	60
东　莞	10	广　州	27	吉　林	44	阜　新	61
新　余	11	海　口	28	常　州	45	西　安	62
深　圳	12	无　锡	29	三　亚	46	苏　州	63
武　汉	13	包　头	30	沈　阳	47	泰　安	64
镇　江	14	长　春	31	萍　乡	48	锦　州	65
金　昌	15	青　岛	32	广　元	49	临　沂	66
日　照	16	乌鲁木齐	33	兰　州	50	福　州	67
济　南	17	大　同	34	鸡　西	51	呼伦贝尔	68

续表

城市名称	排名	城市名称	排名	城市名称	排名	城市名称	排名
湖　州	69	贵　阳	81	泉　州	93	赣　州	105
秦皇岛	70	邯　郸	82	河　源	94	中　山	106
鞍　山	71	德　州	83	成　都	95	衡　水	107
桂　林	72	呼和浩特	84	张家口	96	平顶山	108
烟　台	73	银　川	85	宁　波	97	渭　南	109
东　营	74	长　沙	86	洛　阳	98	绍　兴	110
内　江	75	汉　中	87	石家庄	99	曲　靖	111
威　海	76	张家界	88	岳　阳	100	廊　坊	112
济　宁	77	杭　州	89	湘　潭	101	钦　州	113
焦　作	78	宜　春	90	丽　江	102	保　定	114
西　宁	79	嘉　兴	91	昆　明	103	榆　林	115
北　京	80	长　治	92	郑　州	104	怀　化	116

五　2012 年中国生态城市健康状况综合排名

人类为了自身的生存与发展，必然要进行形式多样的各种活动。人类的这些活动不仅影响和改变着人与人之间的关系和社会秩序，影响和改变着人类的生产方式和生活方式，影响和改变着人类文明的变迁和走向，而且也影响和改变着地理系统、地质系统和大气系统。如何使人类活动沿着有利于地球系统中万物的和谐与发展，有利于人类永无困境的方向发展正是生态文明建设所要解决的问题。在这个意义上我们说生态城市的健康实质是人类活动的健康，只有人类活动健康才有生态城市的健康，因为健康的生态城市是健康的人类活动的必然产物。因此健康的人类活动不仅使人活得越来越有保障、越来越健康、越来越有尊严，而且必然使地理系统、地质系统、大气系统越来越有利于人类的生存与发展。沿着这样的思路去构建的评价指标体系才是最科学、最有效的评价指标体系。我们坚信随着评价活动的深入，一套科学有效的评价指标体系必然会形成，在这里依旧利用最朴素、最直观、最基本的指标体系（见表 2）来对生态城市的健康状况进行评价。结果见表 23 ~ 表 29。

表23　2012年116个城市健康指数各三级指标最大值

年份	建成区绿化覆盖率(%)	空气质量优良天数(天)	城市绿地面积(公顷)	人均用水量(吨/人)	人均绿地面积(平方米/人)	生活垃圾无害化处理率(%)	单位GDP综合能耗(吨标准煤/万元)	工业固体废物综合利用率(%)	城镇污水处理率(%)	人均GDP(元/人)	人口自然增长率(‰)	每万人从事水利、环境和公共设施管理业人数(人)	民用车辆数(辆)/城市道路长度(公里)
2012	53.37	366	130544	881.7361	335.1252	100	2.39	100	100	145395	19.8	97.45201	2378.739

表24　2012年116个城市健康指数各三级指标平均值

年份	建成区绿化覆盖率(%)	空气质量优良天数(天)	城市绿地面积(公顷)	人均用水量(吨/人)	人均绿地面积(平方米/人)	生活垃圾无害化处理率(%)	单位GDP综合能耗(吨标准煤/万元)	工业固体废物综合利用率(%)	城镇污水处理率(%)	人均GDP(元/人)	人口自然增长率(‰)	每万人从事水利、环境和公共设施管理业人数(人)	民用车辆数(辆)/城市道路长度(公里)
2012	40.5543	341.4052	11887.8	68.0555	27.0093	91.0765	0.9660	80.1895	83.7978	55248	4.3656	25.7755	554.0445

表25　2012年116个城市健康指数各三级指标最小值

年份	建成区绿化覆盖率(%)	空气质量优良天数(天)	城市绿地面积(公顷)	人均用水量(吨/人)	人均绿地面积(平方米/人)	生活垃圾无害化处理率(%)	单位GDP综合能耗(吨标准煤/万元)	工业固体废物综合利用率(%)	城镇污水处理率(%)	人均GDP(元/人)	人口自然增长率(‰)	每万人从事水利、环境和公共设施管理业人数(人)	民用车辆数(辆)/城市道路长度(公里)
2012	21.76	270	756	4.6907	2.6582	14.26	0.447	15.09	23.47	15454	-6.7	3.7624	59.8265

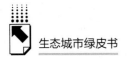

表26　2012年116个生态城市各指标指数数值及排名情况

城市名称	13个指标健康指数		等级	建成区绿化覆盖率指数		空气质量优良天数指数		城市绿地面积指数		人均用水量指数		人均绿地面积指数		生活垃圾无害化处理率指数		单位GDP综合能耗指数	
	数值	排名		数值	排名	数值	排名	数值	排名	数值	排名	数值	排名	数值	排名	数值	排名
深圳	0.9054	1	很健康	0.7371	20	0.9896	15	0.7368	3	0.3696	115	1.0000	1	0.9432	62	0.9979	2
广州	0.9037	2	很健康	0.5929	61	0.9375	28	1.0000	1	0.7399	112	0.4695	3	0.7712	100	0.9696	8
上海	0.8705	3	健康	0.6770	34	0.7604	62	0.9512	2	0.7579	111	0.2538	8	0.8997	75	0.9120	21
南京	0.8481	4	健康	0.7036	27	0.4896	101	0.6306	4	0.7886	110	0.3811	4	0.8883	82	0.6238	88
大连	0.8462	5	健康	0.7251	23	0.8438	44	0.1348	17	0.9264	85	0.0850	25	0.8589	86	0.8708	36
无锡	0.8460	6	健康	0.6624	39	0.7708	60	0.1325	18	0.8956	98	0.1069	16	1.0000	1	0.8842	33
珠海	0.8457	7	健康	0.9298	3	1.0000	1	0.0535	43	0.6433	113	0.2095	11	1.0000	1	0.9830	5
厦门	0.8409	8	健康	0.6340	51	1.0000	1	0.1247	20	0.7920	109	0.2589	7	0.9895	51	0.9763	6
杭州	0.8405	9	健康	0.5802	65	0.6875	76	0.1224	21	0.9106	94	0.0635	35	1.0000	1	0.9521	11
北京	0.8404	10	健康	0.9541	2	0.1146	115	0.4786	5	0.8651	104	0.1377	13	0.9897	50	0.9938	3
东营	0.8399	11	健康	0.5900	62	0.7917	55	0.0422	50	0.9462	70	0.0931	22	1.0000	1	0.8543	42
沈阳	0.8397	12	健康	0.6466	44	0.6146	85	0.2133	9	0.9162	92	0.1100	15	1.0000	1	0.7401	69
苏州	0.8376	13	健康	0.6371	50	0.7083	72	0.1552	14	0.8653	103	0.0891	23	1.0000	1	0.9020	25
克拉玛依	0.8373	14	健康	0.6726	36	0.9271	30	0.0207	80	0.6141	114	0.2673	5	0.9841	53	0.5353	95
威海	0.8369	15	健康	0.8276	10	0.8646	38	0.0413	52	0.9767	42	0.0645	33	1.0000	1	0.8441	44
大庆	0.8360	16	健康	0.6786	33	0.9063	31	0.1604	12	0.9066	96	0.2224	10	0.9417	63	0.6342	86
青岛	0.8348	17	健康	0.7257	22	0.7292	68	0.1596	13	0.9476	69	0.0759	29	1.0000	1	0.8801	34
天津	0.8297	18	健康	0.4151	104	0.3646	112	0.1661	11	0.9167	89	0.0596	37	0.9978	48	0.8657	38
镇江	0.8294	19	健康	0.6498	42	0.8021	53	0.0486	46	0.9377	78	0.0702	30	1.0000	1	0.9052	24

续表

城市名称	排名	13个省标健康指数 数值	等级	建成区绿化覆盖率指数 数值	排名	空气质量优良天数指数 数值	排名	城市绿地面积指数 数值	排名	人均用水量指数 数值	排名	人均绿地面积指数 数值	排名	生活垃圾无害化处理率指数 数值	排名	单位GDP综合能耗指数 数值	排名
常州	20	0.8289	健康	0.6466	44	0.6979	74	0.0552	41	0.9197	87	0.0573	38	1.0000	1	0.8914	29
烟台	21	0.8265	健康	0.6824	31	0.8542	40	0.0796	31	0.9777	41	0.0433	52	1.0000	1	0.8852	31
宁波	22	0.8242	健康	0.5210	83	0.7604	62	0.0765	32	0.9139	93	0.0477	43	1.0000	1	0.9110	22
长沙	23	0.8241	健康	0.3856	108	0.6458	80	0.0658	35	0.9329	81	0.0343	64	1.0000	1	0.9206	19
武汉	24	0.8238	健康	0.5198	84	0.5313	96	0.1262	19	0.8367	106	0.0547	40	0.9417	63	0.8235	50
舟山	25	0.8218	健康	0.5378	80	0.9688	21	0.0088	97	0.9537	62	0.0509	42	1.0000	1	0.8554	41
嘉兴	26	0.8213	健康	0.8415	7	0.7917	55	0.0281	69	0.9735	47	0.0305	69	1.0000	1	0.8693	37
南宁	27	0.8203	健康	0.6403	46	0.8542	40	0.3072	7	0.9411	75	0.1633	12	0.9079	73	0.7349	74
新余	28	0.8202	健康	1.0000	1	0.9688	21	0.0224	76	0.9529	65	0.0836	26	1.0000	1	0.6078	90
黄山	29	0.8202	健康	0.8494	6	1.0000	1	0.0927	28	0.9781	40	0.2531	9	0.8992	76	1.0000	1
重庆	30	0.8186	健康	0.6700	37	0.7292	68	0.3575	6	0.9726	48	0.0344	62	0.9903	49	0.7396	70
南昌	31	0.8180	健康	0.7172	24	0.6250	84	0.0616	38	0.9169	88	0.0438	49	0.8725	84	0.9321	14
绍兴	32	0.8174	健康	0.6106	56	0.4896	101	0.0259	70	0.9749	44	0.0201	82	1.0000	1	0.8456	43
长春	33	0.8168	健康	0.4217	103	0.7188	71	0.0944	26	0.9527	66	0.0437	50	0.8189	96	0.7705	62
福州	34	0.8164	健康	0.5960	59	0.9792	18	0.0629	36	0.9529	64	0.0330	66	0.8414	92	0.9614	9
中山	35	0.8163	健康	0.4480	99	0.9688	21	0.0063	107	0.9489	68	0.0230	74	1.0000	1	0.9547	10
济南	36	0.8158	健康	0.5138	85	0.5625	90	0.0893	30	0.9431	73	0.0530	41	0.9219	67	0.7823	58
合肥	37	0.8149	健康	0.5745	67	0.6354	81	0.0953	25	0.9499	67	0.0476	44	1.0000	1	0.9207	18
湖州	38	0.8148	健康	0.8364	8	0.5521	93	0.0257	71	0.9666	51	0.0391	57	1.0000	1	0.7777	60

续表

城市名称	13个指标健康指数 数值	排名	等级	建成区绿化覆盖率指数 数值	排名	空气质量优良天数指数 数值	排名	城市绿地面积指数 数值	排名	人均用水量指数 数值	排名	人均绿地面积指数 数值	排名	生活垃圾无害化处理率指数 数值	排名	单位GDP综合能耗指数 数值	排名
海口	0.8140	39	健康	0.6403	46	1.0000	1	0.0301	61	0.8708	102	0.0787	28	1.0000	1	0.9315	15
三亚	0.8124	40	健康	0.3420	109	1.0000	1	0.0050	108	0.8227	107	0.0659	31	1.0000	1	0.9938	3
东莞	0.8112	41	健康	0.7339	21	0.9583	25	0.2979	8	0.0000	116	0.6293	2	0.4682	112	0.9192	20
呼和浩特	0.8112	42	健康	0.4524	97	0.8125	51	0.0496	45	0.9374	79	0.0860	24	0.9184	69	0.6300	87
泉州	0.8102	43	健康	0.5422	77	0.9792	18	0.0521	44	0.9810	34	0.0246	73	0.9770	54	0.8960	26
西安	0.8100	44	健康	0.6403	46	0.3750	111	0.0989	23	0.9425	74	0.0434	51	0.9705	56	0.9270	17
包头	0.8099	45	健康	0.6403	46	0.4896	101	0.0548	42	0.8798	99	0.0978	19	0.9119	72	0.4740	100
郑州	0.8094	46	健康	0.4530	96	0.5104	98	0.0926	29	0.9673	50	0.0278	71	0.8805	83	0.8926	27
成都	0.8082	47	健康	0.5574	73	0.2396	113	0.1369	16	0.9315	83	0.0395	56	1.0000	1	0.8615	40
朔州	0.8081	48	健康	0.7662	17	0.7813	59	0.0079	98	0.9876	24	0.0228	75	0.7426	101	0.6382	85
哈尔滨	0.8080	49	健康	0.4828	91	0.5104	98	0.0957	24	0.9610	55	0.0319	68	0.8251	93	0.7121	78
鹰潭	0.8070	50	健康	0.8263	11	0.8854	34	0.0028	111	0.9873	25	0.0190	84	1.0000	1	0.9438	12
吉林	0.8068	51	健康	0.7694	16	0.7083	72	0.0444	49	0.9433	72	0.0375	59	0.9563	59	0.7324	75
榆林	0.8063	52	健康	0.4132	105	0.6771	78	0.0066	104	0.9998	2	0.0050	104	0.8600	85	0.7424	68
昆明	0.8060	53	健康	0.8086	13	0.9896	15	0.0941	27	0.9592	58	0.0638	34	1.0000	1	0.7921	56
泰安	0.8056	54	健康	0.6998	28	0.6875	76	0.0296	62	0.9919	17	0.0168	87	1.0000	1	0.7566	64
本溪	0.8054	55	健康	0.8304	9	0.8542	40	0.0349	57	0.8196	108	0.0957	20	1.0000	1	0.8729	35
徐州	0.8048	56	健康	0.5444	76	0.6979	74	0.1054	22	0.9800	36	0.0358	61	0.7749	99	0.8410	47
马鞍山	0.8046	57	健康	0.6919	29	0.7604	62	0.0354	55	0.9167	90	0.0625	36	1.0000	1	0.4004	106

续表

城市名称	13个指标健康指数	排名	等级	建成区绿化覆盖率指数 数值	排名	空气质量优良天数指数 数值	排名	城市绿地面积指数 数值	排名	人均用水量指数 数值	排名	人均绿地面积指数 数值	排名	生活垃圾无害化处理率指数 数值	排名	单位GDP综合能耗指数 数值	排名
宜昌	0.8044	58	健康	0.6068	58	0.8125	51	0.0283	68	0.9737	46	0.0253	72	0.8908	81	0.5455	94
岳阳	0.8042	59	健康	0.6805	32	0.7917	55	0.0284	66	0.9628	52	0.0153	90	1.0000	1	0.7529	65
石嘴山	0.8039	60	健康	0.5707	69	0.5625	90	0.0218	77	0.9404	76	0.1375	14	0.9184	69	0.4581	102
太原	0.8034	61	健康	0.5476	74	0.5625	90	0.0758	33	0.9084	95	0.0791	27	1.0000	1	0.5713	93
淮南	0.8032	62	健康	0.5679	70	0.7917	55	0.0252	72	0.9610	54	0.0417	54	0.8035	98	0.7684	63
桂林	0.8032	63	健康	0.6561	40	0.8438	44	0.0135	90	0.9811	33	0.0065	101	0.8184	97	0.9094	23
柳州	0.8022	64	健康	0.7621	18	0.8542	40	0.0461	48	0.8614	105	0.0464	46	0.9249	66	0.4637	101
呼伦贝尔	0.8015	65	健康	0.3885	107	0.8958	33	0.0014	114	0.9948	12	0.0026	112	0.8425	90	0.6728	82
湘潭	0.8009	66	健康	0.5900	62	0.7604	62	0.0160	85	0.9597	57	0.0212	79	1.0000	1	0.6201	89
连云港	0.8006	67	健康	0.5739	68	0.5417	94	0.1441	15	0.9828	30	0.1066	17	0.6641	108	0.9377	13
阜新	0.7991	68	健康	0.5853	64	0.8854	34	0.0165	83	0.9578	59	0.0375	60	0.8940	80	0.8276	49
济宁	0.7991	69	健康	0.4271	101	0.7396	67	0.0333	60	0.9887	21	0.0100	98	1.0000	1	0.7823	58
萍乡	0.7986	70	健康	0.7833	14	1.0000	1	0.0093	95	0.9800	35	0.0227	77	1.0000	1	0.4025	105
锦州	0.7986	71	健康	0.5457	75	0.8750	37	0.0147	88	0.9535	63	0.0181	86	0.8530	87	0.7319	76
日照	0.7985	72	健康	0.6495	43	0.8854	34	0.0237	74	0.9786	39	0.0321	67	1.0000	1	0.3242	109
秦皇岛	0.7979	73	健康	0.8611	5	0.8646	38	0.0339	58	0.9548	61	0.0453	48	1.0000	1	0.8348	48
汕头	0.7978	74	健康	0.6327	52	1.0000	1	0.0604	39	0.9442	71	0.0405	55	0.6109	110	0.9722	7
德州	0.7976	75	健康	0.7055	26	0.3854	110	0.0215	78	1.0000	1	0.0105	97	0.9848	52	0.7360	73
张家界	0.7974	76	健康	0.5403	79	0.9688	21	0.0025	112	0.9892	20	0.0112	96	1.0000	1	0.8919	28

续表

城市名称	13个指标健康指数 数值	排名	等级	建成区绿化覆盖率指数 数值	排名	空气质量优良天数指数 数值	排名	城市绿地面积指数 数值	排名	人均用水量指数 数值	排名	人均绿地面积指数 数值	排名	生活垃圾无害化处理率指数 数值	排名	单位GDP综合能耗指数 数值	排名
宜春	0.7973	77	健康	0.6745	35	1.0000	1	0.0130	91	0.9976	7	0.0048	105	1.0000	1	0.7926	55
临沂	0.7972	78	健康	0.6830	30	0.4271	107	0.0751	34	0.9879	22	0.0211	80	1.0000	1	0.7308	77
荆门	0.7968	79	健康	0.5631	71	0.5208	97	0.0079	99	0.9750	43	0.0097	99	0.8947	79	0.6691	84
鞍山	0.7966	80	健康	0.5068	88	0.8229	48	0.0420	51	0.9056	97	0.0453	47	1.0000	1	0.4925	98
宝鸡	0.7964	81	健康	0.8228	12	0.4688	105	0.0238	73	0.9838	29	0.0221	78	0.9252	65	0.8079	52
银川	0.7964	82	健康	0.6302	54	0.6146	85	0.0378	54	0.9271	84	0.0938	21	0.0000	116	0.8646	39
西宁	0.7949	83	健康	0.4976	89	0.4688	105	0.0154	86	0.9213	86	0.0337	65	0.9128	71	0.5775	92
丽江	0.7945	84	健康	0.4758	94	0.9375	28	0.0008	115	0.9928	15	0.0137	91	0.8507	88	0.7396	70
广元	0.7943	85	健康	0.4828	91	0.9896	15	0.0066	105	0.9942	14	0.0076	100	0.9570	58	0.7494	66
绵阳	0.7938	86	健康	0.5081	87	0.8438	44	0.0237	75	0.9867	26	0.0132	93	0.7019	104	0.5873	91
廊坊	0.7935	87	健康	0.7763	15	0.8229	48	0.0283	67	0.9926	16	0.0227	76	0.9498	61	0.7910	57
焦作	0.7933	88	健康	0.5346	81	0.4792	104	0.0207	79	0.9812	32	0.0202	81	0.8485	89	0.7005	79
贵阳	0.7932	89	健康	0.2888	110	0.8438	44	0.0474	47	0.9327	82	0.0475	45	0.9733	55	0.5337	97
石家庄	0.7931	90	健康	0.6093	57	0.5417	94	0.0623	37	0.9673	49	0.0184	85	1.0000	1	0.7396	70
平顶山	0.7930	91	健康	0.5584	72	0.5938	88	0.0137	89	0.9826	31	0.0060	102	0.8953	77	0.6844	81
梅州	0.7929	92	健康	0.6678	38	1.0000	1	0.0079	100	0.9945	13	0.0022	113	1.0000	1	0.7427	67
洛阳	0.7928	93	健康	0.4486	98	0.5729	89	0.0382	53	0.9791	38	0.0162	89	0.7104	103	0.8095	51
鸡西	0.7928	94	健康	0.6552	41	0.6354	81	0.0163	84	0.9571	60	0.0385	58	0.8251	93	0.4781	99
蚌埠	0.7927	95	健康	0.4834	90	0.5104	98	0.0293	63	0.9606	56	0.0293	70	0.6787	107	0.8873	30
大同	0.7919	96	健康	0.6308	53	0.8229	48	0.0289	65	0.9742	45	0.0344	63	0.4482	114	0.5353	95

续表

城市名称	13个指标标准健康指数	排名	等级	建成区绿化覆盖率指数		空气质量优良天数指数		城市绿地面积指数		人均用水量指数		人均绿地面积指数		生活垃圾无害化处理率指数		单位GDP综合能耗指数	
				数值	排名	数值	排名	数值	排名	数值	排名	数值	排名	数值	排名	数值	排名
长治	0.7908	97	健康	0.7428	19	0.9063	31	0.0126	93	0.9798	37	0.0134	92	0.5958	111	0.3139	112
曲靖	0.7904	98	健康	0.5789	66	0.9792	18	0.0126	92	0.9982	3	0.0033	108	1.0000	1	0.7977	54
乌鲁木齐	0.7878	99	健康	0.4344	100	0.2292	114	0.1743	10	0.8711	101	0.2647	6	0.9000	74	0.0000	116
伊春	0.7871	100	健康	0.1971	114	0.9479	26	0.0292	64	0.9612	53	0.1013	18	1.0000	1	0.4508	103
河源	0.7863	101	健康	0.7127	25	1.0000	1	0.0038	109	0.9877	23	0.0026	111	1.0000	1	0.8847	32
衡水	0.7853	102	健康	0.5422	77	0.7708	60	0.0068	102	0.9968	9	0.0031	109	0.8950	78	0.8425	46
邯郸	0.7844	103	健康	0.8712	4	0.6146	85	0.0560	40	0.9864	27	0.0163	88	1.0000	1	0.3150	111
张家口	0.7843	104	健康	0.6229	55	0.8021	53	0.0187	82	0.9849	28	0.0124	95	0.8251	93	0.7710	61
汉中	0.7842	105	健康	0.5138	85	0.7292	68	0.0022	113	0.9979	5	0.0002	115	0.9650	57	0.6694	83
钦州	0.7831	106	健康	0.3964	106	1.0000	1	0.0151	87	0.9910	19	0.0129	94	0.9192	68	0.8433	45
内江	0.7802	107	健康	0.4540	95	1.0000	1	0.0067	103	0.9971	8	0.0035	106	0.7015	105	0.3220	110
保定	0.7799	108	健康	0.4809	93	0.6354	81	0.0335	59	0.9963	10	0.0051	103	1.0000	1	0.6979	80
兰州	0.7779	109	健康	0.2401	112	0.0000	116	0.0352	56	0.9166	91	0.0418	53	1.0000	1	0.4323	104
金昌	0.7717	110	健康	0.2835	111	0.6563	79	0.0029	110	0.9394	77	0.0648	32	0.6515	109	0.3893	107
怀化	0.7713	111	健康	0.4220	102	0.9479	26	0.0091	96	0.9949	11	0.0033	107	0.7154	102	0.8065	53
赣州	0.7712	112	健康	0.5960	59	1.0000	1	0.0199	81	0.9981	4	0.0028	110	0.2815	115	0.9310	16
渭南	0.7702	113	健康	0.0607	115	0.4167	108	0.0077	101	0.9916	18	0.0013	114	0.8425	90	0.3778	108
攀枝花	0.7676	114	健康	0.5286	82	0.7604	62	0.0124	94	0.8752	100	0.0555	39	0.9549	60	0.1167	115
白银	0.7633	115	健康	0.2325	113	0.3958	109	0.0065	106	0.9367	80	0.0193	83	0.7008	106	0.3037	113
安顺	0.7579	116	健康	0.0000	116	1.0000	1	0.0000	116	0.9976	6	0.0000	116	0.4588	113	0.1674	114

续表

城市名称	13个指标健康指数		等级	工业固体废物综合利用率指数		城镇污水处理率指数		人均GDP指数		人口自然增长率指数		每万人从事水利、环境和公共设施管理业人数指数		民用车辆数（辆）/城市道路长度（公里）指数	
	数值	排名		数值	排名	数值	排名	数值	排名	数值	排名	数值	排名	数值	排名
深 圳	0.9054	1	很健康	0.7454	80	0.9326	15	0.8296	5	0.0000	116	0.4831	11	0.9399	12
广 州	0.9037	2	很健康	0.9494	33	0.7743	82	0.6961	8	0.5132	81	0.4414	15	0.9018	27
上 海	0.8705	3	健康	0.9687	22	0.7964	73	0.5381	19	0.7358	22	0.4217	18	0.8337	54
南 京	0.8481	4	健康	0.9058	47	0.5126	107	0.5623	15	0.6189	48	0.3009	29	0.9490	7
大 连	0.8462	5	健康	0.9477	35	0.9360	12	0.6731	9	0.7019	26	0.2398	42	0.8877	36
无 锡	0.8460	6	健康	0.8916	60	0.8158	61	0.7842	6	0.6679	38	0.1369	83	0.8941	29
珠 海	0.8457	7	健康	0.9576	25	0.8403	50	0.6158	10	0.3585	106	0.6110	5	0.9409	9
厦 门	0.8409	8	健康	0.9527	30	0.8785	39	0.4767	29	0.3321	108	0.4965	9	0.9028	25
杭 州	0.8405	9	健康	0.9031	51	0.9134	23	0.5657	14	0.6000	54	0.7065	3	0.7168	89
北 京	0.8404	10	健康	0.7521	78	0.7779	80	0.5543	17	0.4906	86	0.7321	2	0.7562	80
东 营	0.8399	11	健康	0.9365	42	0.9175	19	1.0000	1	0.6868	34	0.1613	73	0.7841	74
沈 阳	0.8397	12	健康	0.9434	38	0.8316	55	0.5004	25	0.7509	20	0.5577	7	0.8706	47
苏 州	0.8376	13	健康	0.9376	40	0.6577	100	0.7586	7	0.6113	50	0.1658	70	0.8095	63
克拉玛依	0.8373	14	健康	0.9943	5	0.9016	31	0.9201	3	0.6453	42	0.2437	40	0.9278	18
威 海	0.8369	15	健康	0.8961	56	0.9506	8	0.5902	12	0.8075	13	0.2124	50	0.7816	76
大 庆	0.8360	16	健康	0.9576	25	0.9046	28	0.9744	2	0.6792	37	0.1257	88	0.9541	6
青 岛	0.8348	17	健康	0.9517	31	0.8868	36	0.5174	24	0.6868	34	0.1263	87	0.8917	32
天 津	0.8297	18	健康	0.9956	4	0.8354	51	0.5981	11	1.0000	1	0.3556	24	0.8782	42
镇 江	0.8294	19	健康	0.9800	17	0.6982	97	0.5248	22	0.8302	9	0.2627	35	0.9307	14

续表

城市名称	13个指标健康指数		等级	工业固体废物综合利用率指数		城镇污水处理率指数		人均GDP指数		人口自然增长率指数		每万人从事水利、环境和公共设施管理业人数指数		民用车辆数（辆）/城市道路长度（公里）指数	
	数值	排名		数值	排名	数值	排名	数值	排名	数值	排名	数值	排名	数值	排名
常 州	0.8289	20	健康	0.9741	18	0.7975	70	0.5355	20	0.6943	27	0.2173	46	0.8755	45
烟 台	0.8265	21	健康	0.7751	77	0.9502	9	0.4634	30	0.8113	12	0.1568	74	0.7851	73
宁 波	0.8242	22	健康	0.9010	53	0.6780	98	0.5447	18	0.6679	38	0.2610	36	0.6775	97
长 沙	0.8241	23	健康	0.8997	54	0.9347	13	0.5729	13	0.5170	79	0.2167	47	0.7352	86
武 汉	0.8238	24	健康	0.9417	39	0.8994	32	0.4927	27	0.5547	66	0.2586	37	0.9349	13
舟 山	0.8218	25	健康	0.9852	14	0.4717	109	0.5574	16	0.6891	33	0.4979	8	0.9228	19
嘉 兴	0.8213	26	健康	0.9448	36	0.8338	53	0.3713	35	0.6906	31	0.2449	38	0.6969	91
南 宁	0.8203	27	健康	0.8964	55	0.6299	101	0.1514	85	0.5057	82	0.2055	52	0.8227	59
新 余	0.8202	28	健康	0.9027	52	0.9581	6	0.4372	31	0.3698	104	0.1724	66	0.9404	11
黄 山	0.8202	29	健康	0.7065	87	0.8444	48	0.1025	94	0.6943	27	0.1852	62	0.8859	39
重 庆	0.8186	30	健康	0.7833	75	0.8663	44	0.1805	77	0.6000	54	0.1479	77	0.9104	22
南 昌	0.8180	31	健康	0.9847	15	0.9294	16	0.3329	41	0.4717	89	0.2688	33	0.8316	55
绍 兴	0.8174	32	健康	0.9058	47	0.8016	69	0.5196	23	0.7208	23	0.1947	58	0.5025	110
长 春	0.8168	33	健康	0.9975	3	0.7881	78	0.3327	42	0.8302	9	0.3730	23	0.8931	31
福 州	0.8164	34	健康	0.8811	63	0.9024	30	0.3298	43	0.4377	95	0.1977	56	0.7951	67
中 山	0.8163	35	健康	0.8682	67	0.8918	34	0.4777	28	0.5472	68	0.0722	102	0.5451	106
济 南	0.8158	36	健康	0.8198	70	0.8671	43	0.4155	32	0.6113	50	0.1701	67	0.9283	17
合 肥	0.8149	37	健康	0.9276	43	0.8248	57	0.3058	52	0.5736	62	0.1789	64	0.8870	38
湖 州	0.8148	38	健康	0.9529	28	0.8760	41	0.3224	46	0.7623	19	0.1967	57	0.7893	69

续表

城市名称	排名	13个指标健康指数	等级	工业固体废物综合利用率指数		城镇污水处理率指数		人均GDP指数		人口自然增长率指数		每万人从事水利、环境和公共设施管理业人数指数		民用车辆数（辆）/城市道路长度（公里）指数	
				数值	排名	数值	排名	数值	排名	数值	排名	数值	排名	数值	排名
海口	39	0.8140	健康	0.8705	65	0.9518	7	0.1784	78	0.3283	109	0.5609	6	0.8968	28
三亚	40	0.8124	健康	1.0000	1	0.7934	76	0.2379	60	0.4189	96	1.0000	1	0.8751	46
东莞	41	0.8112	健康	0.7389	82	0.8118	63	0.3336	40	0.4453	94	0.0000	116	0.9406	10
呼和浩特	42	0.8112	健康	0.2427	109	0.7286	90	0.5316	21	0.8302	9	0.7060	4	0.7457	84
泉州	43	0.8102	健康	0.9441	37	0.7779	80	0.3220	47	0.4679	90	0.0045	115	0.6903	93
西安	44	0.8100	健康	0.9517	31	0.9138	21	0.2748	56	0.4679	90	0.2776	32	0.8155	62
包头	45	0.8099	健康	0.3841	104	0.7949	74	0.8485	4	0.5434	69	0.3896	22	0.8933	30
郑州	46	0.8094	健康	0.7444	81	0.9454	11	0.3586	36	0.6906	31	0.1788	65	0.6002	104
成都	47	0.8082	健康	0.9835	16	0.8824	38	0.3245	45	0.7434	21	0.1982	55	0.6827	95
朔州	48	0.8081	健康	0.8073	72	1.0000	1	0.3290	44	0.4000	99	0.1690	68	0.8310	56
哈尔滨	49	0.8080	健康	0.9941	6	0.8902	35	0.2336	63	0.7660	18	0.3225	26	0.8308	57
鹰潭	50	0.8070	健康	0.8952	57	0.8171	59	0.2077	68	0.1698	114	0.2439	39	0.8274	58
吉林	51	0.8068	健康	0.3876	103	0.9216	18	0.3139	49	0.8792	4	0.2175	45	0.8757	44
榆林	52	0.8063	健康	0.9683	23	0.7387	88	0.4936	26	0.2642	111	0.3160	27	0.2952	115
昆明	53	0.8060	健康	0.3321	106	0.9272	17	0.2370	61	0.6830	36	0.1857	61	0.6063	103
泰安	54	0.8056	健康	0.9976	2	0.9066	27	0.2031	69	0.6340	43	0.0439	107	0.8078	64
本溪	55	0.8054	健康	0.0000	116	0.7520	85	0.3771	34	0.9698	2	0.4946	10	0.9637	2
徐州	56	0.8048	健康	0.9199	45	0.7949	74	0.2418	59	0.1849	113	0.1215	92	0.9020	26
马鞍山	57	0.8046	健康	0.9234	44	0.8027	68	0.3137	50	0.5642	64	0.1181	93	0.9058	24

续表

城市名称	13个指标健康指数		等级	工业固体废物综合利用率指数		城镇污水处理率指数		人均GDP指数		人口自然增长率指数		每万人从事水利、环境和公共设施管理业人数指数		民用车辆数（辆）/城市道路长度（公里）指数	
	数值	排名		数值	排名	数值	排名	数值	排名	数值	排名	数值	排名	数值	排名
宜昌	0.8044	58	健康	0.3711	105	0.8497	47	0.3545	37	0.7170	24	0.4120	19	0.9199	20
岳阳	0.8042	59	健康	0.9051	49	0.8262	56	0.1887	72	0.4981	85	0.1163	94	0.6608	100
石嘴山	0.8039	60	健康	0.5819	90	0.6997	96	0.3087	51	0.5962	56	0.4348	17	0.9624	3
太原	0.8034	61	健康	0.4559	96	0.7975	70	0.3000	53	0.5321	73	0.4705	12	0.8442	53
淮南	0.8032	62	健康	0.8630	68	0.7051	94	0.1388	86	0.5925	58	0.2790	31	0.9545	5
桂林	0.8032	63	健康	0.8551	69	0.8329	54	0.1185	90	0.5358	71	0.2304	43	0.7859	72
柳州	0.8022	64	健康	0.9529	28	0.2349	114	0.2489	58	0.8792	4	0.4560	14	0.8876	37
呼伦贝尔	0.8015	65	健康	0.7244	85	0.7975	70	0.2862	54	0.8755	6	0.1682	69	0.7897	68
湘潭	0.8009	66	健康	0.9494	33	0.8158	61	0.2370	62	0.5283	74	0.0421	108	0.6269	101
连云港	0.8006	67	健康	0.9070	46	0.5819	105	0.1617	84	0.3057	110	0.1478	78	0.9146	21
阜新	0.7991	68	健康	0.8758	64	0.4184	112	0.1200	89	0.7849	15	0.2668	34	0.8172	61
济宁	0.7991	69	健康	0.8104	71	0.9093	25	0.1825	76	0.5170	79	0.0984	97	0.7609	77
萍乡	0.7986	70	健康	0.9572	27	0.7269	91	0.1826	75	0.4906	86	0.1540	76	0.8635	48
锦州	0.7986	71	健康	0.6771	88	0.5975	104	0.1889	71	0.7698	17	0.1542	75	0.8043	65
日照	0.7985	72	健康	0.9941	6	0.9083	26	0.2493	57	0.6679	38	0.0154	113	0.9290	16
秦皇岛	0.7979	73	健康	0.2585	108	0.9025	29	0.1720	81	0.5283	74	0.1798	63	0.7869	70
汕头	0.7978	74	健康	0.9729	19	0.6019	103	0.0829	99	0.5283	74	0.0880	99	0.9084	23
德州	0.7976	75	健康	0.9375	41	0.8406	49	0.1867	73	0.5962	56	0.0892	98	0.7479	83
张家界	0.7974	76	健康	0.9588	24	0.7174	93	0.0554	105	0.5245	78	0.2041	53	0.7275	88

续表

城市名称	排名	13个指标健康指数	等级	工业固体废物综合利用率指数		城镇污水处理率指数		人均GDP指数		人口自然增长率指数		每万人从事水利、环境和公共设施管理业人数指数		民用车辆数(辆)/城市道路长度(公里)指数	
		数值		数值	排名	数值	排名	数值	排名	数值	排名	数值	排名	数值	排名
宜春	77	0.7973	健康	0.8871	61	0.9805	4	0.0570	104	0.3774	102	0.0623	104	0.7086	90
临沂	78	0.7972	健康	0.8826	62	0.9168	20	0.1105	92	0.6340	43	0.0386	110	0.8025	66
荆门	79	0.7968	健康	0.8940	59	0.8092	65	0.1708	82	0.6226	46	0.1328	84	0.8791	41
鞍山	80	0.7966	健康	0.1141	112	0.7387	88	0.4137	33	0.8000	14	0.4670	13	0.7861	71
宝鸡	81	0.7964	健康	0.5395	92	0.9138	21	0.1645	83	0.5509	67	0.1044	96	0.8761	43
银川	82	0.7964	健康	0.7784	76	1.0000	1	0.3161	48	0.4075	98	0.4386	16	0.7424	85
西宁	83	0.7949	健康	0.9729	19	0.8693	42	0.1738	80	0.5396	70	0.2126	49	0.7592	79
丽江	84	0.7945	健康	0.7197	86	0.8105	64	0.0247	112	0.7774	16	0.2827	30	0.6154	102
广元	85	0.7943	健康	0.9919	8	0.6582	99	0.0244	113	0.6642	41	0.1893	59	0.8631	49
绵阳	86	0.7938	健康	0.9874	13	0.7218	92	0.1047	93	0.6226	46	0.1223	90	0.8571	52
廊坊	87	0.7935	健康	0.4065	100	0.8342	52	0.1935	70	0.2151	112	0.1225	89	0.3867	112
焦作	88	0.7933	健康	0.5242	93	0.8184	58	0.2199	65	0.6943	27	0.1371	82	0.7607	78
贵阳	89	0.7932	健康	0.5171	94	0.9347	13	0.1769	79	0.6075	53	0.3104	28	0.7513	81
石家庄	90	0.7931	健康	0.4049	101	0.9459	10	0.2162	66	0.3774	102	0.1467	79	0.6727	99
平顶山	91	0.7930	健康	0.9045	50	0.9106	24	0.1149	91	0.4151	97	0.1222	91	0.5380	108
梅州	92	0.7929	健康	0.9882	10	0.6054	102	0.0152	115	0.4566	93	0.0868	100	0.8850	40
洛阳	93	0.7928	健康	0.4858	95	0.9944	3	0.2298	64	0.7094	25	0.0741	101	0.6764	98
鸡西	94	0.7928	健康	0.8952	57	0.3467	113	0.1202	88	0.9094	3	0.3273	25	0.8585	51
蚌埠	95	0.7927	健康	0.9895	9	0.8629	45	0.0965	96	0.3887	101	0.1385	81	0.9442	8
大同	96	0.7919	健康	0.7490	79	0.7907	77	0.0951	97	0.5925	58	0.2205	44	0.8881	34

续表

城市名称	13个指标健康指数	排名	等级	工业固体废物综合利用率指数 数值	排名	城镇污水处理率指数 数值	排名	人均GDP指数 数值	排名	人口自然增长率指数 数值	排名	每万人从事水利、环境和公共设施管理业人数指数 数值	排名	民用车辆数（辆）/城市道路长度（公里）指数 数值	排名
长治	0.7908	97	健康	0.6154	89	0.8763	40	0.1852	74	0.5660	63	0.2139	48	0.6951	92
曲靖	0.7904	98	健康	0.5607	91	0.8040	66	0.0632	102	0.5057	82	0.0469	106	0.4836	111
乌鲁木齐	0.7878	99	健康	0.8699	66	0.7634	83	0.3401	39	0.5283	74	0.2124	51	0.8908	33
伊春	0.7871	100	健康	0.7291	84	0.8040	66	0.0403	110	0.8377	8	0.1420	80	1.0000	1
河源	0.7863	101	健康	0.2062	110	0.8615	46	0.0391	111	0.8415	7	0.0170	112	0.6899	94
衡水	0.7853	102	健康	0.4104	99	0.7432	87	0.0588	103	0.5585	65	0.0539	105	0.5390	107
邯郸	0.7844	103	健康	0.4114	97	0.9675	5	0.1323	87	0.1698	114	0.1297	85	0.7502	82
张家口	0.7843	104	健康	0.0963	113	0.8864	37	0.0976	95	0.5849	60	0.2014	54	0.6803	96
汉中	0.7842	105	健康	0.3181	107	0.8171	59	0.0510	107	0.6302	45	0.1626	72	0.7326	87
钦州	0.7831	106	健康	0.9693	21	0.4342	111	0.0515	106	0.4868	88	0.0416	109	0.3079	113
内江	0.7802	107	健康	0.8013	74	0.5684	106	0.0838	98	0.6151	49	0.0099	114	0.7821	75
保定	0.7799	108	健康	0.3895	102	0.8955	33	0.0662	101	0.3660	105	0.0363	111	0.3012	114
兰州	0.7779	109	健康	0.9882	10	0.7034	95	0.2133	67	0.5811	61	0.4059	20	0.8587	50
金昌	0.7717	110	健康	0.0223	115	0.4824	108	0.2825	55	0.5057	82	0.3941	21	0.9296	15
怀化	0.7713	111	健康	0.1824	111	0.7792	79	0.0428	109	0.4604	92	0.1128	95	0.0000	116
赣州	0.7712	112	健康	0.8069	73	0.2025	115	0.0186	114	0.4000	99	0.0647	103	0.6002	105
渭南	0.7702	113	健康	0.9882	10	0.7520	85	0.0482	108	0.6943	27	0.2432	41	0.5277	109
攀枝花	0.7676	114	健康	0.0861	114	0.0000	116	0.3458	38	0.6113	50	0.1860	60	0.9616	4
白银	0.7633	115	健康	0.4111	98	0.4586	110	0.0756	100	0.5351	72	0.1629	71	0.8881	35
安顺	0.7579	116	健康	0.7323	83	0.7579	84	0.0000	116	0.3358	107	0.1287	86	0.8187	60

表 27　2012 年 116 个城市生态环境各指标排名情况

城市	健康指数	排名	等级	建成区绿化覆盖率	空气质量优良天数	城市绿地面积	人均用水量	人均绿地面积	生活垃圾无害化处理率
深　圳	0.9210	1	很健康	20	15	3	115	1	62
广　州	0.9181	2	很健康	61	28	1	112	3	100
上　海	0.8710	3	健康	34	62	2	111	8	75
南　京	0.8618	4	健康	27	101	4	110	4	82
南　宁	0.8381	5	健康	46	40	7	75	12	73
黄　山	0.8346	6	健康	6	1	28	40	9	76
大　庆	0.8336	7	健康	33	31	12	96	10	63
厦　门	0.8308	8	健康	51	1	20	109	7	51
重　庆	0.8292	9	健康	37	68	6	48	62	49
珠　海	0.8235	10	健康	3	1	43	113	11	1
沈　阳	0.8219	11	健康	44	85	9	92	15	1
大　连	0.8210	12	健康	23	44	17	85	25	86
青　岛	0.8210	13	健康	22	68	13	69	29	1
无　锡	0.8203	14	健康	39	60	18	98	16	1
昆　明	0.8200	15	健康	13	15	27	58	34	1
克拉玛依	0.8190	16	健康	36	30	80	114	5	53
苏　州	0.8182	17	健康	50	72	14	103	23	1
新　余	0.8173	18	健康	1	21	76	65	26	1
北　京	0.8164	19	健康	2	115	5	104	13	50

续表

城市	健康指数	排名	等级	建成区绿化覆盖率	空气质量优良天数	城市绿地面积	人均用水量	人均绿地面积	生活垃圾无害化处理率
本 溪	0.8159	20	健康	9	40	57	108	20	1
威 海	0.8155	21	健康	10	38	52	42	33	1
秦皇岛	0.8138	22	健康	5	38	58	61	48	1
烟 台	0.8138	23	健康	31	40	31	41	52	1
柳 州	0.8123	24	健康	18	40	48	105	46	66
杭 州	0.8120	25	健康	65	76	21	94	35	1
镇 江	0.8118	26	健康	42	53	46	78	30	1
海 口	0.8118	27	健康	46	1	61	102	28	1
嘉 兴	0.8111	28	健康	7	55	69	47	69	1
东 营	0.8110	29	健康	62	55	50	70	22	1
马鞍山	0.8105	30	健康	29	62	55	90	36	1
吉 林	0.8099	31	健康	16	72	49	72	59	59
廊 坊	0.8099	32	健康	15	48	67	16	76	61
萍 乡	0.8099	33	健康	14	1	95	35	77	1
东 莞	0.8098	34	健康	21	25	8	116	2	112
鹰 潭	0.8092	35	健康	11	34	111	25	84	1
常 州	0.8091	36	健康	44	74	41	87	38	1
福 州	0.8091	37	健康	59	18	36	64	66	92
邯 郸	0.8083	38	健康	4	85	40	27	88	1

续表

城市	健康指数	排名	等级	建成区绿化覆盖率	空气质量优良天数	城市绿地面积	人均用水量	人均绿地面积	生活垃圾无害化处理率
日照	0.8082	39	健康	43	34	74	39	67	1
连云港	0.8079	40	健康	68	94	15	30	17	108
南昌	0.8078	41	健康	24	84	38	88	49	84
合肥	0.8076	42	健康	67	81	25	67	44	1
宁波	0.8072	43	健康	83	62	32	93	43	1
岳阳	0.8069	44	健康	32	55	66	52	90	1
泉州	0.8069	45	健康	77	18	44	34	73	54
河源	0.8066	46	健康	25	1	109	23	111	1
宜春	0.8066	47	健康	35	1	91	7	105	1
徐州	0.8062	48	健康	76	74	22	36	61	99
呼和浩特	0.8061	49	健康	97	51	45	79	24	69
石嘴山	0.8060	50	健康	69	90	77	76	14	69
梅州	0.8058	51	健康	38	1	100	13	113	1
阜新	0.8058	52	健康	64	34	83	59	60	80
汕头	0.8057	53	健康	52	1	39	71	55	110
秦安	0.8056	54	健康	28	76	62	17	87	1
宜昌	0.8056	55	健康	58	51	68	46	72	81
舟山	0.8055	56	健康	80	21	97	62	42	1
湖州	0.8054	57	健康	8	93	71	51	57	1

续表

城市	健康指数	排名	等级	建成区绿化覆盖率	空气质量优良天数	城市绿地面积	人均用水量	人均绿地面积	生活垃圾无害化处理率
太原	0.8052	58	健康	74	90	33	95	27	1
朔州	0.8052	59	健康	17	59	98	24	75	101
鞍山	0.8050	60	健康	88	48	51	97	47	1
包头	0.8047	61	健康	46	101	42	99	19	72
桂林	0.8041	62	健康	40	44	90	33	101	97
武汉	0.8041	63	健康	84	96	19	106	40	63
淮南	0.8040	64	健康	70	55	72	54	54	98
曲靖	0.8038	65	健康	66	18	92	3	108	1
张家口	0.8036	66	健康	55	53	82	28	95	93
湘潭	0.8035	67	健康	62	62	85	57	79	1
乌鲁木齐	0.8031	68	健康	100	114	10	101	6	74
济南	0.8031	69	健康	85	90	30	73	41	67
攀枝花	0.8031	70	健康	82	62	94	100	39	60
鸡西	0.8026	71	健康	41	81	84	60	58	93
锦州	0.8025	72	健康	75	37	88	63	86	87
长春	0.8024	73	健康	103	71	26	66	50	96
张家界	0.8023	74	健康	79	21	112	20	96	1
长治	0.8023	75	健康	19	31	93	37	92	111
石家庄	0.8016	76	健康	57	94	37	49	85	1

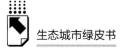

续表

城市	健康指数	排名	等级	建成区绿化覆盖率	空气质量优良天数	城市绿地面积	人均用水量	人均绿地面积	生活垃圾无害化处理率
宝鸡	0.8008	77	健康	12	105	73	29	78	65
广元	0.8003	78	健康	91	15	105	14	100	58
临沂	0.8003	79	健康	30	107	34	22	80	1
中山	0.8000	80	健康	99	21	107	68	74	1
西安	0.8000	81	健康	46	111	23	74	51	56
衡水	0.7999	82	健康	77	60	102	9	109	78
丽江	0.7992	83	健康	94	28	115	15	91	88
绵阳	0.7989	84	健康	87	44	75	26	93	104
哈尔滨	0.7984	85	健康	91	98	24	55	68	93
汉中	0.7980	86	健康	85	68	113	5	115	57
济宁	0.7979	87	健康	101	67	60	21	98	1
长沙	0.7978	88	健康	108	80	35	81	64	1
钦州	0.7977	89	健康	106	1	87	19	94	68
绍兴	0.7975	90	健康	56	101	70	44	82	1
郑州	0.7974	91	健康	96	98	29	50	71	83
保定	0.7973	92	健康	93	81	59	10	103	1
三亚	0.7973	93	健康	109	1	108	107	31	1
平顶山	0.7971	94	健康	72	88	89	31	102	77
天津	0.7971	95	健康	104	112	11	89	37	48

续表

城市	健康指数	排名	等级	建成区绿化覆盖率	空气质量优良天数	城市绿地面积	人均用水量	人均绿地面积	生活垃圾无害化处理率
大同	0.7966	96	健康	53	48	65	45	63	114
贵阳	0.7965	97	健康	110	44	47	82	45	55
内江	0.7959	98	健康	95	1	103	8	106	105
怀化	0.7950	99	健康	102	26	96	11	107	102
荆门	0.7949	100	健康	71	97	99	43	99	79
伊春	0.7948	101	健康	114	26	64	53	18	1
德州	0.7947	102	健康	26	110	78	1	97	52
呼伦贝尔	0.7947	103	健康	107	33	114	12	112	90
焦作	0.7938	104	健康	81	104	79	32	81	89
榆林	0.7933	105	健康	105	78	104	2	104	85
成都	0.7932	106	健康	73	113	16	83	56	1
西宁	0.7930	107	健康	89	105	86	86	65	71
洛阳	0.7926	108	健康	98	89	53	38	89	103
蚌埠	0.7916	109	健康	90	98	63	56	70	107
金昌	0.7874	110	健康	111	79	110	77	32	109
赣州	0.7871	111	健康	59	1	81	4	110	115
白银	0.7761	112	健康	113	109	106	80	83	106
银川	0.7749	113	健康	54	85	54	84	21	116
渭南	0.7695	114	健康	115	108	101	18	114	90
安顺	0.7678	115	健康	116	1	116	6	116	113
兰州	0.7640	116	健康	112	116	56	91	53	1

表28 2012年116个城市生态经济各指标排名情况

城市名称	健康指数	排名	等级	单位 GDP 综合能耗	工业固体废物综合利用率	城镇污水处理率	人均 GDP
东 营	0.9572	1	很健康	42	42	19	1
深 圳	0.9273	2	很健康	2	80	15	5
无 锡	0.9248	3	很健康	33	60	61	6
大 连	0.9172	4	很健康	36	35	12	9
大 庆	0.9130	5	很健康	86	25	28	2
广 州	0.9126	6	很健康	8	33	82	8
珠 海	0.9053	7	很健康	5	25	50	10
苏 州	0.9020	8	很健康	25	40	100	7
长 沙	0.8988	9	健康	19	54	13	13
威 海	0.8982	10	健康	44	56	8	12
天 津	0.8979	11	健康	38	4	51	11
杭 州	0.8977	12	健康	11	51	23	14
克拉玛依	0.8925	13	健康	95	5	31	3
青 岛	0.8865	14	健康	34	31	36	24
上 海	0.8863	15	健康	21	22	73	19
常 州	0.8852	16	健康	29	18	70	20
厦 门	0.8811	17	健康	6	30	39	29
武 汉	0.8792	18	健康	50	39	32	27
绍 兴	0.8791	19	健康	43	47	69	23
中 山	0.8789	20	健康	10	67	34	28
北 京	0.8779	21	健康	3	78	80	17
镇 江	0.8750	22	健康	24	17	97	22
宁 波	0.8746	23	健康	22	53	98	18
沈 阳	0.8714	24	健康	69	38	55	25
烟 台	0.8705	25	健康	31	77	9	30
榆 林	0.8646	26	健康	68	23	88	26
济 南	0.8579	27	健康	58	70	43	32
嘉 兴	0.8573	28	健康	37	36	53	35
南 昌	0.8557	29	健康	14	15	16	41

续表

城市名称	健康指数	排名	等级	单位GDP综合能耗	工业固体废物综合利用率	城镇污水处理率	人均GDP
福　州	0.8531	30	健康	9	63	30	43
新　余	0.8521	31	健康	90	52	6	31
成　都	0.8511	32	健康	40	16	38	45
郑　州	0.8509	33	健康	27	81	11	36
舟　山	0.8503	34	健康	41	14	109	16
泉　州	0.8469	35	健康	26	37	80	47
合　肥	0.8467	36	健康	18	43	57	52
湖　州	0.8465	37	健康	60	28	41	46
银　川	0.8454	38	健康	39	76	1	48
西　安	0.8447	39	健康	17	31	21	56
长　春	0.8445	40	健康	62	3	78	42
东　莞	0.8431	41	健康	20	82	63	40
南　京	0.8401	42	健康	88	47	107	15
朔　州	0.8357	43	健康	85	72	1	44
三　亚	0.8351	44	健康	3	1	76	60
徐　州	0.8324	45	健康	47	45	74	59
鹰　潭	0.8296	46	健康	12	57	59	68
哈尔滨	0.8288	47	健康	78	6	35	63
海　口	0.8271	48	健康	15	65	7	78
泰　安	0.8267	49	健康	64	2	27	69
包　头	0.8249	50	健康	100	104	74	4
呼伦贝尔	0.8237	51	健康	82	85	70	54
岳　阳	0.8212	52	健康	65	49	56	72
济　宁	0.8211	53	健康	58	71	25	76
德　州	0.8210	54	健康	73	41	49	73
湘　潭	0.8208	55	健康	89	33	61	62
重　庆	0.8169	56	健康	70	75	44	77
桂　林	0.8141	57	健康	23	69	54	90
荆　门	0.8132	58	健康	84	59	65	82

续表

城市名称	健康指数	排名	等级	单位 GDP 综合能耗	工业固体废物综合利用率	城镇污水处理率	人均 GDP
蚌　埠	0.8129	59	健康	30	9	45	96
马鞍山	0.8104	60	健康	106	44	68	50
西　宁	0.8101	61	健康	92	19	42	80
临　沂	0.8096	62	健康	77	62	20	92
连云港	0.8092	63	健康	13	46	105	84
洛　阳	0.8088	64	健康	51	95	3	64
平顶山	0.8083	65	健康	81	50	24	91
淮　南	0.8082	66	健康	63	68	94	86
黄　山	0.8069	67	健康	1	87	48	94
吉　林	0.8063	68	健康	75	103	18	49
南　宁	0.8051	69	健康	74	55	101	85
宜　春	0.8044	70	健康	55	61	4	104
宝　鸡	0.8037	71	健康	52	92	21	83
焦　作	0.8034	72	健康	79	93	58	65
张家界	0.8012	73	健康	28	24	93	105
锦　州	0.8003	74	健康	76	88	104	71
汕　头	0.7999	75	健康	7	19	103	99
呼和浩特	0.7997	76	健康	87	109	90	21
太　原	0.7991	77	健康	93	96	70	53
日　照	0.7977	78	健康	109	6	26	57
兰　州	0.7977	79	健康	104	10	95	67
石嘴山	0.7971	80	健康	102	90	96	51
石家庄	0.7969	81	健康	70	101	10	66
宜　昌	0.7967	82	健康	94	105	47	37
绵　阳	0.7961	83	健康	91	13	92	93
廊　坊	0.7942	84	健康	57	100	52	70
昆　明	0.7940	85	健康	56	106	17	61
萍　乡	0.7922	86	健康	105	27	91	75
广　元	0.7899	87	健康	66	8	99	113

续表

城市名称	健康指数	排名	等级	单位 GDP 综合能耗	工业固体废物综合利用率	城镇污水处理率	人均 GDP
贵 阳	0.7899	88	健康	97	94	13	79
丽 江	0.7898	89	健康	70	86	64	112
大 同	0.7892	90	健康	95	79	77	97
曲 靖	0.7886	91	健康	54	91	66	102
阜 新	0.7880	92	健康	49	64	112	89
梅 州	0.7856	93	健康	67	10	102	115
钦 州	0.7819	94	健康	45	21	111	106
秦 皇 岛	0.7800	95	健康	48	108	29	81
长 治	0.7783	96	健康	112	89	40	74
衡 水	0.7766	97	健康	46	99	87	103
伊 春	0.7759	98	健康	103	84	66	110
保 定	0.7751	99	健康	80	102	33	101
渭 南	0.7746	100	健康	108	10	85	108
柳 州	0.7693	101	健康	101	28	114	58
鞍 山	0.7684	102	健康	98	112	88	33
本 溪	0.7677	103	健康	35	116	85	34
鸡 西	0.7665	104	健康	99	57	113	88
汉 中	0.7651	105	健康	83	107	59	107
乌鲁木齐	0.7651	106	健康	116	66	83	39
内 江	0.7641	107	健康	110	74	106	98
邯 郸	0.7615	108	健康	111	97	5	87
河 源	0.7606	109	健康	32	110	46	111
赣 州	0.7574	110	健康	16	73	115	114
怀 化	0.7558	111	健康	53	111	79	109
张 家 口	0.7544	112	健康	61	113	37	95
安 顺	0.7476	113	健康	114	83	84	116
白 银	0.7398	114	健康	113	98	110	100
金 昌	0.7335	115	健康	107	115	108	55
攀 枝 花	0.6963	116	健康	115	114	116	38

表 29   2012 年 116 个城市生态社会各指标排名情况

城市名称	健康指数	排名	等级	人口自然增长率	每万人从事水利、环境和公共设施管理业人数	民用车辆数(辆)/城市道路长度(公里)
呼和浩特	0.8761	1	健康	9	4	84
本　溪	0.8553	2	健康	2	10	2
沈　阳	0.8513	3	健康	20	7	47
柳　州	0.8407	4	健康	4	14	37
杭　州	0.8400	5	健康	54	3	89
三　亚	0.8346	6	健康	96	1	46
舟　山	0.8344	7	健康	33	8	19
鞍　山	0.8315	8	健康	14	13	71
北　京	0.8276	9	健康	86	2	80
天　津	0.8206	10	健康	1	24	42
上　海	0.8203	11	健康	22	18	54
宜　昌	0.8202	12	健康	24	19	20
长　春	0.8201	13	健康	9	23	31
鸡　西	0.8123	14	健康	3	25	51
石嘴山	0.8118	15	健康	56	17	3
太　原	0.8057	16	健康	73	12	53
哈尔滨	0.8029	17	健康	18	26	57
兰　州	0.8020	18	健康	61	20	50
广　州	0.8006	19	健康	81	15	27
珠　海	0.7995	20	健康	106	5	9
镇　江	0.7979	21	健康	9	35	14
包　头	0.7958	22	健康	69	22	30
金　昌	0.7926	23	健康	82	21	15
阜　新	0.7925	24	健康	15	34	61
南　京	0.7899	25	健康	48	29	7
吉　林	0.7892	26	健康	4	45	44
海　口	0.7876	27	健康	109	6	28
大　连	0.7845	28	健康	26	42	36
淮　南	0.7834	29	健康	58	31	5
贵　阳	0.7830	30	健康	53	28	81
克拉玛依	0.7816	31	健康	42	40	18
威　海	0.7813	32	健康	13	50	76
厦　门	0.7808	33	健康	108	9	25

续表

城市名称	健康指数	排名	等级	人口自然增长率	每万人从事水利、环境和公共设施管理业人数	民用车辆数(辆)/城市道路长度(公里)
丽　江	0.7805	34	健康	16	30	102
常　州	0.7793	35	健康	27	46	45
银　川	0.7780	36	健康	98	16	85
湖　州	0.7764	37	健康	19	57	69
呼伦贝尔	0.7758	38	健康	6	69	68
武　汉	0.7757	39	健康	66	37	13
嘉　兴	0.7751	40	健康	31	38	91
宁　波	0.7748	41	健康	38	36	97
伊　春	0.7746	42	健康	8	80	1
黄　山	0.7737	43	健康	27	62	39
大　同	0.7719	44	健康	58	44	34
广　元	0.7716	45	健康	41	59	49
烟　台	0.7711	46	健康	12	74	73
锦　州	0.7696	47	健康	17	75	65
成　都	0.7693	48	健康	21	55	95
攀枝花	0.7687	49	健康	50	60	4
西　安	0.7661	50	健康	90	32	62
南　昌	0.7658	51	健康	89	33	55
济　南	0.7655	52	健康	50	67	17
东　营	0.7651	53	健康	34	73	74
桂　林	0.7645	54	健康	71	43	72
乌鲁木齐	0.7644	55	健康	74	51	33
无　锡	0.7632	56	健康	38	83	29
合　肥	0.7630	57	健康	62	64	38
大　庆	0.7629	58	健康	37	88	6
青　岛	0.7625	59	健康	34	87	32
苏　州	0.7615	60	健康	50	70	63
渭　南	0.7608	61	健康	27	41	109
西　宁	0.7608	62	健康	70	49	79
重　庆	0.7603	63	健康	54	77	22
焦　作	0.7602	64	健康	27	82	78

城市名称	健康指数	排名	等级	人口自然增长率	每万人从事水利、环境和公共设施管理业人数	民用车辆数(辆)/城市道路长度(公里)
长　治	0.7598	65	健康	63	48	92
南　宁	0.7590	66	健康	82	52	59
荆　门	0.7588	67	健康	46	84	41
汉　中	0.7588	68	健康	45	72	87
张　家　口	0.7585	69	健康	60	54	96
长　沙	0.7580	70	健康	79	47	86
昆　明	0.7579	71	健康	36	61	103
白　银	0.7568	72	健康	72	71	35
郑　州	0.7567	73	健康	31	65	104
绵　阳	0.7564	74	健康	46	90	52
张　家　界	0.7564	75	健康	78	53	88
秦　皇　岛	0.7557	76	健康	74	63	70
绍　兴	0.7525	77	健康	23	58	110
马　鞍　山	0.7522	78	健康	64	93	24
萍　乡	0.7506	79	健康	86	76	48
福　州	0.7498	80	健康	95	56	67
宝　鸡	0.7482	81	健康	67	96	43
洛　阳	0.7457	82	健康	25	101	98
德　州	0.7448	83	健康	56	98	83
汕　头	0.7443	84	健康	74	99	23
朔　州	0.7428	85	健康	99	68	56
日　照	0.7423	86	健康	38	113	16
泰　安	0.7423	87	健康	43	107	64
新　余	0.7422	88	健康	104	66	11
河　源	0.7420	89	健康	7	112	94
临　沂	0.7412	90	健康	43	110	66
济　宁	0.7407	91	健康	79	97	77
蚌　埠	0.7393	92	健康	101	81	8
梅　州	0.7373	93	健康	93	100	40
岳　阳	0.7368	94	健康	85	94	100

续表

城市名称	健康指数	排名	等级	人口自然增长率	每万人从事水利、环境和公共设施管理业人数	民用车辆数(辆)/城市道路长度(公里)
内 江	0.7345	95	健康	49	114	75
连 云 港	0.7313	96	健康	110	78	21
石 家 庄	0.7307	97	健康	102	79	99
安 顺	0.7298	98	健康	107	86	60
深 圳	0.7269	99	健康	116	11	12
中 山	0.7267	100	健康	68	102	106
湘 潭	0.7262	101	健康	74	108	101
鹰 潭	0.7253	102	健康	114	39	58
衡 水	0.7244	103	健康	65	105	107
东 莞	0.7237	104	健康	94	116	10
平 顶 山	0.7226	105	健康	97	91	108
宜 春	0.7207	106	健康	102	104	90
泉 州	0.7193	107	健康	90	115	93
赣 州	0.7175	108	健康	99	103	105
曲 靖	0.7158	109	健康	82	106	111
徐 州	0.7139	110	健康	113	92	26
榆 林	0.7097	111	健康	111	27	115
邯 郸	0.7095	112	健康	114	85	82
钦 州	0.6995	113	健康	88	109	113
廊 坊	0.6932	114	健康	112	89	112
保 定	0.6899	115	健康	105	111	114
怀 化	0.6754	116	健康	92	95	116

2012 年，深圳市综合排名第 1，生态环境排名第 1，生态经济排名第 2，生态社会排名第 99，表明深圳市今后在进一步完善和提高生态环境、生态经济建设的同时，要加大生态社会建设力度，逐步做到生态环境、生态经济、生态社会同步发展。

2012 年，广州市综合排名第 2，生态环境排名第 2，生态经济排名第 6，生态社会排名第 19，表明广州市今后在进一步完善和提高生态环境、生态经

济建设的同时，要加大生态社会建设力度。

2012 年，上海市综合排名第 3，生态环境排名第 3，生态经济排名第 15，生态社会排名第 11，表明上海市今后在进一步完善和提高生态环境建设的同时，要加大生态经济、生态社会建设力度。

2012 年，南京市综合排名第 4，生态环境排名第 4，生态经济排名第 42，生态社会排名第 25，表明南京市今后在进一步完善和提高生态环境建设的同时，要加大生态经济、生态社会建设力度。

2012 年，大连市综合排名第 5，生态环境排名第 12，生态经济排名第 4，生态社会排名第 28，表明大连市今后在进一步完善和提高生态经济建设的同时，要加大生态社会、生态环境建设力度。

2012 年，无锡市综合排名第 6，生态环境排名第 14，生态经济排名第 3，生态社会排名第 56，表明无锡市今后在进一步完善和提高生态经济建设的同时，要加大生态社会、生态环境建设力度。

2012 年，珠海市综合排名第 7，生态环境排名第 10，生态经济排名第 7，生态社会排名第 5，表明珠海市今后一定要保持良好的发展态势，使生态环境、生态经济、生态社会三位一体，齐头并进。

2012 年，厦门市综合排名第 8，生态环境排名第 8，生态经济排名第 7，生态社会排名第 17，表明厦门市今后在进一步完善和提高生态环境、生态经济建设的同时，要加大生态社会建设力度。

2012 年，杭州市综合排名第 9，生态环境排名第 19，生态经济排名第 12，生态社会排名第 2，表明杭州市今后在进一步完善和提高生态社会建设的同时，要加大生态环境、生态经济建设力度。

2012 年，北京市综合排名第 10，生态环境排名第 25，生态经济排名第 21，生态社会排名第 3，表明北京市今后在进一步完善和提高生态社会建设的同时，要加大生态环境、生态经济建设力度。

2012 年中国 116 个生态城市空气质量优良天数低于 350 天的有 69 个；生活垃圾无害化处理率达不到 100% 的有 69 个；生活污水集中处理率达不到 90% 的有 75 个；单位 GDP 综合能耗高于 0.80 吨标准煤/万元的城市有 67 个；一般工业固体废物综合利用率低于 92% 的城市有 69 个，足以表明大多数城市生态文明建设的顶层设计还没有完全形成，绿色发展仅仅停留在城市绿化上，循环经济、低碳经济均无实质性进展。一些城市的生态观念还停留在中心城市的美化亮化工程上，政绩工程、形象工程的痕迹十分明显。要让人们真正形成生态文明的价值观，改变决策模式、管理方式，理顺社会治理结构，创新社会秩序，重构人与环境的新型关系，转变生产方式和生活方式的任务还十分艰巨。为此必须创新社会治理体系，提高治理能力，充分发挥政府、企业、非政府组织和社会公众的职能、责任与义务，群策群力，真正分阶段分步骤地实现绿色发展、循环发展、低碳发展。

绿色发展、循环发展、低碳发展是生态城市建设的核心，其目标是一代比一代生活得更加有保障、更加健康、更加有尊严。其最基础、最基本的任务是，适度、科学、合理地提高城市的森林覆盖率；从根本上改善空气质量，从源头杜绝空气污染，净化大气系统；加大投入治理力度，从源头杜绝对河湖水质的污染，改善地下、地表、大气中的水质，增强排污、节约用水的能力，形成良性循环的优质水循环体系；通过技术创新节能减排，降低单位能耗，加大废物回收、处理、再利用的力度，提高生活垃圾的处理利用能力，在加大治理、保护生态环境力度的同时，使经济稳步增长。

分类评价报告

Categorized Evaluation Reports

G.3

环境友好型城市建设评价报告

常国华　石晓妮　汪永臻　王翠云

摘　要：

本报告依据环境友好型城市综合评价指标体系，对2012年中国部分城市在环境友好型方面的建设状况进行了评价与分析，给出了2012年前50名城市的排名，同时列出了2008～2012年前30名城市的排名。在此基础上，对国内排名位居前列的杭州市在环境友好方面所做的努力和成就进行了简要介绍；对全球环境最友好城市排名位列前十的瑞典斯德哥尔摩市的城市规划进行了论述。最后我们提出，在坚持节约资源和环境友好的基本原则下，编制科学合理、有利于城市全面可持续发展的城市规划，并采取合理的实施办法，努力构建人与自然和谐并富有中国特色的生态城市新格局，是我国城镇化可持续发展的必然途径。

关键词：

环境友好型城市　评价　健康指数　可持续发展

城市是现代社会经济技术发展的核心地区，是人口密度和经济密度最大的地域空间，也是人地关系最为复杂、生态环境问题最为突出的地区。① 近几年，中国城市的快速发展，不仅给中国带来了巨大的机遇，也带来了前所未有的挑战。大量农业人口涌入城市可以极大地带动城市消费，拉动内需，同时快速增长的城市建设还可大量吸引外部资本并拉动社会总体投资，促进城市产业优化升级，提升科技发展水平。但是，这也给中国在空间、环境、社会等方面带来了一系列巨大压力，如人口膨胀、城市蔓延、交通拥堵、就业困难、环境污染、生态破坏等"城市病"问题将进入一个高发期。② 这些问题已引起党中央、国务院的高度重视。《中华人民共和国国民经济和社会发展第十二个五年规划纲要》，明确提出要坚持以人为本、节地节能、生态环保、安全实用、突出特色、保护文化和自然遗产的原则，科学编制城市规划，健全城镇建设标准，强化规划约束力。合理确定城市开发边界，规范新城新区建设，提高建成区人口密度，调整优化建设用地结构，防止特大城市面积过度扩张，预防和治理"城市病"。③ 城市化已成为全球发展的主流，虽然它带给我们诸多困惑，但我们必须充满信心地去迎接城市化带来的挑战，而不是在"城市病"面前退缩。所以，我们不能也不应只停留在对城市的指责上，而应勇于承担责任、创造条件，让城市真正成为人类过上有尊严的、健康、安全、幸福和充满希望的美满生活的地方。

　　我国城镇化已进入高速发展期，目前城镇化率已超过 50%，按照一般规律，预计还有 25～30 年的城镇化道路要走。城镇化对一个民族、一个国家而言，实际上只有一次机会。因为随着城镇化进程的结束，城镇和重大基础设施布局一旦确定后，就很难再改变。④ 联合国的一份报告指出，虽然城市面积只占全世界土地总面积的 2%，却消耗着全球 75% 的资源并产生了更大比率的

---

① 赵沁娜、范利军、吴慈生、张鑫：《环境友好型城市研究进展述评》，《中国人口·资源与环境》2010 年第 20（3）期。

② 李陈：《境外经典"城市病"理论与主要城市问题回顾》，《西北人口》2013 年第 34（3）期。

③ 《中华人民共和国国民经济和社会发展第十二个五年规划纲要》，新华网，2011 - 03 - 16，http：//news. xinhuanet. com/politics/2011 - 03/16/c_ 121193916_ 11. htm。

④ 仇保兴：《中国特色的城镇化模式之辨——C 模式：超"A 模式"的诱惑和"B 模式"的泥淖》，《城市规划》2008 年第 11 期。

废弃物。正因为如此，联合国助理秘书长沃利·恩道曾感叹道：城市化极可能是无可比拟的未来光明前景之所在，也可能是前所未有的灾难之凶兆。所以，未来会怎样就取决于我们今天的所作所为。我国正经历着空前绝后的城镇化，而且是全球人口最多国家的城镇化。在这样的背景下，城镇化的进程与全球化、市场化、信息化、机动化等相伴交织，使发展模式的判断选择更加扑朔迷离。正确选择城镇化和经济发展模式，不仅是落实科学发展观、推行生态文明的核心课题，也是确保我国国民经济长期、持续、健康、有序发展之关键。①②③④

环境友好型城市作为生态城市发展的一种模式，是建设资源节约型、环境友好型社会的必然要求，是落实科学发展观的重要举措。如何在科学发展观的指导下，建设环境友好型城市，是新时期我国城市可持续发展面临的巨大挑战。环境友好型城市的核心内涵是以人与自然的和谐为中心，采取统一的思维方式，将经济发展方式、社会行为、政治制度、科技和文化等各个方面纳入有机统一的科学发展框架之下，使城市的生产消费活动与城市的生态系统相协调，并得到可持续发展。它要求将环境友好建设的理念、原则和目标融入和贯穿于城市经济社会发展的各方面，采取有利于环境保护的生产、生活、消费方式，将城市的生产、生活和消费规范在生态环境能够承载的范围之内，建立城市与环境良性互动、自然和谐的关系，用生态环境保护的思想和方法，促进城市经济、社会和环境的全面、协调和可持续发展。因此，建设环境友好的生态城市对促进城市由传统的发展模式向绿色低碳清洁化转变，以及推动形成人与自然和谐发展的中国现代化建设新格局均具有重要的意义。⑤

---

①　仇保兴：《挑战与希望——我国城市发展面临的主要问题及基本对策》，《动感（生态城市与绿色建筑）》2011 年第 1 期。

②　联合国人居中心编著《城市化的世界》，沈建国等译，中国建筑工业出版社，1999。

③　叶小文：《城镇化是"天大的问题"》，《当代贵州》2011 年第 16 期。

④　王威：《生态文明视阈下江西省城镇化建设研究》，江西师范大学硕士学位论文，2010。

⑤　李景源、孙伟平、刘举科：《中国生态城市建设发展报告（2012）》，社会科学文献出版社，2012，第 288 页。

一　环境友好型城市建设评价报告

（一）环境友好型城市建设评价指标体系

环境友好型城市作为生态文明城市的类型之一，兼具生态文明城市的一般共性，同时又具备环境友好的特性。因此，构建共性与个性并存的指标体系，对科学合理地评价环境友好型城市的建设状况具有重要意义。

1. 评价指标体系的设计

在《中国生态城市建设发展报告（2013）》有关环境友好型城市的评价中，已基于环境友好型城市的内涵并结合生态城市建设的基本要求，构建了一套既能体现生态城市基本特征，又能反映环境友好特色的评价指标体系。该评价指标体系由一级、核心指标（二级和三级）和特色指标组成，内含18项具体指标。一级指标即环境友好型城市综合指数，它代表城市在环境友好型建设方面的总体效果。该指标下分生态环境、生态经济和生态社会三大核心考察领域，此三项即为二级指标。三级指标由13项具体指标构成，主要用于体现城市在生态文明建设过程中的基本要求，也是本报告中六种类型城市在生态文明建设过程中所要共同考核和控制的基本因子，计算所得的结果用生态城市健康指数（ECHI）表示（见本书总报告）。特色指标由5项具体指标构成，主要用于评价城市在环境友好特色方面所做的努力。该评价指标既体现了城市在生态文明建设评价中普遍性与特殊性相结合的原则，也起到了对不同类型城市分类指导、分类评价的作用。在对2008～2011年我国城市的生态建设情况进行评价与分析的基础上，2012年我国城市生态建设状况的评价与分析所采用的指标与前者基本相同、稍有差异，对部分核心指标和特色指标也略作了调整。环境友好型城市评价指标见表1。

2. 指标说明、数据来源及处理方法

表1内大部分指标的选择依据及指标含义在《中国生态城市建设发展报告（2013）》中已有解释，本报告仅对部分变动的环境友好型城市特色指标的意义及数据来源进行简单阐述。

表1 环境友好型城市评价指标

一级指标	核心指标			特色指标	
	二级指标	序号	三级指标	序号	四级指标
环境友好型城市综合指数	生态环境	1	森林覆盖率(建成区绿化覆盖率)(%)	14	单位GDP二氧化硫排放量(千克/万元)
		2	PM2.5(空气质量优良天数)(天)		
		3	生物多样性(城市绿地面积)(公顷)	15	单位GDP化学需氧量排放量(千克/万元)
		4	河湖水质(人均用水量)(吨/人)		
		5	人均公共绿地面积(人均绿地面积)(平方米/人)		
		6	生活垃圾无害化处理率(%)		
	生态经济	7	单位GDP综合能耗(吨标准煤/万元)	16	单位GDP氨氮排放量(千克/万元)
		8	一般工业固体废物综合利用率(%)		
		9	城市污水处理率(%)		
		10	人均GDP(元/人)		
	生态社会	11	人均预期寿命(人口自然增长率)(‰)	17	主要清洁能源使用率(%)
		12	生态环保知识、法规普及率,基础设施完好率(每万人从事水利、环境和公共设施管理业人数)(万人)	18	主要污染治理设施处理运行费用(万元)
		13	公众对城市生态环境满意率[民用车辆数(辆)/城市道路长度(公里)]		

单位GDP氨氮排放量（千克/万元）指城市全年单位地区生产总值所产生的氨氮污染物的数量。其计算公式为：

单位GDP氨氮排放量（千克/万元）＝全年氨氮排放总量（千克）/全年城市国内生产总值（万元）

全年氨氮排放总量（千克）＝［工业废水中氨氮排放量（千克）＋农业氨氮排放量/流失量（千克）＋城镇生活污水中氨氮排放量（千克）＋城市生

活垃圾渗滤液中氨氮排放量（千克）＋城市危险（医疗）废物集中处置渗滤液中氨氮排放量（千克）〕

　　水体中的氨氮是指以氨（NH_3）或铵（NH_4^+）离子形式存在的无机含氮化合物。目前，中国地表水水体中氨氮含量已超过化学需氧量，成为影响水质的首要指标。在我国七大水系中，氨氮作为主要超标污染物出现频率非常高，氨氮污染已成为中国水质污染普遍面临的问题。高含量的氨氮进入水体后，会对水环境造成多方面的影响。水体中氨氮含量较高，对水生生物如鱼类、甲壳类及贝类会呈现毒害作用。氨氮浓度大于0.2毫克/升时，鱼类摄食就会受到严重影响，导致生长不良或停止生长；当达到2.0毫克/升时，则会造成生物死亡。[1] 另外，生物体内富集的高浓度氨氮会被转化为亚硝酸盐，不仅会使生物体中毒，还具有致癌作用。与此同时，水体中氨氮浓度的升高对沉水植物也会产生较大影响。沉水植物是水生生态系统中主要的初级生产者，这些植物不仅能吸收、净化水体中的污染物质，而且能减小湖泊风浪，防止湖底淤泥再悬浮，同时还可抑制藻类的生长和过度繁殖，对维持水生生态系统结构和功能的稳定，以及水体健康具有举足轻重的作用。[2] 然而近几十年来，沉水植物在水体富营养化的过程中逐渐衰退和消失，水体中高浓度的氨氮可能是导致其消亡的重要因素之一。[3] 氨氮也是水体主要耗氧污染物之一。水体中完全氧化1毫克氨氮约需4.6毫克溶解氧。水体溶解氧大于4毫克/升才能保证鱼类正常的生命活动。正常情况下，地表水的溶解氧含量一般为5~10毫克/升。[4] 因此，水体中氨氮含量过高，将对水质的改善和保护十分不利。[5]

　　目前，中国的氨氮排放量已远远超出受纳水体的环境容量。《国家环境保护"十二五"规划》与"十一五"规划相比，新增了两个限制因子，氨氮就是其中之一。[6] 本报告选择单位GDP氨氮排放量作为环境友好型城市的特色指标之一，

① 梁新雪：《氨氮污染对水产养殖的危害及防治技术》，《大众科技》2011年第9期。
② 李琳：《乡土沉水植物苦草的光合特征及其对污染水体净化作用研究》，华东师范大学硕士论文，2007。
③ 焦立新、王圣瑞、金相灿：《穗花狐尾藻对铵态氮的生理响应》，《应用生态学报》2009年第20卷第9期。
④ 安克敬：《水体中溶解氧的含量变化及相关问题》，《生物学教学》2005年第30（6）期。
⑤ 刘来胜：《我国氨氮废水排放与治理研究现状》，《科技信息》2012年第19期。
⑥ 吴舜泽：《"十二五"为什么要控制氨氮》，《水工业市场》2010年第5期。

以期对中国江河湖泊水功能区的水质改善起到促进作用。

数据来源：环保部门、环境公报、中国环境年鉴。

主要污染治理设施处理运行费用（万元）指企业用于治理废水、废气、固体废物的资金总额。在《中国环境年鉴2013》中，列出了重点城市的工业废水治理设施运行费用（万元）、工业废气治理设施运行费用（万元）、城市污水处理运行费用（万元）、城市生活垃圾处理运行费用（万元）和危险（医疗）废物集中处置运行费用（万元）；该指标的数据采用这些处理费用之和作为主要污染治理设施处理运行费用。其计算公式为：

主要污染治理设施处理运行费用（万元）＝工业废水治理设施运行费用（万元）＋工业废气治理设施运行费用（万元）＋城市污水处理运行费用（万元）＋城市生活垃圾处理运行费用（万元）＋危险（医疗）废物集中处置运行费用（万元）

工业废水及废气治理设施运行费用指企业维持废水及废气治理设施运行所发生的费用。城市污水、生活垃圾和危险（医疗）废物处理运行费用指维持污水处理厂（或处理设施）、垃圾处理厂和危险（医疗）废物处置厂正常运行所发生的费用。上述费用包括能源消耗、设备维修、人员工资、管理费、药剂费及与维持设施运行有关的其他费用，不包括设备折旧费。

数据来源：中国环境年鉴、当地城市年鉴及当地环境公报。

上述指标的数据处理方法与本书中第二部分中国生态城市健康指数评价报告中核心指标数据的处理方法相同。由于在2012年的数据查找中，有3个数据缺失，为保证数据处理的有效性，采用前一年的相应指标值代替。①

（二）环境友好型城市评价与分析

依据环境友好型城市建设评价指标体系，分别对18项指标、13项核心指标和5项扩展指标进行计算，得出了2012年环境友好型城市综合指数、生态城市健康指数（ECHI）、特色指数的得分及其排名和特色指标单项排名（见表2）。

① 严耕、林震、杨志华等：《中国省域生态文明建设评价报告（ECI 2010）》，社会科学文献出版社，2010，第92页。

表2 2012年环境友好型城市评价结果

城市名称	环境友好型城市综合指数（18项指标结果）		生态城市健康指数（ECHI）（13项指标结果）		环境友好特色指数（5项指标结果）		特色指标单项排名				
	得分	排名	得分	排名	得分	排名	单位GDP二氧化硫排放量	单位GDP化学需氧量排放量	单位GDP氨氮排放量	主要清洁能源使用率	主要污染治理设施及处理运行费用
上海	0.8823	1	0.8705	3	0.9129	1	9	9	19	8	1
深圳	0.8770	2	0.9054	1	0.8552	4	1	2	2	1	21
广州	0.8756	3	0.9037	2	0.8466	7	3	10	9	14	8
苏州	0.8451	4	0.8376	13	0.8645	3	17	3	5	26	2
北京	0.8446	5	0.8404	10	0.8670	2	4	7	3	4	10
珠海	0.8416	6	0.8457	7	0.8309	9	29	33	40	6	46
南京	0.8415	7	0.8481	4	0.8243	10	22	13	23	36	6
杭州	0.8393	8	0.8405	9	0.8362	8	7	11	10	13	11
无锡	0.8377	9	0.8460	6	0.8161	17	11	1	1	32	13
东营	0.8369	10	0.8399	11	0.8022	30	28	21	4	30	37
天津	0.8360	11	0.8297	17	0.8524	5	24	17	12	19	4
厦门	0.8353	12	0.8409	8	0.8209	12	5	14	28	10	55
大连	0.8319	13	0.8462	5	0.7947	40	26	29	14	44	40
大庆	0.8319	14	0.8360	15	0.7838	55	15	42	7	50	66
宁波	0.8313	15	0.8242	20	0.8499	6	33	6	15	22	3
常州	0.8266	16	0.8289	18	0.8206	13	6	5	6	15	29
青岛	0.8262	17	0.8348	16	0.8039	27	13	20	8	35	24

续表

城市名称	环境友好型城市综合指数（18项指标结果）		生态城市健康指数（ECHI）（13项指标结果）		环境友好特色指数（5项指标结果）		特色指标单项排名				
	得分	排名	得分	排名	得分	排名	单位GDP二氧化硫排放量	单位GDP化学需氧量排放量	单位GDP氨氮排放量	主要清洁能源使用率	主要污染治理设施及处理运行费用
沈阳	0.8256	18	0.8397	12	0.7891	47	21	44	33	48	38
威海	0.8224	19	0.8369	14	0.7848	52	30	12	11	60	65
武汉	0.8212	20	0.8238	22	0.8144	18	12	19	17	27	15
重庆	0.8199	21	0.8186	24	0.8234	11	52	40	49	25	7
烟台	0.8170	22	0.8265	19	0.7921	43	27	32	22	54	31
中山	0.8166	23	0.8163	29	0.8174	15	8	15	24	9	68
长沙	0.8149	24	0.8241	21	0.7909	46	2	18	16	46	60
南昌	0.8129	25	0.8180	25	0.7997	33	16	35	38	24	53
福州	0.8122	26	0.8164	28	0.8013	31	25	27	39	38	25
济南	0.8121	27	0.8158	30	0.8025	29	35	24	13	43	20
郑州	0.8116	28	0.8094	36	0.8171	16	31	16	18	16	33
绍兴	0.8112	29	0.8174	26	0.7951	39	19	22	26	65	16
湖州	0.8108	30	0.8148	32	0.8002	32	36	34	42	40	23
西安	0.8106	31	0.8100	35	0.8123	20	34	31	32	12	56
南宁	0.8097	32	0.8203	23	0.7822	57	18	54	54	45	49
合肥	0.8092	33	0.8149	31	0.7945	41	10	36	25	37	44
长春	0.8087	34	0.8168	27	0.7876	48	23	46	31	52	34

城市名称	环境友好型城市综合指数（18项指标结果）		生态城市健康指数（ECHI）（13项指标结果）		环境友好特色指数（5项指标结果）		特色指标单项排名				
	得分	排名	得分	排名	得分	排名	单位GDP二氧化硫排放量	单位GDP化学需氧量排放量	单位GDP氨氮排放量	主要清洁能源使用率	主要污染治理设施及处理运行费用
成 都	0.8085	35	0.8082	37	0.8092	25	14	25	27	23	28
昆 明	0.8074	36	0.8060	39	0.8111	23	47	4	20	29	18
马鞍山	0.8067	37	0.8046	41	0.8122	21	56	23	30	33	12
泉 州	0.8048	38	0.8102	34	0.7910	45	32	30	36	63	27
石嘴山	0.8038	39	0.8039	44	0.8037	28	67	45	60	5	64
银 川	0.8026	40	0.7964	57	0.8188	14	64	50	57	3	58
太 原	0.8019	41	0.8034	45	0.7981	38	57	8	67	20	14
汕 头	0.8013	42	0.7978	52	0.8102	24	20	62	65	2	62
西 宁	0.7997	43	0.7949	58	0.8120	22	63	55	55	7	32
日 照	0.7988	44	0.7985	50	0.7997	34	51	41	37	41	17
洛 阳	0.7988	45	0.7928	62	0.8143	19	53	26	21	18	30
宜 昌	0.7984	46	0.8044	42	0.7828	56	38	37	52	64	47
泰 安	0.7983	47	0.8056	40	0.7794	59	45	52	43	58	45
哈尔滨	0.7978	48	0.8080	38	0.7712	63	37	65	51	51	43
秦皇岛	0.7964	49	0.7979	51	0.7926	42	60	58	46	21	42
济 宁	0.7957	50	0.7991	49	0.7867	50	50	51	47	62	19

1.2012年环境友好型城市建设评价与分析

从表2可以看出,根据环境友好型城市综合指数得分,排在前10名的城市分别是上海市、深圳市、广州市、苏州市、北京市、珠海市、南京市、杭州市、无锡市和东营市。这些城市在生态城市健康指数（ECHI）的排名中也位列前茅,表明这些城市在生态城市建设的基本方面做得均比较出色。在环境友好特色指数方面,排在前10名的城市分别是上海市、北京市、苏州市、深圳市、天津市、宁波市、广州市、杭州市、珠海市和南京市。上海市在环境友好特色指标的单项指标排名中,仅单位GDP氨氮排放量位于10名之外,其余指标则表现出色。因此,今后需进一步加大对水体氨氮排放量的控制。深圳市在对污染物二氧化硫、化学需氧量和氨氮的排放控制和清洁能源的使用方面表现出色。广州市尚需在环境友好特色方面继续努力,可进一步采取措施降低化学需氧量的排放,同时加强推广清洁能源的使用。苏州市尚需在二氧化硫的减排和清洁能源的使用方面继续努力。北京市需继续在生态城市建设的基本方面做出努力,在环境友好特色方面则需在污染物的处理方面进一步加强资金和设备的投入力度。依据2008~2012年的数据,珠海市在清洁能源的推广和使用方面均表现出色,在二氧化硫、化学需氧量和氨氮排放的控制及资金投入方面则需进一步努力。南京市可继续加强污染物如二氧化硫、化学需氧量等的减排控制工作。杭州市无论在生态城市建设的基本方面还是环境友好型城市建设的特色方面均表现出色。

无锡市需进一步加大清洁能源的使用力度。近几年来天津市在污染物的治理和资金投入上表现出色,可进一步加大对污染物二氧化硫的处理力度。东营市在环境友好特色建设方面需进一步努力,加强对二氧化硫的减排和清洁能源的推广和使用。厦门市在氨氮的减排及清洁能源的使用方面需进一步加强。宁波市在生态城市建设的基本方面需进一步加强,在环境友好特色方面,需加大对二氧化硫、氨氮排放的控制及清洁能源的使用。大庆市可在化学需氧量的减排和污染物治理的资金投入方面继续加大力度。青岛市可在清洁能源的使用方面进一步加强。沈阳市、威海市和武汉市尚需在环境友好特色的单项指标方面继续努力。长沙市近几年来在二氧化硫的减排方面表现出色。其他城市仍需在生态城市建设的基本方面以及环境友好特色方面继续努力。

根据上述城市所隶属的具体行政区域，我们将 2012 年进入前 50 名的环境友好型城市列入中国行政区域图中（见图 1）。

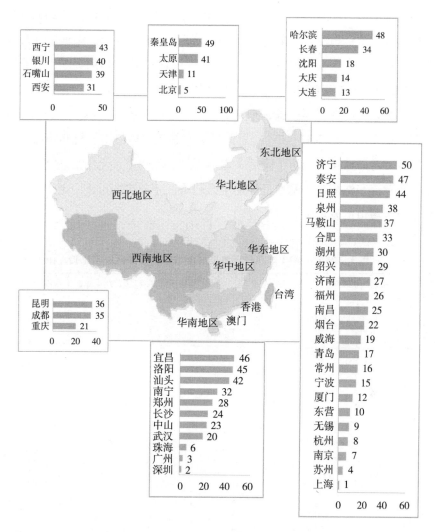

图 1　2012 年环境友好型综合指数前 50 名城市

从图 1 可以看出，2012 年华北地区京津表现出色，其他城市排名相对靠后。东北地区大连市、大庆市和沈阳市排名居前。华东地区城市进入前 30 名的城市较多。深圳市、广州市和珠海市表现依旧出色。西南和西北地区城市排名则普遍较为靠后。

113

2. 2008～2012 年环境友好型城市比较分析

表 3 展示了 2008～2012 年部分环境友好型城市综合指数排名的变化情况。深圳市、南京市、北京市、上海市、广州市、珠海市和杭州市在 2008～2012 年的环境友好型城市综合指数方面始终位居前 10 名。其中，深圳市在环境友好型城市建设中表现最为出色，仅在 2010 年和 2012 年位居第 2 名，其余年份排名均为第一。北京市在这五年间发展比较稳定，处于第 3 名到第 5 名之间。在这五年间，上海在不断前进，至 2012 年升至第一位。南京市在 2009～2011 年均位居第 5。广州市略有波动，总体呈上升趋势。珠海市和杭州市排名相对比较稳定。青岛市排名经历下降后又逐渐上升。苏州市、无锡市、大连市、威海市、东营市和沈阳市等基本呈逐渐上升趋势。呼和浩特市、中山市、长春市和南宁市等城市的发展则有较大波动。

表 3　2008～2012 年部分环境友好型城市综合指数排名比较

城市	排名（2008 年）	排名（2009 年）	排名（2010 年）	排名（2011 年）	排名（2012 年）
深　圳	1	1	2	1	2
南　京	2	5	5	5	7
北　京	3	3	4	4	5
上　海	4	4	3	3	1
广　州	5	2	1	2	3
珠　海	6	9	8	7	6
南　昌	7	12	12	27	25
杭　州	8	6	6	6	8
天　津	9	8	7	9	11
太　原	10	22	31	33	41
厦　门	11	7	9	8	12
青　岛	12	25	23	22	17
成　都	13	24	28	20	35
银　川	14	31	21	29	40
合　肥	15	13	17	28	33
济　南	16	19	13	17	27
长　沙	17	16	14	18	24
苏　州	18	11	10	12	4
无　锡	19	18	26	11	9

续表

城市	排名（2008 年）	排名（2009 年）	排名（2010 年）	排名（2011 年）	排名（2012 年）
南　宁	20	17	29	38	32
长　春	21	20	18	26	34
郑　州	22	29	35	31	28
大　连	23	14	11	16	13
中　山	24	32	40	47	23
呼和浩特	25	21	20	34	57
常　州	26	27	32	15	16
威　海	27	26	24	24	19
沈　阳	28	35	19	21	18
东　营	29	15	15	23	10
烟　台	30	28	22	25	22

图 2 显示了 2008～2012 年中国各大区域环境友好型城市综合指数前 50 名城市的数量变化状况。从中可以看出，在这五年间，华北地区城市数量在 2008 年和 2009 年为 7 个，2010 年增加为 8 个，但 2012 年减至 4 个。东北地区则由 2008 年的 3 个增加至 5 个，并一直保持。西南地区和西北地区在这五年间数量在 3 和 4 个之间波动。中南地区在这五年间的城市数量则经历了下降又上升的趋势；华东地区的城市数量变化趋势与中南地区类似，在 2012 年数量增至 23 个。

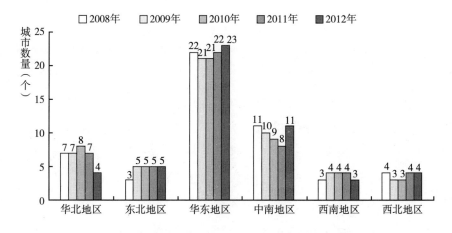

图 2　中国环境友好型综合指数前 50 名城市数量的区域分布

3. 结论

在这五年间，深圳市、广州市、上海市、北京市、南京市、珠海市和杭州市的环境友好型城市综合指数的排名始终位居前 10 名。这些城市在生态城市建设的基本方面和环境友好特色方面表现均比较出色。其中上海市名次在不断上升，由 2008 年的第 4 名升至第 1 名。苏州市、无锡市和大连市的排名也呈不断上升趋势。而在环境友好特色指数方面，在这五年间，深圳市、北京市、南京市、杭州市和天津市一直保持在前 10 名之内。上海市和广州市自 2009 年之后进入并一直保持在前 10 名之内。排名位于中下游的部分城市在这两方面指数的得分上差距仍较大。根据中国环境友好型综合指数前 50 名城市的数量变化来看，这五年间华北地区进入前 50 名的城市数目呈下降趋势，华东地区总体呈上升趋势。东北、西南和西北地区数量波动幅度不大。从以上城市的整体发展态势看，华东地区在环境友好型城市建设方面表现出较大的发展潜力，西北和华北地区，有部分城市排名有所下降。目前总体态势仍为东高西低，南北较为接近。总体来看，在环境友好型城市建设方面，各城市不仅要在环境友好特色指标上下功夫，还应注意加强生态城市建设的基础工作。

二 环境友好型城市建设的实践与探索

由于城市自身发展的先天条件及制约因素各异，环境友好型城市建设不可能采取统一的或者某种固有的模式。但是在城市的建设和发展中，始终注重将环境友好的理念和原则贯穿于城市的各种经济社会活动中，重视经济活动对自然生态环境带来的负面影响，将城市的生产、生活和消费规范在生态环境承载力范围之内，注重城市经济、社会和环境三方面的统一协调发展，以及注重人与自然的和谐等理念却是一致的。本报告结合环境友好型城市的评价结果，选取了国内外具有代表性的城市杭州市和瑞典的斯德哥尔摩市，对它们在城市建设方面的一些好的做法作简要介绍，以期有助于城市之间的相互了解和学习，也为中国其他城市的生态建设提供一些思路。

（一）国内环境友好型城市代表——杭州市

根据本报告中环境友好型城市综合指数排名以及生态城市健康指数的排名，杭州市在环境友好型城市建设和生态建设的基本方面都表现较好，走在了众多城市的前列。其在13项核心指标即城市生态建设方面的综合测评中也名列前茅。本报告以杭州市为例，对其在环境友好及生态城市建设方面所做的努力和成绩作一简要探讨。

杭州是中国七大古都之一，首批全国历史文化名城，是浙江省第一大城市及华东地区中心城市之一，长三角副中心城市，杭州都市圈核心城市，长三角南翼金融中心。杭州自古有"人间天堂"的美誉，元朝时曾被意大利旅行家马可·波罗赞为"世界上最美丽华贵之城"。[①] 近年来，杭州市政府以建设生态城市为目标，坚持经济发展与生态环境并行的发展道路，积极发展低碳经济、循环经济，在生态创建、污染整治、污染物总量减排等方面取得了丰硕成果，环境质量得到全面改善，2012年全市空气质量优良天数达到336天，优良率91.8%。全市市控以上断面水质达标率89.3%，地表水国控断面重金属污染物达标率100%。[②] 杭州市取得这些成绩与它始终注重生态与环境保护优先的原则和坚持经济发展与生态环境建设同步进行的理念是分不开的。

"十一五"期间，杭州市紧紧围绕"环境立市"战略，以主要污染物减排为核心，以生态市建设与环境保护目标责任制为抓手，以太湖流域和钱塘江水环境污染工作为重点，针对水污染、大气污染、城镇环境污染及农业农村污染开展了专项整治行动。[③] 按照国家和浙江省要求实施了主要污染物化学需氧量和二氧化硫的总量削减工作。市区污水处理管网、生活垃圾、危险废物及医疗废物集中处置设施日臻完善，并在全国率先推出了"环境告知执法"，在全省

① 《杭州概况》，杭州统计调查信息网，http：//www. hzstats. gov. cn/web/shownews. aspx？id = UqUHIhAFC%2BY = 。
② 《杭州市环保局2012年工作总结》，杭州市环境保护信息公开，http：//www. hzepb. gov. cn/ zwxx/gkml/03/0302/201307/t20130724_ 22045. htm。
③ 杭州市环境保护局：《杭州市"十二五"环境保护规划》，http：//www. hzepb. gov. cn/zwxx/ gkml/03/0301/201310/t20131010_ 24287. htm。

率先推出了排污权交易政策。2010 年,杭州市化学需氧量排放量较 2005 年削减了 16.65%;二氧化硫排放量比 2005 年削减了 17.79%;一般工业固体废弃物处置率均达到 100%。同时,从多个层面(市、区〔县〕、乡镇〔街道〕和村〔社区〕等),以及多个角度(经济、环境、文化和城市建设等)开展生态市建设工作,建成国家级生态乡镇 46 个,位居全国同类城市第一。①

在“十二五”期间,杭州市提出以促进科学发展、提高生态文明水平为主题的指导思想,以“生态优先、优先发展,预防为主、防治结合,全面推进、重点突破,政府主导、协力推进,环保惠民、促进和谐”为原则,加快转变经济发展方式;以主要污染物减排为核心,促进经济结构和产业结构的战略性调整;深入实施环境污染整治行动,持续加大环保执法监管力度、加强农村环境保护,构建完善的环境安全保障体系;持续推进生态建设工程,加快国家生态市、国家低碳城市和全国生态文明示范市的建设。②

2013 年,杭州市政府发布了《杭州市 2013 年大气复合污染整治实施计划》和《杭州市“无燃煤区”建设实施方案》,③ 明确了十个方面的重点工作:一是实施“无燃煤区”建设;二是深化汽车尾气防治,大力推进高污染车辆淘汰和油改气等工作;三是强化工业污染防治,严把准入关,加快淘汰落后产能,推进重点行业废气治理;四是加强扬尘污染控制,加强施工扬尘控制和建筑工地渣土源头管理;五是深化餐饮油烟治理,餐饮企业、机关食堂全面安装油烟净化装置,推进油烟在线监控建设;六是推进生态环境建设,加快六条生态带的建设与保护,有序推进“三江两岸”“四边三化”行动和“美丽乡村”建设;七是健全科技支撑体系,加强大气环境监测、预警、容量等方面的研究;八是强化法律法规支撑,加快大气污染防治相关法律法规的修订和出台;九是严厉打击各类环境违法行为;十是开展区域联防联控,在杭州都市圈内,逐步建立统一协调的大气污染联防联控工作机制。

① 杭州统计调查信息网:http://www.hzstats.gov.cn/web/shownews.aspx? id = Wq1/6au55fM =。
② 《杭州市环境保护局 2013 年工作要点》,杭州市环境保护信息公开,http://www.hzepb.gov.cn/zwxx/gkml/03/0301/201310/t20131010_24289.htm。
③ 杭州市环境保护局:《2013 年杭州环保信息第十二期》,http://www.hzepb.gov.cn/zwxx/hbxx/201308/t20130815_22583.htm。

此外，杭州市还发布了《2013年主要污染物减排计划》，继续对主要污染物二氧化硫、化学需氧量、氮氧化物和氨氮等实施总量控制，并计划在2012年排放总量的基础上分别削减3.0%、4.0%、3.0%和4.0%，涉及减排项目397个。减排指标完成情况还将纳入目标绩效考核体系，作为约束性指标，发挥"一票否决"的作用。在大气污染物减排方面，要求各电厂建成脱硝设施，燃煤发电机组脱硝效率达到85%以上，燃煤热电企业脱硝效率达到60%以上；淘汰20吨/时（不含）以下的小型燃煤锅炉，推进天然气、电力等清洁能源替代工作；加强汽车尾气治理，对主城区3万多辆国Ⅰ汽油车辆实施限行，淘汰国Ⅱ及以下排放标准的公交车846辆，推广使用油电混合车和液化天然气车。①

城市的再生资源回收也受到了政府、企业和公众的高度关注和重视。2008年杭州市政府开展了再生资源（废旧物资）回收行业专项整治工作，针对杭州市再生资源回收行业开展了管理体制、运行机制、发展模式、经营方式等方面的探索和创新，实现了再生资源回收行业管理工作的"三个发展"，即规范发展、清洁发展、安全发展，为再生资源回收行业的可持续发展奠定了坚实的基础。据统计，杭州市通过全市1300多家再生资源回收企业（站、点）和4万多流动回收人员，每年回收的废旧金属在100万吨左右，废旧塑料在200万吨左右，废纸在200万吨左右，为杭州市发展循环经济、建设资源节约型和环境友好型社会做出了贡献，也为创建"清洁杭州"做出了贡献。②

在全面建设生态城市、环境友好型城市的进程中，杭州市把农村环境同样作为重点治理对象。杭州市是最早开展农村环境连片整治示范的地市之一，从2005年起就以生态建设"1250"工程为载体，推动各区、县（市）实施完成了879个以农村生活污水和生活垃圾处理为主的基础工程，较好地改善了农村

---

① 杭州市环境保护局：《2013年杭州环保信息第九期》，http：//www.hzepb.gov.cn/zwxx/hbxx/201308/t20130815_22574.htm。

② 《杭州建设资源节约型和环境友好型社会的新探索和新亮点——再生资源回收行业管理创新创优工作总结》，杭州考评网，http：//www.hangzhou.gov.cn/kpb/cxcymb/2008cxcy/T285750.shtml。

环境面貌。2010年富阳、建德和桐庐三地申请了中央农村环保专项资金，结合杭州市生态办下达的连片整治任务，启动了各自辖区内以中央资金为主体的农村环境连片整治工程。三年总计已投入3亿元资金，建立了7个镇级生活垃圾分类处置利用项目，完成188个村的生活污水处理设施建设。①

2013年7月杭州市委通过了《关于建设"美丽杭州"的决议》，提出到2020年，基本建成生态美、生产美、生活美的"美丽杭州"，成为美丽中国进程的先行者，并明确了"美丽杭州"的标志是山清水秀、天蓝地净、绿色低碳、宜居舒适、道法自然、幸福和谐。② 杭州市将以建设"美丽杭州"为契机，以生态文明为指导，努力走出一条人与自然、社会、经济和谐发展的新路，也将为中国城市的发展提供典范和经验。

（二）国外环境友好型城市代表——斯德哥尔摩市

第二次世界大战之后，德国、意大利、日本等国经济迅速发展，但也都付出了生态环境遭到破坏的沉重代价。随后，这些经济强国纷纷采取积极措施，在较短时期内克服了环境恶化的趋势，改善了环境质量，建设了环境友好型社会。③ 近年来，国际社会对环境友好型社会建设更加重视，给予了高度关注，西方发达国家在治理环境、发展循环经济和建设环境友好型城市方面做出了巨大努力。例如，瑞典在环境保护与可持续发展方面一直处于世界的前沿，并为推进全世界的环境友好和可持续发展做出了突出贡献。④ 在瑞典政府的积极倡议下，第一届联合国人类环境会议于1972年在斯德哥尔摩举行，113个国家共同签署了著名的《联合国人类环境宣言》，从此唤起了全人类对环境问题的觉醒，开启了全球环保之门。而在2010年，美世咨询公司（Mercer LLC）在对全球212个城市的环境状况进行分析后给出的全球前10位环境友好城市排名名单中，瑞典的斯德哥尔摩市也是其中之一。在

① 《2013年杭州生态文明建设简报第6期》，杭州市环境保护信息网，http：//www. hzepb. gov. cn/zwxx/gkml/17/1703/201310/t20131011_ 24475. htm。
② 《全民行动迈向生态文明新时代》，杭州网，2013－08－30，http：//hznews. hangzhou. com. cn/chengshi/content/2013－08/30/content_ 4874845_ 2. htm。
③ 王茂林：《国外发展环境友好型社会相关经验的借鉴与启示》，《职业时空》2010年第5期。
④ 张彤：《绿色福利：可持续发展的瑞典城市与建筑》，《世界建筑》2007年第7期。

《中国生态城市建设发展报告（2012）》中我们曾对排在全球前十位的加拿大卡尔加里市的城市规划给予了简要介绍，这里继续对斯德哥尔摩市城市规划方面的经验和典型做法予以介绍，了解它是以怎样的方式引领全球绿色潮流的。

1. 斯德哥尔摩市简介

瑞典首都斯德哥尔摩（Stockholm）是全国政治、经济和文化中心，也是该国第一大城市。它位于瑞典的东海岸，地处波罗的海和梅拉伦湖交汇处，总面积有 186 平方公里，人口大约 80 万人。70 余座桥梁将 14 座岛屿和一个半岛连接成了风光秀丽、景色迷人的市区，享有"北方威尼斯"的美誉，是著名的旅游胜地。斯德哥尔摩是一座既典雅又繁华的城市，700 多年历史的老城区，由于保存良好，依然保持着古香古色典雅的风格、高耸入云的尖塔、金碧辉煌的宫殿和气势不凡的教堂。在高楼林立、街道整齐的新城区，苍翠的树木与粼粼的波光交相映衬，彰显着现代北欧新城的魅力。市内空气清新，绿草如茵，环境优美，建筑均为树墙围绕。斯德哥尔摩市绿化面积已达到人均 80 平方米，90%～95% 的人口生活在"300 米内有绿地"的怡人环境中，成为世界上绿化最好的首都之一。斯德哥尔摩市的人民用自己智慧和实践探索出一条绿色之路，在解决空气污染、污水、城市垃圾和交通拥挤等问题及环境管理方面做出了显著成绩。城市居民不仅生活现代化，与欧洲其他大城市相比，尤其享有清新的空气、纯净的水和自然的美，绝大多数居民对内城的环境质量非常满意，斯德哥尔摩 2010 年被欧盟委员会评为"2010 年欧洲绿色首都"。①②③

2. 斯德哥尔摩的城市规划史

在瑞典社会中城市规划有着悠久的历史，第一个规划法诞生于 19 世纪。在瑞典，虽然郡和州也可以参与，但城市规划更多是由地方政府完成的。瑞典的规划体系包含三个要素，一是民主和分散决策；二是相互竞争的利益是均衡的；三是生态和社会的需求和价值都考虑在内。在瑞典，规

---

① 陈劲：《绿色首都：斯德哥尔摩》，《信息化建设》2011 年第 1 期。

② 侯贺良、橄榄：《北欧玫瑰——斯德哥尔摩》，《走向世界》2011 年第 22 期。

③ 马祖琦：《斯德哥尔摩城市轨道交通系统》，《都市快轨交通》2010 年第 23（6）期。

划始于一个框架，该框架负有保护自然环境的责任，这不仅出于生态的考虑，还出于对人类健康的保障。在瑞典，城市规划和"绿色地图"是平行的项目，绿色地图的目的是为了更好地界定城市规划中的绿色结构元素。这张绿色地图使规划者对绿地空间的保护与城市发展的协调和安排变得更加容易。规划者可以通过它更好地理解城市内部开放空间的生态和社会文化价值，从而引导城市的发展远离重要的绿色空间。这张绿色地图既具有生态（生境）成分又拥有社会文化（sociotope）部分。生态成分显示了生物多样性和重要的生态格局，而社会文化部分则显示了人类活动的重要场所。社会文化部分引导市政府考虑各种建筑的位置、用途以及开放空间和休闲区域的用户。为了更好地了解哪些地方很重要并标注在这张地图上，还要采访当地的居民。

1930 年，斯德哥尔摩开始了以绿楔为主要规划理念的径向发展模式，以公共交通系统引导城市发展，未开发的"绿楔"留在其间。这种格局贯穿整个地区，其中的绿色网络廊道，不仅提供了方便并且有利于生态保护的开放空间，也为城市发展格局奠定了良好的基础。[①]

1941 年的市政委员会做出了历史性的决定——兴建城市铁路系统，从此，Tunnelbana 铁路系统揭开了城市快速延伸的序幕。[②] 1945～1952 年的城市总体规划重点明确了以"大分散、小集中"的郊区发展战略和公共交通为导向的土地利用模式（Transit - oriented Development，TOD 模式），并开始倡导以中心城区为核心的卫星新城的建设和城市人口的有效分流。[③] 这个总体规划也决定了未来几十年的走向。此后，城市的发展就沿着地铁轨道扩展，在地铁沿线上新规划的郊区都被设计成一个个的邻里单位，在邻里单位之间则建设由绿地和公园作为分隔的绿色结构。[④]

① Nelson Alyse：Stockholm, Sweden, http：//depts. washington. edu/open2100/Resources/1 _ OpenSpaceSystems/Open_ Space_ Systems/Stockholm_ Case_ Study. pdf。

② Nordin Sten：Green Stockholm - 2010, 2011 - 01 - 20, http：//www. investstockholm. com/Global/ Investment%20promotion/Dokument/green%20cap%20LR. pdf。

③ 〔美〕刘易斯·芒福德：《城市发展史——起源、演变和前景》，倪文彦、宋峻岭译，中国建筑工业出版社，2005。

④ 郭磊：《斯德哥尔摩，建设可持续的紧凑城市（一）》，《城市规划通讯》2007 年第 17 期。

经过 30 多年的贯彻与实施，斯德哥尔摩市已围绕中心城区陆续建成了多座由开放式生态廊道相分隔并具有独立功能的新城（或称卫星城），如 Vällingby、Farsta 和 Kista 等（见图 3 和表 4）。这些卫星城环绕在市中心的周围，距离斯德哥尔摩市中心城区都在 10 公里以上。卫星城的居民区都建在由市中心向郊区延伸的地铁沿线上。每个卫星城建设规模一般都不大，居住人口规模不超过 5 万人，并配备有齐全的生活服务设施，给居民的生活带来了很大的方便，也缓解了市中心的交通压力。

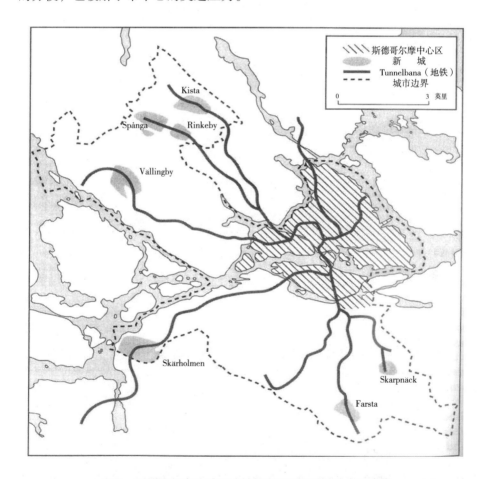

图 3　斯德哥尔摩地铁系统与其主要卫星城镇分布示意图

数据来源：陈高超、肖艳阳：《城市化快速增长周期中的长沙地铁先导策略研究》，《华中建筑》2011 年第 5 期。

表4　斯德哥尔摩新城的建设概况

新城	建设时间	关键词	备注
Vällingby	1950～1954年	斯德哥尔摩战后建设的首座新城，占地170公顷，依山而建	在现代城市的规划和建设史上占据重要的一席之地
Farsta	1953～1961年	工业化的建筑手段，预制混凝土模板的广泛运用，住宅小区规模为5000～7000居住单元	Vällingby中心区在南部的翻版
Skärholmen	1961～1968年	瑞典新城最大的商业中心，密集的步行商业街和各种商业设施，多层住宅	拥有斯堪的纳维亚半岛最大的多层停车楼
Spänga		以低收入产业工人和外来移民为安置主体，双核结构（包括Tensta和Rinkeby两个中心），以居住功能为主的"卧城"	斯德哥尔摩平均收入最低的新城
Kista	1973～1980年	斯德哥尔摩最具高科技产业特征和国际影响力的新城	被誉为欧洲的"移动谷"和移动通信的"动力之源"
Skarpnäck	1982～1985年	方格网的街道布局，紧凑的用地，以低层为主的建筑，街边零售店及沿主要街道设在人行道上的咖啡店	摈弃传统的功能主义规划原则，对新城市主义理念做出反应，并延续欧洲的传统街区结构

资料来源：吴晓：《斯德哥尔摩战后新城的规划建设及其启示》，《华中建筑》2008年第9期。

下面就以Vällingby和Kista为例，对斯德哥尔摩的城市规划特点做简单阐述。

（1）Vällingby Centrum

Vällingby Centrum（魏林比中心）位于斯德哥尔摩城市的西北部，距市中心10公里，一条地铁线作为交通动脉横贯其中。它是斯德哥尔摩第一个真正意义上的卫星城，由于受到城市拓展战略和"居住—就业平衡"模式的影响，其功能基本上为集居住、就业、服务于一体，强调多重功能的复合与相对清晰的功能区划，而尽量避免纯粹的"卧城"建设。①

魏林比中心所处地形南北高，中部低，中心底层位于鞍部，建设了地铁站

---

① 吴晓：《斯德哥尔摩战后新城的规划建设及其启示》，《华中建筑》2008年第9期。

和地下停车库，其环境、设施和建筑形态简单而朴素，设计力求简洁有效。在这个大结构的规划中包括有完整的办公楼、住宅和商业中心等，而公共空间的设计则是魏林比中心的杰出之作。魏林比中心解决了数以千计的工作并建设了高密度的住房，成为斯德哥尔摩第一个"工作—居住—生活"市郊城镇。魏林比中心不仅是当时斯德哥尔摩最具创新力的规划项目，如今也仍是高密度郊区的典范。虽然已经历了半个多世纪，但目前依然运作良好，足见当时的规划已充分预见了未来的需求。①

（2）Kista Workplace 区域

Kista Workplace 位于斯德哥尔摩西北部，始建于 1970 年初。Kista 突破了纯粹、单一的居住定位，由产业和居住两大功能共同构成。区域规划主要是以方格网系统为基础的大量街区，并以地铁和公路系统作为支持。大量公司、科研机构和大学进驻该区，使其逐渐成为斯德哥尔摩的科技卫星城。同第一代新城相比，其住宅区种类较多，但密度偏低。②

目前，斯德哥尔摩城市人口中仅有一半居住在中心城区，其余的居民则散居于各大新城，通过快捷、放射状的地铁轨道系统与市中心相连。这不仅有利于城市土地使用形态与地铁线网的紧密结合，实现了建设以公共交通为主导的大城市的思路，③ 同时卫星城与母城之间适度的空间联系和间距门槛，既能消减因间距过远带来的通勤与出行难度，又能避免因联系过密带来的空间重叠竞争与定位分工不清的问题。另外，放射式布局使郊区的居民区之间保留有大片的生态绿地和景观廊道，既有助于绿化城市，又为居民提供了广阔幽静的休息场所、良好的自然地形条件和景观环境，也为城市的未来建设预留了宝贵的发展空间。

社会民主党在 1960 年执政以后，开始关注并强调房屋拥有的公平权利，规划中住宅面积开始快速扩增。1987 年，瑞典提出城市规划和修建法，要求

---

① 顾震弘、韩冬青：《系统化·立体化·人性化——从城市设计角度看斯德哥尔摩的城市交通》，《世界建筑》2005 年第 8 期。
② 李然：《斯德哥尔摩城市空间发展的启示》，《华中建筑》2010 年第 6 期。
③ 彭波：《基于 tod 的北京通州新城轨道交通站点地区建设研究》，北京工业大学硕士学位论文，2010。

城市建立完善的规划。随后 1998 年的城市总体规划中提出了重新组织已开发的地区，保护有价值的绿地，对城市边缘进行开发的策略。

1999 年版的城市规划提出了"内向发展"的城市空间发展战略，强调对已开发的土地进行重新利用，而不是将未开发土地用于新的开发，这是在对市民、地方及政府机构进行充分调查的基础上得出的。① 1999 年版的城市规划强调了城市内部发展策略，以更好地利用现存的城市风景并保护城市区域范围内的自然元素，这一策略确定了 12 个需要进行复兴发展的特殊地区。同时，规划认识到了城市中绿色空间的重要性，要求每个斯德哥尔摩人能在 5 ~ 10 分钟内步行到约 4.86 公顷大小的公园。② Hammarby Sjästad（哈默比湖城）即是实施这一战略的主要项目之一。其目标是将城市旧的码头和工业用地转换为现代综合生态"新城"的开发项目。哈默比湖城在致力于实现环境友好低碳目标的众多城市发展案例中，以其突出的实施效果享誉全世界。自从 2007 年哈默比湖城获得由世界瞭望（World watch）组织颁发的年度城市建设类清洁能源奖以来，每年都有来自欧洲及世界各地的上万名专业人士来此参观学习哈默比湖城模式。哈默比湖城不仅是瑞典国内生态城市建设的一个示范区，同时也是欧洲众多可持续与低碳城市试验项目中的优秀范例之一，为全世界生态城市的建设提供了良好的示范。③

斯德哥尔摩已经在这种径向城市发展格局的基础上，按照公交线路不断扩展。新的市镇也都遵循同样的模式，在铁路车站附近进行密集的节点发展。然而，尽管斯德哥尔摩市有着令人印象深刻的规划体系，但斯德哥尔摩地区已经出现城市蔓延的问题。城市的扩张增加了拥堵并吞没了当地的一些绿地。对此，2001 年斯德哥尔摩城镇委员会首次提出斯德哥尔摩大都市空间发展规划，这个规划采取新的空间格局——多中心模式。这个多中心模式注重周边 7 个中心（卫星城）的发展，将它们与斯德哥尔摩的边缘通过公共交通系统进行连接，并最终将它们作为独立的城市中心进行发展。在发展外部城郊的同时，该

① 郭磊：《斯德哥尔摩，建设可持续的紧凑城市（二）》，《城市规划通讯》2007 年第 18 期。
② 李然：《斯德哥尔摩城市空间发展的启示》，《华中建筑》2010 年第 6 期。
③ 权亚玲：《基于低碳目标的城市发展对策研究——以斯德哥尔摩哈默比湖城规划与建设为例》，《低碳城市建设》2010 年第 8 期。

规划还注重对城市内部的更新，首先强调自然保护是可持续发展的重要组成部分，根据自然地形地貌限制城市结构发展，以公共交通系统带动城市发展，将城市发展建设在自然区域内，建设节点高密度与多功能并重，同时适宜人行。这种沿轴线发展的大都市模式在各个邻里和郊区城镇中蔓延，给城市区域留下了"楔子"，可以形成公园和开放空间，而这些绿色空间可以相互联系成为系统，实现其娱乐、自然和文化的多重价值。①②

斯德哥尔摩的大都市发展规划，提出了发展区域节点和保护区域绿色结构两个关键目标。将未来的新居民集中在城郊核心并提供便利的交通，可以实现有效的人口疏散，相应的公园项目则可以提升居住质量从而吸引居民。为了满足居民对开放空间的需求，还进行了一些明确的规定：在每200米的范围内需要有1~5公顷的绿洲，提供游憩、日光浴和散步等所需的空间；在每500米的范围内需设置5~50公顷的区域公园，种植花卉形成有活力的场所，提供野餐或者足球运动等所需的空间；在1公里的范围则需设有50公顷以上的自然保护区。这些公园应能很好地联系起来以实现环境保护和人类游憩的双重功能。③

3. 总结

通过对斯德哥尔摩城市规划的分析，我们可以清楚地感受到环境友好的理念、原则和目标已切实融入了斯德哥尔摩市的发展之中。

第一，城市规划既是生态系统的保护规划也是社会规划。它应具有双重作用，在保护自然环境的同时引导城市合理发展，应是一个可持续的发展规划。因此，在城市规划中，城市的绿地空间系统（绿色廊道系统）与人类活动场所应该同时协调安排，在规划中需要同时考虑生态和人文两方面的需求和价值。这样不仅可以确保人类能亲近自然，在城市中直接体验到自然美景；同时也使自然区域能继续维持其原有生态功能，使人们能亲近丰富的植物和动物种群，并能为城市提供清新空气。因此，斯德哥尔摩的城市规划从不需要人们为保护自然担心，因为规划中保留的开放空间使人们不仅在城市内，也可在城市

---

① Nelson Alyse：Stockholm, Sweden, http://depts.washington.edu/open2100/Resources/1_OpenSpaceSystems/Open_Space_Systems/Stockholm_Case_Study.pdf。

② 李然：《斯德哥尔摩城市空间发展的启示》，《华中建筑》2010年第6期。

外得到娱乐和享受。更重要的是，保护自然本身就是可持续发展的一个重要部分，这将有利于两个方面——人类自身与环境。

斯德哥尔摩市在规划中采用了径向发展模式，城市内部的绿色廊道系统，不仅起到了保护生态环境的作用，也同时引导着城市的合理发展。因此，城市发展与环境保护并不相悖，完全可以将二者很好地协调起来。这也正体现了瑞典规划体系的三大要素之一：在规划中需要同时考虑生态和社会两方面的需求和价值，要具有保护自然环境的责任。

第二，城市发展的节点沿着公共交通系统进行建设，并采取了高密度开发、土地混合使用，并适宜步行的方式。城市发展以公共交通系统作为城市发展的骨架，不仅起到了方便人们利用公共交通工具的作用，也避免了城市摊大饼式的无序蔓延。

斯德哥尔摩市新发展的郊区均被布置在沿轨道交通和公共汽车网络且步行即可到达公交站点的范围之内。在公交站点附近进行居住—就业—商业混合形态的高密度开发，并将住宅、零售、办公以及公共使用等空间合并于一个适于步行的环境中。这样可使居民步行、骑自行车或乘坐公共交通工具出行的比例大大提高，防止小汽车的过度使用。

每个沿公交站点新开发的郊区都被设计为一个邻里单位，而邻里单位之间利用绿地和公园进行分隔。邻里单位的概念最早由美国建筑师克拉伦斯·阿瑟·佩里于1929年提出。在大量成功与失败的实践基础上，邻里模式的规划理念也在不断发展。其核心理念主要是促进公共领域的活动和不同阶层社会的融合，而不是贫富、种族在空间上的隔离；为步行、自行车、公共交通和小汽车交通创造公平的环境，绝对不能出现依赖小汽车的规划模式和空间布局；提倡土地的综合利用和高密度发展模式而不是传统蔓延式的城市空间扩展模式。①②③这些基本理念显然有利于创造一个步行、友好、健康与和谐的社区。我国城市在进行新社区规划时，也应当重视对这种邻里单位核心理念的借鉴和应用。

---

① 李强：《从邻里单位到新城市主义社区——美国社区规划模式变迁探究》，《世界建筑》2006年第7期。

② 朱一荣：《韩国住区规划的发展及其启示》，《国际城市规划》2009年第24（5）期。

③ 李长华、冯春燕：《邻里模式在中新天津生态城住区规划中的应用》，《城市》2012年第3期。

第三，规划是一种合作过程，开放空间的规划需要多方面合作，将涉及公众、市政府、区域实体与国民政府。只有通过合作才能使城市规划整合来自不同角度的观点。①

第四，在斯德哥尔摩的规划中，人口密集区也是城市规划关注的重要对象。城市规划师会对这些区域进行进一步的发展规划，使其规模适中且功能明确，同时兼顾保护自然与城市发展，区域内部有完善的绿色廊道系统，为居民造就了一个安全、静谧、优美、宜人的生活环境，使这个城市进一步向健康、可持续发展的格局迈进。

以上是对斯德哥尔摩市发展规划史的简要介绍，在后续内容中还将进一步介绍斯德哥尔摩在交通、污水及垃圾处理方面所做的努力和成就。

三　环境友好型城市建设对策建议

21世纪是全球化竞争的世纪，也是城市的世纪。当世界进入全球化时代，城市已被视作未来经济增长的发动机，城市的可持续发展竞争力将决定和影响国家的竞争力。所以，中国的未来取决于中国城市的竞争力。

中国城市竞争力（2002～2011）十年研究发现，十年来，科技、人才、资本对城市综合竞争力的贡献度不断提高；但基础设施、经济结构对综合竞争力的贡献呈下降趋势；经济制度和生态环境的贡献度一直较低；人文国际化的贡献度在下降。尽管过去十年中城市建设取得了极大进展，对经济社会发展起到了明显的推动作用，但是过去十年的城市化无论在自身表现还是在产生的影响方面，都是不太健康的。目前，中国城镇化的进程更多地表现在规模和数量的扩展上，具有明显的粗放型特征。传统的以经济发展为中心目标、以外向型工业化为中心动力、以地方政府为主导、以土地为主要内容、以规模扩张为发展方式、以物质资本大量投入为驱动要素的城镇化模式已不可持续。② 这种城

---

① Nelson Alyse：Stockholm, Sweden, http://depts. washington. edu/open2100/Resources/1 _ OpenSpaceSystems/Open_ Space_ Systems/Stockholm_ Case_ Study. pdf.

② 倪鹏飞、卜鹏飞：《城市引领中国崛起——中国城市竞争力十年（2002～2011）研究新发现》，《理论学刊》2012年第12期。

镇化模式导致了土地过度城镇化、资源和能源消耗巨大、空间过度集中、经济结构失衡、机动车大量使用、环境污染严重、社会矛盾激化等一系列问题，一些城市和乡村患上了比较严重的"城市病"和"乡村病"。①

提升中国城市竞争力的关键不在于中国城市现实综合经济竞争力的大小，而在于促进它们可持续竞争力的提高，增强它们的发展后劲。因此，从竞争力的角度看，最具竞争力的城市是可持续竞争力强的理想城市。城镇化的可持续发展是决定未来中国经济长期健康增长、政治稳定、民生进步和环境可持续发展的重要保障和主要动力。②③

中国城镇化的可持续发展之路必须要从中国的现实出发，而不能从一个完美的理想设计出发，要认真分析目前所处的现状和面临的挑战，寻找并采取正确的应对措施，才能开拓中国更为广阔的发展前景。

1. 中国城市可持续发展面临的主要挑战

第一，宜居土地、水和森林资源严重短缺

我国国土面积虽大，但真正适宜人口居住且水资源丰富的地区非常少，即我国的人地矛盾非常尖锐。我国人均耕地为世界平均水平的40%，但是我们每年为城镇化减少的耕地数量就接近2000万亩。④ 过去30年城市人口增长了1倍，建成区面积却增加了将近4倍。⑤ 同时，土地违法现象日趋严重，耕地数量持续减少，1998～2010年，全国耕地面积从19.45亿亩减少到18.26亿亩，已逼近18亿亩耕地"红线"。⑥ 这充分说明，中国在快速城镇化的过程中，大量耕地资源被占用、土地征用规模大、浪费严重，这将直接威胁中国的粮食安全。⑦

中国是世界上13个贫水国之一。目前，水资源短缺、水污染严重和水资

① 倪鹏飞：《新型城镇化的基本模式、具体路径与推进对策》，《江海学刊》2013年第1期。
② 倪鹏飞、李超：《中国城市可持续竞争力评价》，《中国经济报告》2013年第7期。
③ 赵峥、倪鹏飞：《当前我国城镇化发展的特征、问题及政策建议》，《中国国情国力》2012年第2期。
④ 仇保兴：《城镇化的挑战与希望》，《城市发展研究》2010年第17（1）期。
⑤ 倪鹏飞：《新型城镇化的基本模式、具体路径与推进对策》，《江海学刊》2013年第1期。
⑥ 何勇海：《要给"生态红线"通上"高压电"》，《环境保护》2012年第11期。
⑦ 倪鹏飞、卜鹏飞：《城市引领中国崛起——中国城市竞争力十年（2002～2011）研究新发现》，《理论学刊》2012年第12期。

源管理落后是中国城市面临的主要水问题。据预测，2030 年中国人口将达到16 亿人，在充分考虑节水的情况下，中国实际可利用水资源量已接近合理利用水量的上限，水资源开发难度极大。[①]

森林是陆地生态系统的主体，是地球生命系统的支柱。目前我国森林资源正面临着不断退化的趋势。第六次全国森林资源清查（1999～2003 年）结果表明，中国森林覆盖率不到世界平均水平的 2/3，人均森林蓄积不到世界平均水平的 1/6，居世界第 122 位。[②][③]

第二，能源存量结构失衡

中国能源消费总量呈不断上升趋势，能源供应前景堪忧。《2012 中国能源发展报告》显示，2011 年，中国能源消费总量为 34.78 亿吨标准煤，占世界一次能源消费总量的 20%，仅次于美国，位居世界第二。但中国的能源资源不足以支撑如此巨大的消耗，而且中国能源消耗还存在强度偏高的问题，2010 年能耗强度是美国的 3 倍、日本的 5 倍，能源短缺加上粗放式的能源消费模式成为我国经济社会发展的"软肋"。[④] 我国以煤为主的能源消费结构在短期内很难改变，能源开发导致的酸雨、大气污染、土壤和水污染等环境问题也将长期困扰我们。[⑤]

第三，建筑、交通能耗增长过快

近几年来，中国每年新建建筑高达 20 亿平方米，预计这一状况仍会持续20 年左右。由此带来的建筑运行能耗增长速度惊人。以民用建筑为例，1980 年我国民用建筑运行能耗为 3.68 亿吨标准煤，而 2009 年民用建筑运行能耗达到 6.51 亿吨标准煤，已占全社会终端总能耗的 31.28%，其 CO_2 排放量占全社会化石能源燃烧排放的 CO_2 总量的 22.4%，仅次于美国的民用建筑能耗，位列全球第二。如果以 2000～2009 年的年均增长速度 3.69% 计算，到 2020

① 孙飒梅：《污水资源化提高水资源再利用》，《厦门科技》2006 年第 3 期。
② 陈学琴：《中国区域森林资源变动的影响因素研究》，北京林业大学硕士论文，2007。
③ 《第六次全国森林资源清查主要结果（1999～2003 年）》，国家林业局政府网，2006 年 9 月 28 日，http://www.forestry.gov.cn/portal/main/s/65/content - 90.html。
④ 孙浩：《城市交通能源消耗模型研究》，北京交通大学硕士学位论文，2011。
⑤ 郝永佩：《区域能源效率及其影响因素研究——以中国 30 个省、自治区、直辖市为例》，西北师范大学硕士论文，2013。

年，我国民用建筑运行能耗将达到 9.61 亿吨标准煤，预计将占全社会终端能耗的 39%，极有可能超过工业领域，成为能源消耗和 CO_2 排放最多的领域。因此，建筑运行能耗的巨大需求将会对我国的能源供应、能源安全形成巨大压力。[1]

中国快速城市化和机动化的进程，又带来了中国交通运输业能源消耗的急剧上升，交通能源消耗的增速高于全社会能源消耗的增速，成为众多产业部门中耗能增长最快的行业之一。目前中国交通行业能源消费量约占全国总用能的 20%，且用能以油气为主。按照"十一五"初期制定的年均增长率 10% 的增幅，到 2020 年交通运输业的年石油能源消耗量将达到 2.56 亿吨，占全国石油消耗总量的 57%，增长幅度和速率都远超过其他行业。[2][3]

中国机动化与城镇化的同步发生，将有可能导致城镇化变成"车轮上的城镇化"，不仅会造成城市低密度蔓延，还将进一步引发强劲的石油需求，对能源供给提出严峻的挑战。[4] 若不及时采取有效措施加以控制，大到国家能源安全和保障，小至城市交通系统和城市环境都将受到很大的影响。[5][6]

中国实际上是在用全球 7% 的耕地、6% 的淡水资源、4% 的煤矿和矿产资源、4% 的石油资源、2% 的天然气资源来支撑占全球 21% 的人口的城镇化和工业化，这使中国在城镇化过程中所面临的资源和环境压力比任何一个世界大国都大。[7] 因此，美国地球政策研究所所长、生态经济学家莱斯特·R. 布朗（Lester R. Brown）先生忠告我们，中国的城镇化发展模式绝不能走美国式的发展模式。如果中国走这种模式的话，到 2031 年，中国将消费掉目前世界谷物产量的 2/3；纸张消费量将是目前世界产量的两倍；全世界的森林将荡然无存；中国将拥有 11 亿辆小汽车，为了给这支庞大的车队提供公路和停车场，

① 曾获：《我国民用建筑运行能耗预测方法及其应用研究》，北京交通大学博士学位论文，2012。
② 《我国交通能耗逐年上升约占社会总能耗 20%》，新华网，http://news.xinhuanet.com/politics/2010−08/18/c_ 12459285.htm。
③ 悦彩：《交通运输节能问题的初步探讨》，北京交通大学硕士学位论文，2011。
④ 仇保兴：《城镇化的挑战与希望》，《城市发展研究》2010 年第 17（1）期。
⑤ 向睿：《交通能耗在城市绿色交通规划中的应用》，西南交通大学博士研究生学位论文，2006。
⑥ 中国可持续交通课题组编著《城市交通可持续发展——要素、挑战及对策》，人民交通出版社，2008。
⑦ 仇保兴：《中国城镇发展面临的"主要挑战"》，《中华建设》2010 年第 1 期。

中国必须铺砌相当于目前的稻田总面积的土地；中国每天还需消耗9900万桶石油，可目前全世界每天的石油产量只有8400万桶，也就是说，届时世界将需要三个地球的资源才能支撑人类的发展。① 因此，中国必须寻求适合中国国情的可持续发展之路。

第四，产业结构失衡，城市经济房地产化现象依然严重，产业空心化威胁加大

尽管统计数据显示中国产业结构明显提升了，但从目前城市经济发展的现实来看，地方政府与房地产企业的双赢发展是本轮城镇化过程的显著特征之一，虽然推动了城镇化的快速发展，但同时也弱化了城镇化发展的产业动力。②③

第五，城市历史文化遗产资源遭到破坏，"千城一面"现象日趋严重

如果这种状况继续下去，也许在不久的将来，我们站在任何一个城市的高处往下看，都将能看到各种不同类型、风格和国别的建筑，却唯独看不到本民族传统式的建筑。④⑤

城市文化是城市发展之"源"，城市化是城市发展之"流"，只有"源远流长"，才是中国城市的健康、可持续发展之道。文化遗产资源的保护和积累是文明发展的基础，拥有极高的潜能，是最重要的社会资源之一，是城市可持续发展的宝贵资产。⑥ 城市不仅要为人们身体的栖居提供物质场所，也要为人们心灵的栖息提供精神空间。城市自身应具有怎样的文化生态和文化特色，应该是每个城市决策者在"热发展"中的"冷思考"。⑦⑧

---

① 仇保兴：《中国特色的城镇化模式之辨——C模式：超"A模式"的诱惑和"B模式"的泥淖》，《城市规划》2008年第11期。

② 倪鹏飞、卜鹏飞：《城市引领中国崛起——中国城市竞争力十年（2002～2011）研究新发现》，《理论学刊》2012年第12期。

③ 赵峥、倪鹏飞：《当前我国城镇化发展的特征、问题及政策建议》，《中国国情国力》2012年第2期。

④ 仇保兴：《城镇化的挑战与希望》，《城市发展研究》2010年第17（1）期。

⑤ 仇保兴：《挑战与希望——我国城市发展面临的主要问题及基本对策》，《动感（生态城市与绿色建筑）》2011年第1期。

⑥ 单霁翔：《城市文化遗产保护与文化城市建设》，《城市规划》2007年第5期。

⑦ 单霁翔：《关于城市文化建设与文化遗产保护的思考》，《中国文化遗产》2012年第3期。

⑧ 梅联华：《对城市化进程中文化遗产保护的思考》，《山东社会科学》2011年第1期。

2. 环境友好型城市建设对策

基于以上中国国情，传统的高耗能、高污染、粗放式的城镇化模式已不可持续，正处于城市化高潮中的中国，应汲取中国原始生态文明的精华，学习借鉴先行国家的经验与教训，传承和弘扬中华民族的优秀传统文化。在坚持节约资源和环境友好的基本原则下，努力构建人与自然和谐并富有中国特色的生态城市是我国城镇化可持续发展的必然选择。

在具体实践中，可首先依据城市自身的条件和特点，同时兼顾城市所处区域的特点，找准城市发展的目标定位。在城镇化发展的过程中，一些城市的决策者对城市发展的目标定位不清，导致城市建设和发展"道路曲折"甚至"误入歧途"，为此付出了惨痛代价。[1] 中国的城镇化应该走"三生兼顾"即生产发展、生活富裕、生态良好的文明发展道路。

其次，应编制科学合理、有利于城市全面可持续发展的城市规划，注重历史文化遗产和生态系统的保护，严格城市的"绿线""蓝线"和"紫线"管制。城市规划应是人类活动场所规划和城市绿色廊道规划同步实施的结果，是综合考虑了生态与人的需求和价值后的结果。城市设计者无论对城市进行整体设计还是局部设计，都不仅要考虑人的需求，还应尊重自然生态的需求，为建立自然保护与城市发展之间的良性互动关系，实现人文和自然高度融合的环境气氛，并为最终实现城市的经济、社会和环境可持续、协调统一的发展奠定良好的基础。斯德哥尔摩城市规划的基本理念和特点是值得我们学习和借鉴的。

再次，在城市发展过程中，要合理确定城市开发边界，设计"紧凑型"城市形态。城市形态是城市建设和规划的重要依据之一，城市形态的合理与否，直接影响着城市的功能布局、发展方向、交通组织及绿地系统等一系列问题。[2] 在欧洲，"紧凑城市"被视为实现城市可持续发展的重要途径。[3] 依据当前中国的国情，规划"紧凑型"城市形态不仅可遏制城市的无序蔓延、提高土地利用效率，还对节约资源和能源以及促进城市的可持续发展具有重要作

---

① 李国彦：《宜居，我国城市建设的新境界——访中国城市科学研究会秘书长顾文选》，《城乡建设》2007 年第 3 期。

② 柏程豫：《建设紧凑型城市的若干思考》，《中州学刊》2010 年第 4 期。

③ 郭胜、张芮：《新城镇紧凑布局理念初探》，《兰州大学学报》（社会科学版）2008 年第 2 期。

用，也是建设资源节约、环境友好城市的必然要求。

应大力发展循环经济和低碳经济、鼓励发展节能环保的绿色科技、加强节水并推进水资源的循环利用、建设绿色建筑、构建清洁高效多元的可持续能源系统，应加快发展人行道、自行车道、公交优先的绿色交通模式，建设良好的城市生态环境，倡导环境友好的绿色生活和绿色消费方式，积极推进生态文明和绿色政治制度建设等。

最后，应采取合理的实施办法，确保城市发展向环境友好型生态城市的新格局转变。

参考文献

［1］李景源、孙伟平、刘举科：《中国生态城市建设发展报告（2012）》，社会科学文献出版社，2012。

［2］仇保兴：《挑战与希望——我国城市发展面临的主要问题及基本对策》，《动感（生态城市与绿色建筑）》2011 年第 1 期。

［3］赵峥、倪鹏飞：《当前我国城镇化发展的特征、问题及政策建议》，《中国国情国力》2012 年第 2 期。

［4］单霁翔：《城市文化遗产保护与文化城市建设》，《城市规划》2007 年第 5 期。

G.4

资源节约型城市建设评价报告

康玲芬　李开明　赵有翼

摘　要：

本报告根据资源节约型城市评价指标体系对中国"节能减排二十佳城市""2010 年中国绿色城市前 100 名城市"及其他一些城市的 2012 年资源节约型城市综合指数和生态城市健康指数等进行了计算和排名，对前 50 名城市进行了重点评价与分析，并将 2008～2012 年各年份资源节约型城市建设状况进行了比较分析。在此基础上，阐述了近年来中国资源节约型城市建设的实践过程，并针对实践中存在的问题提出了可行性对策建议。

关键词：

资源节约型城市　生态城市　健康指数　评价报告　对策建议

资源是与人类的生产和生活关系最为密切的物质形式。在工业化进程加速、人口压力不断增大的情况下，人类对资源利用的态度不断发生变化。党的十八大报告明确提出，推进生态文明建设，要坚持节约优先、保护优先、自然恢复为主的方针。[①] 要求生态文明建设必须坚持节约优先的方向与环境保护的原则，实现社会经济可持续发展。

城市是人口最为集中的地方，资源消耗量大，供需矛盾突出，环境污染严重，必须把节约放在首位，着力推进资源节约集约利用，提高资源利用率和生产率，降低单位产出资源消耗，杜绝资源浪费。加快建设资源节约型城市，是

---

① 《坚持节约优先、保护优先、自然恢复为主的方针》，2012 年 12 月 17 日，http：//theory. people. com. cn/n/2012/1217/c352852 - 19922290. html。

缓解资源供需矛盾，保障国家经济安全和实现城市经济持续发展的必然选择；是提高城市发展质量和效益，推进我国现代化建设的内在要求和重要保障；是建设生态城市和改善城乡生态环境，推进和谐社会建设的必要途径。[①]

我国在建设资源节约型社会方面的研究始于 20 世纪 70 年代。近年来，在理论方面，对资源节约型社会或资源节约型城市建设进行了大量的研究或探索，包括资源节约型城市建设的方法、评价体系、评价原则、建设的对策等。在实践方面，一些城市，如上海、北京、南京、深圳、广州等率先进行了有关资源节约型城市建设的行动。目前，全国所有的城市都在不同程度地进行资源节约型城市建设，以不同的方式对资源节约型城市建设进行探索。但是，不同城市在资源节约的力度和措施上，步调不一。

一　资源节约型城市评价报告

（一）资源节约型城市评价指标体系

资源节约型城市是生态文明城市的一种类型，既具有生态文明城市的一般共性，又具有资源节约型生态城市的特殊性。因此，为了体现城市在生态文明建设评价中普遍性与特殊性相结合的原则，起到对不同类型生态城市分类指导、分类评价之目的，根据资源节约型城市的内涵和评价指标体系的构建原则，[②]2013 年我们建立了包含反映生态城市共性的 13 项核心指标和反映资源节约型生态城市特性的 5 项特色指标的资源节约型城市评价指标体系。[③]2014 年我国资源节约型城市建设状况的评价与分析所采用的指标与 2013 年基本相同，13 项核心指标略有调整（见本书《整体评价报告》），主要反映生态城市的共性。6 种类型生态城市的 5 项特色指标有所不同，其中资源节约型城市的 5 项

①　李景源、孙伟平、刘举科：《中国生态城市建设发展报告（2012）》，社会科学文献出版社，2012，第 319 页。

②　李景源、孙伟平、刘举科：《中国生态城市建设发展报告（2012）》，社会科学文献出版社，2012，第 320～325 页。

③　孙伟平、刘举科：《中国生态城市建设发展报告（2013）》，社会科学文献出版社，2013，第 229 页。

特色指标主要反映城市土地、水、电及其他资源的节约状况和利用效益，具体指标分别为每万人拥有公共汽车数（辆）、第三产业占 GDP 比重（%）、万元 GDP 水耗（吨/万元）、人均耗电量（千瓦时/人·年）及经济聚集指数。与 2013 年相比，用每万人拥有公共汽车数（辆）代替了清洁能源使用率。在筛选特色指标时，由于数据采集的限制，一些反映资源节约的重要指标（如自然资源利用率或新能源利用率、R&D 经费占 GDP 比重、矿产资源的回收利用率等）只能暂时放弃。

资源节约型城市评价指标体系见表1。

表1　资源节约型城市评价指标体系

一级指标	二级指标	三级指标（核心指标）		四级指标（特色指标）	
		序号	指标	序号	指标
资源节约型城市综合指数	生态环境	1	森林覆盖率（建成区绿化覆盖率）（%）	14	每万人拥有公共汽车数（辆）
		2	PM2.5（空气质量优良天数）（天）		
		3	生物多样性（城市绿地面积）（公顷）		
		4	河湖水质（人均用水量）（吨/人）	15	经济聚集指数
		5	人均公共绿地面积（人均绿地面积）（平方米/人）		
		6	生活垃圾无害化处理率（%）		
	生态经济	7	单位 GDP 综合能耗（吨标准煤/万元）	16	万元 GDP 水耗（吨/万元）
		8	一般工业固体废物综合利用率（%）		
		9	城市污水处理率（%）		
		10	人均 GDP（元/人）	17	人均电耗（千瓦时/人·年）
	生态社会	11	人均预期寿命（人口自然增长率）（‰）		
		12	基础设施完好率（每万人从事水利、环境和公共设施管理业人数）（人）		
		13	公众对城市生态环境满意率［民用车辆数（辆）/城市道路长度（公里）］	18	第三产业占 GDP 的比重（%）

（二）资源节约型城市评价方法及判定标准

1. 资源节约型城市评价数据来源及评价方法

对于资源节约型城市的评价，除建立科学合理的评价指标体系外，还需要准确的数据和科学合理的评价方法来计算资源节约型城市的综合指数。

为了保持各种类型生态城市评价结果的一致性，评价指标的数据均来自《中国环境年鉴》、《中国城市统计年鉴》、《中国城市建设统计年鉴》、《中国区域经济统计年鉴》、各城市的统计年鉴、城市国民经济和社会发展报告及政府工作报告等。资源节约型城市的评价方法与其他类型城市的评价方法一致（见本书《整体评价报告》）。

2. 资源节约型城市建设评价的范围及时间

资源节约型城市建设的评价以2009年12月26日在哈尔滨召开的第九届中国经济论坛公布的中国节能减排二十佳城市[①]和2010年4月28日在北京人民大会堂举行的第九届"外交官之春暨第五届杰出华商大会财富领袖论坛"上发布的"2010中国绿色城市前100名排行榜"[②] 所列城市为主要对象，并包括一些资源节约型城市建设有突出成绩的地级城市。其中，有些城市由于数据不足的原因，暂时不列入评价范围。因此，这次评价共选择了116个城市，利用其2012年的统计数据，依照资源节约型城市评价指标体系，对18项指标进行计算，对2012年我国资源节约型城市综合指数前50名的城市进行了重点评价与分析，并与2008～2011年的建设情况进行了比较分析。

3. 资源节约型城市综合指数的判定

根据上述确定的资源节约型城市评价指标体系和评价方法，我们采用二维表格对50个城市的综合指数进行了分析和研究，并设定了评价标准。将资源节约型城市综合指数处于1～20位的城市判定为非常节约型生态城市，21～35位的城市判定为节约型生态城市，36～50位的城市判定为比较节约型生态城市。

（三） 资源节约型城市评价与分析

通过计算13项核心指标和5项特色指标，得出了2012年资源节约型城市综合指数、生态城市健康指数、资源节约型特色指数及特色指标单项排名（见表2），并对资源节约型城市综合指数前50名城市进行了评价与分析。

---

① 《中国节能减排二十佳城市名单》，2010年1月5日，http：//www. chinacity. org. cn/csfz/csxw/50652. html。

② 《2010中国绿色城市前100名排行榜》，2010年5月5日，http：//www. chinacity. org. cn/csph/csph/55692. html。

表2 2012年资源节约型城市综合指数排名前50名城市

城市	资源节约型城市综合指数（18项指标结果）		生态城市健康指数（13项指标结果）		资源节约型城市特色指数（5项指标结果）		特色指标单项排名				
	得分	排名	得分	排名	得分	排名	每万人拥有公共汽车数	第三产业占GDP的比重	万元GDP水耗	人均电耗	经济聚集指数
深圳	0.8744	1	0.9054	1	0.8457	3	1	9	88	114	1
广州	0.8722	2	0.9037	2	0.8343	10	8	4	95	102	4
上海	0.8571	3	0.8705	3	0.8222	33	34	6	100	105	2
大连	0.8414	4	0.8462	5	0.8288	14	17	44	39	81	24
无锡	0.8408	5	0.8460	6	0.8273	18	29	30	41	92	6
南京	0.8395	6	0.8481	4	0.8172	50	42	12	105	95	10
杭州	0.8390	7	0.8405	9	0.8351	7	15	16	66	96	27
北京	0.8389	8	0.8404	10	0.8465	2	7	1	74	98	11
厦门	0.8375	9	0.8409	8	0.8286	15	3	17	90	107	5
东营	0.8370	10	0.8399	11	0.8025	90	49	108	14	100	35
大庆	0.8355	11	0.8360	16	0.7967	100	2	115	43	97	60
青岛	0.8348	12	0.8348	17	0.8349	8	21	20	30	68	21
沈阳	0.8347	13	0.8397	12	0.8217	34	56	33	73	74	26
苏州	0.8339	14	0.8376	13	0.8242	24	26	32	50	103	7
珠海	0.8335	15	0.8457	7	0.8020	93	11	28	111	109	14
威海	0.8332	16	0.8369	15	0.8236	25	30	63	7	52	32
天津	0.8282	17	0.8297	18	0.8244	23	50	25	42	101	9
常州	0.8271	18	0.8289	20	0.8222	32	43	35	55	99	13
镇江	0.8270	19	0.8294	19	0.8208	36	60	46	44	80	18
宁波	0.8256	20	0.8242	22	0.8295	13	9	36	57	91	20
烟台	0.8243	21	0.8265	21	0.8187	41	44	68	9	48	33
长沙	0.8236	22	0.8241	23	0.8223	31	31	57	49	51	25
武汉	0.8229	23	0.8238	24	0.8207	37	23	23	99	83	12
舟山	0.8226	24	0.8218	25	0.8246	22	68	29	27	77	23
嘉兴	0.8218	25	0.8213	26	0.8230	27	35	61	17	67	16

续表

城市	资源节约型城市综合指数（18项指标结果）		生态城市健康指数（13项指标结果）		资源节约型特色指数（5项指标结果）		特色指标单项排名				
	得分	排名	得分	排名	得分	排名	每万人拥有公共汽车数	第三产业占GDP的比重	万元GDP水耗	人均电耗	经济聚集指数
济南	0.8215	26	0.8158	36	0.8363	4	25	10	56	72	22
福州	0.8215	27	0.8164	34	0.8347	9	6	27	60	46	41
呼和浩特	0.8212	28	0.8112	42	0.8472	1	5	7	36	62	69
绍兴	0.8194	29	0.8174	32	0.8246	21	40	49	15	34	28
克拉玛依	0.8192	30	0.8373	14	0.7720	113	33	116	101	111	82
南宁	0.8191	31	0.8203	27	0.8160	54	52	22	103	36	80
黄山	0.8189	32	0.8202	29	0.8157	56	92	38	69	22	102
长春	0.8186	33	0.8168	33	0.8232	26	32	48	68	40	53
南昌	0.8181	34	0.8180	31	0.8185	44	14	64	91	61	31
合肥	0.8177	35	0.8149	37	0.8248	20	16	62	70	41	36
中山	0.8169	36	0.8163	35	0.8183	46	22	41	10	112	8
重庆	0.8166	37	0.8186	30	0.8114	66	103	59	71	47	70
西安	0.8160	38	0.8100	44	0.8317	11	24	14	82	63	29
成都	0.8158	39	0.8082	47	0.8354	6	10	19	77	59	19
新余	0.8155	40	0.8202	28	0.8031	89	100	93	53	89	49
湖州	0.8149	41	0.8148	38	0.8150	58	95	60	29	66	44
哈尔滨	0.8145	42	0.8080	49	0.8315	12	41	13	72	42	90
昆明	0.8143	43	0.8060	53	0.8360	5	12	21	63	70	68
海口	0.8128	44	0.8140	39	0.8099	70	54	2	112	75	38
郑州	0.8123	45	0.8094	46	0.8198	39	66	50	47	73	15
泉州	0.8116	46	0.8102	43	0.8154	57	53	78	12	30	30
包头	0.8111	47	0.8099	45	0.8144	60	67	40	61	108	75
泰安	0.8090	48	0.8056	54	0.8179	49	90	55	4	20	40
太原	0.8088	49	0.8034	61	0.8226	28	46	11	92	94	39
吉林	0.8085	50	0.8068	51	0.8131	63	89	54	79	64	87

1. 2012 年资源节约型城市评价与分析

从表 2 可以看出，2012 年，深圳市、广州市、上海市、大连市、无锡市、南京市、杭州市、北京市、厦门市、东营市、大庆市、青岛市、沈阳市、苏州市、珠海市、威海市、天津市、常州市、镇江市、宁波市等 20 个城市的资源节约型城市综合指数处于前 20 位，为非常节约型生态城市；烟台市、长沙市、武汉市、舟山市、嘉兴市、济南市、福州市、呼和浩特市、绍兴市、克拉玛依市、南宁市、黄山市、长春市、南昌市、合肥市等 15 个城市的资源节约型城市综合指数处于第 21~35 位，为节约型生态城市；中山市、重庆市、西安市、成都市、新余市、湖州市、哈尔滨市、昆明市、海口市、郑州市、泉州市、包头市、泰安市、太原市、吉林市等 15 个城市的资源节约型城市综合指数处于第 36~50 位，为比较节约型生态城市，其分布情况见图 1。

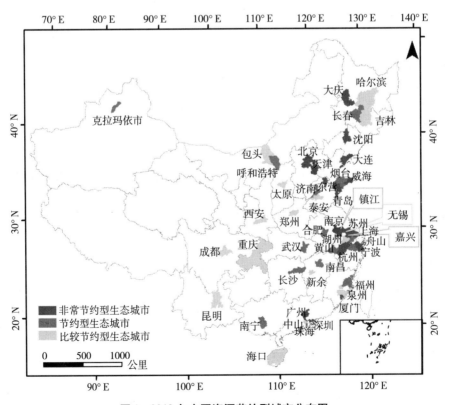

图 1　2012 年中国资源节约型城市分布图

从图 1 可以看出，2012 年，资源节约型城市综合指数排名前 50 名的城市华东地区最多，占 25 个，其中，非常节约型生态城市有 12 个，节约型有 9 个，比较节约型有 4 个；其次是东北地区和华南地区，各占 6 个；华北地区占 5 个；华中地区 3 个；西南地区 3 个；西北地区 2 个。造成这种分布状况的原因主要是我国东部和南部地区自然条件较好，气候宜人，降雨量丰富，生态环境较好，城市分布相对密集，经济社会也比较发达，更加重视生态环境建设和资源节约。

从反映资源节约状况的特色指标看（见表 2），2012 年，北京市、海口市、广州市、上海市、呼和浩特市和深圳市等城市的第三产业占 GDP 的比重较高，其单项排名位于前列，这对整个城市的资源节约非常有利；深圳市、广州市、北京市、厦门市、大庆市等城市的每万人拥有公共车辆数较高，其单项排名位于前列，这在很大程度上可减少能源的使用；威海市、中山市、烟台市、嘉兴市等城市万元 GDP 水耗较低，其单项排名位于前列，对这些城市位居资源节约型城市前 50 名具有很大的贡献；深圳市、广州市、上海市、厦门市、无锡市、苏州市等城市的经济聚集指数较高，其单项排名比较靠前。但是，资源节约型城市综合指数排名位于前列的部分城市，例如，深圳市、南京市、广州市、杭州市、上海市和北京市等城市万元 GDP 水耗、人均电耗的排名比较靠后，需要进一步采取措施，节约水资源和电能，提高其利用效率。

2. 2008～2012 年资源节约型城市比较分析

表 3 展示了 2008～2012 年部分资源节约型城市综合指数排名的变化情况。从此表可以看出，深圳市、广州市和上海市 2008～2012 年资源节约型城市综合指数比较稳定，始终保持在前 5 名。其中，广州市在资源节约型城市建设中成绩最为突出，从 2008 年的第 3 位跃居 2009 年和 2010 年的第 1 位，2011 年和 2012 年也排在第 2 位；南京市排名逐年下滑，从 2008 年的第 2 名，下滑到 2012 年的第 6 名。北京市从 2008 年的第 5 位上升到 2009 年和 2010 年的第 4 位，2011 年上升到第 3 位，2012 年则下滑到第 8 位。东莞市发展很不稳定，2008 年，其综合指数居第 6 位，2009 年下降到第 7 位，2010 年下降到第 18 位，

表3　2008～2012年部分资源节约型城市综合指数排名比较

城市	排名(2008年)	排名(2009年)	排名(2010年)	排名(2011年)	排名(2012年)
深　圳	1	2	2	1	1
南　京	2	3	3	5	6
广　州	3	1	1	2	2
上　海	4	5	5	4	3
北　京	5	4	4	3	8
东　莞	6	7	18	11	101
珠　海	7	6	6	7	15
厦　门	8	8	8	8	9
杭　州	9	9	7	6	7
西　安	10	27	9	9	38
济　南	11	12	13	16	26
大　连	12	13	12	13	4
无　锡	13	21	29	20	5
武　汉	14	16	11	18	23
宁　波	15	29	32	19	20
海　口	16	23	23	15	44
南　宁	17	18	15	44	31
天　津	18	15	19	14	17
呼和浩特	19	10	25	10	28
黄　山	20	34	27	29	32
成　都	21	31	33	26	39
沈　阳	22	53	24	17	13
郑　州	23	48	50	43	45
南　昌	24	22	26	30	34
苏　州	25	25	36	32	14
长　春	26	30	20	24	33
青　岛	27	28	30	28	12
长　沙	28	17	22	23	22
廊　坊	29	14	16	42	79
合　肥	30	36	28	31	35

2011年又略有上升，排到第11位，2012年下滑到第101位。珠海市比较稳定，从2008年到2011年，保持在第6位或第7位。厦门市和杭州市都比较稳定，始终保持在第6～9位之间。青岛市、苏州市、大连市、无锡市和沈阳市

等城市在 2012 年取得了很大的进步。西安市在 2009 年和 2012 年出现很大波动，从 2008 年的第 10 位下降到 2009 年的第 27 位，然后在 2010 年和 2011 年又攀升到第 9 位，2012 年又下降到第 38 位。呼和浩特市和宁波市等城市的发展也有较大波动。

对中国不同地区而言，资源节约型城市综合指数前 50 名城市数量不断发生变化（见图 2）。西北地区的城市数量呈减少趋势，从 2008 年的 5 个城市减少为 2012 年的 2 个城市；华北、华中和华南地区的城市数量呈先增加再减少的趋势；而西南、华东和东北地区的城市数量基本保持稳定，并在 2012 年均有明显的增加，与 2011 年相比较，分别增加了 1、4 和 3 个城市。这表明综合指数前 50 名城市在不同地区间的分布并不稳定，尤其是西北地区城市数量的显著减少和华东、东北地区城市数量的显著增加，在某种程度表明这些区域在资源节约型城市建设进程和资源节约力度上的差异。

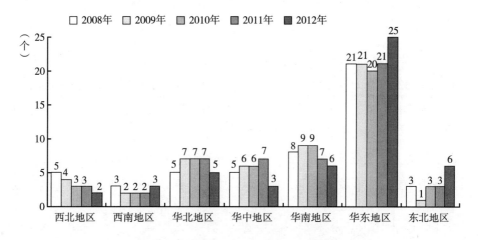

图 2　中国资源节约型城市综合指数前 50 名城市分布

从表 4 的数据看，不同区域 2012 年资源节约型城市综合指数前 50 名城市中，在中国比较早提出资源节约型城市建设口号的长株潭（1 个：长沙）、武汉城市经济发展圈（1 个：武汉）、长三角（12 个：上海、无锡、南京、杭州、苏州、常州、镇江、宁波、舟山、嘉兴、绍兴、湖州）、珠三角（4 个：深圳、广州、珠海、中山）共有 18 个城市，占 36%。而西北地区和西南地区只有克拉玛依、西安、重庆、成都和昆明等 5 个城市进入前 50 名，只占

10%。表明中国中西部地区，尤其是西部地区还需进一步加强资源节约型城市的建设步伐，需要政府层面的大力倡导和人们节约观念的根本转变。

表4　2012年资源节约型城市综合指数前50名城市分布

地区	城　　　市
西北地区	克拉玛依市、西安市
西南地区	重庆市、成都市、昆明市
华北地区	北京市、天津市、呼和浩特市、包头市、太原市
华中地区	长沙市、武汉市、郑州市
华南地区	深圳市、广州市、珠海市、南宁市、中山市、海口市
华东地区	上海市、无锡市、南京市、杭州市、厦门市、东营市、青岛市、苏州市、威海市、常州市、镇江市、宁波市、烟台市、舟山市、嘉兴市、济南市、福州市、绍兴市、黄山市、合肥市、新余市、湖州市、泰安市、南昌市、泉州市
东北地区	大连市、大庆市、沈阳市、长春市、哈尔滨、吉林市

3. 结论

从2012年资源节约型城市建设综合指数排名情况看，城市数量的地区间分布差异仍然存在，并呈现出扩大化的趋势。一是华东地区和东北地区的城市数量呈现增长态势，尤其是长三角地区资源节约型城市从数量和建设方向上对中国资源节约型城市建设起着重要的引导作用；二是中西部地区城市在数量和资源节约的力度上处于劣势。此外，综合指数排名前50名的城市中，非常节约的城市主要分布在我国东部，再次表明中国资源节约型城市建设进程的区域差异性。

二　中国资源节约型城市建设的实践

中国人均资源量不足的现实，使资源节约型城市建设成为中国城镇化进程中的必然选择。党的十八大报告明确提出，推进生态文明建设，要坚持节约优先、保护优先、自然恢复为主的方针。可以看出，资源节约和环境友好两个发展方向是生态文明城市建设的主要支撑。在中国现代城市建设与发展过程中，许多城市不断进行着资源节约的实践与探索，从政府、企业和社会公众等资源能源利用主体的角度出发，加快资源节约型城市建设步伐，以资源节约度衡量现代城市建设的先进性与科学性。

2012 年 6 月 18 日，联合国环境规划署主要针对人口超过 50 万的城市、各国政府及国际组织发起资源节约型城市建设的全球倡议。指出在城市推广资源节约，不仅可以应对各种环境与社会挑战，也可以实现财政支出的大量节约。环境署科技工业经济司克莱尔·菲也特表示："倡议的最终目标是将资源利用效率和可持续消费与生产纳入城市决策者的政策制定和管理工具中，同时促进公民和企业改变行为习惯。"该倡议提出应从城市管理、企业生产和公众消费的环节，通过提高城市管理水平，促进资源节约及可持续消费与生产，最终实现城市的资源节约。目标是：至 2015 年，有 20 个合作伙伴城市实行相应的财政机制，支持节能建筑的可持续发展；至 2017 年，合作伙伴城市扩大到 50 个，并建立相应的进展情况定期报告制度；2020 年，有 100 个合作伙伴城市将固体废弃物再利用率提高 50%，将建筑、工业及城市的节能、节水效益提高 50%。[①]

城市的正常运行需要消耗大量的能源与资源，并对生态环境产生压力。在资源节约型城市建设的实践中，各城市因自然地理条件、资源条件、城市发展规划目标，以及城市发展过程中亟须解决的问题和面临的困难等方面的差异，提出了各具特色的资源节约方案和措施。资源作为人类维持正常生活、改善生活条件、进行生产和创造价值的一种物质投入和消耗，其最终使用对象是政府、企业和社会个人。因此，城市资源过度消耗行为和节约行为的主体是政府、企业和社会个人，他们也是目前资源节约型城市建设的实践者，是中国资源节约型城市建设最重要的评价对象。

（一）政府的资源节约实践

政府是地方经济利益和社会利益的代表，承担着政治职能、经济职能、社会职能和文化职能，是政治秩序和社会秩序维持、社会发展和公共政策决策、社会利益调节的主体。在资源节约型城市建设中，地方政府的决策和行为是第

---

① http://www.sjzjnw.com/index.php? m = content&c = index&a = show&catid = 20&id = 507。

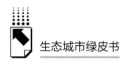
一影响要素，对企业的生产行为和个人的消费行为具有约束和引导作用。

1. 城市规划

城市规划是政府工作的一项重要内容，是政府调控城市空间资源、指导城乡发展与建设、维护社会公平、保障公共安全和公众利益的重要公共政策之一。地方政府在制定和执行城市规划过程中，必然要对城市的空间资源进行调控与配置，主要体现在土地利用、城市空间布局和城市形态设定等内容上。一个城市在规划建设过程中，需要消耗大量的资源，因此，资源节约型城市规划是资源节约型城市建设的一项重要内容，资源节约型城市建设也是城市规划的方向和目标。城镇化和城市规划的表现形式是刚性的，如城市空间布局、城镇体系规划等。在城市规划中，一旦形成不合理的空间表现形式，其调整是非常困难的，可能会造成城市运行费用的巨大浪费、城市用地矛盾的加剧、各种能源的过度消耗。对不合理的城市规划进行调整时，又会造成资金、人力、资源的大量浪费，环境污染加剧，城市交通不畅，居民出行受限。因此，地方政府在城市规划中就要体现出资源节约的理念，加强城市规划设计，优化空间布局，合理配置有限资源，实现土地资源利用的集约化，进行节水、节电、节能公共设施和住宅的建设。

目前，我国城镇化的持续发展导致城市规模不断扩大，尤其是一些城市无序和粗放的扩展方式造成城市建成区的土地和空间利用率很低，甚至以经济开发的名义向城郊低密度居住区蔓延，只强调城市的地域规模而不关心城市发展的外部经济性。快速城镇化建设进程中的地域空间扩展直接导致了城市各类资源的过度消耗和大量浪费。尤其是城市规划中的一些短期行为或奢靡之风，给城市建设带来了巨大的资源浪费。

（1）建筑的短期行为。普通住宅楼的寿命是 50～80 年，而我国 20 世纪 50 年代以来所建的住房基本不到 30 年就被拆除。建筑的短期现象不仅造成社会资源的极大浪费，而且废弃的建筑垃圾对人类生存环境构成重大威胁。造成"短命楼"的主要原因是建筑质量问题、规划短视、设计缺陷、政府决策失误等因素。而中国每年消耗全球一半的钢铁和水泥用于建筑业，产生庞大的建筑废物。如果中国政府忽视这些"短命楼"的形成因素，在未来城市化进程中，造成的损失将不可估量。因此，中国政府加强对建筑企业施工质量的监管力度，进行城市长期规划，将目前建筑物 30 年的平均寿命延长至 100 年，是资源节约型城市建设必需的行动。

（2）豪华装修和面子工程。一些地方政府领导为追求所谓的政绩与形象，着力打造城市美好形象，耗费大量财政资金打造面子工程或形象工程。部分建筑外观设计过分追求奇特，辅助设施过多，势必浪费大量资源，使城市建设杂乱无章，失去民族特色与城市特色。① 而施工过程中设计豪华、材料浪费、施工及管理水平不高等，造成城市建筑物质量不高，豆腐渣工程等现象大量存在，在竣工后不得不大修或提前拆除的例子也很多，加剧了社会资源的浪费。

为了更好地推动资源节约型城市建设，政府有必要在城市规划的资源节约利用，以及城市规划设计的紧凑度方面进行长远规划。中国建设部制订了以促进节能、节地、节水和节材为中心的建筑业发展基本方针，绿色建筑的研究和实践已取得重要进展，而城市规划领域的相关研究尚有不足。综合利用城市的各项资源、提高城市资源利用效率是城市规划面临的重要任务之一，有必要对城乡协同发展（城乡资源综合使用、城乡协调发展）、城市空间结构（热岛效应、紧凑城市、组合城市与城镇群）、城市综合开发（公共空间的拓展与复合使用、城市地下空间的开发）等城市规划的重要议题进行讨论。②

2. 城市交通

绿色交通体系是为缓解交通拥挤、降低城市环境污染、合理利用公共资源、节省建设维护费用而发展的有利于城市环境的多元化城市交通体系。政府在城市绿色出行、低碳交通等基础设施保障和政策引导中扮演着最重要的角色。中国一些城市在绿色交通体系建设中，从法律法规的约束、城市低碳交通理念的倡导，到学术讨论，都对城市交通中涉及资源节约的行为不断进行着探索与实践。

上海市的城市交通以轨道交通网络为基础，以缓解城市道路的拥堵状况，实现居民绿色出行。上海轨道交通线路到 2011 年末时有 11 条，建成车站 280

---

① 夏永祥：《论资源节约型城市化道路》，《城市问题》2008 年第 8 期。
② 李京生：《资源节约型社会的城市规划议题》，《城市发展研究》2009 年第 1 期。

座，运营总长度达到 425 公里。2012 年，上海市公共交通客运量稳定增长，全市日均客运量 1701 万乘次，同比增长 2.0%。轨道交通的骨干作用逐步增强，全市公共交通客运分担率达 36.5%；公共汽电车居主体地位，占 45.0%，出租汽车、轮渡公共交通分担率分别为 17.3%、1.2%。此外，从 2008 年起，上海市政府分别与 5 家国家有关部委所属（在沪）和 4 家上海市属交通耗能大户签订了节能目标责任（推进）书，以期实现交通领域的节能降耗；2010年，上海市制定《上海市交通节能减排专项扶持资金管理办法（试行）》，以约束过度的资源消耗行为并促进耗能企业资源利用方式的转变。另外，上海市政府还从城市公共交通基础设施建设、交通运输企业节能降耗管理等方面，挖潜创新，以达到运输行业节能之目的。[1]

杭州倡导的低碳、绿色出行模式概念，成为杭州城市发展的清晰指向。作为旅游型城市，出租车不能进景区，公交车站点离景区更远，最理想的交通工具就是自行车。因此，杭州推行公共自行车交通系统，以红色公共自行车来满足城市居民出行和游客游览的需求，已经成为城市里的一道风景。公共自行车不仅延伸了公交服务，而且成了杭州人短途出行的主力军，其日均租用量已突破 20 万人次，最高日租用量达 32 万人次，每辆自行车日均租用超过 5 次。据测算，目前公共自行车的使用可使全年二氧化碳减排量达到 34500 吨。

拥堵→修路→车流增多→拥堵的恶性循环已经成为大多数城市要面对的事实。城市越发展，城市交通面临的压力和环境污染越严重。现在比较认可的方案是推行公共交通优先政策。针对北京市交通拥堵问题，高杰英等认为要大力提倡节约的出行方式，并提出了相应的对策，包括制定好城市交通规划；积极扩大供给，调整路网布局；建立健全公交法律法规和标准体系；建立智能交通管理系统，提高公交企业运营效率；大力提倡公交优先理念，积极引导需求。[2]

目前，各个城市的交通均面临着机动车保有量不断增加和无限制使用与道路有限性之间的矛盾。汽车作为高耗能、高污染的交通工具，对城市交通与环

① http://www.chinanews.com/ny/2011/09-26/3354091.shtml.
② 高杰英、谢太峰：《资源节约型城市出行方式选择——北京城市出行方式探讨》，《首都经济贸易大学学报》2008 年第 2 期。

境的压力日益增大。城市交通在发展中不断调整，采取资源节约的交通模式，是解决供给不足与结构性过剩带来的资源低效配置问题，实现交通与经济、社会、资源和环境协调发展的关键。而资源节约的交通模式需要地方政府的宏观调控与引导，充分满足城市基本的交通需求；降低土地资源的消耗；减少对石油资源的依赖；消除对环境的不利影响，保持良好的生态环境。

3. 城市土地

土地作为一种稀缺资源，是人类赖以生存、生产、生活的物质基础和来源。近年来随着城市规模的逐渐扩大，城市用地规模也呈现增长态势。实现土地资源的有效利用是资源节约型城市建设的主要内容之一。以武汉城市圈为例，其土地利用经济效益低，土地资源不节约，土地利用的社会、经济、生态效益不均衡。为此，张俊峰等人认为应调整城市内部产业布局，优化土地资源配置，创新集约用地手段，实现土地资源节约。[①]

我国在城市土地利用中存在的问题主要表现在：盲目追求建设大城市和国际化大城市，新区发展用地宽松且浪费，有些城市旧区用地强度过大，土地市场混乱等。要解决土地资源浪费问题，需做到如下几点。

（1）城市发展的总体布局保持相对集中，以利于城市土地的集约利用。

（2）强化节约工业用地和开发区用地，企业可通过建设多层厂房和通用厂房实现土地节约。

（3）提倡合理紧凑布局，不提倡低密度住宅，保持适应我国国情的合理密度，实现生活用地节约。

（4）提高城市用地标准，保证城市的土地得到合理利用，保持合理密度和城市规模，实现城市可持续发展。

4. 宣传工作

资源节约型社会或资源节约型城市建设中，政府的重要任务之一是加强资源节约的宣传工作，引导或约束企业和社会的资源消耗行为，唤醒和提高社会民众的资源节约意识。政府可以规划、通知、计划等形式，或通过媒体、网络

---

① 张俊峰、董捷：《基于"两型社会"的武汉城市圈土地集约利用评价》，《中国人口·资源与环境》2012年第22期。

等加强资源节约的宣传。如南方网曾陆续推出《资源节约之政府企业行动篇》《资源节约之从我做起人人参与篇》等系列专题；2004 年 4 月，国务院办公厅发布《关于开展资源节约活动的通知》；2008 年 8 月，浙江省人民政府印发《资源节约与环境保护行动计划》的通知；2006 年 12 月，山西省人民政府印发《山西省建设资源节约型社会行动纲要》；2007 年 8 月，上海市人民政府印发《上海市土地资源节约集约利用"十一五"规划》；2008 年 9 月，厦门市人民政府节约能源办公室发布《关于深入开展全民节能行动的通知》；2012 年 9 月，福建省人民政府节约能源办公室发布《关于开展万家企业节能低碳行动节能目标考核工作的通知》；2008 年 4 月，北京市人民政府办公厅转发市发展改革委《加快发展循环经济建设资源节约型环境友好型城市 2008 年行动计划》；2013 年 4 月，北京市人民政府印发《北京市"十二五"时期中小企业发展促进规划》；等等。为贯彻党的十八大关于大力推进生态文明建设的总体要求，深入落实《节能减排"十二五"规划》和《"十二五"节能减排综合性工作方案》提出的目标和任务，发挥科技对加快转变经济发展方式、调整优化能源结构、缓解资源环境约束、应对全球气候变化的支撑引领作用，科技部与工业和信息化部于 2014 年 2 月印发《2014～2015 年节能减排科技专项行动方案通知》。

（二）企业的资源节约实践

人类的生产活动是最大的资源消耗领域，是创造物质财富最主要的手段和途径。生产活动涵盖的范围非常广，涉及多个行业，如工业、制造业、建筑业、农业等。在生产领域中进行资源节约，无疑将有很大的潜力。因此，各个城市对生产活动中的资源节约行为十分重视，期望通过采用新技术、采用新的生产工艺、使用新型的节能材料、采用循环经济手段等方式实现资源的有效节约，缓解资源短缺的压力。

1. 新技术新工艺实现工业企业资源节约

工业是一个国家的支柱和基础，对第一产业和第三产业具有很大的推动作用。工业企业需要消耗大量的人力、物力、财力才能维持正常生产。从资源节约的角度看，任何一个工业企业的生产，都离不开水、电、人力资源的消耗以及其他生产资料的投入。而从经济效益和社会效益的角度看，资源节约体现在成本的降低、管理水平的提高、技术水平的改进，或者产业结构的优化中。

2005 年 10 月，国家发展和改革委员会、科技部、环境保护总局联合发布《关于将〈国家鼓励发展的资源节约综合利用和环境保护技术〉260 项技术予以公布的公告》，将实现资源利用和环境保护的新技术进行公告并予以推广，以达到推动资源节约之目的。一些可实现资源节约的新技术、新工艺、新产品、新理念不断涌现，共同为打造资源节约型城市做出努力和贡献。

政府和企业在节约用水方面不断采用节水技术和节水措施，取得了很好的效果。如江苏省无锡市，积极采取多种节水措施，大力推广节水技术，使其在节水指标上居全省第一。2013 年，无锡市已实现纺织和印染等行业企业再生水回用率 40% ~ 60%；部分工业园区自建污水处理厂并实施回用；污水处理厂全面实施脱氮脱磷处理、中水回用等工程；各市（县）区制订了用水总量控制指标和用水效率指标，并将冷却水循环率、重复利用率、工艺水回用率等用水效率指标作为考核的硬性指标；建立和落实最严格的水资源管理制度，加强了入河排污口的督察和取水计量设施的管理，对取水大户、排污大户等强化了取水许可管理。[①]

2. 循环经济实现资源节约

中国经过多年经济建设，取得了令人瞩目的成绩，同时凸显出种种发展的不协调。要实现经济社会的可持续发展，必须牢固树立科学发展观，发展符合国情的循环经济，实现资源的节约。循环经济作为以物质循环和提高生态效率为特征的发展模式，成为指导经济发展和环境保护的重要原则和战略，是实现资源节约的一种可行而有效的途径。[②] 资源节约型城市的建设，是在发展中建设，建设中节约，不能因为节约而不要发展，也不能因为发展而不顾资源节约。以循环经济为发展模式，可以有效地提高资源利用率，实现生产或生活中的资源节约。

发展循环经济是实现工业企业资源节约的重要途径，已成为各个地区经济

---

① http://news. xinhuanet. com/yzyd/energy/20130411/c_ 115355121. htm

② 杜宜瑾：《加快发展循环经济促进资源节约型社会建设》，《天津社会科学》2005 年第 2 期。

发展的主要借鉴模式。如陕西榆林市按照"减量化、再利用和废物资源化"的循环经济原则，启动两区六园循环经济建设格局。通过建设工业循环经济模式，减少资源和能源消耗总量，初步形成原煤—发电—粉煤灰—建材工业、原煤—甲醇—下游产品—建材—食用级二氧化碳、原煤—兰炭—焦油—化工—煤气和焦粉回收利用、盐—烧碱—聚氯乙烯等多个循环经济链条。目前已经建成和正在建设的 20 多个生态型循环经济园区，将有效实现煤矸石、粉煤灰、低温余热、有机废弃物及轮胎的综合利用。神木天元化工是国内最大规模的煤焦油轻质化项目，采用循环经济发展模式，其投资仅为传统工艺项目的 20%，而能耗和用水量则下降 75%，被业界誉为"榆林版"煤制油成功典范。[①]

3. 产业结构优化实现资源节约

企业淘汰严重消耗能源资源和污染环境的落后生产能力，发展绿色工业，积极促进产业结构优化升级，可实现企业资源能源的大幅节约。工业是为全社会提供技术装备的产业，其绿色发展直接影响全社会的资源消耗程度。在 2013 年 12 月召开的第六届世界环保大会上，国家工业和信息化部节能与综合利用司司长周长益说，工信部将组织开展工业节能、资源综合利用、环境保护、废水循环利用等关键成套设备和装备的产业化示范，组织实施一批示范工程，实施新能源、高效节能家电等产品的市场推广鼓励政策；加快推动相关的产品和服务纳入政府的采购范畴，以引导和促进绿色消费市场的形成。[②]

科学技术的进步和创新可以促进经济发展方式的转变、产业结构的优化、生产力的合理布局和资源能源的合理配置。科学技术是新的经济利益增长点，可以减少其他要素的投入而达到经济发展的目的。新技术在生产中的普及应用，可以促进传统生产部门生产率的提高和生产工艺的改进，有效实现资源的节约。对于一个城市来说，新技术的应用，在使社会生产力和劳动生产率提高的同时，提高了能源资源的利用率，降低了能源消耗，节约了能源资源，减少了污染物产生和排放，有助于实现全社会的资源节约。

4. 节能材料及技术实现建筑领域的资源节约

城市的建筑领域是一个资源高消耗的领域。在城镇化快速发展的背景下，

---

① 马璐：《基于循环经济的开发区土地集约利用评价研究——以榆林经济开发区为例》，2011。

② http://finance.china.com/fin/sxy/201312/02/9486072.html。

城市的有形建设需要消耗大量的资源。而城市的建筑施工过程大量消耗的资源包括钢材、混凝土、石材、板材、水、电以及各种辅助材料。建筑施工过程涉及环节多，材料用量大、种类多，要求在材料采购、材料管理、工程质量，以及施工过程中积极利用节能新技术，以减少材料浪费。尤其是工程质量如果达不到设计要求，很有可能出现返工现象，或者短命楼，这是直接的最大的资源浪费，而且建筑材料或产生的建筑垃圾往往是不可再利用的，对环境产生的影响是不可逆的，需要重点关注。

【案例一】 珠海格力地产是珠海节能示范企业，在建筑中采用节能材料、节能设备和节能技术实现了能源资源节约。节能建筑材料方面，建筑外墙采用保温隔热性能高、导热系数低的新型墙材，屋面采用挤塑聚苯乙烯板保温隔热层。节能设备方面，在原有空调上加装附件，实现空调热量回收再利用，为小区提供大量热水。节能政策方面，《珠海市建筑节能办法》明确规定：建筑面积在 1 万平方米以上的新建、改建、扩建公共建筑，应当安装空调废热回收装置，未安装的不得通过节能工程验收。在珠海市，节能环保理念逐渐渗透，绿色、低碳建筑正日益增多，是否节能环保成为购房者的新参考标准。未来珠海将加大"绿色建筑"建设力度，力争在 2016 年实现新建"绿色建筑"面积达到 200 万平方米的目标。[①]

【案例二】 厦门市是建设部确定的中国南方建筑节能综合示范城市之一，在发展节能省地型住宅方面进行了有益的探索。[②]

（1）制定了"推进中国夏热冬暖地区建筑节能设计标准的实施"综合示范项目实施计划：建立建筑节能设计、施工、验收标准体系；加强建筑节能标准的宣贯培训；组织开展居住建筑节能设计标准实施情况的检查等，促进《夏热冬暖地区居住建筑节能设计标准》在厦门市实施。

（2）大力宣传建筑节能知识与政策。

---

① http://www.nea.gov.cn/2013－01/05/c_132081779.htm。
② 阮跃国：《厦门：发展节能省地型住宅建设资源节约型城市》，《城乡建设》2008 年第 3 期。

（3）加强建筑节能技术的开发和推广应用。

（4）建筑节能示范工程。包括建设 12 个部级建筑节能、人居金牌试点，绿色生态住宅等示范项目；建设 2 个财政部、建设部太阳能等可再生能源示范工程，4 项市级示范工程。

（5）加强规划和引导，制定政策法规。

5. 节约型服务业实现资源节约

服务业是国民经济体系的一个重要产业，是生产和经营服务产品的行业，主要指农业、工业、建筑业以外的其他行业，涉及范围最为广泛。服务业的产品具有无形态性、中间消耗性以及经验性（非搜寻性）的特征。它既为生产、生活（消费）服务，又为流通服务，同国民经济各个部门、社会生活的各个方面都有联系。服务业内部，按照生产和经营的服务产品不同，又分为各种不同的行业，如交通运输业、旅店餐饮业、咨询服务业、旅游业、信息业等。服务领域涉及范围大，影响面广，因此，节约型服务业建设将对服务企业实现资源节约、提高社会公众节约意识、体现城市资源节约水平具有重要作用与影响。

2013 年 11 月，北京市《服务业清洁生产试点城市建设实施方案（2012 ~ 2015 年)》针对医疗机构、学校与科研院所、住宿和餐饮业、商业零售业、商务办公、洗染业、洗浴业、交通运输和仓储物流业、汽车维修和拆解业、环境及公共设施管理业十大重点领域，选取有代表性的企事业单位，采取"统一部署、集中指导、分类探索、分步实施"的组织方式，试图探索形成满足首都服务业资源节约与污染防治要求的可推广的资源节约模式、评价标准和系统实施方法。[1]

（三）社会个人的资源节约实践

人们的消费习惯和消费方式，对资源的节约或浪费具有重大影响。而与人们日常消费行为紧密相关的资源（如水资源、电力资源）、出行方式、消费理念等，都是影响个人消费行为的因素。个体消费行为的总和形成城市的消费行为。

---

① http：//www.bjpc.gov.cn/tztg/201311/t7023611.htm。

1. 节约意识明显转变

近年来，国家在资源节约型社会建设、资源节约型城市建设中，加大了宣传教育力度并采取了相应的措施，尤其是节约型社区、节约型学校、节约型企业以及节约型家庭建设，极大地提高了社会公众的节约意识。华东理工大学郭强教授团队针对公众节约意识问题进行了调查，包括社会公众的节约知识掌握程度、节约理念认可程度、节约行为习惯化程度、国家节约政策措施的实施效果等方面。结果表明，2010～2011年，大约57.8%的公众认可并接受节约理念，通过多种途径学习并具备了必要的节约知识，在日常生活中践行节约行为并已经达到习惯化的程度，较2006～2007年的调查上升了近16个百分点。也有超过四成的社会公众节约意识还有待加强。社会公众的节约理念主要表现在如下几个方面。[1]

（1）传统节俭观念深入人心，社会公众在节约方面基本达成共识。

（2）公众在公共领域的节约行为更加自觉，职业和年龄分布存在一定差异。

（3）近半数公众认为节约对生活质量有影响，多数人选择适度健康的生活方式。

（4）反对商品过度包装，理性消费观念获得多数公众认可。

（5）节能灯推广活动受到好评，质优价廉是主要方向。

2. 节水宣传不断深化

我国城市缺水严重，矛盾突出。全国661个城市中有400多个城市供水不足，110个城市严重缺水。[2] 城市发展受到水资源短缺的制约，节水在城市生活中的地位相当重要。随着经济社会的发展，人们对水资源的需求量日益增加，加之对水资源的不合理使用，水资源的数量在加速减少，质量急剧降低，缺水危机逐渐突出。

随着城市居民收入水平的提高和生活条件的改善，部分人节约水资源的观念仍然比较淡薄，将耗水量成本化而不计这种水资源的有效性，从而存在家庭或单位水管的冒、滴、漏、跑现象，长流水、耗水量较大的洁具的使用等现

---

① http：//hb. cctv. com/20110614/107952. shtml。

② http：//www. nfdaily. cn/china/list/content/2008 - 05/25/content_ 4412500. htm。

象。资料显示，城市人口消耗了生活用水总量的70%左右。2011年底中国大陆城镇人口为6.9亿人，按城镇人均每天生活用水量200升计算，每天要消耗1.38亿吨水，一年则要消耗503.7亿吨水。城市供水管网漏失率太高，平均达21%，有的达到30%。因此，城市节水具有很大的潜力，需要给予更多的关注。

城镇化使城市人口数量增加、生活水平提高，对水资源的需求量大幅增加，经济社会发展与水资源短缺的矛盾更加突出。例如，甘肃省位于中纬度内陆地区，人均水资源量约为全国平均水平的一半。全省16个市级城市和65个县城，人均日生活用水量分别为156升和69升，水资源形势相当严峻。为此，甘肃省确定了城市节水目标（见表5），并对工业和居民生活用水采取了相应的节水对策。[①]

表5　《甘肃省城市节约用水规划》确定全省城市节水规划目标

单位：万立方米

年份	工业节水总量	生活节水总量	总节水量
2010	1335	9293	10628
2020	3216	26007	29223

能够使有限的水资源得到合理开发和高效利用，实现水资源的可持续利用和城市的可持续发展，是城市节水重要性的体现。随着宣传力度的不断加大，节水工作的大力推进，一些城市积极争取建设国家级"节水型城市"，市民的节水意识也在逐步增强，节水器具使用比率在不断提高。新的节水型洁具的大量使用也大大增加了城市节水的广度和深度。

3. 节电行动形式多样

电力是一种资源，也是一种商品。节约用电是一个城市资源节约的重要表现。而我国一些城市居民、工业企业、政府机构，普遍存在滥用电力的情况，如长明灯、非节能电器、高耗电设备等。

为建设资源节约型城市、促进节能减排，遏制能源浪费意识淡薄的思想，在节约用电方面，一些城市采取了相应的措施。如浙江、山东、上海等省市实

---

① 邵斌、伏小勇：《甘肃省城市水资源节约对策》，《甘肃科技》2010年第26期。

行阶梯式电价管理制度。以上海为例，上海是我国用电负荷最高、用电量最大的城市。2000 年以来上海电网负荷以每年 10% 左右的比率增长，上海本地机组的最大发电能力已经不能满足上海对电力资源的需要。随着上海经济的增长和居民收入的增加，居民用电量呈现出快速增长趋势，未来还会有较大的增长潜力，对上海市电力供应提出挑战。为促进用电效率提高，形成合理的能源消费结构，缓解煤电联动、环保等方面的压力，弥补原有居民电价体系在强调节能意识方面存在的不足，上海市实行阶梯式电价的方式。[1]

阶梯式电价 = 第一级电价 × 第一级用电量基数 + 第二级电价 × 第二级电量基数 + 第三级电价 × 第三级电量基数 + ……

第一级电量基数根据确保居民基本生活用电的原则制定，电价水平较低；第二级电量基数，按平均消费电量和平均成本确定电量和价格，满足部分休闲或奢侈用电；第三级电量基数，对少数用电量较高的居民收取较高电价，使他们负担较多的电力成本。

对居民日常消费的水、电、天然气等资源，不少城市逐步采用了阶梯计费的方式，以提高居民的节约意识，合理配置资源，实现城市资源的节约。同时，这种计费方式对公众而言也更加公平合理。

三　资源节约型城市建设的对策建议

资源节约程度反映出一个城市生态文明建设的进程。资源节约的内容在十八大报告中有明确的表述：大力推进生态文明建设，要全面促进资源节约，要节约或集约利用资源，推动资源利用方式根本转变，加强全过程节约管理，大幅降低能源、水、土地消耗强度，提高利用效率和效益。坚持节约优先、保护优先、自然恢复为主的方针，是由目前我们面临的资源环境状况决定的。资源节约型城市建设，是一项迫在眉睫的任务。作为资源消耗主体的政府、企业和社会个人，必须在建设资源节约型社会方面做出更多的努力，在社会管理、城

---

① 肖勇、王恒山、杨俊保：《对上海地区居民用电实施阶梯式电价体系的认识与思考》，《上海理工大学学报》（社会科学版）2010 年第 3 期。

市规划、生产、消费、服务、文化宣传、个人意识等方面采取相应的措施，以保证资源节约型城市建设取得成功。

（一）资源节约型城市建设中的政府行动

1. 城市规划

从单个城市来讲，发展紧凑型城市也是实现资源节约的一种有效形式。城市建筑、道路、绿化等物质构成要素要占用一定的空间。为满足不断发展的城市需求，城市空间的扩展已经从二维扩展发展到三维扩展。而从土地利用角度看，可通过规划设计，将城市地下基础设施、交通、商业、观光、人防以及公共建筑联系在一起，减轻地面空间压力，提高城市空间利用效率，节省城市土地。大力发展绿色城市交通体系，构建快捷、高效、舒适、节约的绿色交通网络系统可采取如下措施。

（1）加强政府对交通系统的统一规划，加大绿色交通宣传力度，让公众充分了解绿色交通的重要性，增强民众出行的环保意识。

（2）将城市土地使用和交通规划结合起来，避免路网建设的盲目性，对城市道路实行优化，充分发挥基础设施的效力，有利于城市空间的紧凑发展和环境资源的保护。

（3）城市交通规划推行以"大众运输"为导向的公共交通发展模式，包括轨道交通和公交系统，并大力推广使用绿色交通工具，如地铁、轻轨、天然气汽车、太阳能汽车、电动汽车、自行车等，有效降低城市交通工具所产生的资源过度消耗和环境污染。

2. 政府采购

消费是人类生存和发展的前提和基本条件。居民的消费需求总量和消费需求结构，决定了消费品的生产总量和生产结构。消费需求的增长是拉动经济增长的原动力，而不合理或过度消费行为是对资源的一种巨大浪费。资源节约型城市建设需要构建一种文明的消费模式，形成有利于节约资源、保护环境的新型消费方式。

（1）政府采购对社会经济发展既具有调控作用，其消费方式也能产生重要的带动作用。发挥政府的导向与示范作用，实施政府绿色采购制度，政府部门应优先采购再生材料生产的产品、可循环使用的产品、通过环保认证的产品，以及节能、节水和节材的产品。[1]

（2）采购中应推广绿色标识产品，倡导公众绿色消费。应大力推广能效标识产品、节能节水认证产品、环保标志产品、绿色和有机标志食品，完善绿色产品标识制度，建立严格的市场准入制度。倡导文明节俭的生活方式，培育理性消费观念，提高全社会节约资源、保护环境的责任意识；增强反复利用意识，减少一次性物品的使用；抵制产品的过度包装等奢侈浪费行为；培养公众自觉的节能、节水和垃圾分类等意识和消费习惯。[2]

3. 文化教育

（1）应加强资源节约型城市建设的宣传力度，营造全社会参与的、人人践行节约的社会环境。让节约理念与节约机制逐步渗透到社会经济运行的各个层面中。

（2）应建立健全科技创新体系。以增强自主创新能力为重点，探索建立提升自主创新能力的体制机制，加大科技创新力度，引领和支撑"两型"社会建设。

（3）教育行业具有人才培养的社会职能，除了在学校管理方面践行节约外，要培养在校学生的节约意识，提高公众素质。

（二）资源节约型城市建设中的企业策略

1. 生产企业

（1）建立资源节约的规章制度和奖惩措施，完善企业节能降耗约束机制。

（2）构建循环经济产业链条，推进资源集约高效利用。发展循环经济是节约资源的有效形式和重要途径。应按照减量化、再利用、资源化的"3R"原则，注重从源头上减少进入生产和消费过程的物质量以及物品完成使用功能后重新变成再生资源，加强资源循环利用技术的研发和产业结构的优化，形成循环经济产业链。

---

[1] 郭宏伟：《乌鲁木齐建设循环经济型城市的评价与对策》，新疆师范大学硕士学位论文，2008。

[2] http://www.bjpc.gov.cn/fzgh_1/guihua/11_5/11_5_zx/11_5_zd/200612/t146507_3.htm。

（3）构建节约型产业结构。建立优化区域产业布局的引导机制；探索建立资源节约型产业发展的激励约束机制；构建有利于资源节约的产业结构，淘汰落后产能。

（4）大力推广绿色建筑。鼓励建筑企业在生产过程中使用节能材料，包括保温材料、节水洁具、节电电器等，政府要从制度层面进行引导与约束。深圳市在 2006 年颁布《深圳经济特区建筑节能条例》，2009 年通过《深圳市建筑废弃物减排与利用条例》，2013 年 8 月 20 日《深圳绿色建筑促进办法》正式实施。目前，深圳已颁布实施有关建筑节能的标准规范 6 部，以保证建筑领域优先实现节能降耗。①

（5）全面推行清洁生产。企业生产中推行清洁生产模式，可从源头上削减废弃物的产生量，促进资源使用的减量化、无害化。应尽快推进一些高污染工业企业，如石化、建材、化工、电力、医药、电镀、冶金等行业的清洁生产审核，鼓励其他企业自愿进行清洁生产审核。建筑业领域，应大力推行建筑节能标准，鼓励建设施工单位的清洁生产审核，做好资源综合利用，推广建筑生态设计和绿色建材使用。②

2. 服务企业

（1）完善城市公交服务系统，大力倡导绿色出行。城市公交、出租车等领域推广使用节能与新能源汽车，财政对城市购置混合动力汽车、纯电动汽车和其他新能源汽车可给予一定额度的补助。

（2）餐饮业的节约措施。饮食是人正常生活中每天不可缺少的部分。餐饮业的资源节约行为可以引导人们形成科学消费、合理消费的节约消费模式。按需就餐、减少餐饮物品不合理的消耗，可使餐饮消费者避免铺张浪费，养成节约习惯和节约行为。应大力提倡和发扬一些良好的节约习惯，如在单位或学校食堂就餐自带饭盒，减少塑料快餐盒的使用等，实现人人崇尚节约的就餐氛围。管理部门要在食品生产流通消费的各个环节，建立相关的行业标准，实行规范管理，实现餐饮业的资源节约。

---

① 深圳市住房和建设局节能科技与建材处：《深圳市绿色建筑发展：成效与展望》，《建设科技》2013 年第 6 期。

② 郭宏伟：《乌鲁木齐建设循环经济型城市的评价与对策》，新疆师范大学硕士学位论文，2008。

（3）建设绿色酒店，实现资源节约。在酒店业实现资源节约，可尽量利用太阳能、风能等，节省普通能源的消耗。在酒店评定中，可将节能减排、低碳环保作为一项重点考核内容和指标。还可通过制度或奖励措施促进资源节约。应在日常琐碎的工作中不断创新节约模式，大力推广酒店节水洁具与节能产品的使用，并逐步完善计量系统，对能耗进行准确的定量分析。在节电方面，酒店应采购节能产品，如节能灯泡、节能空调等节能电器，使用声光自动控制技术节约用电。客房用空调和冰箱温度可按季节设置，比如室外温度不超过26℃，酒店不开空调降温。[①]

（三）资源节约型城市建设中的个人行为

1. 提高全民素质，践行资源节约

（1）做资源节约的倡导者。勤俭节约是中华民族的传统美德，应养成良好的生活习惯，掌握节能知识，树立节约光荣的新理念。

（2）做资源节约的实践者。在做好节约宣传的同时，应积极以实际行动践行节约，带动和影响周围的人，树立榜样。从我做起，从现在做起，从小事做起，为建设资源节约型城市做出贡献。

（3）做资源节约的监督者。对发生在身边的浪费行为和现象要坚决制止，互相监督，致力于节能减排，共建绿色家园。

2. 加强媒体宣传教育，提高公众节约意识

建设节约型社会，要加大宣传教育力度，通过全民素质的提高，促进节约意识的进一步提升。要把宣传重要意义和宣传相关知识结合起来，积极鼓励每个人参与到节约的消费模式中去。

运用好宣传媒介，将传统媒体宣传与网络宣传相结合，加大节约政策和节约知识的普及力度。宣传要围绕老百姓日常生活中的资源利用行为，推广资源节约新技术、新设备、新产品，普及节约知识、技术、科技成果，宣传节约经验、节约型的消费模式，以提高公众的资源节约意识和公民个人素质为主要目的。

---

① 牟晓伟：《吉林省中小企业投资融资环境优化研究》，《经济视角》2012年第3期。

3. 培育民间节约组织，创造全民节约氛围

培育节能减排民间组织，可引导公众主动参与集体节约活动，形成全社会践行节约的风尚和氛围。应鼓励民间成立以节能减排为主题的民间环保组织或节能监督团体，引导公众践行节约，积极参与集体的节约活动，在全社会营造节约的氛围。努力推进节约文化建设，弘扬先进的节约文化，不断提升全民的节约意识和整体素质，使节约成为个人、组织、社会的文化象征。

4. 鼓励创新节约技术，推广使用节能产品

政府应鼓励企业或个人积极开展新技术、新产品的推广。尤其是鼓励节约技术的创新或节能产品的创新，从源头上实现资源节约。政府可通过财政补贴资金的形式推广节能产品，如节能灯、高效节能空调、节能汽车以及高效节能电机。

5. 倡导节约消费模式，构建文明考评体系

应养成良好的节约消费理念，考虑资源和生态可以承受的消费度。在政府采购消费、企业生产消费、家庭日常消费中提倡节约的消费模式，讲求消费品的质量、实用性和耐用性，尽量缩小一次性消费的范围。应构建合理的考评体系，将节约消费作为一项考核指标，引导全社会采取节约型的消费模式，以节约型单位、节约型家庭、节约型社区、节约型城市等形式，促进社会公众的资源节约。

G.5

循环经济型生态城市建设报告

钱国权 冯等田 刘 涛

摘 要：

本报告选取了 13 个生态城市核心指标和 5 个循环经济特色指标，对全国 260 个地级市的建设状况进行了评估，认为中国循环经济型生态城市建设还处于"初绿阶段"，大多数城市的生态状况是不健康的，而且建设过程正在从粗放型向生态型过渡。对这些城市进行了排名，确定了循环经济型生态城市前 50 强，并对 2009 年到 2012 年产生的 50 强名次变化做了对比分析，分析影响名次变化的原因，提出了今后循环经济型生态城市的建设方向和重点。选取了河西走廊的 5 个地级城市，作为循环经济型生态城市的个案，对它们的建设做了分析。针对现状，结合中国新型城镇化的要求，提出了建设生态城市的对策建议：不仅要以人为本，还需注重公平共享；不仅要生态自然，还需注重集约高效；不仅自身要建设成生态城市，还需注重城乡一体化；不仅要坚持循环经济的"3R"原则，还要注重生态城市的可持续发展。

关键词：

循环经济 产业体系 以人为本 集约高效

2013 年 12 月召开的中央城镇化工作会议，分析了我国城镇化发展形势，明确了城镇化的指导思想、主要目标、基本原则和重点任务，提出要根据资源环境承载能力构建科学合理的城市宏观布局，把城市群作为主体形态，促进大中小城市合理分工、功能互补、协同发展。要使绿色发展、循环发展、低碳发展成为生态城市发展的指导原则，还要扩大森林、湖泊、湿地等绿色生态空间

的比重，集约利用土地、水、能源等资源，增强水源涵养能力和环境容量，尽可能减少对自然的干扰和损害，降低能源消耗和二氧化碳排放强度，控制开发强度，增强抵御和减缓自然灾害的能力。可以说这次会议为循环经济型生态城市的建设提供了理论指导，"公平共享""集约高效""可持续"成为推动生态城市发展由速度扩张向质量提升转型的原则。

"十一五"以来，我国通过发展循环经济，初步改变了"大量生产、大量消费、大量废弃"的传统增长方式和消费模式，单位国内生产总值能耗、物耗、水耗大幅度降低，节能减排的任务正在得到落实，资源产出率有所提高。特别是2013年2月国务院发布了《循环经济发展战略及近期行动计划》，分析了我国循环经济发展的现状与形势，提出了今后工作的指导思想、基本原则和主要目标，以循环经济"十百千"示范行动为突破口，从构建循环型工业体系、循环型农业体系、循环型服务业体系出发，推进社会层面循环经济发展。可以说《循环经济发展战略及近期行动计划》的出台，明确了发展循环经济是建设生态城市的前提。

一 循环经济型生态城市建设指标体系

（一）循环经济型生态城市评价指标体系的设计

循环经济型生态城市评价指标体系是描述、评估循环经济型生态城市的可度量参数的集合，遵循系统性原则、可比性原则、动态性原则和可操作性原则，能够准确及时地反映任何一个时间内生态城市建设的水平和状况，评价和监测一定时期内城市生态建设的趋势及速度，揭示其经济、自然和社会各子系统之间的相互关系和矛盾。

一级指标为循环经济型生态城市综合指数，综合反映生态城市的健康状况。

二级指标为生态环境、生态经济与生态社会，从三个不同的角度，反映生态城市的健康状况。

三级指标，即核心指标为13个，分别是：建成区绿化覆盖率（%），空气质量优良天数（天），生物多样性（城市绿地面积）（公顷），河湖水质

（人均用水量）（吨/人），人均公共绿地面积（人均绿地面积）（平方米/人），生活垃圾无害化处理率（％），单位 GDP 综合能耗（吨标准煤/万元），一般工业固体废物综合利用率（％），城市污水处理率（％），人均 GDP（元/人），人口自然增长率（‰），每万人从事水利、环境和公共设施管理业人数（万人），民用车辆数（辆）/城市道路长度（公里）。

四级指标，即特色指标为 5 个，从资源产出、资源消耗、综合利用和废物排放四个方面选取。资源产出指标从资源产出率、能源产出率、水资源产出率中选出；资源消耗指标从万元 GDP 能耗、万元 GDP 取水量、单位工业增加值能耗、单位工业增加值用水量、农田灌溉水有效利用系数、吨钢能耗、吨钢水耗中选出；资源综合利用指标从废钢铁回收利用率、废有色金属回收利用率、工业固体废物综合利用率、工业用水重复利用率、城市生活垃圾无害化处理率、城市污水再生利用率、废纸回收利用率、废塑料回收利用率、废橡胶回收利用率中选出；废物排放指标从工业固体废物处置量、工业废水排放量、二氧化硫排放量、化学需氧量中选出。本评价所选出的五个特色指标分别是：二氧化硫排放总量（万吨）、一般工业固体废物产生量（万吨）、工业固体废物综合利用量（万吨）、工业用水重复利用量（万吨）、单位 GDP 电耗（千瓦时/万元）。具体指标体系见表 1。

以上指标数值主要来自《中国区域经济统计年鉴》《中国环境年鉴》《中国城市建设统计年鉴》和《中国城市统计年鉴》。指标选取时，从以下几个方面考虑：数据获取的难易度程度；数据可靠性；数据的代表性和数据的替代性。

表 1　循环经济型生态城市健康指数（ECHI）评价指标体系

一级指标	二级指标	序号	三级指标(核心指标)	序号	四级指标(特色指标)
循环经济型城市综合指数	生态环境	1	森林覆盖率（建成区绿化覆盖率）（％）	14	二氧化硫排放总量(万吨)
		2	PM2.5（空气质量优良天数）（天）		
		3	生物多样性（城市绿地面积）（公顷）		
		4	河湖水质（人均用水量）（吨/人）	15	一般工业固体废物产生量(万吨)
		5	人均公共绿地面积（人均绿地面积）（平方米/人）		
		6	生活垃圾无害化处理率（％）		

续表

一级指标	二级指标	序号	三级指标(核心指标)	序号	四级指标(特色指标)
循环经济型城市综合指数	生态经济	7	单位 GDP 综合能耗(吨标准煤/万元)	16	工业固体废物综合利用量(万吨)
		8	一般工业固体废物综合利用率(%)		
		9	城市污水处理率(%)		
		10	人均 GDP(元/人)		
	生态社会	11	人均预期寿命(人口自然增长率)(‰)	17	工业用水重复利用量(万吨)
		12	生态环保知识、法规普及率,基础设施完好率(每万人从事水利、环境和公共设施管理业人数)(人)		
		13	公众对城市生态环境满意率[民用车辆数(辆)/城市道路长度(公里)]	18	单位 GDP 电耗(千瓦时/万元)

(二)循环经济型生态城市排名

依据循环经济型城市建设评价指标体系,通过对 18 项指标、13 项核心指标和 5 项特色指标的计算,得出了 2012 年循环经济型城市综合指数、生态城市健康指数、循环经济型特色指数的得分及排名,结果见表 2 和图 1。

(三)循环经济型城市综合指数得分排名分析

根据中国循环经济型城市发展综合指数得分(见表 2)及排名变化(见表 3)可得出如下结论。

2009 年排在前十名的城市分别是上海市、深圳市、南京市、北京市、杭州市、苏州市、天津市、厦门市、武汉市和珠海市。循环经济型生态城市分布较少的地区还是西北和西南地区,但较 2008 年有所进步,西北地区和西南地区各有三个城市进入前 50 名,西北地区的城市有银川市、西安市和乌鲁木齐市,西南地区的城市有重庆市、成都市和昆明市。

2010 年排在前十名的城市分别是上海市、深圳市、南京市、杭州市、北京市、苏州市、烟台市、天津市、武汉市和济南市。西北地区的循环经济型城市最少,只有三个,分别是西安市、银川市和金昌市,克拉玛依市被挤出 50 强,

表2　2012年中国循环经济型城市50强排名

城市	综合指数得分	综合指数排名	健康指数得分	健康指数排名	特色指数得分	特色指数排名	特色指标单项排名				
							一般工业固体废物产生量	工业固体废物综合利用量	工业用水重复利用量	单位GDP电耗	二氧化硫排放总量
上　海	0.8737	1	0.8705	2	0.8819	2	58	5	2	54	70
深　圳	0.8566	2	0.9054	1	0.7817	64	6	68	58	44	2
天　津	0.8446	3	0.8297	16	0.8834	1	55	8	1	45	68
南　京	0.8409	4	0.8481	3	0.8219	9	53	22	13	46	56
苏　州	0.8364	5	0.8376	11	0.8333	5	59	4	17	32	65
北　京	0.8341	6	0.8404	9	0.8293	7	44	29	5	38	40
无　锡	0.8339	7	0.8460	5	0.8026	29	39	28	44	25	35
大　庆	0.8338	8	0.8360	14	0.7907	52	15	56	35	37	20
大　连	0.8329	9	0.8462	4	0.7981	35	31	35	34	22	58
珠　海	0.8294	10	0.8457	6	0.7871	58	13	58	41	56	7
沈　阳	0.8282	11	0.8397	10	0.7983	33	30	37	36	26	48
青　岛	0.8278	12	0.8348	15	0.8095	20	38	30	23	18	43
杭　州	0.8276	13	0.8405	8	0.7940	45	32	39	65	48	34
武　汉	0.8266	14	0.8238	20	0.8339	4	49	13	10	33	47
厦　门	0.8263	15	0.8409	7	0.7883	56	8	65	25	53	3
克拉玛依	0.8259	16	0.8373	12	0.7962	38	3	69	15	47	18
威　海	0.8239	17	0.8369	13	0.7901	53	17	54	45	5	15
烟　台	0.8233	18	0.8265	17	0.8148	13	63	6	57	6	44
宁　波	0.8205	19	0.8242	18	0.8110	19	47	20	26	36	62
济　南	0.8195	20	0.8158	29	0.8292	8	42	24	7	27	53
中　山	0.8139	21	0.8163	28	0.8077	24	4	45	16	59	33
嘉　兴	0.8134	22	0.8213	21	0.7928	46	24	47	53	21	8
重　庆	0.8129	23	0.8186	23	0.7983	34	67	2	3	39	71
合　肥	0.8128	24	0.8149	30	0.8074	25	43	23	37	13	17
马鞍山	0.8128	25	0.8046	43	0.8339	3	61	9	9	60	25

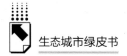

续表

城市	综合指数得分	综合指数排名	健康指数得分	健康指数排名	特色指数得分	特色指数排名	特色指标单项排名				
							一般工业固体废物产生量	工业固体废物综合利用量	工业用水重复利用量	单位GDP电耗	二氧化硫排放总量
南宁	0.8125	26	0.8203	22	0.7922	49	16	55	32	29	10
长沙	0.8124	27	0.8241	19	0.7819	63	5	67	69	4	5
郑州	0.8109	28	0.8094	36	0.8147	14	52	21	21	50	55
福州	0.8105	29	0.8164	27	0.7954	39	34	40	62	10	30
绍兴	0.8102	30	0.8174	25	0.7915	51	18	53	38	1	21
长春	0.8101	31	0.8168	26	0.7927	48	21	49	47	11	29
包头	0.8098	32	0.8099	35	0.8094	21	65	12	18	55	69
昆明	0.8095	33	0.8060	40	0.8185	11	66	14	12	42	54
南昌	0.8088	34	0.8180	24	0.7848	61	10	63	51	30	14
徐州	0.8068	35	0.8048	42	0.8119	18	54	10	40	40	60
湖州	0.8062	36	0.8148	31	0.7837	62	9	64	64	31	11
泉州	0.8060	37	0.8102	33	0.7952	41	33	33	66	2	46
成都	0.8045	38	0.8082	37	0.7949	42	26	43	49	23	22
吉林	0.8044	39	0.8068	39	0.7984	32	50	34	31	35	38
哈尔滨	0.8043	40	0.8080	38	0.7947	43	25	44	43	24	52
海口	0.8042	41	0.8140	32	0.7789	66	1	71	60	52	1
湘潭	0.8040	42	0.8009	47	0.8120	17	29	32	19	49	13
西安	0.8037	43	0.8100	34	0.7872	57	11	60	39	34	45
济宁	0.8029	44	0.7991	49	0.8128	16	57	7	50	7	61
宜昌	0.8015	45	0.8044	44	0.7941	44	51	36	61	20	26
曲靖	0.8013	46	0.7904	65	0.8295	6	60	11	6	3	64
洛阳	0.8008	47	0.7928	64	0.8217	10	64	16	8	58	63
秦皇岛	0.8007	48	0.7979	52	0.8079	22	56	18	33	41	28
日照	0.8005	49	0.7985	51	0.8057	27	40	25	30	65	23
岳阳	0.8000	50	0.8042	45	0.7889	55	19	52	59	16	24

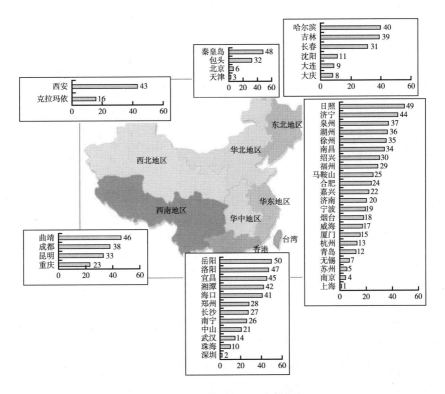

图1　2012年循环经济型城市综合指数前50名城市

金昌市后来者居上，代替了克拉玛依市；西南地区进入循环经济型城市前50强的数目有所上升，从2008年的2个，上升到4个，贵阳市表现突出。

2011年排在前十名的城市分别是深圳市、上海市、杭州市、南京市、北京市、重庆市、苏州市、天津市、烟台市和武汉市。西北地区的循环经济型城市只有4个，分别是西安市、银川市、乌鲁木齐市和克拉玛依市；西南地区的循环经济型城市与2010年相同。

2012年排在前十名的城市分别是上海市、深圳市、天津市、南京市、苏州市、北京市、无锡市、大庆市、大连市和珠海市。从近三年的排名来看，前三名的城市基本没有大的变化；西北地区的循环经济型城市数量还是最少，只有西安市和克拉玛依市，其中克拉玛依市表现突出，从2011年的第42名前进到第16名。

表3 2009～2012 年部分循环经济型城市综合指数排名变化表

城　市	2009 年	2010 年	2011 年	2012 年
深　圳	2	2	1	2
上　海	1	1	2	1
杭　州	5	4	3	13
南　京	3	3	4	4
北　京	4	5	5	6
重　庆	18	29	6	23
苏　州	6	6	7	5
天　津	7	8	8	3
烟　台	13	7	9	18
武　汉	9	9	10	14
珠　海	10	12	11	10
长　沙	22	17	12	27
济　南	11	10	13	20
大　连	15	15	14	9
厦　门	8	16	15	15
无　锡	12	14	16	7
南　昌	23	30	17	34
沈　阳	33	13	18	11
合　肥	25	21	19	24
宁　波	17	19	20	19
长　春	24	18	21	31
嘉　兴	21	25	22	22
成　都	20	33	23	38
福　州	26	23	24	29
邯　郸	34	26	25	63
绍　兴	37	28	26	30
西　安	45	35	27	43
济　宁	28	31	28	44
威　海	29	20	29	17
石 家 庄	27	34	30	57
泉　州	42	36	31	37
银　川	39	38	32	55
包　头	16	32	33	32
哈 尔 滨	31	22	34	40
乌鲁木齐	43	49	35	66
南　宁	19	24	36	26

续表

城　市	2009 年	2010 年	2011 年	2012 年
昆　　明	46	42	37	33
青　　岛	14	11	38	12
大　　庆	63	43	39	8
郑　　州	32	37	40	28
连 云 港	54	45	41	54
克拉玛依	60	51	42	16
海　　口	36	41	43	41
秦 皇 岛	38	39	44	48
徐　　州	30	40	45	35
湖　　州	44	44	46	36
平 顶 山	53	52	47	51
保　　定	35	48	48	68
贵　　阳	51	47	49	61
中　　山	48	55	50	21

综合分析近五年来的变化可得如下结论。

前 10 名城市的排名基本稳定，其中深圳市、上海市、南京市、北京市、苏州市、杭州市和天津市在这四年连续位居前 10 名之内。

排名增长较快的城市有大庆市、克拉玛依市、中山市。稳步提升后又迅速下降的城市有邯郸市、银川市。

东南沿海城市排名相对靠前，如杭州市、苏州市、上海市、深圳市、南京市，西北内陆城市的排名相对靠后，如西安市、银川市和金昌市。

园林城市排名相对靠前，如南京市、北京市、苏州市、杭州市，资源型城市排名相对靠后，如平顶山市。国家列为循环经济试点的城市异军突起，如贵阳市、金昌市和湘潭市。

直辖市整体上相较于其他地级市排名靠前，如上海市、天津市、北京市都在前 10 名。

（四）循环经济型生态城市特色指标得分排名分析

在循环经济型城市建设评价指标体系中，5 项特色指标主要反映各城市在

循环经济特色方面的成绩，通过对 5 项特色指标进行运算，得出了 2012 年循环经济型城市综合指数前 50 名城市的 5 项特色指标得分（见表 4）。

表 4　2012 年循环经济型生态城市前 50 名城市特色指标得分及排名

城市	特色指数得分	特色指数排名	特色指标单项排名				
			一般工业固体废物产生量	工业固体废物综合利用量	工业用水重复利用量	单位 GDP 电耗	二氧化硫排放总量
上　海	0.8819	2	58	5	2	54	70
深　圳	0.7817	64	6	68	58	44	2
天　津	0.8834	1	55	8	1	45	68
南　京	0.8219	9	53	22	13	46	56
苏　州	0.8333	5	59	4	17	32	65
北　京	0.8293	7	44	29	5	38	40
无　锡	0.8026	29	39	28	44	25	35
大　庆	0.7907	52	15	56	35	37	20
大　连	0.7981	35	31	35	34	22	58
珠　海	0.7871	58	13	58	41	56	7
沈　阳	0.7983	33	30	37	36	26	48
青　岛	0.8095	20	38	30	23	18	43
杭　州	0.7940	45	32	39	65	48	34
武　汉	0.8339	4	49	13	10	33	47
厦　门	0.7883	56	8	65	25	53	3
克拉玛依	0.7962	38	3	69	15	47	18
威　海	0.7901	53	17	54	45	5	15
烟　台	0.8148	13	63	6	57	6	44
宁　波	0.8110	19	47	20	26	36	62
济　南	0.8292	8	42	24	7	27	53
中　山	0.8077	24	4	45	16	59	33
嘉　兴	0.7928	46	24	47	53	21	8
重　庆	0.7983	34	67	2	3	39	71
合　肥	0.8074	25	43	23	37	13	17
马鞍山	0.8339	3	61	9	9	60	25
南　宁	0.7922	49	16	55	32	29	10
长　沙	0.7819	63	5	67	69	4	5
郑　州	0.8147	14	52	21	21	50	55

续表

城市	特色指数得分	特色指数排名	特色指标单项排名				
			一般工业固体废物产生量	工业固体废物综合利用量	工业用水重复利用量	单位GDP电耗	二氧化硫排放总量
福　州	0.7954	39	34	40	62	10	30
绍　兴	0.7915	51	18	53	38	1	21
长　春	0.7927	48	21	49	47	11	29
包　头	0.8094	21	65	12	18	55	69
昆　明	0.8185	11	66	14	12	42	54
南　昌	0.7848	61	10	63	51	30	14
徐　州	0.8119	18	54	10	40	40	60
湖　州	0.7837	62	9	64	64	31	11
泉　州	0.7952	41	33	33	66	2	46
成　都	0.7949	42	26	43	49	23	22
吉　林	0.7984	32	50	34	31	35	38
哈尔滨	0.7947	43	25	44	43	24	52
海　口	0.7789	66	1	71	60	52	1
湘　潭	0.8120	17	29	32	19	49	13
西　安	0.7872	57	11	60	39	34	45
济　宁	0.8128	16	57	7	50	7	61
宜　昌	0.7941	44	51	36	61	20	26
曲　靖	0.8295	6	60	11	6	3	64
洛　阳	0.8217	10	64	16	8	58	63
秦皇岛	0.8079	22	56	18	33	41	28
日　照	0.8057	27	40	25	30	65	23
岳　阳	0.7889	55	19	52	59	16	24

结合 2009～2012 年相关城市特色指数排名变化情况（见表5），可得出如下结论。

2009 年排在前十名的城市分别是苏州市、杭州市、邯郸市、重庆市、上海市、天津市、济宁市、南京市、张家界市和烟台市。

2010 年排在前十名的城市分别是苏州市、邯郸市、烟台市、杭州市、济宁市、张家界市、重庆市、上海市、石家庄市和哈尔滨市。

2011 年排在前十名的城市分别是重庆市、邯郸市、苏州市、杭州市、济

宁市、烟台市、张家界市、昆明市、石家庄市和武汉市。

2012 年排在前十的城市分别是天津市、上海市、马鞍山市、武汉市、苏州市、曲靖市、北京市、济南市、南京市和洛阳市。

表5　2009～2012 年部分循环经济型城市特色指数排名变化表

城市名	2009 年特色指数排名	2010 年特色指数排名	2011 年特色指数排名	2012 年特色指数排名
上　海	5	8	12	2
深　圳	62	62	65	64
南　京	8	14	18	9
北　京	23	31	42	7
杭　州	2	4	4	45
苏　州	1	1	3	5
天　津	6	12	11	1
厦　门	58	65	66	56
武　汉	11	11	10	4
珠　海	53	61	63	58
济　南	18	21	21	8
无　锡	15	20	22	29
烟　台	10	3	6	13
青　岛	21	13	15	20
大　连	46	45	32	35
包　头	22	34	45	21
宁　波	13	17	14	19
重　庆	4	7	1	34
南　宁	42	44	49	49
成　都	28	30	33	42
嘉　兴	36	25	25	46
长　沙	60	26	20	63
南　昌	66	51	27	61
长　春	39	29	28	48
合　肥	51	33	16	25
福　州	43	23	26	39
石 家 庄	14	9	9	—
济　宁	7	5	5	16
威　海	61	28	37	53

城市名	2009 年 特色指数排名	2010 年 特色指数排名	2011 年 特色指数排名	2012 年 特色指数排名
徐 州	12	15	24	18
哈 尔 滨	20	10	39	43
郑 州	32	41	52	14
沈 阳	35	24	35	33
邯 郸	3	2	2	—
保 定	48	70	23	—
海 口	69	64	64	66
绍 兴	44	19	17	51
秦 皇 岛	33	27	68	22
银 川	64	57	50	—
张 家 界	9	6	7	—
马 鞍 山	19	35	—	3
泉 州	38	16	13	41
乌鲁木齐	47	55	47	—
湖 州	50	48	19	62
西 安	56	53	56	57
昆 明	16	18	8	11
本 溪	27	—	—	—
中 山	68	—	61	24
湘 潭	34	—	—	17
焦 作	29	46	—	—

综合分析特色指标排名变化可得出如下结论。

苏州市在 5 项特色指标中的排名表现突出，在 2008～2010 年连续三年位居第 1，2011 年位居第 3，2012 年位居第 5。

直辖市和省会城市在 5 项特色指标中的排名和综合指标的排名一样比较靠前，如天津市、上海市、武汉市和南京市。二级城市在 5 项特色指标中的排名表现抢眼，如马鞍山市、曲靖市和洛阳市都跻身前 10 名。

园林城市排名相对靠前，如南京市、北京市、苏州市、杭州市，资源型城市排名相对靠后，如大庆市、克拉玛依市。

国家列为循环经济试点的城市，如石家庄市和金昌市表现不好，在 2012 年的综合指标排名中被挤出了前 50 名，在特色指标的排名中也靠后。

园林风景城市排名相对靠前，如苏州市、杭州市、烟台市、张家界市，工业城市相对靠后。

二 循环经济型生态城市的实践探索

（一）政策方面的实践探索

1. 国家层面的实践探索

理念倡导阶段。起步于 20 世纪末，国家出台了《固体废物污染环境防治法》《节约能源法》《清洁生产促进法》等，使社会各个群体初步建立了发展循环经济的理念。

国家决策阶段。2003～2005 年，出台了《关于加快发展循环经济的若干意见》《环境影响评价法》《能源中长期发展规划纲要（2004～2020 年）》，指导地区发展循环经济。

示范试点阶段。2006～2010 年，国家不但出台了更为全面、具体的政策法规，包括《可再生能源法》《中华人民共和国循环经济促进法》等，而且还在选择循环经济试点、设立专项资金和规范管理办法等方面持续推进循环经济建设。

快速发展阶段。2011 年 3 月 14 日，《中华人民共和国国民经济和社会发展第十二个五年规划纲要》颁布，把循环经济提到前所未有的高度，把循环经济作为一章单列，首次在国家层面提出把资源产出率作为循环经济的重要评价指标，并明确了到"十二五"末提高 15% 的目标。2013 年国务院印发了《循环经济发展战略及近期行动计划》，使循环经济政策体系更加完善，同时技术支撑作用初见成效，基础工作得到加强，循环经济已经由理念变为行动，并取得了积极成效。

2. 省市层面的探索实践

近年来在循环经济探索和实践方面，甘肃、安徽、四川、青海、贵州和天津等省市做了一些有益的探索。

（1）甘肃省

2009 年 12 月 24 日，国务院正式批复了《甘肃省循环经济总体规划》，甘肃成为国内第一个国家级省域循环经济示范区。围绕循环经济减量化、再利用、资源化的原则，通过建设 7 大基地、10 大循环经济模式及 5 个园区的循环化改造，打造 16 个产业链，探索以循环经济促生态城市建设的发展道路。

10 大发展模式有：金昌循环经济发展模式、酒钢公司循环经济发展模式、白银有色循环经济发展模式、金川公司资源综合利用循环经济模式、窑煤集团循环经济发展模式、天水高新农业循环经济模式、兰州餐厨废弃物资源化利用模式、定西节水型工农业复合循环经济模式、张掖有年农副产品加工循环经济模式、合作工业园区基础设施建设模式。特别是白银公司模式、金昌区域循环经济模式被确定为全国循环经济的典型案例。

循环化改造 5 个园区。金昌经济技术开发区、白银高新技术产业开发区、武威黄羊工业园区、陇西经济开发区、华亭工业园区等 5 个开发区，已被列为国家循环化改造试点园区，每个园区给予 10 亿元资金的支持，发展循环经济产业链链接或延伸的关键项目，资源共享设施建设项目，物料闭路循环利用项目，副产物交换利用、能量梯级利用、水的分类利用和循环使用项目，以及污染物"零排放"或系统构建项目。

（2）安徽省

安徽省在 2012 年 3 月颁布了《安徽省"十二五"循环经济发展规划》，提出建设六大体系：循环经济产业体系、资源节约集约利用体系、资源综合利用体系、再生资源回收利用体系、循环经济支撑体系、循环型社会体系。到 2015 年，力争法规政策体系完备、科技支撑体系健全、激励约束机制到位、产业体系形成、再生资源回收体系基本建成、静脉产业形成较大规模、低碳绿色发展理念在全社会牢固树立、资源产出效率大幅提升，成为全国发展循环经济的省级示范区。

在实践中具体从"四个方面入手"，建设"九大产业"。

"四个方面入手"指的是：从污染治理入手，变废为宝，利用废弃物在产业中赢利；从资源节约入手，提高资源的产出率；从生态修复入手，减少排

放，循环利用；从循环经济型生态农业入手，节水、节地、节肥，发展高产、优质、高效、生态、安全农业。

"九大产业"包括环境产业、废弃物再生利用产业、节能降耗产业、可再生能源与新能源产业、健康产业、服务经济、创意经济、低碳经济、甲醇经济。

（二）典型城市案例——绿洲型生态城市（酒泉、嘉峪关、张掖、金昌、武威）

国务院把甘肃确定为国家生态安全屏障综合试验区，河西走廊的五个地级市（酒泉、嘉峪关、张掖、金昌、武威）虽然在评价时没有进入前50名，但在生态城市建设实践中，它们的一些做法值得借鉴。循环经济一般遵循"3R"原则，即减量化（Reducing）、再利用（Reusing）、再循环（recycling）。考虑到河西走廊的特殊性，如旅游业（敦煌莫高窟）和能源业（风能、太阳能）对资源消耗高、污染重的产业的替代作用，甘肃省提出"替代"（Replace）原则；同时考虑到河西走廊荒漠化日趋严重的事实，又提出"修复"（Repair）原则，与前面提到的"3R"原则一起构成循环经济的"5R"原则，指导生态城市建设。

（1）农业循环模式

河西走廊位于青藏高原和内蒙古高原的交会地带，面积达7万平方公里，中间是面积约11万平方公里的走廊地区，北部是阿拉善高原和北山地带，地形十分复杂。一种农业循环模式，很难符合不同地域的情况。因此根据不同的地域特点，将河西走廊划分为三个区：南部祁连山山地、中部绿洲地区和北部丘陵地区，不同的区域采用不同的循环模式。

南部祁连山山地采用水源涵养生态林＋草畜业循环模式。本区由低到高，从北到南，分别为温带大陆性荒漠、温带草原、寒温带针叶林、苔原等植被类型，以草地为主，林地面积较大，耕地面积较小，有利于畜牧业发展。因此在山区实施退耕还林还草工程，增加人工种草的比重；在祁连山水源涵养林地区，搬迁林区住户，封山育林，涵养水源；在能发展草畜业的地区，以"草—牧—沼"循环模式，利用沼气替代薪柴，沼渣和沼液用于农田，维持自然生态平衡。

中部绿洲地区采用种植+圈养牲畜模式。本区地势平坦，土壤肥沃，日照充分，有河西三大内陆河的灌溉，是一块绿洲。这块地区，一直有水便有地，有耕便有粮，有粮便是商品粮。可以借鉴以色列高效农业发展的成功经验，以高效节水农业为重点，调整产业结构，从以种粮食为主，向种植优质的蔬菜、瓜果、花卉、畜牧等农产品并举转变，以沼气作为农业和畜牧业的纽带，联动粮食种植、蔬菜种植、瓜果培育和畜牧业的发展，构建"粮—牧—沼"的节水型农业循环模式（见图2）。

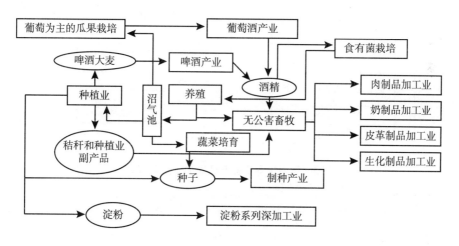

图2　河西走廊农业循环模式

北部丘陵地区采用生态保护+荒漠牧业模式。北部丘陵地区气候极为干旱，年降雨量约为150毫米，戈壁、沙漠和盐碱滩交错分布，面积约为7万平方公里，草场退化严重，生态环境脆弱。应以保护生态为主，在发展中求保护，结合当地水、土条件，采用先进的科学技术手段，实施封山育草，加强荒漠生态系统建设与保护。在畜牧业发展方面，应充分考虑草场的承载力，科学确定载畜量，轮流放牧，优化畜种、调整畜群，缩短育肥周期，以降低放牧对草场的破坏程度。

（2）工业循环模式

农畜产品加工业的循环模式（见图3）。河西走廊农畜产品资源丰富，因此以拉长农畜产品加工产业链条为重点，重点培育张掖、武威和酒泉的玉米深

加工，武威、金昌、酒泉的啤酒大麦和啤酒花深加工，武威的葡萄果酒深加工，酒泉的棉花深加工，张掖、酒泉、金昌、武威的甜菜、面粉、脱水蔬菜和瓜果深加工，武威、金昌的黑、白、无壳瓜子深加工等龙头企业，形成农产品精深加工循环系列。

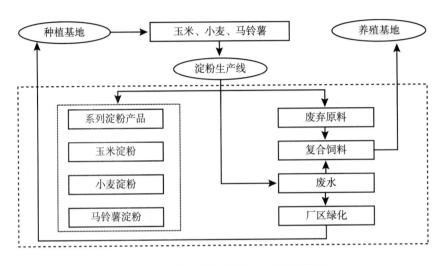

图3　河西走廊农畜产品加工业循环模式

有色金属冶炼加工业的循环模式（见图4）。依托金川公司、酒钢公司等大型龙头企业，发挥本区矿产资源丰富和技术、人才、经济优势，发展以钢铁、有色金属冶炼、建材、化工为主的原材料及其加工生产，以提高资源产出率为重点，降低单位增加值能耗，减少废弃物的排放，开展资源综合利用。力争把金昌建成全国最大的镍及铂族金属基地，把酒泉建成西北最大的钢铁基地。黑色金属冶炼以酒钢公司为重点，梯级利用能量，循环利用水资源，尽量降低对环境的污染，开展矿山尾矿、剥离岩、冶炼矿渣、粉煤灰等废弃物的综合利用。有色金属冶炼以金川公司为龙头，在企业内部加大节水设施投入，加强节水技术改造，提高水资源的循环利用率；以金化集团为龙头，推进废弃物再生资源化利用。

生态工业园区循环模式（见图5）。以金永高等级公路、GZ45线、金武公路为轴线逐步形成以金川公司为中心，以永昌经济区、河西堡经济区为节点，集中培育化工、新材料、农产品加工、能源等产业，以新材料产业基地为依托的金川工业、河西堡化工和永昌绿色工业三个工业园区。围绕优势资源及优势产业、优势企业，引导生产要素合理流动，使工业入园、项目入区，不断提升园区规模和效益，促进园区快速发展，增强带动能力。通过企业之间的副产品交换和一体化的资源回收系统，促进生产要素的流动和集中，将物流和能流系统有机集成，使企业间能量梯级利用同水资源循环利用通过工业代谢和共生关系，形成一种稳定的废弃物循环利用网络。逐步形成重点工业区关联协调、梯度递进的格局，建成良好的城市生态工业网络，实现园区内物质集成、能量集成和生态集成的循环模式。

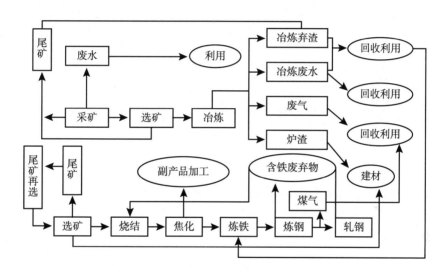

图4 河西走廊有色金属冶炼加工业循环模式

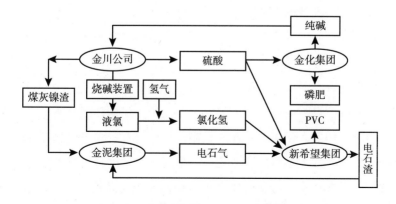

图5 河西走廊生态工业园区循环模式

（3）替代模式

旅游业替代模式。与传统产业相比，旅游业具有耗水量小、环境污染轻的特点，河西走廊处于丝绸之路经济带的黄金地段，有丰富的旅游资源，把旅游业作为支柱产业，替代高耗水、高耗能、高污染的传统产业，可以缓解河西走廊经济发展与水资源紧缺之间的矛盾。河西走廊旅游业的发展应突出历史文化特色，以敦煌文化、长城文化、简牍文化、石窟文化、五凉文化为支撑，结合冰川、沙漠、戈壁等自然文化景观，整体推进旅游业的发展。例如瓜州极旱荒漠生态游、七一冰川游、祁连山原始森林游、山丹草原生态游、敦煌莫高窟观光游、雅丹探险游、丹霞地质游、腾格里沙漠探险游、巴丹吉林沙漠探险游等都是具有河西走廊特色的旅游项目。同时，应搞好旅游配套基础设施建设，发展餐饮、饭店、商贸等旅游相关产业，形成完善的吃、住、行、游、购、娱旅游综合产业循环体系。

风能替代模式。河西走廊的风能资源理论储量约为2亿千瓦，到2015年，装机容量可达到1千万千瓦以上，成为全国最大的风电基地之一；到2020年，装机容量可增加到2千万千瓦，建成陆上"三峡"工程；到2020年以后，装机容量可继续扩大到3千万千瓦以上，成为世界上最大的风电基地。利用丰富的风能资源发电，替代煤电，可减少环境污染。一部风力发电机，可使用20年，只是在生产、安装和投入服务后三至六个月，产生二氧化碳，其后不会产生环境成本，也没有其他化石燃料和核能所产生的污染物，所以风能的利用可减少二氧化碳排放。因此在河西走廊用风能代替石油、煤炭等传统能源，前景广阔，是发展循环经济的着力点，也是最好的抓手。

太阳能替代模式。河西走廊是甘肃省太阳能最丰富的地区，年太阳总辐射量为5800～6400兆焦/平方米。可从以下几个方面进行太阳能开发替代工作：推广具有中国先进水平的太阳能采暖建筑技术；推广利用太阳能发展的干旱区高效农业，如推广自控高效太阳能温室设施四位一体循环型农业；推广太阳灶技术，提高家庭住宅太阳能热水器普及率；扶持具有较强新产品开发能力的企业，推进太阳能光伏发电走向商业化。太阳能光伏发电直接将太阳能转化成电能，其发展前景很有吸引力，但要真正达到商业应用阶段还需要很长的时间，主要制约因素是太阳能电池的效率低、寿命短、应用成本高，但在河西走廊太阳能光伏发电可作为今后代替煤电和柴薪的一种新能源。

（4）生态环境修复模式

河西走廊荒漠化土地面积13.4万平方公里，每年以1.2万平方公里的速度扩张。河西走廊像一个楔子，阻止了腾格里沙漠、巴丹吉林沙漠与乌兰布和沙漠三大沙漠连成一片。如果失去河西走廊，西北地区将失去防御沙尘暴的一个重要前沿阵地，沙漠将拦腰斩断丝绸之路经济带。河西走廊的5个地级城市，深受沙尘暴的侵害，这些沙尘暴的策源地主要有四处，其中两处在河西走廊石羊河下游的民勤和黑河下游的额济纳旗。荒漠化发生的主要途径除就地起沙、风蚀绿洲、流沙入侵、洪积物掩埋绿洲之外，还有水蚀荒漠化、盐渍荒漠化和冻融荒漠化。其规律是荒漠化和绿洲化相互交替发生；沙漠化主要发生在内陆河流下游，河流的流量越大，其下游的荒漠化面积也越大，且主要分布在冲积扇缘洼地、湖盆周围、河流下游；荒漠化一旦发生很难逆转。目前面临的主要问题是水资源的承载力超过极限、水源涵养林遭到破坏、冰川面积缩小、草原退化严重、土壤盐渍化严重等。

根据以上实际，河西走廊必须从制度、工程、技术三个层面进行生态修复。

制度层面的修复：建立流域生态补偿机制，协调青海、内蒙古和甘肃的关系，使受益省份出资对建设省份做出补偿，如黑河上中游每年全线封闭，集中下泄向内蒙古输水10亿立方米，内蒙古应向甘肃做出补偿。建立上中下游的生态补偿机制。

政策层面的修复工作：实施"河西走廊内陆河三大流域源头治理工程""三大内陆河流域退耕还林还草工程""石羊河流域综合治理工程""河西走廊防沙治沙工程"以及"景电二期"延伸向民勤调水末端续建工程。

技术层面的修复工作：植物固沙工程、工程治沙工程、化学固沙工程、旱地节水工程、退化地开发工程。

三　建设循环经济型生态城市的对策建议

建设循环经济型生态城市，是一项庞大的系统工程，不仅涉及城市物质环境的生态建设、生态环境恢复，还涉及价值观念、生活方式、政策法规等

方面。虽然中国经济的总体规模已经排在世界第二，但仍旧是发展中国家，科技水平、人口素质、意识观念等与发达国家相比差距较大，因此不能走发达国家建设生态城市的老路子，应另辟蹊径。此外，由于我国不同地区地理环境差异较大，建设的出发点、侧重点，建设的内容、速度都必须因地制宜。本报告根据当前中国城市发展存在的主要问题，主要从产业体系、消费体系、环境体系、支撑保障体系等几个方面来探讨循环经济型生态城市发展的对策。

（一）不仅要以人为本，还需注重公平共享

在生态城市建设过程中还存在贫富差距、城乡差距、区域差距较大和经济社会发展不协调等问题，这些问题在一定程度上影响了生态城市的健康。所以建设生态城市不能以经济增长为唯一目标，而要围绕人的多方面需求实现经济、政治、文化、社会、生态等各个领域的全面发展。同时，应着眼于长远，从大局谋划，统筹各个地区、各个行业、各个群体之间的协调发展，统筹城镇与乡村之间的协调发展，不断推动约 2.6 亿农民工真正融入城市生活，促进他们在就业、教育、医疗卫生、社会保障等方面和城市人口一样共享发展成果和城市文明。

2012 年中国城镇化率约为 52.6%，而户籍城镇化率仅为 35%，发达国家的户籍城镇化率为 80% 左右，所以中国的城镇化率还有很大的提升空间。城镇化率每提高 1 个百分点，就有 1000 多万人口从农村转入城镇，城镇化是拉动内需的最大潜力。根据以上判断，2013 年中央农村工作会议提出，到 2020年解决"3 个 1 亿人的问题"，即约 1 亿进城常住的农业转移人口、约 1 亿在中西部地区的人口、约 1 亿在城镇棚户区和城中村的人口。解决了这 3 亿人的户籍问题，这些人就可享受平等的公共服务。

提高城镇化率不是目的，关键的落脚点在于让农民公平共享改革的红利。应按照降低门槛、放宽政策、简化手续原则，取消农业和非农业的户口性质划分，实行一元化户口登记制度。把城市与乡村建设成一个相互依存、相互促进的统一体，充分发挥城乡各自的优势和作用，使城乡之间的资源、资本、技术、劳动等生产要素合理流动，按效率原则进行公平配置，以城带乡、以乡促

城，形成互为资源、互为市场、互相服务、互为环境和经济、社会、环境效益统一的城乡统一体，使城乡区域持续、稳定、协调发展，达到共同繁荣的目的。农民真正成为城市居民的关键在于就业，就业的重要性超过 GDP 的增长，保持高就业率才能保证高城镇化率。

（二）不仅要生态自然，还需注重集约高效

中国人多地少，资源相对紧缺，生态环境脆弱。在生态城市的建设中，存在一种误区，认为绿化面积越大，城市越生态，其实生态城市更强调节约集约利用土地和资源，不仅重视经济效益，而且重视社会和生态效益，强调人、城镇和环境协调发展。而过去十年的城镇化，更多的是土地的城镇化，而不是人的城镇化和集约高效的城镇化。

清华大学的宫鹏教授根据卫星遥感数据测算，从 1990 年到 2000 年，中国城市的建成区面积从 1.22 万平方公里增长到 2.18 万平方公里，增长 78.3%。但中国城市建成区的使用效率正在下降。根据《中国城市统计年鉴》《中国城市建设统计年鉴》的统计，2000 年中国城市的人口密度为每平方公里 0.99 万人，2009 年城市的人口密度为每平方公里 0.89 万人。

发展改革委宏观经济研究院高国力研究认为，1996 年我国的城镇面积是1.3 万平方公里，到 2011 年扩大到 5.3 万平方公里，增长了约 3 倍；而同期的城镇人口，仅从 3 亿人增加到 6.9 亿人，增长了约 2 倍。可见我国"土地城镇化"快于"人口城镇化"，土地城镇化的速度是人口城镇化速度的约 1.5 倍。大量的新区、工业园区、大学城圈占了许多土地，但土地没有得到集约高效利用。因此今后的生态城市建设中不仅要生态自然，还需注重集约高效。

（三）不仅自身要建设生态城市，还需注重城乡一体化

中央城镇化工作会议的精神是按照"两横三纵"的城市化战略格局，推进以人为核心的城镇化，优化城镇布局和形态，推动大中小城市和小城镇协调发展、产业和城镇融合发展，促使城镇化和新农村建设协调推进。可见生态城市建设中，既要注重城市群的建设，还要注重就地城镇化，在这两者之间，关键是城乡一体化的建设。

中央城镇化工作会议确定了以 32 个城市群为轴心的城镇化发展路线，基本建成的城市群有 11 个，正在建设的城市群有 14 个，潜在城市群有 7 个。城市群可让地理位置、经济实力及结构不同的生态城市，在更大范围内实现资源和能源的优化配置，实现城市间的分工合作，使城市群获得比单个城市更大的分工收益和规模效益，所以在建设生态城市时，需注重城市群的布局优化。

就地城镇化指依托现有山水脉络等独特风光，让城市融入大自然，让城市居民望得见山、看得见水，同时注意保留村庄原始风貌和文化传承，慎砍树、不填湖、少拆房、多引水。虽然农村就地城镇化了，但仍能勾得起童年的回忆，记得住千年的乡愁。主要应在城乡公共服务一体化上多下功夫，尽可能在原有村庄形态上改善居民生活条件。

城乡一体化既要引导城市群的建设，也要引导就地城镇化，因此要坚持以科学规划为引领，使统筹城乡发展的整体布局日趋合理；坚持以产业发展为核心，使统筹城乡发展的经济实力大幅提升；坚持以基础设施为支撑，使统筹城乡发展的承载能力明显增强；坚持以公共服务为重点，使统筹城乡发展的保障体系不断完善；坚持以示范带动为抓手，使统筹城乡发展的推进模式特色鲜明；坚持以改革创新为动力，使统筹城乡发展的政策框架基本形成；坚持以基层建设为保证，使统筹乡发展的组织基础全面加强。

（四）不仅要坚持循环经济的"3R"原则，还要注重生态城市的可持续发展

在《全国资源型城市可持续发展规划（2013～2020 年）》中，我国有 67 个城市被列为衰退型城市，它们的共同特征是自然资源趋于枯竭、生态环境压力大、可持续发展的能力差。其实还有许多城市，也不同程度地存在可持续发展的问题。在生态城市的建设中，在发展经济时，坚持循环经济的"3R"原则是一个方面，另一方面，也要坚持可持续发展的原则。

生态城市发展应和土壤、水等的承载力相适应。在不超过生态基础设施承载力的基础上，实现物质、能量多级利用，资源、环境系统持续利用。

生态城市发展应和市场经济配置资源相适应。城市最大的特点是"市"，

市场发展到何种程度，城市就发展到何种程度，当然，城市反过来也影响市场的发展。他们相互作用，互为条件。生态城市的发展促进市场经济发展，市场经济的发展又为生态城市的发展提供动力，市场在资源配置中的决定性作用，会促使社会资源向城市区域流动，促进城市的可持续发展。

生态城市发展还应和科技创新相适应。通过设立创业中心、孵化中心、促进中心、科技评估中心、创业服务中心、知识产权服务中心、情报信息中心等平台，引进科技创新人才，发展战略性新兴产业，使产业结构由低端向高端转变、增长模式由粗放向集约转变、要素投入由依靠物质资源向依靠科技创新转变。

G.6

景观休闲型城市建设评价报告

王太春　王　芳　瞿燕花

摘　要：

随着城市化进程的加速，城市景观及其景观休闲服务成为关乎城市居民生活质量的重要内容。本报告通过对中国景观休闲型城市进行评价分析，认为：中国景观休闲型城市的数量有一定程度的增加，质量有一定程度的改善，已经进入"初绿"阶段；从动态分析来看，总的趋势向好，反映在城市生态系统及其服务状况的完善与提高上。同时，应该清醒地看到城市绿地系统布局、数量、质量以及配套的休闲服务设施等方面仍存在诸多问题，需通过生态立法、强化管理和科学规划等措施加以解决。

关键词：

景观休闲城市　景观生态系统　生态系统社会服务　城市景观

城市绿地，尤其是公共绿地是景观休闲城市生态系统最重要的组成部分，其生态服务和社会服务功能的重要性已经成为当今世界生态学和社会生态学研究的重要课题之一。城市绿地可吸收 CO_2、释放氧气、减少空气污染和噪声、调节微气候、降低城市中的热岛效应、影响住宅价格、维持生物多样性，并具有社会安全、福祉和健康等社会价值。绿地的面积、形状、多样性、历史和在城市中的分布及其设计和管理等因素在景观休闲型城市建设中扮演着决定性的角色。

中国的景观休闲型城市处于发展的初绿阶段，加快城市绿地建设发展步伐，改善城市绿地景观结构是当前中国景观休闲型城市建设的重要任务。

一 景观休闲型城市建设分析报告

（一）景观休闲型城市建设评价体系

1. 评价指标体系的设计

本报告的基本目的是在宏观上能反映景观格局的均衡程度——景观斑块的分布特征，它也是衡量城市生态系统功能的一项重要指标；在人与自然的关系上反映城市公共绿地系统为市民提供休闲服务的能力。因此，在本报告中，选择景观斑块的连接度、景观可达性 2 项为核心特征指标，同时选取每万人拥有剧场影院数量、每十万人体育场馆数量、每万人公共车数量 3 项作为与市民休闲相关的辅助性指标。这 5 项指标能够很好地反映景观休闲型城市的景观格局面貌和休闲服务的基本特征，满足研究的需要。

基于上述考虑，设计的 5 项扩展指标如下：

①景观斑块的连接度：反映城市大的景观格局的合理性。

$$C = \left[\frac{\sum\limits_{j=k}^{n} c_{jk}}{\dfrac{n_i(n_i - 1)}{2}} \right] \times 100$$

c_{jk} 为一定的连接阈值，景观中斑块 j 和 k 的连接值（0 为不连接，1 为连接）；n_i 为 i 类型景观斑块数量。

②景观可达性：景观可达性以公共绿地 500 米半径服务率来计算，反映城市绿地景观系统中斑块格局的生态休闲服务情况。

$$F = P/S \times 100\%$$

F 为城市公共绿地 500 米半径服务率；P 为城市公共绿地总面积；S 为城市建成区面积。

③每万人拥有剧场影院数量：城市电影和文艺休闲是城市休闲的一个重要内容。

④每十万人体育场馆数量：体育场馆能够完善城市空间布局，提高城市文化内涵，其数量是衡量市民参与公共休闲的主要方面。

⑤每万人公共车数量：反映居民休闲出行的方便程度。

（1）景观休闲型城市评价指标的调整

为更好地反映城市公共绿地系统为市民提供休闲服务的能力，数据指标获取本着科学、可靠的原则进行。本次指标选取过程中增加了反映市民参与公共休闲的指标每十万人体育场馆数量，同时去掉了反映城市公共绿地与城市人口之间数量对比关系的城市人均公共绿地面积。

（2）景观休闲型城市的基本评价体系

景观休闲型城市的评价在反映城市生态建设基本状况的基础上，选用能够反映城市景观格局及其景观休闲利用方面特征的5项扩展指标作为补充，构成景观休闲型城市的整体评价系统（见表1）。

表1 景观休闲型城市评价指标

一级指标	二级指标	核心指标			特色指标	
		序号	三级指标		序号	四级指标
景观休闲型城市综合指数	生态环境	1	森林覆盖率(建成区绿化覆盖率)(%)		14	景观斑块连接度
		2	PM2.5（空气质量优良天数）（天）			
		3	生物多样性（城市绿地面积）（公顷）			
		4	河湖水质（人均用水量）（吨/人）			
		5	人均公共绿地面积（人均绿地面积）（平方米/人）		15	公共绿地500米半径服务率(%)
		6	生活垃圾无害化处理率（%）			
	生态经济	7	单位GDP综合能耗（吨标准煤/万元）		16	每万人拥有剧场影院数量（个）
		8	一般工业固体废物综合利用率（%）			
		9	城市污水处理率（%）			
		10	人均GDP（元/人）			
	生态社会	11	人均预期寿命（人口自然增长率）（‰）		17	每十万人体育场馆数量（个）
		12	生态环保知识、法规普及率，基础设施完好率（每万人从事水利、环境和公共设施管理业人数）（人）			
		13	公众对城市生态环境满意率［民用车辆数（辆）/城市道路长度（公里）］		18	每万人公共车数量（辆）

2. 数据来源

（1）参评城市概况

本次参评城市的选择是通过增加西部省会城市和森林城市的数量，减少上年较差的"三线"城市数量（可以给地市级城市起到示范作用）、更加全面地反映景观休闲型城市的类型和整体发展状况。

选取的结果：被选取的城市列于表2。

表2　景观休闲型城市50强城市名单

北　京	沈　阳	南　昌	绍　兴	南　宁
上　海	广　州	深　圳	黄　山	兰　州
天　津	南　京	大　连	乌鲁木齐	宁　波
重　庆	西　安	青　岛	烟　台	珠　海
杭　州	福　州	厦　门	包　头	无　锡
石家庄	昆　明	绵　阳	三　亚	镇　江
成　都	贵　阳	鹰　潭	梅　州	秦皇岛
郑　州	长　沙	洛　阳	岳　阳	西　宁
合　肥	长　春	桂　林	嘉　兴	苏　州
武　汉	银　川	丽　江	威　海	长　治

（2）资料来源与数据

以上述选取的50个城市为目标，在《中国城市统计年鉴》（2013）中获取每万人拥有剧场影院数量、每万人公共车数量和每十万人体育场馆数量三项指标的年度数据；而城市景观连接度和城市公共绿地500米半径服务率是根据卫星地图，经过一系列软件处理和计算获得的，简单介绍如下。

在互联网上截取上述50座城市（见表2）的2012年卫星地图，为了能够获得比较清晰的图像，获得较高分辨率，按窗口可视距离为500米的视口对城市图像进行分块截取，同时截取相对应的比例尺（以便后期进行图像校正），在Photoshop软件上进行拼接；对个别城市的卫星地图中有云层局部遮挡的情况，采用人工实地考察测绘的方法进行核实、完善和补充。其他指标根据国家统计年鉴和相关政府部门网站公布的数据获取。两项重要扩展指标景观连接度、公园绿地500米半径服务率的获得，都是在分析、处理卫星遥感地图的基础上进行的。

获取图形和数据的方法：利用2012版城市卫星地图，对下载的卫星地图

用 PS 软件进行截图与拼图→CAD 勾出轮廓、分出斑块类型→分别进行图形校对、斑块编号、斑块面积计算→用 Excel 软件进行数据统计。

城市景观连接度数据的取得：根据上述图像处理流程，首先计算公园绿地的斑块面积：将拼接处理后的 jpg 图像导入 AutoCAD 软件中，调整好比例，根据卫星地图图像，确定各个城市中的公园绿地斑块并进行分类、编号，然后用多段线绘制斑块的外围轮廓，计算出斑块的面积，将数据输入预先制好的 Excel 表格中分别计算每个城市公共绿地［大型（面积 > 10 公顷）、中型（5000 平方米 < 面积 < 10 公顷）、小型（面积 < 5000 平方米）］的斑块类型、数量、面积，再利用景观连接度公式计算出每个城市景观连接度的具体数值。

城市公共绿地 500 米半径服务率数据的取得：对各个城市的公园绿地斑块，将 AutoCAD 软件处理公共绿地斑块过程中的斑块闭合轮廓线偏移 500 米后得出服务的范围与面积，并根据城市边界，将超出范围和斑块间重合的部分去掉，根据公式计算得出 500 米半径服务的覆盖面积。再根据公共绿地 500 米半径服务率的计算公式：服务率 = 服务面积/总建成区面积 × 100%，最后由设计好的 Excel 表格计算出各个城市的公共绿地 500 米半径服务率。

3. 数据处理

将上述根据查取和图形计算获取的 5 项扩展指标数据，输入总报告设计的指标排名处理程序，得出中国景观休闲型城市的总体城市排名表。

（二）中国景观休闲型城市建设总体评述

1. 景观休闲型城市概况

（1）总体发展速度快，但总发展水平仍处在初绿阶段

景观休闲型城市的整体发展水平反映在数量和质量两个方面：数量上，国家级园林城市截至 2012 年总数为 125 个，森林城市总数为 41 个;[1] 质量上，与发达国家的绿色城市标准相比，存在指标标准低、景观生态和社会服务等指标缺乏等问题。上述城市尽管已经在数量指标上达到评选标准，但在绿地斑块系统的空间格局中存在分布不均、与居住区分布空间错位、市民享受公共绿地

---

① http://wenda.so.com/q/1367173647061863。

的机会不均、连接度低等现象。① 公共绿地系统500米半径服务率平均不到60%（2012年数据）。同时，有些城市在城市化进程中，出现原有绿地消失或缩小的现象，使城市生态系统功能进一步削弱。

（2）区域发展不平衡，经济和自然环境是主要因素

从国家级园林城市和森林城市的区域分布上看，华中、华南的城市数量最多，华北、东北城市数量居中，西北城市数量最少（见表2）。这一方面反映了区域经济与城市化进程的相关性，另一方面也反映了生态城市对区域自然条件等客观因素的依赖性。

（3）城市生态系统及其服务功能较低

城市绿地的供给有许多生态的、精神的、社会的和经济的效益。在个体层面上，城市绿地提供使身体与精神恢复活力及健康的机会。在家庭层面上，它们为交流、参与学习和放松提供了空间。在社区层面上，它们为社会接触提供了机会而有了场所感，增加了社区认同、团结和安全。它们可以增加孩子对世界的经历，使他们产生对自然的敬畏和想象力，并使孩子们了解到许多在学校、工作地点或家里很少遇到的问题。城市绿地还能提供生态效益，包括为生物提供生境和避难所，为城市生态系统做出贡献。中国多数城市在公共绿地和小区建设中，服务设施不足、绿地少、绿地空间小、进入公共绿地距离长的现象比较普遍。

（4）地方性绿地法规不健全

大多数未参加国家级园林城市评选的城市，尚未有城市绿地规划、城市生态规划和生态补偿方面的地方性法规，或者已有法规与新的城市发展要求不相适应。这些法规与政策上的缺陷将增加对城市化进程的负面影响。

2. 景观休闲型城市发展趋势及存在问题

公共绿地是城市景观休闲的核心组成部分，发达国家的管理机构重视城市公共绿地配置的重要性。例如，欧洲环境署引用Barbosa等人的观点，建议应使居民能在15分钟内步行从住宅到达公共绿地，多数欧洲城市都能满足这个

① Cao X. J. Dynamics of Wetland Landscape Pattern in Kaifeng City from 1987 to 2002. *Chin. Geogra. Sci.* 2008, 18（2），146 – 154.

标准；类似的，英国政府机构 English Nature 建议市民应能在距离家庭 300 米的范围内找到公共绿地；以色列对不同规模的公共绿地面积比例做出规定，人均公共绿地不少于 20 平方米；而南非的约翰内斯堡市虽然没有提及距离和可进入性，但规定人均公共绿地面积为 20～40 平方米。从这些数据不难看出，城市公共绿地分布与居民区分布的耦合性已经成为发达国家城市建设的趋势。

我国建设部在《园林城市》评定标准①中，规定秦岭淮河以南大城市、中等城市、小城市的人均公共绿地面积分别是 6.5 平方米、7 平方米和 8 平方米，秦岭淮河以北大城市、中等城市、小城市的人均公共绿地面积分别是 6 平方米、6.5 平方米和 7.5 平方米；公共绿地的 500 米半径服务率达到 70% 以上。与发达国家的指标相比，我们的量化指标相对较小，但是符合我国人口多、土地资源相对匮乏的国情。下一步的工作应该集中在绿地系统分布与市民居住区域相匹配的问题上，包括绿地斑块数量、面积、距离、设施等要素的合理配置。

（三）中国景观休闲型城市建设评价年度分析

1. 全国 50 强景观休闲城市的总评价

本报告的景观休闲型城市的评价体系由反映生态城市共性的 13 项指标和反映景观休闲型城市特征的 5 项扩展指标构成。经过数据分析系统得出的各项排名如表 3～表 4 所示。

（1）总体健康，但发展不平衡

从评价分值上看，分值均在 0.7 以上，说明进入 50 强的景观休闲型城市总体上是健康的，达到了较高的生态城市建设水平。但是位居前 10 位的城市与后 10 位的城市之间分值存在显著差异，表明景观休闲型城市生态建设水平的不平衡性。

（2）区域差异明显

结果表明，南方及东南沿海城市如深圳市、广州市、上海市、无锡市和首都北京市等城市的生态建设成效显著，占据排名的前 10 位；而排名后 10 位的

---

① http://baike.so.com/doc/3541692.html。

表 3　2012 年景观休闲型城市评价结果

城市名称	景观休闲型城市综合指数（18项指标结果）		生态城市健康指数（ECHI）（13项指标结果）		景观休闲型特色指数（5项指标结果）		特色指标单项排名				
	得分	排名	得分	排名	得分	排名	每十万人体育场馆数量	每万人剧场影院数量	每万人拥有公共汽车	绿地服务率	景观连接度
深圳	0.8576	1	0.9054	1	0.7851	2	20	3	1	47	43
广州	0.8535	2	0.9037	2	0.7670	6	13	6	6	11	40
上海	0.8458	3	0.8705	3	0.7817	3	5	2	28	24	38
无锡	0.8230	4	0.8460	6	0.7633	9	18	13	24	9	24
北京	0.8229	5	0.8404	10	0.7889	1	30	1	5	19	34
珠海	0.8198	6	0.8457	7	0.7526	23	41	51	9	12	15
南京	0.8196	7	0.8481	4	0.7455	39	24	7	31	40	45
大连	0.8195	8	0.8462	5	0.7502	27	25	33	15	6	39
沈阳	0.8157	9	0.8397	11	0.7533	20	17	5	37	29	42
厦门	0.8146	10	0.8409	8	0.7462	37	23	40	2	38	37
威海	0.8135	11	0.8369	13	0.7528	22	36	33	25	10	22
杭州	0.8129	12	0.8405	9	0.7412	43	19	7	13	2	51
苏州	0.8127	13	0.8376	12	0.7480	34	39	19	21	32	19
青岛	0.8124	14	0.8348	14	0.7543	19	26	10	18	30	32
镇江	0.8100	15	0.8294	16	0.7597	13	31	7	40	20	27
武汉	0.8073	16	0.8238	20	0.7646	8	10	4	19	35	36
宁波	0.8048	17	0.8242	18	0.7545	18	33	11	7	43	1

续表

城市名称	景观休闲型城市综合指数（18项指标结果）		生态城市健康指数（ECHI）（13项指标结果）		景观休闲型特色指数（5项指标结果）		特色指标单项排名				
	得分	排名	得分	排名	得分	排名	每十万人体育场馆数量	每万人剧场影院数量	每万人拥有公共汽车	绿地服务率	景观连接度
南昌	0.8039	18	0.8180	25	0.7674	5	3	30	12	37	16
长沙	0.8036	19	0.8241	19	0.7502	26	16	23	26	33	30
嘉兴	0.8033	20	0.8213	21	0.7565	15	35	30	29	5	3
烟台	0.8010	21	0.8265	17	0.7345	46	40	33	32	27	47
天津	0.8006	22	0.8297	15	0.7250	49	27	11	34	34	50
合肥	0.7997	23	0.8149	29	0.7602	12	8	15	14	45	5
南宁	0.7994	24	0.8203	22	0.7451	40	46	25	36	21	28
绍兴	0.7981	25	0.8174	26	0.7480	33	11	33	30	41	23
长春	0.7977	26	0.8168	27	0.7482	32	38	17	27	39	14
福州	0.7975	27	0.8164	28	0.7484	31	29	16	4	8	46
西安	0.7967	28	0.8100	31	0.7622	11	15	14	20	16	26
黄山	0.7965	29	0.8202	23	0.7349	45	49	44	50	42	7
郑州	0.7945	30	0.8094	33	0.7558	17	2	22	44	15	49
三亚	0.7938	31	0.8124	30	0.7456	38	47	47	39	1	25
成都	0.7926	32	0.8082	34	0.7521	24	6	19	8	13	48
重庆	0.7923	33	0.8186	24	0.7241	50	42	40	48	49	33
包头	0.7917	34	0.8099	32	0.7445	41	44	17	45	17	35

续表

城市名称	景观休闲型城市综合指数（18 项指标结果）		生态城市健康指数（ECHI）（13 项指标结果）		景观休闲型特色指数（5 项指标结果）		特色指标单项排名				
	得分	排名	得分	排名	得分	排名	每十万人体育场馆数量	每万人剧场影院数量	每万人拥有公共汽车	绿地服务率	景观连接度
鹰潭	0.7902	35	0.8070	35	0.7467	36	14	44	49	36	21
桂林	0.7900	36	0.8032	38	0.7558	16	21	30	38	18	6
岳阳	0.7892	37	0.8042	37	0.7501	29	34	33	46	22	12
秦皇岛	0.7871	38	0.7979	39	0.7589	14	7	40	42	28	2
西宁	0.7870	39	0.7949	41	0.7665	7	12	28	3	7	18
昆明	0.7865	40	0.8060	36	0.7358	44	43	44	10	46	31
洛阳	0.7861	41	0.7928	47	0.7688	4	4	19	47	26	4
长治	0.7831	42	0.7908	48	0.7629	10	9	43	43	3	11
石家庄	0.7820	43	0.7931	45	0.7533	21	1	28	11	51	8
丽江	0.7819	44	0.7945	42	0.7492	30	50	47	22	4	10
梅州	0.7813	45	0.7929	46	0.7511	25	28	33	33	25	17
贵阳	0.7812	46	0.7932	44	0.7502	28	32	47	35	23	9
银川	0.7786	47	0.7964	40	0.7326	48	45	25	16	48	29
绵阳	0.7768	48	0.7938	43	0.7327	47	37	25	41	44	41
乌鲁木齐	0.7756	49	0.7878	49	0.7438	42	48	47	17	31	13
兰州	0.7693	50	0.7779	51	0.7468	35	22	23	23	14	44

表4 景观休闲型城市18项指标综合排序表（2008～2012年）

城市名称	2008 年		2009 年		2010 年		2011 年		2012 年		备注
	得分	排名	得分	排名	得分	排名	得分	排名	得分	排名	
深　圳	0.9015	1	0.8991	1	0.8899	1	0.8883	1	0.8576	1	
广　州	0.8802	2	0.8855	2	0.8855	2	0.8716	5	0.8535	2	
上　海	0.8667	4	0.874	3	0.8723	3	0.8702	7	0.8458	3	
无　锡	0.836	14	0.8371	15	0.8361	21	0.8602	11	0.823	4	
北　京	0.8624	5	0.8696	4	0.868	4	0.8757	3	0.8229	5	
珠　海	0.8513	7	0.8516	7	0.8548	6	0.872	4	0.8198	6	
南　京	0.8685	3	0.8674	5	0.8653	5	0.8679	8	0.8196	7	
大　连	0.839	9	0.8408	9	0.8434	9	0.8497	28	0.8195	8	
沈　阳	0.8379	10	0.827	30	0.8408	10	0.8562	16	0.8157	9	
厦　门	0.8521	6	0.8532	6	0.8516	8	0.8769	2	0.8146	10	
威　海	0.83	26	0.8334	18	0.8364	19	0.8491	31	0.8135	11	
杭　州	0.8427	8	0.846	8	0.852	7	0.871	6	0.8129	12	
苏　州	0.8362	13	0.8378	12	0.8362	20	0.8511	27	0.8127	13	
青　岛	0.8342	16	0.8344	17	0.8368	17	0.8587	13	0.8124	14	
镇　江	0.83	27	0.8316	25	0.8357	23	0.8566	15	0.81	15	
武　汉	0.8371	11	0.8378	11	0.8383	15	0.8588	12	0.8073	16	
宁　波	0.8305	23	0.8287	29	0.8314	31	0.8514	26	0.8048	17	
南　昌	0.8349	15	0.8384	10	0.8389	14	0.8553	17	0.8039	18	
长　沙	0.8338	18	0.8378	13	0.839	13	0.8549	18	0.8036	19	
嘉　兴	0.8288	29	0.8325	20	0.833	27	0.8491	32	0.8033	20	
烟　台	0.8311	22	0.8322	21	0.835	24	0.8526	24	0.801	21	
天　津	0.8368	12	0.8374	14	0.8394	11	0.8488	33	0.8006	22	
合　肥	0.8304	25	0.8319	23	0.8368	18	0.8573	14	0.7997	23	
南　宁	—		—		—		—		0.7994	24	
绍　兴	0.8244	34	0.826	31	0.8282	33	0.8484	36	0.7981	25	
长　春	0.8339	17	0.8321	22	0.839	12	0.8545	20	0.7977	26	
福　州	0.8304	24	0.8319	24	0.8333	26	0.8545	19	0.7975	27	
西　安	0.8284	31	0.8221	35	0.8359	22	0.8609	10	0.7967	28	
黄　山	0.8312	21	0.8293	28	0.832	30	0.853	23	0.7965	29	
郑　州	0.8315	20	0.8253	32	0.8294	32	0.8453	39	0.7945	30	
三　亚	0.8257	32	0.8346	16	0.838	16	0.8624	9	0.7938	31	
成　都	0.8318	19	0.8304	26	0.8325	29	0.8493	29	0.7926	32	
重　庆	0.8246	33	0.8198	37	0.822	37	0.8449	40	0.7923	33	
包　头	0.8298	28	0.8333	19	0.833	28	0.8535	22	0.7917	34	
鹰　潭	0.8145	43	0.8172	39	0.8185	39	0.8391	46	0.7902	35	

续表

城市名称	2008 年		2009 年		2010 年		2011 年		2012 年		备注
	得分	排名	得分	排名	得分	排名	得分	排名	得分	排名	
桂　林	0.8179	37	0.8217	36	0.8206	38	0.8409	44	0.79	36	
岳　阳	0.8083	46	0.8109	45	0.8129	45	0.8432	43	0.7892	37	
秦皇岛	0.8207	35	0.8221	34	0.8224	36	0.8492	30	0.7871	38	
西　宁	—		—		—		—		0.787	39	
昆　明	0.8064	47	0.8114	43	0.8168	42	0.8484	35	0.7865	40	
洛　阳	0.8113	44	0.8072	48	0.8081	48	0.8342	47	0.7861	41	
长　治	0.806	48	0.8078	47	0.8115	46	0.8314	50	0.7831	42	
石家庄	0.8205	36	0.8223	33	0.8228	35	0.8486	34	0.782	43	
丽　江	0.8147	42	0.8112	44	0.8143	43	0.8482	37	0.7819	44	
梅　州	0.8154	40	0.8174	38	0.8177	41	0.8404	45	0.7813	45	
贵　阳	0.817	38	0.8162	40	0.823	34	0.8538	21	0.7812	46	
银　川	0.8286	30	0.8294	27	0.8346	25	0.8519	25	0.7786	47	
绵　阳	0.8093	45	0.8146	42	0.8143	44	0.8442	41	0.7768	48	
乌鲁木齐	—		—		—		—		0.7756	49	
兰　州	—		—		—		—		0.7693	50	

注：由于所选城市以及特色指标的更换，2012 年数据与前几年相比有所变化。

城市大多为西部城市，反映了区域生态环境条件、经济发达程度与生态建设水平的相关性。

（3）发展动态趋势良好，但存在一定问题

从 2008~2012 年 5 年的数据看，有 19 座城市 2012 年的评价分值与上年相比有所上升，说明这些生态城市的景观休闲建设水平在逐步提升。但是，随着城市建设速度的加快、建成区面积的不断扩大，有的城市如厦门市、威海市、杭州市等 24 座城市的分值与上年相比出现负增长的情况。这种状况表明，在推进城市化快速发展的同时，需要解决好城市发展与城市生态建设和景观建设协调发展的矛盾，实现"又好又快"的城市发展目标。

（4）涌现一批后起之秀，经验值得总结

无锡市、威海市和镇江市 3 座城市 2008~2012 年的排名位置和分值基本呈现大幅度上升的态势，成为景观休闲型城市建设的后起之秀。无锡市从2008 年的排名第 14 位，一跃成为 2012 年的第 4 位；威海市从 2008 年的第 26

位上升到 2012 年的第 11 位；镇江市从第 27 位上升到第 15 位。这种跨越式的发展令人瞩目，其经验值得总结。

2. 景观休闲城市的动态评价

景观休闲型城市是生态城市的一种重要类型。为了更好地体现这种类型城市的特征，我们用 5 项特色指标对 50 座城市进行排序，结果如表 5 所示。

表 5　景观休闲型城市特色指标排序表（2008～2012 年）

城市名称	2008 年		2009 年		2010 年		2011 年		2012 年		备注
	得分	排名	得分	排名	得分	排名	得分	排名	得分	排名	
北　京	0.919	6	0.9167	5	0.915	6	0.9207	20	0.7889	1	
深　圳	0.9261	1	0.9262	1	0.9195	2	0.9161	24	0.7851	2	
上　海	0.9116	14	0.9126	9	0.9087	15	0.9084	43	0.7817	3	
洛　阳	0.9042	37	0.9032	34	0.9022	34	0.9078	44	0.7688	4	
南　昌	0.9013	42	0.8996	43	0.8988	44	0.9145	27	0.7674	5	
广　州	0.9074	28	0.907	24	0.9054	27	0.9051	47	0.767	6	
西　宁	—		—		—		—		0.7665	7	
武　汉	0.9116	16	0.9104	13	0.9075	19	0.9193	22	0.7646	8	
无　锡	0.9201	5	0.9162	6	0.9145	7	0.9277	4	0.7633	9	
长　治	0.893	50	0.892	50	0.8911	50	0.9046	48	0.7629	10	
西　安	0.9078	26	0.9024	37	0.9027	33	0.9241	13	0.7622	11	
合　肥	0.9029	39	0.9013	40	0.9002	39	0.9254	8	0.7602	12	
镇　江	0.9166	7	0.9141	8	0.913	8	0.9227	14	0.7597	13	
秦皇岛	0.9089	23	0.9082	20	0.9074	20	0.926	7	0.7589	14	
嘉　兴	0.9021	40	0.9007	41	0.9	41	0.9102	39	0.7565	15	
桂　林	0.9109	18	0.9092	17	0.9076	18	0.9143	28	0.7558	16	
郑　州	0.8991	48	0.8969	49	0.8928	49	0.9091	41	0.7558	17	
宁　波	0.9048	35	0.9052	29	0.9019	35	0.9141	29	0.7545	18	
青　岛	0.9201	4	0.9168	4	0.9152	5	0.9253	9	0.7543	19	
沈　阳	0.9127	11	0.9078	21	0.9071	21	0.9121	35	0.7533	20	
石家庄	0.9013	41	0.9025	36	0.9308	1	0.9212	19	0.7533	21	
威　海	0.905	34	0.9036	32	0.9029	32	0.9115	37	0.7528	22	
珠　海	0.9144	9	0.9113	11	0.9093	12	0.9227	15	0.7526	23	
成　都	0.9046	36	0.9026	35	0.9008	37	0.9088	42	0.7521	24	
梅　州	0.9063	32	0.906	25	0.9062	24	0.9128	33	0.7511	25	
长　沙	0.9116	15	0.9097	14	0.9083	17	0.9124	34	0.7502	26	

续表

城市名称	2008 年		2009 年		2010 年		2011 年		2012 年		备注
	得分	排名	得分	排名	得分	排名	得分	排名	得分	排名	
大　连	0.9004	45	0.8979	47	0.898	46	0.9025	49	0.7502	27	
贵　阳	0.9103	20	0.9085	19	0.9071	22	0.9303	2	0.7502	28	
岳　阳	0.9034	38	0.9022	38	0.9001	40	0.9267	5	0.7501	29	
丽　江	0.9135	10	0.9105	12	0.9108	10	0.9285	3	0.7492	30	
福　州	0.9113	17	0.9095	15	0.9092	13	0.9206	21	0.7484	31	
长　春	0.9088	24	0.9053	28	0.9047	29	0.913	32	0.7482	32	
绍　兴	0.909	22	0.9071	23	0.9055	26	0.9154	26	0.748	33	
苏　州	0.901	43	0.8986	46	0.8983	45	0.9133	31	0.748	34	
兰　州	—		—		—		—		0.7468	35	
鹰　潭	0.8972	49	0.8976	48	0.8963	47	0.9052	46	0.7467	36	
厦　门	0.9203	3	0.9195	2	0.9169	4	0.9332	1	0.7462	37	
三　亚	0.9086	25	0.9075	22	0.9068	23	0.9246	10	0.7456	38	
南　京	0.9106	19	0.9095	16	0.9091	14	0.9114	38	0.7455	39	
南　宁	—		—		—		—		0.7451	40	
包　头	0.9102	21	0.9088	18	0.9084	16	0.9187	23	0.7445	41	
乌鲁木齐	—		—		—		—		0.7438	42	
杭　州	0.912	13	0.9057	26	0.9039	31	0.9242	12	0.7412	43	
昆　明	0.9122	12	0.9113	10	0.9096	11	0.9261	6	0.7358	44	
黄　山	0.9228	2	0.9195	3	0.9189	3	0.922	18	0.7349	45	
烟　台	0.9064	31	0.9052	30	0.9052	28	0.9158	25	0.7345	46	
绵　阳	0.9066	30	0.9051	31	0.9043	30	0.9245	11	0.7327	47	
银　川	0.9155	8	0.9142	7	0.9129	9	0.9093	40	0.7326	48	
天　津	0.8991	47	0.8987	45	0.8953	48	0.9016	50	0.725	49	
重　庆	0.9077	27	0.9033	33	0.9007	38	0.9115	36	0.7241	50	

注：西宁、兰州、南宁、乌鲁木齐为2012年新增城市，故无2008～2011年数据。

　　结果显示，50座城市的5项扩展指标的总体排名与18项指标排名的动态结果大趋势相似，南方省会城市的整体水平较高，但也不乏南方城市、沿海城市甚至省会城市、直辖市排名靠后的情况，说明在全国休闲城市发展过程中，各个地区都有不均衡发展的情况。另外，从中还能够看出一些城市的18项综合指标排名与5项扩展指标排名出现错位较大的现象：一些城市的总排名靠前，但扩展指标的位置相对落后，说明在生态建设的基础方面较好，但是在城市景观休闲建设方面存在一定的差距；而另一些城市的总体排名相对靠后，但

扩展指标的排名相对靠前，说明这些城市在景观休闲建设方面取得了很好的成绩，但生态城市的基础建设方面仍存在一定的不足。

3. 城市景观格局、 生态服务及其因素分析

景观休闲型城市评价指标体系是围绕城市绿地和人口的生态与社会范围选定的，以期反映城市景观休闲的整体状况。用景观连接度和景观休闲服务率两个指标来反映景观休闲型城市的景观格局分布特征和生态服务能力，是从景观"质"的角度阐明各个城市景观的布局合理性和景观休闲服务的建设状况。2012 年景观连接度和景观休闲服务率两项指标的排序结果见表 6。

表 6　景观连接度和公园景观休闲服务率的对比分析表（2012 年）

序号	城市名称	景观连接度	分值 1	500 米半径服务率(％)	分值 2	总分
1	长 治	0.9545	50	80.4694	45	95
2	丽 江	0.9626	50	78.0261	40	90
3	嘉 兴	0.9887	50	77.8592	40	90
4	桂 林	0.9854	50	61.9247	35	85
5	三 亚	0.7593	40	87.6742	45	85
6	西 宁	0.8267	45	71.9561	40	85
7	洛 阳	0.9876	50	53.9881	30	80
8	珠 海	0.8879	45	64.0599	35	80
9	秦皇岛	0.9893	50	50.9212	30	80
10	岳 阳	0.9217	50	59.2939	30	80
11	贵 阳	0.9730	50	58.0084	30	80
12	威 海	0.8050	45	69.6031	35	80
13	梅 州	0.8535	45	55.6588	30	75
14	西 安	0.7564	40	62.4661	35	75
15	无 锡	0.7680	40	69.9688	35	75
16	镇 江	0.7450	40	60.0725	35	75
17	乌鲁木齐	0.9160	50	45.3734	25	75
18	黄 山	0.9764	50	36.0475	20	70
19	鹰 潭	0.8065	45	43.3908	25	70
20	宁 波	0.9980	50	35.8438	20	70
21	大 连	0.5979	30	73.0537	40	70
22	苏 州	0.8166	45	44.7006	25	70
23	北 京	0.6806	35	61.0260	35	70

序号	城市名称	景观连接度	分值1	500米半径服务率(%)	分值2	总分
24	合　肥	0.9868	50	32.5266	20	70
25	福　州	0.5030	30	70.8514	40	70
26	包　头	0.6524	35	62.0737	35	70
27	长　春	0.9134	50	39.6761	20	70
28	南　昌	0.8768	45	42.4042	25	70
29	南　宁	0.7442	40	59.8606	30	70
30	青　岛	0.7093	40	47.4351	25	65
31	上　海	0.6102	35	56.5167	30	65
32	长　沙	0.7388	40	44.3648	25	65
33	广　州	0.5939	30	68.5494	35	65
34	兰　州	0.5657	30	63.3904	35	65
35	杭　州	0.2634	15	87.1614	45	60
36	厦　门	0.6512	35	41.4850	25	60
37	烟　台	0.5017	30	53.9602	30	60
38	绍　兴	0.7804	40	36.8810	20	60
39	成　都	0.4539	25	63.5015	35	60
40	武　汉	0.6523	35	43.5171	25	60
41	郑　州	0.4013	25	62.7973	35	60
42	昆　明	0.7337	40	26.7399	15	55
43	沈　阳	0.5721	30	48.8363	25	55
44	石家庄	0.9732	50	1.3693	5	55
45	南　京	0.5387	30	39.0752	20	50
46	绵　阳	0.5916	30	33.4550	20	50
47	银　川	0.7406	40	19.7898	10	50
48	重　庆	0.6905	35	15.6495	10	45
49	深　圳	0.5693	30	23.7039	15	45
50	天　津	0.2792	15	44.1783	25	40

将以上排序结果与表5的结果对照可以看出几个显著的特征。

（1）总体来看，参评城市的景观格局和生态服务能力都有一定的提高和改善。景观连接度和公共景观休闲绿地服务率两项指标的分值之和在70分以上的城市由2010年的19个增加到2012年的29个。说明中国生态城市建设逐步走向良性发展的道路，这是令人欣慰的。

（2）重庆市、深圳市和天津市等大城市景观连接度和公共景观休闲绿地服务率的单项指标分值较低，说明这些大城市虽然达到国家级园林城市的评定标准，但在公共绿地的连接度和公共绿地的休闲服务率方面存在的问题较大。这充分反映了这些大城市的公共绿地系统结构不合理，城市居民就近享受景观休闲的便捷程度很低，景观斑块之间的衔接程度差，城市景观系统斑块破碎化严重，系统内的物种多样性保护及物种之间的交流存在一定的障碍。

两项指标排名前 10 位的城市中，省会城市等大城市比重极少，说明上述问题是中国省会城市等大城市发展中普遍存在的问题。尤其是大城市较大的城市规模，是造成上述问题的重要原因。

（3）两项分值之和在 70 分以上的 29 个城市中，西北省会城市西宁市、西安市和乌鲁木齐市分别占据第 6、第 14 和第 17 名，说明西北城市在景观结构和公共绿地休闲服务方面的建设有了一定的改进和提高。

上述排名反映了中国生态城市建设中集中存在的问题以及取得的一些成绩，客观上要求城市管理者正视生态城市建设，在城市快速发展的同时要兼顾城市景观分布格局的合理性及其生态服务的全面性和普及性，真正走一条"以人为本"的生态可持续发展道路。

二 城市公共绿地建设实践探索
——以南方 8 省会城市为例

城市公共绿地系统是指城市公园、广场以及街区游园等具有景观生态功能和社会服务功能的开放绿地空间，是市民重要的室外活动空间，研究其格局变化对于建设生态城市和提高市民生活质量具有重要意义。城市绿地评价不仅应体现人均绿地的数量，更应体现景观结构及其生态功能与社会服务功能的发挥。现有的城市生态景观研究缺乏统一的内涵和定量标准，导致生态景观的投入产出效率、市场认可度等存在不确定性，成为影响生态景观深入推广的主要原因之一。城市的绿地景观生态系统不仅要发挥系统性功能，同时也要与城市发展进程相适应，更好地发挥社会服务功能，协调自然生态系统与人类福祉之间的服务、胁迫、响应、建设关系已成为当今生态学研究的一个核心议题。

近年来，我国快速的城市化步伐和日益恶化的大城市生态环境问题，引起国内生态学界的高度关注，并在城市绿地系统的功能、生态网络构建、绿地生态评价、绿地系统布局结构、景观空间特征分析、绿地景观连接度等方面做出了深入探索和研究。借助 GIS 图像资料，采用景观连接度指标研究城市生态系统之间关系的整体复杂性、可接近性、邻接性和相互依赖性已成为探讨城市绿地系统结构与生态过程的重要手段。

本报告以中国 8 个南方省会城市为研究对象，以公开发表的数据和 GIS 图像为研究资料，通过横向对比的方法，研究不同规模城市的公共绿地系统连接度和 500 米半径服务率，揭示公共绿地系统的结构和社会服务功能的现状和问题，以期为我国城市公共绿地系统优化布局提供科学依据。

（一）研究区域概况

研究区域包括广州市、武汉市、成都市、杭州市、昆明市、福州市、长沙市和贵阳市 8 座省会城市，分属于中国华东、华南、四川盆地和云贵高原，年降雨量平均在 1500 毫米以上。城市人口和建成区面积状况见表 7。

表 7　2012 年 8 省会城市城区面积及人口现状

城市名称	广州	武汉	成都	杭州	昆明	长沙	福州	贵阳
建成区面积（平方千米）	952	500	456	413	275	272	220	162
非农业人口（万人）	664.29	520.65	535.15	434.82	260.24	241.73	188.59	222.03

数据来源：《中国城市统计年鉴》（2013）。

（二）材料与方法

1. 材料

本报告以中国景观休闲型城市中的 8 个省会城市 2010 年的卫星遥感图像为基础研究材料，城市建成区面积、人口数量等数据取自 2011 年《中国城市统计年鉴》。

2. 方法

考虑到 500 米半径服务率计算的特殊性，研究中采用 Photoshop 和 AutoCAD 软件相结合的方法获得研究数据。在互联网上截取上述 8 个省会城市的 2010 年卫星地图，按窗口可视距离为 500 米的视口对城市图像进行分块截取，同时截取相对应的比例尺在 Photoshop 软件上进行拼接。将拼接处理后的 jpg 图像导入 AutoCAD 软件中，调整好比例，根据卫星地图图像，确定各个城市中的公共绿地斑块并进行分类、编号，然后用多段线绘制斑块外围轮廓，计算出斑块面积，输入预先制好的 Excel 表格中分别计算，得到每个城市公共绿地（公园、公共小游园、广场）的斑块类型、数量、面积。

3. 数据处理

数据统计分析和处理采用 SPSS16.0 for Windows 软件包。

（三）结果

1. 城市景观绿地系统状况

南方 8 省省会城市的城市规模、公共绿地数据及连接度和 500 米半径服务率的基本状况如表 8 所示。8 座城市的平均连接度为 0.49，广州、武汉、成都 3 个城市的景观连接度低于 0.5，广州市的公共绿地斑块连接度最小，仅 0.28，与斑块连接度最高的贵阳市相比小 0.38，不同规模城市间的差距很大。

8 城市平均 500 米半径服务率为 53.71%，广州、武汉、成都和杭州的 500 米半径服务率低于 50%，低于国家级园林城市 70% 的标准。这种状况反映了南方人口密集的大城市（400 万人以上）公共绿地系统结构的不合理，绿地斑块密度小，景观斑块分布与城区系统的耦合程度低，景观服务功能差。相反，面积小、人口数量少的城市如长沙、福州和贵阳的 500 米半径服务率大于 70%，符合国家"园林城市"标准。

以上结果说明，随着城市规模的急剧扩张，大面积的建成区及错综复杂的交通路线，阻隔了不同地区的生态联系,[1] 导致大省会城市的景观连接度和 500 米半径服务率水平下降，而贵阳市、长沙市和福州市的城市面积小、人口少，城市公共绿地斑块间具有良好的系统性和连续性，系统的社会服务功能也随之增强。

---

[1] Cao X. J. Dynamics of Wetland Landscape Pattern in Kaifeng City from 1987 to 2002 ［J］. *Chin. Geogra. Sci.* 2008, 18（2）146 –154.

表8　南方8省会城市规模、公共绿地数据及景观连接度和500米半径服务率

序号	城市名称	建成区面积（平方千米）	市辖区人口（万人）	斑块面积（公顷）	斑块数目（块）	斑块数/城市面积（块/平方千米）	景观连接度	500米半径服务率(%)
1	广州	952	664.29	12765.2	209	0.22	0.28	13.41
2	武汉	500	520.65	20791.15	110	0.22	0.37	41.58
3	成都	456	535.15	21086.7	174	0.38	0.39	46.24
4	杭州	413	434.82	9422.3	156	0.38	0.5	47.36
5	昆明	275	260.24	14766.7	104	0.38	0.52	53.7
6	长沙	272	241.73	20936.8	178	0.65	0.55	76.97
7	福州	220	188.59	9001.2	58	0.26	0.61	77.21
8	贵阳	162	222.03	19864.4	105	0.65	0.66	73.24

Pearson 相关分析结果见表9。结果显示，城市规模中城市人口与建成区面积显著正相关（$p < 0.01$），城市面积、城市人口与公共绿地 500 米半径服务率、景观连接度显著负相关（$p < 0.01$）、景观连接度与 500 米半径服务率之间显著正相关（$p < 0.01$），其他两两因素间无显著相关性。说明随着城市规模的增大，城市公共绿地系统的结构及其服务功能逐渐减弱，而反映城市绿地系统功能的景观连接度与体现景观绿地服务功能的 500 米半径服务率之间存在明显的协同耦合关系。

表9　Pearson 相关分析相关分析

	建成区面积	城市人口	斑块面积	斑块数量	斑块数/城市面积	连接度	500米半径服务率
建成区面积	1						
城市人口	0.912**	1					
斑块面积	−0.136	0.057	1				
斑块数量	0.682	0.668	0.203	1			
斑块数/城市面积	−0.609	−0.594	0.467	0.062	1		
连接度	−0.915**	−0.952**	−0.083	−0.637	0.657	1	
500米半径服务率	−0.935**	−0.934**	0.127	−0.585	0.661	0.92**	1

注：** 结果在 0.01 的水平上显著。

2. 南方8省省会城市公共绿地系统的空间结构及其500米半径服务率分析

图1~图8直观反映了8省省会城市的公共绿地系统及其社会服务的状

况。图 1 表明，广州市的公共绿地系统以大型公共绿地为主，主要分布在中心城区，小型绿地与广场绿地数量少，且分布零散，连接度（0.28）与 500 米半径服务率（13.41%）低。图 2 表明，武汉市的公共绿地系统情况与广州相似，大型绿地在中心城区周围分布较多，其他城区有少数大型绿地和小型绿地分布，斑块数量少、间距大，连接度（0.37）与 500 米半径服务率（41.58%）低。图 3 显示，成都市公共绿地系统以中心城区的一环、二环为主，随距离中心城区的距离增大而呈递减分布，城市外围广大区域斑块数量少，形成连接度低（0.29）而 500 米半径服务率（46.24）中等的现状。图 4 显示，杭州市的公共绿地斑块系统特点是大型斑块较少，小型绿地与广场较多且分布较为集中，但绿地系统与城市建成区的耦合程度低，连接度（0.5）与 500 米半径服务率（47.36%）均在中等水平。图 5 说明，昆明市中心的公共绿地系统斑块数量多，分布合理，但外围市区的斑块数量少、距离大，连接度（0.52）与 500 米半径服务率（53.7%）均在中等以上水平。图 6～图 8 说明，长沙市、福州市和贵阳市的公共绿地系统单位面积斑块数量多，距离适中紧凑有序，连接度分别为 0.55、0.61 和 0.66，500 米半径服务率的值分别为 76.97%、77.21% 和 73.24%，是省会城市绿地建设的典范。

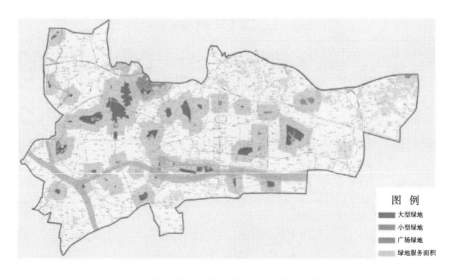

图 例
大型绿地
小型绿地
广场绿地
绿地服务面积

图 1　广州市公共绿地系统及 500 米半径服务率

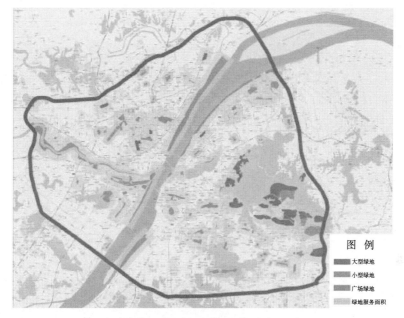

图2 武汉市公共绿地系统及500米半径服务率

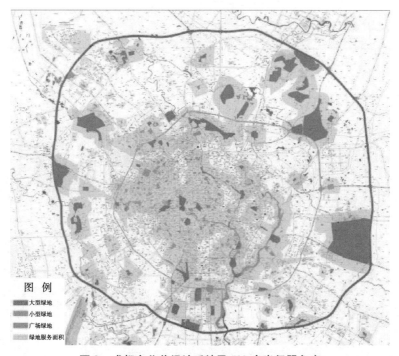

图3 成都市公共绿地系统及500米半径服务率

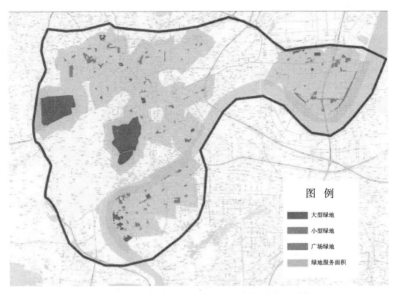

图4　杭州市公共绿地系统及500米半径服务率

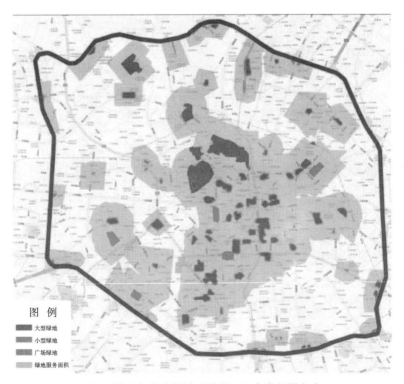

图5　昆明市公共绿地系统及500米半径服务率

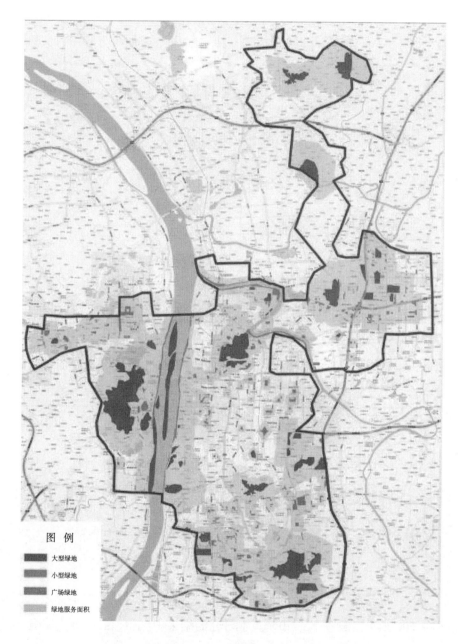

图 6　长沙市公共绿地系统及 500 米半径服务率

3. 城市公共绿地斑块数量与 500 米半径服务率、景观连接度

对表 8 中各个城市的单位面积斑块数与连接度和 500 米半径服务率的关系

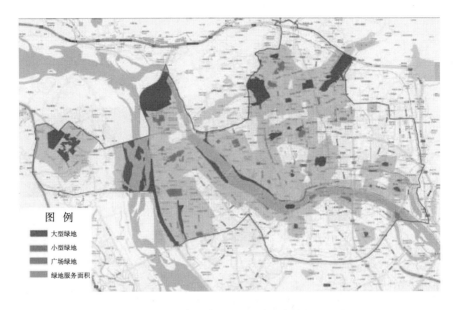

图 例
▮ 大型绿地
▮ 小型绿地
▮ 广场绿地
▮ 绿地服务面积

图 7 福州市公共绿地系统及 500 米半径服务率

进行分析得出图 9 ~ 图 10。图 9 显示，随省会城市规模的减小单位面积斑块数和 500 米半径服务率增加。说明 500 米半径服务率值的大小不仅与单位面积的斑块数目有关，还与斑块距离及其分布格局有关，即斑块间距在 1 千米左右，并广泛分布于城区的公共绿地系统将取得较高的 500 米半径服务率值。

图 10 说明，单位面积（平方千米）斑块数与景观连接度总体上呈正相关趋势，并随城市规模减小而递增。

（四）讨论

1. 城市公共绿地系统的 500 米半径服务率

500 米半径服务率是建设部评价国家级"园林城市"的重要指标之一，其标准是 500 米半径服务率 > 70%。本研究的结果中广州、武汉等大型省会城市的 500 米半径服务率均小于 50%，这与李文等[1]对哈尔滨市公园绿地服务效率的研究结果相近。其原因是这些大城市近年来城市规模急剧扩张，城市公共

---

[1] 李文、张林、李莹：《哈尔滨城市公园可达性和服务效率分析》，《中国园林》2010 年第 8 期。

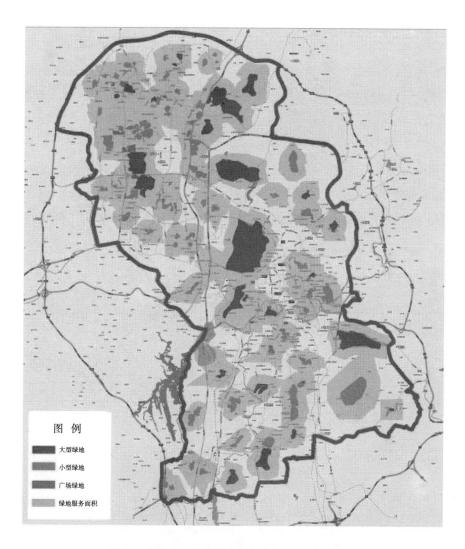

图8 贵阳市公共绿地系统及 500 米半径服务率

绿地系统建设严重滞后于城市化发展进程。

研究结果说明城市绿地系统的建设，既要考虑绿地斑块的数量及规模，又要注重斑块系统的分布格局：有足够多的斑块数量并有比较均匀的分布及适度的距离（距离小于 1000 米）是提高城市公共绿地生态服务率的必要条件；斑块面积的大小和形状则决定生物物种种类的多寡，对整个城市绿地系统的稳定性至关重要。

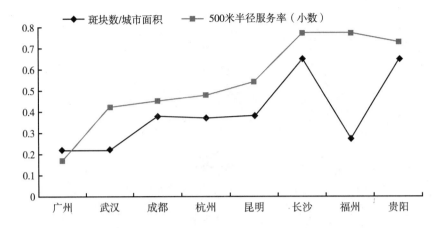

图 9 公共绿地斑块数与 500 米半径服务率的关系

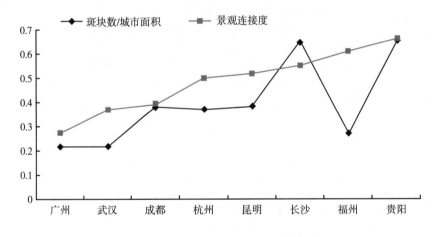

图 10 公共绿地斑块数与景观连接度的关系

2. 景观连接度

景观连接度的概念是由 Merriam 于 1984 年首次提出的，用以描述景观结构特征与物种运动行为间的交互作用。此后，Forman、Schreiber、Taylor 等人对定义进行了多种补充，但都认为景观连接度是对景观空间结构单元相互之间连续性的量度，并侧重于反映景观的功能，属于描述景观生态过程的参数。[①]

本报告的景观斑块连接度研究的对象是城市公共绿地系统，而未将廊道绿

---

① 刘小南、刘洪杰：《宏观尺度下的城市景观研究》，《城市问题》2008 年第 152（3）期。

地、防护林地等没有景观参与性的绿地计算在内，故而与城市绿地系统研究的结果可能存在差异。

随着城市化进程的加速，建设用地需求日益增加，各类用地之间的矛盾愈加严重，生态用地不断遭到侵占，导致了土地生态系统服务功能的衰退。①②③ 究其原因，城市的绿化方针政策、快速城市化和居民日益增长的环境需求等都不同程度地对其产生了影响。④ 南方省会城市存在大量建筑较为密集的老城区，公共绿地的分割现象较为严重，导致绿地斑块较为分散，而一些二线省会城市通过宏观城市设计充分分析和考虑城市的空间布局与城市功能及服务的关系，并转化为有效控制，那么上述一系列问题都将在很大程度上得到解决。⑤

（五）结论

城市规模与公共绿地斑块的 500 米半径服务率和景观连接度显著负相关（$p < 0.01$）、景观连接度与 500 米半径服务率之间显著正相关（$p < 0.01$），说明城市规模对其绿地系统质量存在负效应。8 城市的 500 米半径服务率图直观反映了城市公共绿地服务与城市建设之间的耦合程度，通过对 500 米半径服务率图的特点的分析，本报告揭示了各个城市公共绿地系统的社会服务现状及存在的问题；分析结果还发现，随着城市规模的递减，斑块数/城市面积、景观连接度和 500 米半径服务率呈现递增趋势。

研究结果说明，运用景观连接度和 500 米半径服务率两项指标，不仅可反映公共绿地斑块的生态结构和功能，而且能反映公共绿地景观系统的社会服务

① 余雪琴、王开运、张桂莲、王亚萍、徐飞、刘为华：《上海市公园植被景观格局》，《生态环境》2008 年第 17（4）期。
② 李锋、叶亚平、宋博文、王如松：《城市生态用地的空间结构及其生态系统服务动态演变——以常州市为例》，《生态学报》2011 年第 31（19）期。
③ 苏泳娴、黄光庆、陈修治、陈水森、李智山：《城市绿地的生态环境效应研究进展》，《生态学报》2011 年第 31（23）期。
④ 毛小岗、宋金平、杨鸿雁、赵倩：《2000～2010 年北京城市公园空间格局变化》，《地理科学进展》2012 年第 31（10）期。
⑤ 武剑锋、曾辉、刘雅琴：《深圳地区景观生态连接度评估》，《生态学报》2008 年第 28（4）期。

功能与城市建设发展的耦合程度，从生态系统与社会服务两个侧面揭示城市公共绿地的现状，对城市公共绿地系统的协调发展具有重要指导意义。

三　景观休闲型城市建设的对策建议

城市绿地是城市生态系统的重要组成部分，它通过提供许多环境和社会生态服务而对城市中的生活质量做出贡献。城市景观规划的重要任务之一是使城市的绿地效益最大化。

十八届三中全会的决议中明确强调，要加强生态建设的制度制定和生态补偿。这是我国城市生态建设的纲领性文件，预示我国景观休闲型城市发展将迎来一个崭新的时代。

鉴于我国城市人口密度大、绿地资源少、城市化进程快，已经有1/3城市进入国家园林城市和森林城市行列的具体国情，要在巩固已有成果的基础上增加公共绿地斑块的数量和面积，提高城市绿地系统的生态功能和社会服务功能，而符合景观生态学原理和系统生态学原理并有较好社会功能的城市绿地系统规划是景观休闲型城市建设的根本要求。为实现这个目标，本报告提出如下建议。

（一）适当控制城市发展规模和人口密度

研究表明，过高的城市建成区人口密度造成人均绿地资源减少，并造成汽车尾气排放量增加和垃圾、水资源污染及噪声扰民等一系列环境问题，这种现象在省会城市和直辖市中表现尤为突出，其主要原因是城市的功能过于集中。因此，调整城市的产业结构和分布格局是解决城市人口密度过大问题的选项之一。可根据城市的环境资源和地形地貌及区位特点，借鉴国外城市形态研究的成果，如"同心环理论""中心带理论""中心空间理论""多核理论""中心环，扇形理论"及"非对称的马赛克斑块格局"等，深入研究适合当地发展的宏观布局策略，降低城市中心区的人口密度，优化城市景观发展格局，改善城市居民的生活环境。

（二）树立"以人为本"的城市景观建设理念

十八届三中全会关于城镇化建设的内容指出，要建设"望得见山，看得见水，记得住乡愁"的城镇，其根本理念就是城镇建设要尊重自然环境、尊重历史和地方文化、尊重人文关怀。百姓是城市的服务对象，城市建设的出发点和目的是提高人民生活水平包括满足他们物质和精神两个方面的要求，解决他们日益增长的经济收入、生活环境和文化需求是城市建设最根本的任务，一切违背自然环境、地方文化和历史文化的"贪大求洋""政绩工程"都应杜绝。

（三）成立生态城市景观规划建设专职机构

以景观生态学、城市规划学、园林（景观）设计学、环境保护学、文物保护学和美术专业组成的专家团队，作为政府城市规划的重要咨询机构，应对现有的城市发展规划进行生态、景观、美学、功能等全方位审核。要发挥这个团队的作用，应该把握以下几个关键点：首先，在制定城市规划时，要通过该机构进行充分的论证评审，找出存在的问题和差距，进行及时修改；其次，在城市景观项目实施之前，要通过向该团队进行咨询，有针对性地逐一提出项目建设方案的修改意见，再上报主管部门按计划分步组织实施；最后，在项目竣工验收时，要通过该机构进行全面评估，检查项目实施的质量和效果与设计内容和相关规范是否一致。要通过这个机构的审核与监督，达到改善城市景观布局和结构、全面提升城市文化内涵和城市形象的目的，促进城市的可持续发展。

（四）实施科学的城市绿地景观规划

对城市新区或新建城市，城区公共景观休闲绿地开发的程序为：①基于GIS 的实用性分析：对本市的卫星图片或航片进行绿地系统和居民区分布斑块范围的界定，分别计算各自的面积（公共绿地）和居住区斑块内的人口数量；②基于生态因素阈值方法的绿地面积数量化分析：以 800 米距离为公共绿地间的阈值进行景观连接度计算，或用邻近居住区的公共绿地斑块面积（平方米）

总数除以居住区斑块内人口总数的方法进行衡量，若连接度小于 0.8 或人均面积小于 12 平方米则达不到要求，需要增加公共绿地斑块数量或扩大绿地面积；③应用景观生态学原理组织城市绿地：在建筑密集的区域，增加公共绿地斑块的数量，在斑块距离大的地方插入绿地斑块，在新建区域合理布置绿地斑块，形成绿地网络结构，提高绿地的生态功能。

（五）法规制度细化，严格执行生态补偿制度

城市景观的建设不仅要在宏观数量上进行控制，更要在微观层面上进行细化、具体化，如进行居住区规划时应充分考虑人口规模及其邻近的公共绿地的距离、数量和规模，真正体现以人为本的理念。严格执行生态补偿法规制度，不仅要求开发商补偿绿地面积，更要具体要求绿地的性质和设施等绿地配套内容。

G.7

绿色消费型城市建设评价报告

郭 睿 高天鹏 束文圣 黄凌风

摘 要：

本报告选择了恩格尔系数、消费支出占可支配收入的比重、人均消费增长率、人行道面积占道路面积的比例和公用设施用地面积比例 5 个特色指标，结合生态城市建设的 13 个核心指标，建立了绿色消费型城市的评价体系。运用该评价体系对中国 116 个城市进行了城市绿色消费建设的评价和排序，得到中国 2012 年绿色消费型城市的排名。同时，梳理了近年来中国引导城市绿色消费建设所出台的主要政策，并选择典型城市，进行案例分析，针对中国绿色消费型城市建设中存在的问题，提出了政策引导、完善基建、全民参与等对策建议。

关键词：

城市 绿色消费 节能环保 评价报告

党的十八大报告中首提"建设美丽中国"，提到"坚持节约优先、保护优先、自然恢复为主的方针，着力推进绿色发展、循环发展、低碳发展"。在十八届三中全会上审议通过的《中共中央关于全面深化改革若干重大问题的决定》明确指出，要"完善城镇化健康发展体制机制。坚持走中国特色新型城镇化道路，推进以人为核心的城镇化，推动大中小城市和小城镇协调发展、产业和城镇融合发展，促进城镇化和新农村建设协调推进。优化城市空间结构和管理格局，增强城市综合承载能力"。关于中国城市发展问题还提出要"严格控制特大城市人口规模""从严合理供给城市建设用地，提高城市土地利用率""健全城乡发展一体化体制机制"等。这些内容均是促进城

市健康发展的重要决定，是对"建设美丽中国"的细化。倡导绿色消费，构建绿色消费模式，正是应对中国人口众多、人均自然资源占有量和环境容量低①等诸多问题的解决之道，有利于提高资源利用率，减少对环境造成的污染和破坏，化解由人口压力带来的资源短缺、环境破坏等问题，实现中国的绿色发展。

一　绿色消费型城市建设评价报告

（一）绿色消费型城市建设评价指标体系的设计

1. 评价指标体系的设计

（1）城市筛选

在《中国生态城市建设发展报告（2013）》中，由于数据完整性等条件的限制，我们从核心城市中运用层次分析法对城市进行初选，选择了80个城市进行数据处理，最后对这些城市进行了50强的分析。2014年，考虑到与核心城市接轨利于分析各城市的综合发展，我们在《中国生态城市建设发展报告（2014）》中以核心城市为基础，对116个城市进行了绿色消费型城市的排名工作。

（2）城市排名

根据绿色消费型城市的主要特点，我们设计了相应的评价指标（见表1），包括13个三级指标和5个四级指标（特色指标）。三级指标体现的是对生态城市建设的基本要求，四级指标用来描述城市生态建设的侧重点。用来评价绿色消费型城市的5个特色指标分别为：恩格尔系数、消费支出占可支配收入的比重、人均消费增长率、人行道面积占道路面积的比例和公用设施用地面积比例。

该评价体系的5个特色指标将绿色消费型城市建设的主要特点作为落脚点，包括了政府和消费者在绿色消费型城市建设中发挥作用的几方面内

---

① 《世界环保日：上海高校积极倡导绿色消费》，一财网，2012年6月4日。

容。在这5项特色指标中，恩格尔系数、消费支出占可支配收入的比重以及人均消费增长率是反映生态经济的四级指标；人行道面积占道路面积的比例和公用设施用地面积比例作为反映社会和谐的四级指标，显示了政府政策对绿色出行、公共用地建设的鼓励和引导，属于政府对绿色消费的监管与保障。

表1　绿色消费型城市评价指标

一级指标	二级指标	序号	三级指标	序号	四级指标
绿色消费型城市综合指数	生态环境	1	森林覆盖率（建成区绿化覆盖率）（%）	14	恩格尔系数(%)
		2	PM2.5（空气质量优良天数）（天）		
		3	生物多样性（城市绿地面积）（公顷）		
		4	河湖水质（人均用水量）（吨/人）	15	消费支出占可支配收入的比重（%）
		5	人均公共绿地面积（人均绿地面积)（平方米/人）		
		6	生活垃圾无害化处理率(%)		
	生态经济	7	单位GDP综合能耗(吨标准煤/万元)	16	人均消费增长率(%)
		8	一般工业固体废物综合利用率（%）		
		9	城市污水处理率（%）		
		10	人均GDP（元/人）		
	生态社会	11	人均预期寿命（人口自然增长率）（‰）	17	人行道面积占道路面积的比例（%）
		12	生态环保知识、法规普及率,基础设施完好率（每万人从事水利、环境和公共设施管理业人数）（人）		
		13	公众对城市生态环境满意率［民用车辆数(辆)/城市道路长度(公里)］	18	公用设施用地面积比例(%)

2. 指标说明及数据来源

13个三级指标的数据来源和指标意义请参见本书前面有关报告，本报告仅对绿色消费型城市特色指标的意义及数据来源进行简单阐述。

恩格尔系数的计算公式如下：

恩格尔系数＝食品支出金额/总支出金额×100%

食品支出金额以及总支出金额来源于各省统计年鉴及 CNKI（社会经济发展数据库）。恩格尔系数是食品支出总额占个人消费支出总额的比重，一般随居民家庭收入和生活水平的提高而下降。1857 年，世界著名的德国统计学家恩格尔根据统计资料，得出消费结构变化的一个规律：随着家庭和个人收入增加，收入中用于食品方面的支出比例将逐渐减少，即一个家庭收入越少，家庭收入中（或总支出中）用来购买食物的支出所占的比例越大，随着家庭收入的增加，家庭收入中（或总支出中）用来购买食物的支出比例则会下降，这一定律被称为恩格尔定律，反映这一定律的系数被称为恩格尔系数。[①] 推而广之，将这个定律放大到国家水平上，随着国家的富裕，这个比例呈下降趋势。因此，恩格尔系数越大，表明一个国家居民生活越贫困；反之，恩格尔系数越小，表明生活越富裕。[②] 尽管恩格尔系数在中国应用失灵的问题是近年来国内学术界关注的一个主要问题，但是关于恩格尔系数失灵的讨论主要集中在"恩格尔系数 60% 以上为贫困，50%～60% 为温饱，40%～50% 为小康，40% 以下为富裕"这个划分界限上，并不影响恩格尔系数在中国各城市之间进行对比，以及反映生活水平这个层面。因为恩格尔系数过大，必然说明家庭支出的一大部分用于购买食品，限制了其他方面的消费；恩格尔系数减少，则表明家庭用于购买食品的开销占家庭收入的比例有所下降，居民就有可能将更多的可支配收入投入其他层次的消费中，改善生活质量，提高消费质量。

人均消费增长率的计算公式如下：

人均消费增长率＝（本年度城镇居民人均消费性支出－上一年城镇居民
人均消费性支出）/上一年城镇居民人均消费性支出

2011～2012 年的城镇居民人均消费性支出来源于各省统计年鉴及 CNKI（社会经济发展数据库）。

---

① 魏城：《恩格尔系数之中国味道》，《华人时刊》2006 年第 6 期。
② 张守锋：《从恩格尔系数的变动看我国居民消费结构的变化》，《大众科技》2006 年第 2 期。

消费支出占可支配收入的比重的计算公式如下：

消费支出占可支配收入的比重＝城镇居民人均消费性支出/城镇居民人均可支配收入

城镇居民人均消费性支出，城镇居民人均可支配收入数据均来源于各省统计年鉴及 CNKI（社会经济发展数据库）。

人均消费增长率和消费支出占可支配收入的比重，都是反映中国城市居民消费情况的指标。在经济增长的"三驾马车"中，中国只有投资和出口在艰难地拉动着经济的高增速，而消费这驾马车却迟迟不肯奋起直追，不同的消费层次又有着不同的消费需求，存在着不同的消费结构。[①] 居民的收入水平和消费水平都会影响消费结构的变化及升级。只有消费这个大环境改变了，才有利于我们逐步分层次地改善居民的消费结构，转变消费模式，走上绿色消费、可持续消费之路。

人行道面积占道路面积的比例计算如下：

人行道面积占道路面积的比例 ＝ 人行道面积/道路面积

人行道面积及道路面积数据均来源于城市建设统计年鉴。人行道、自行车道的合理规划、维护与有效管理能够激励居民选择绿色出行。人行道和自行车道都是绿色出行的载体，为绿色出行提供基本条件。国际上优秀的绿色之城也多重视建设市民散步和骑自行车的专用道，以此鼓励市民选择绿色出行。考虑到数据的易得性和齐全性原则，本研究选择了人行道面积占道路面积的比例这一指标作为特色指标之一。

公用设施用地面积比例的计算公式如下：

公用设施用地面积比例 ＝ 公用设施用地面积／建成区面积

公用设施用地面积和建成区面积数据均来源于中国城市建设统计年鉴。公用设施用地是为居民生活和二、三产业服务的公用设施用地及瞻仰、游憩用地。例如公共基础设施用地、公园、广场、公用绿地等。这类用地能够直接为居民日常生活提供休闲服务。随着我国经济的快速发展、人民生活水平的提

---

① 赵振华：《党政领导干部关注的"十二五"经济社会发展若干重大问题深度解析》，中央党校出版社，2011。

高，工作闲暇之时的休闲场所已经在居民生活当中占据了越来越重要的地位。这些公用设施用地面积的比例彰显了当地政府对公用设施建设的重视，是为民众绿色消费行为的开展铺垫的物质基础。该指标 2012 年的数据中，缺失了北京、深圳两市的数据，处理中采用全国平均水平替代。

3. 数据处理

（1）城市筛选

在《中国生态城市建设发展报告（2013）》中，运用层次分析法[①]对绿色消费型城市进行初筛，根据计算结果选取了 80 个城市，本年度绿色消费型城市为了与核心城市排名接轨，以核心城市为基础，对共 116 个城市进行下一阶段的绿色消费型城市排名工作。

（2）城市排名计算方法

绿色消费型城市的有关数据处理方法与前文生态城市健康指数的数据处理方法相同。

（二）中国绿色消费型城市建设总体述评

根据表 1 所建立的绿色消费型城市评价体系和数学模型，对 116 个城市的 18 项指标进行运算，得到了 2012 年各城市的绿色消费型城市综合指数得分及排名（见表 2、表 3）。

表 2 2008～2012 年绿色消费型城市综合指数排名变化表

城　　市	2012 年	2011 年	2010 年	2009 年	2008 年
深　　圳	1	1	1	3	1
上　　海	2	4	2	1	2
广　　州	3	2	4	5	5
大　　庆	4	40	36	72	38
珠　　海	5	7	28	14	42
东　　营	6	37	21	15	39

---

① Ying, X., Zeng, G. M., et al: Combining AHP with GIS in Synthetic Evaluation of Eco-environment Quality—Case Study of Hunan Province, China, *Ecological Modelling* 2007 年第 209 期，第 97～109 页。

续表

城　　市	2012 年	2011 年	2010 年	2009 年	2008 年
大　　连	7	11	7	11	14
沈　　阳	8	16	14	13	13
克拉玛依	9	—	—	—	—
南　　京	10	6	5	4	3
长　　沙	11	17	37	35	17
北　　京	12	5	3	2	4
厦　　门	13	9	11	7	6
嘉　　兴	14	28	29	40	31
无　　锡	15	23	19	21	8
杭　　州	16	8	6	6	35
新　　余	17	—	—	—	—
青　　岛	18	—	—	—	—
呼和浩特	19	31	30	27	16
威　　海	20	38	13	16	26
苏　　州	21	34	12	17	11
榆　　林	22	—	—	—	—
烟　　台	23	19	15	25	12
天　　津	24	13	25	12	29
长　　春	25	20	16	23	19
吉　　林	26	25	45	56	69
成　　都	27	27	17	26	20
武　　汉	28	12	35	24	15
朔　　州	29	—	—	—	—
常　　州	30	24	32	43	51
镇　　江	31	35	40	64	53
宁　　波	32	14	26	28	27
舟　　山	33	—	—	—	—
马鞍山	34	—	—	—	—
西　　安	35	3	43	34	41
济　　南	36	15	33	22	10
包　　头	37	21	44	54	59
太　　原	38	45	53	20	30
岳　　阳	39	—	—	—	—
张家界	40	—	—	—	—
萍　　乡	41	—	—	—	—
湖　　州	42	43	49	58	55

续表

城　　市	2012 年	2011 年	2010 年	2009 年	2008 年
南　　昌	43	18	50	41	25
南　　宁	44	39	18	18	21
合　　肥	45	22	41	38	37
绍　　兴	46	44	23	33	43
哈 尔 滨	47	29	39	53	44
中　　山	48	46	31	55	45
东　　莞	49	10	24	10	7
重　　庆	50	36	9	19	22
荆　　门	51	—	—	—	—
泉　　州	52	47	20	39	47
呼伦贝尔	53	—	—	—	—
郑　　州	54	32	38	79	32
福　　州	55	30	8	9	33
湘　　潭	56	—	—	—	—
黄　　山	57	—	—	—	—
银　　川	58	26	34	42	34
济　　宁	59	—	—	—	—
焦　　作	60	—	—	—	—
徐　　州	61	—	—	—	—
泰　　安	62	42	10	8	28
鹰　　潭	63	—	—	—	—
昆　　明	64	—	—	—	—
长　　治	65	—	—	—	—
日　　照	66	—	—	—	—
宜　　昌	67	—	—	—	—
锦　　州	68	—	—	—	—
秦 皇 岛	69	—	—	—	—
海　　口	70	33	59	36	9
三　　亚	71	—	—	—	—
本　　溪	72	—	—	—	—
桂　　林	73	—	—	—	—
宝　　鸡	74	—	—	—	—
临　　沂	75	—	—	—	—
淮　　南	76	—	—	—	—
阜　　新	77	—	—	—	—
廊　　坊	78	—	—	—	—
蚌　　埠	79	—	—	—	—

续表

城　　市	2012 年	2011 年	2010 年	2009 年	2008 年
德　　州	80	—	—	—	—
广　　元	81	—	—	—	—
连 云 港	82	—	—	—	—
绵　　阳	83	—	—	—	—
西　　宁	84	—	—	—	—
石 嘴 山	85	—	—	—	—
贵　　阳	86	48	57	37	46
平 顶 山	87	—	—	—	—
洛　　阳	88	—	—	—	—
河　　源	89	—	—	—	—
丽　　江	90	—	—	—	—
大　　同	91	—	—	—	—
石 家 庄	92	49	48	31	54
柳　　州	93	—	—	—	—
乌鲁木齐	94	41	69	52	36
宜　　春	95	—	—	—	—
衡　　水	96	—	—	—	—
汉　　中	97	—	—	—	—
汕　　头	98	—	—	—	—
怀　　化	99	—	—	—	—
金　　昌	100	—	—	—	—
张 家 口	101	—	—	—	—
保　　定	102	50	22	32	40
曲　　靖	103	—	—	—	—
鸡　　西	104	—	—	—	—
伊　　春	105	—	—	—	—
梅　　州	106	—	—	—	—
邯　　郸	107	—	—	—	—
内　　江	108	—	—	—	—
兰　　州	109	—	—	—	—
渭　　南	110	—	—	—	—
白　　银	111	—	—	—	—
鞍　　山	112	—	—	—	—
钦　　州	113	—	—	—	—
攀 枝 花	114	—	—	—	—
赣　　州	115	—	—	—	—
安　　顺	116	—	—	—	—

注："—"表示无数据

表3 2012年中国绿色消费型城市排名

城市名称	绿色消费型城市综合指数（18项指标结果）		生态城市健康指数（ECHI）（13项指标结果）		绿色消费型特色指数（5项指标结果）		特色指标单项排名				
	得分	排名	得分	排名	得分	排名	恩格尔系数	消费支出占可支配收入的比重	人均消费增长率	人行道面积占道路面积的比例	公用设施用地面积的比例
深圳	0.8656	1	0.9054	1	0.8141	48	58	64	54	64	39
上海	0.8638	2	0.8705	3	0.8463	14	66	67	110	39	12
广州	0.8626	3	0.9037	2	0.8000	83	35	5	91	80	114
大庆	0.8424	4	0.8360	16	0.8218	30	10	98	57	76	42
珠海	0.8403	5	0.8457	7	0.8265	29	65	24	28	94	16
东营	0.8388	6	0.8399	11	0.8088	61	23	110	112	110	22
大连	0.8362	7	0.8462	5	0.8103	56	79	19	89	30	80
沈阳	0.8344	8	0.8397	12	0.8208	31	15	14	65	49	82
克拉玛依	0.8327	9	0.8373	14	0.8206	33	19	2	24	103	51
南京	0.8317	10	0.8481	4	0.7890	103	44	78	46	111	66
长沙	0.8313	11	0.8241	23	0.8498	10	53	76	76	58	6
北京	0.8311	12	0.8404	10	0.8184	37	13	62	78	93	39
厦门	0.8311	13	0.8409	8	0.8056	68	51	59	45	77	68
嘉兴	0.8296	14	0.8213	26	0.8511	9	27	101	50	82	4
无锡	0.8288	15	0.8460	6	0.7843	106	43	73	9	114	91
杭州	0.8284	16	0.8405	9	0.7969	93	57	88	115	62	86
新余	0.8280	17	0.8202	28	0.8482	12	88	77	103	14	9
青岛	0.8279	18	0.8348	17	0.8099	59	62	80	105	60	47
呼和浩特	0.8268	19	0.8112	42	0.8673	2	9	72	61	70	1
威海	0.8260	20	0.8369	15	0.7975	90	21	71	82	90	110

续表

城市名称	绿色消费型城市综合指数（18项指标结果）		生态城市健康指数（ECHI）（13项指标结果）		绿色消费型特色指数（5项指标结果）		特色指标单项排名				
	得分	排名	得分	排名	得分	排名	恩格尔系数	消费支出占可支配收入的比重	人均消费增长率	人行道面积占道路面积的比例	公用设施用地面积比例
苏州	0.8251	21	0.8376	13	0.7926	100	29	75	33	109	99
榆林	0.8251	22	0.8063	52	0.8740	1	3	105	17	10	14
烟台	0.8245	23	0.8265	21	0.8194	36	39	55	60	73	44
天津	0.8239	24	0.8297	18	0.8088	62	64	56	85	45	71
长春	0.8224	25	0.8168	33	0.8369	22	4	7	77	84	28
吉林	0.8212	26	0.8068	51	0.8589	4	1	7	1	71	20
成都	0.8212	27	0.8082	47	0.8550	6	61	33	35	57	3
武汉	0.8205	28	0.8238	24	0.8119	54	96	41	72	36	31
朔州	0.8203	29	0.8081	48	0.8521	8	6	66	22	6	37
常州	0.8198	30	0.8289	20	0.7960	95	41	90	79	106	64
镇江	0.8190	31	0.8294	19	0.7922	102	68	108	12	105	56
宁波	0.8181	32	0.8242	22	0.8021	78	75	106	107	79	48
舟山	0.8180	33	0.8218	25	0.8080	64	54	99	81	42	73
马鞍山	0.8169	34	0.8046	57	0.8487	11	78	109	11	37	5
西安	0.8164	35	0.8100	44	0.8330	23	22	32	52	17	65
济南	0.8162	36	0.8158	36	0.8175	38	7	97	53	68	59
包头	0.8157	37	0.8099	45	0.8308	24	8	10	63	12	106
太原	0.8155	38	0.8034	61	0.8470	13	30	95	101	78	7
岳阳	0.8151	39	0.8042	59	0.8435	17	71	63	87	54	8

续表

城市名称	绿色消费型城市综合指数(18项指标结果) 得分	排名	生态城市健康指数(ECHI)(13项指标结果) 得分	排名	绿色消费型特色指数(5项指标结果) 得分	排名	特色指标单项排名 恩格尔系数	消费支出占可支配收入的比重	人均消费增长率	人行道面积占道路面积的比例	公用设施用地面积比例
张家界	0.8150	40	0.7974	76	0.8607	3	28	20	41	88	2
萍乡	0.8147	41	0.7986	70	0.8567	5	45	49	40	34	13
湖州	0.8142	42	0.8148	38	0.8124	52	72	104	73	5	83
南昌	0.8140	43	0.8180	31	0.8037	74	38	40	94	85	92
南宁	0.8138	44	0.8203	27	0.7970	92	90	54	59	51	78
合肥	0.8137	45	0.8149	37	0.8104	55	40	22	5	61	102
绍兴	0.8136	46	0.8174	32	0.8037	75	48	107	83	31	107
哈尔滨	0.8134	47	0.8080	49	0.8274	27	26	6	88	26	75
中山	0.8131	48	0.8163	35	0.8046	71	84	30	86	41	81
东莞	0.8128	49	0.8112	41	0.8170	40	50	23	27	46	67
重庆	0.8128	50	0.8186	30	0.7977	88	106	27	56	18	84
荆门	0.8124	51	0.7968	79	0.8529	7	74	18	3	13	21
泉州	0.8120	52	0.8102	43	0.8167	42	77	94	84	21	50
呼伦贝尔	0.8115	53	0.8015	65	0.8374	21	18	9	43	74	29
郑州	0.8114	54	0.8094	46	0.8166	43	42	46	21	56	60
福州	0.8109	55	0.8164	34	0.7966	94	85	48	38	48	103
湘潭	0.8091	56	0.8009	66	0.8302	25	37	85	58	33	33
黄山	0.8090	57	0.8202	29	0.7798	109	93	47	67	99	109
银川	0.8080	58	0.7964	82	0.8383	19	31	12	71	52	27

续表

城市名称	绿色消费型城市综合指数（18项指标结果）		生态城市健康指数（ECHI）（13项指标结果）		绿色消费型特色指数（5项指标结果）		特色指标单项排名				
	得分	排名	得分	排名	得分	排名	恩格尔系数	消费支出占可支配收入的比重	人均消费增长率	人行道面积占道路面积的比例	公用设施用地面积比例
济宁	0.8068	59	0.7991	69	0.8270	28	34	60	23	87	24
焦作	0.8056	60	0.7933	88	0.8375	20	11	35	39	3	77
徐州	0.8056	61	0.8048	56	0.8074	65	46	84	64	113	18
泰安	0.8054	62	0.8056	54	0.8047	70	25	69	36	50	113
鹰潭	0.8053	63	0.8070	50	0.8012	81	114	82	32	27	19
昆明	0.8048	64	0.8060	53	0.8018	79	73	58	4	116	10
长治	0.8044	65	0.7908	97	0.8396	18	5	92	95	20	35
日照	0.8044	66	0.7985	72	0.8197	35	17	81	108	63	52
宜昌	0.8044	67	0.8044	58	0.8042	73	94	37	74	59	43
锦州	0.8035	68	0.7986	71	0.8162	45	36	21	2	75	69
秦皇岛	0.8030	69	0.7979	73	0.8165	44	63	112	92	19	45
海口	0.8026	70	0.8140	39	0.7732	113	112	34	13	86	105
三亚	0.8023	71	0.8124	40	0.7759	112	115	25	29	15	115
本溪	0.8022	72	0.8054	55	0.7940	96	86	31	15	69	104
桂林	0.8019	73	0.8032	63	0.7987	84	102	70	34	97	23
宝鸡	0.8016	74	0.7964	81	0.8153	46	98	52	20	2	58
临沂	0.8016	75	0.7972	78	0.8132	50	12	115	109	96	26
淮南	0.8004	76	0.8032	62	0.7930	99	99	50	66	102	32
阜新	0.8003	77	0.7991	68	0.8034	77	59	17	14	65	100

续表

城市名称	绿色消费型城市综合指数（18项指标结果）		生态城市健康指数（ECHI）（13项指标结果）		绿色消费型特色指数（5项指标结果）		特色指标单项排名				
	得分	排名	得分	排名	得分	排名	恩格尔系数	消费支出占可支配收入的比重	人均消费增长率	人行道面积占道路面积的比例	公用设施用地面积比例
廊坊	0.8001	78	0.7935	87	0.8171	39	2	83	31	89	55
蚌埠	0.7994	79	0.7927	95	0.8169	41	103	68	98	25	17
德州	0.7993	80	0.7976	75	0.8037	76	24	86	47	95	76
广元	0.7988	81	0.7943	85	0.8103	57	101	38	62	28	36
连云港	0.7986	82	0.8006	67	0.7933	97	70	100	55	81	90
绵阳	0.7983	83	0.7938	86	0.8100	58	89	13	44	16	89
西宁	0.7981	84	0.7949	83	0.8064	67	91	45	18	35	63
石嘴山	0.7977	85	0.8039	60	0.7816	108	69	42	102	107	112
贵阳	0.7973	86	0.7932	89	0.8081	63	82	28	68	8	108
平顶山	0.7969	87	0.7930	91	0.8070	66	14	26	30	92	98
洛阳	0.7962	88	0.7928	93	0.8051	69	16	61	97	83	96
河源	0.7958	89	0.7863	101	0.8204	34	113	53	26	1	15
丽江	0.7957	90	0.7945	84	0.7986	85	104	102	7	72	25
大同	0.7954	91	0.7919	96	0.8045	72	49	93	70	47	94
石家庄	0.7953	92	0.7931	90	0.8012	80	56	111	100	91	46
柳州	0.7950	93	0.8022	64	0.7761	111	105	79	80	98	93
乌鲁木齐	0.7948	94	0.7878	99	0.8129	51	83	16	8	67	38
宜春	0.7939	95	0.7973	77	0.7851	105	100	87	114	104	39
衡水	0.7935	96	0.7853	102	0.8146	47	20	74	49	53	79

续表

城市名称	绿色消费型城市综合指数（18项指标结果）		生态城市健康指数（ECHI）（13项指标结果）		绿色消费型特色指数（5项指标结果）		特色指标单项排名				
	得分	排名	得分	排名	得分	排名	恩格尔系数	消费支出占可支配收入的比重	人均消费增长率	人行道面积占道路面积的比例	公用设施用地面积比例
汉中	0.7925	97	0.7842	105	0.8141	49	92	65	10	44	30
汕头	0.7918	98	0.7978	74	0.7761	110	109	1	25	112	62
怀化	0.7918	99	0.7713	111	0.8451	15	87	43	42	29	11
金昌	0.7917	100	0.7717	110	0.8435	16	32	4	37	4	61
张家口	0.7913	101	0.7843	104	0.8094	60	52	91	104	23	87
保定	0.7912	102	0.7799	108	0.8207	32	47	96	99	7	72
曲靖	0.7910	103	0.7904	98	0.7925	101	67	113	16	24	116
鸡西	0.7909	104	0.7928	94	0.7859	104	81	29	113	101	101
伊春	0.7903	105	0.7871	100	0.7984	86	80	3	6	108	57
梅州	0.7903	106	0.7929	92	0.7834	107	107	36	111	43	111
邯郸	0.7880	107	0.7844	103	0.7975	89	95	114	106	38	54
内江	0.7850	108	0.7802	107	0.7973	91	108	39	90	9	88
兰州	0.7834	109	0.7779	109	0.7978	87	76	11	19	100	74
渭南	0.7819	110	0.7702	113	0.8123	53	60	89	48	11	97
白银	0.7812	111	0.7633	115	0.8278	26	55	15	51	32	49
鞍山	0.7805	112	0.7966	80	0.7384	116	33	116	116	55	70
钦州	0.7781	113	0.7831	106	0.7650	115	116	103	69	66	95
攀枝花	0.7768	114	0.7676	114	0.8007	82	110	57	96	22	34
赣州	0.7699	115	0.7712	112	0.7664	114	97	51	75	115	85
安顺	0.7677	116	0.7579	116	0.7931	98	111	44	93	40	53

表3中的综合指数是通过对13个三级指标以及5个特色指标的综合运算得到的，健康指数的得分及排名是通过对13个三级指标的运算得到的，特色指数的得分及排名是通过对5个特色指标的计算得到的。

2012年绿色消费型城市综合指数排名如表3所示，前十位的绿色消费型城市依次为：深圳市、上海市、广州市、大庆市、珠海市、东营市、大连市、沈阳市、克拉玛依市和南京市。

表2以2012年的城市排名为序，比较了2008～2012年5年来城市排名情况的变化，表中"－"表示没有数据，主要是由于在《中国生态城市建设发展报告（2013）》中仅分析了绿色消费型城市的50强，而2012年将绿色消费型城市扩展到与核心城市相同（116个），因此在2008～2011年期间，仅有50个城市有名次。另外，2012年的绿色消费型城市排名的计算采用了恩格尔系数、消费支出占可支配收入的比重、人均消费增长率、人行道面积占道路面积的比例和公用设施用地面积比例5个扩展指标，这点亦与2008～2011年的5个扩展指标——恩格尔系数、消费支出占可支配收入的比重、人均消费增长率、人行道面积占道路面积的比例和清洁能源使用率——略有不同，因此，这个排名的变化情况仅作参考。

图1按照区域划分了各城市2012年的排名情况。可以看出，排名靠前的城市多集中在华东地区，其中进入前50名的城市中，有23个位于华东地区；中南地区有10个城市入围50强，华北地区和东北地区均有6个城市入围50强，而西北地区和西南地区较少，分别有3个和2个城市入围50强。

图2是2012年10强城市2008～2012年的排名变化图，由于扩展指标在2012年略作改动，因此，该结果仅作参考。其中，深圳市、上海市、广州市的排名情况一直比较稳定，克拉玛依市由于在2008～2011年的排名中没有参与计算，因此没有这四年的名次。大庆市和东营市2012年排名进入了前10强。大连市的排名略有波动，但是一直在第十名左右浮动，说明该市的绿色消费建设情况良好。南京市的排名逐年有缓慢下降，不过历年都在10强之内。

从重点反映绿色消费状况的特色指标来看，吉林市、廊坊市、榆林市、长春市、长治市、朔州市、济南市、包头市、呼和浩特市、大庆市等城市的恩格尔系数较低，排名靠前，说明这些城市居民用于食品支出的比例要低于其他城市；

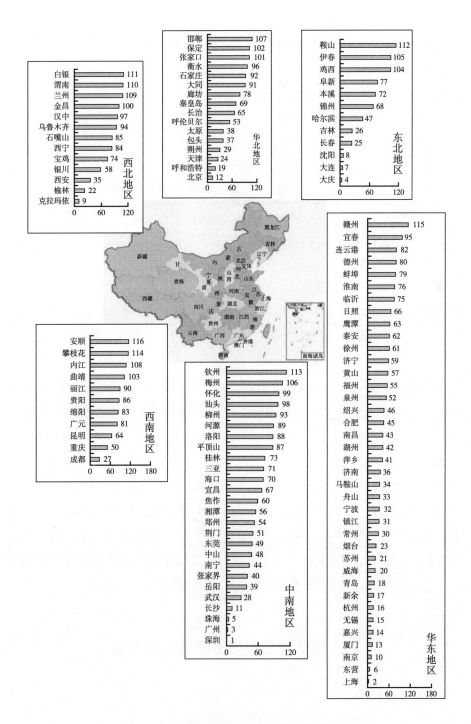

图1　2012年各城市排名在全国的分布情况

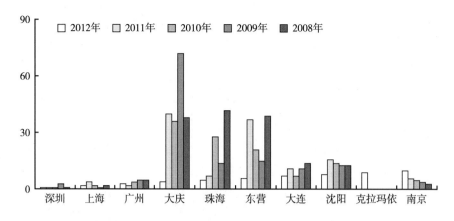

图 2　2012 年 10 强城市 5 年（2008～2012 年）的排名变化图

汕头市、克拉玛依市、伊春市、金昌市、广州市、哈尔滨市、吉林市、长春市、呼伦贝尔市以及包头市的消费支出占可支配收入的比重较高，单项排名位于前列；人均消费增长率排名前 10 的城市分别为吉林市、锦州市、荆门市、昆明市、合肥市、伊春市、丽江市、乌鲁木齐市、无锡市和汉中市；人行道面积占道路面积比例最高的 10 个城市为河源市、宝鸡市、焦作市、金昌市、湖州市、朔州市、保定市、贵阳市、内江市和榆林市；公用设施用地面积比例最高的 10 个城市为呼和浩特市、张家界市、成都市、嘉兴市、马鞍山市、长沙市、太原市、岳阳市、新余市和昆明市。

　　在绿色消费型排名位于前列的城市当中，有些城市的个别指标排名较为靠后，例如广州市、珠海市、东营市、克拉玛依市、北京市分别排名为第 3 名、第 5 名、第 6 名、第 9 名、第 12 名，但是人行道面积比例的排名却比较偏后，分别为第 80 名、第 94 名、第 110 名、第 103 名、第 93 名，其中广州市的公用设施用地面积比例的排名为 114 名；上海市和大连市的恩格尔系数排名靠后。这些单项排名可以为城市以后的建设方向提供参考。

二　绿色消费型城市建设实践探索

（一）现状分析

　　中国城市的绿色消费建设仍处于初绿阶段，就目前的发展水平来看，尚有很多需要完善和改进的细节。

近年来，伴随着城镇化进程，城乡建设均快速发展，但在这个过程中凸显了一些较为普遍的问题。诸如城市以摊大饼的形式发展，建设过程中出现千篇一律、千城一面的现象；城市慢行系统建设后管理不善、被机动车占用，难以推广绿色出行；城市交通拥堵、公交车难坐、出租车难打，降低了一部分民众出行选择公共交通的热情；伴随着经济的快速增长，精神文明建设落后，形成浪费奢靡之风；等等。

问题是几乎一切发展过程中必然出现的，在发现问题的同时，中央及地方政府也正采取各种措施力图加以解决。如十八大提出要建设美丽中国，坚持节约优先、保护优先、自然恢复为主的方针，着力推进绿色发展、循环发展、低碳发展。下文，我们将总结近年来中央及全国范围内普遍实施的推动绿色消费城市建设的一系列举措及现阶段取得的效果，再以北京市为例，梳理分析其在绿色消费型城市建设方面所做的工作及成果，这些举措都可以为其他城市在今后的发展中提供一些借鉴和经验。

（二）中国绿色消费型城市建设举措及成果

中国城市的绿色消费建设仍处于初绿阶段，近年来，中央及地方都积极出台了一系列政策、规定等推动城市绿色消费方面的发展，逐步探索适合中国国情的绿色发展模式，其中不乏积极有效并取得了阶段性效果的举措。在《中国生态城市建设发展报告（2013）》中我们分析了 2012 年之前的相关政策和规定，本报告仅对其后的相关政策及其成果进行梳理。

2012 年 12 月 4 号，中央出台了"八项规定"（包括改进调查研究、精简会议活动、精简文件简报、规范出访活动、改进警卫工作、改进新闻报道、严格文稿发表、厉行勤俭节约），旨在促使党政各级干部改进工作作风，密切联系群众。

2013 年 1 月，中央出台六项禁令，倡导节约，反对浪费，为社会带来了一股节俭新风。

时至今日，"八项规定"和"六项禁令"已出台 1 年多，成果可谓显著，高档餐饮收入下滑、高档烟酒遇冷等现象都反映出各地政府机关转变作风、反

对铺张浪费的决心和行动，也是各地落实"八项规定"所取得的阶段性成果。

2013年5月27日，全国纪检监察系统开展会员卡专项清退活动，要求做到"零持有、零报告"。

2013年7月，中办、国办要求各级党政机关5年内一律不得以任何形式和理由新建楼堂馆所。

2013年8月，中宣部等五部门发出通知，提倡节俭办晚会。

2013年9月，中央纪委和中央党的群众路线教育实践活动领导小组联合下发通知，要求坚决刹住中秋国庆期间公款送礼等不正之风。

2013年9月23日，财政部等部门发布会议费管理新规，狠刹会议费支出。

2013年10月31日，中央纪委发出通知，严禁公款购买印制寄送贺年卡等物品。

2013年10月底，中央政治局会议审议并同意印发《党政机关厉行节约反对浪费条例》，加强作风建设上升到党内法规的高度。

2013年11月12日，党的十八届三中全会通过《中共中央关于全面深化改革若干重大问题的决定》，《决定》提出了改进作风常态化的一系列制度，包括：改革会议公文制度，改革政绩考核机制，规范并严格执行领导干部工作生活保障制度等。

2013年11月27日，最高人民法院印发了《关于纠正节日不正之风的"十个不准"规定》，要求不准公款吃喝、不准收受可能影响公正执行公务的礼品等，坚决刹住节日期间的奢靡浪费之风，构建起节日纠风工作的长效机制。

这些细化措施的出台和实施，虽然主要是规范公务员的行为，但是这个群体所构建的节约风尚将逐步带动全社会作风的全面好转。目前，这股节约新风带动了整个社会民众参与的热情，阶段性的成果主要反映在餐饮业上。各地相继报道，这些规定出台后，顾客都积极响应"按需点餐，剩菜打包"，甚至连一些酒店相关负责人也认为，虽然"光盘行动"会或多或少影响酒店收入，但是作为社会责任他们都积极响应。有些饭店还在餐桌上设置温馨提醒，并培训服务员提醒顾客打包。据记者调查，呼和浩特市在2014年春节期间，饭店就餐打包率增加了六成。

2013年12月12～13日，中央城镇化工作会议召开。会议不仅针对城镇化的规划、建设和管理提出了六大任务，还就近年来城市发展当中出现的一系列问题提出，要科学开发，划定特大城市的边界，"把城市放在大自然中，把绿水青山保留给城市居民"。

会议提出的任务正是针对中国一些特大城市不尽科学的规划所做出的应对，例如划定特大城市边界，是针对前几年"摊大饼"式的城市扩张，交通、环境等各方面已经出现问题所提出来的举措。大型城市城区的范围、功能要进行科学规划，合理控制人口规模，保证城市生态环境有所改善。2014 年 3 月 27 日，国土部召开部长办公会议，主题就是讨论城市发展边界的划定问题，并决定 2014 年先划定特大城市的发展边界，2015 年扩展至大中小型城市。

此外，中国《国民经济和社会发展第十二个五年规划纲要》（以下简称《纲要》）提出要"树立绿色、低碳发展理念""提高生态文明水平"，说明中国在发展和建设过程中已经充分认识到了资源节约、节能减排、优化能源结构对于可持续发展的重要性。《纲要》也明确提出对相关制度、法律法规的完善和健全，彰显了国家将资源节约和环境保护落实到生产生活中的决心。《纲要》还对能源生产和利用方式、交通运输体系等相关问题进行了说明。关于能源利用强调了现代清洁能源产业体系的构建，科学发展水电、核电，以及太阳能、生物质能等新能源的利用等。交通运输方面，《纲要》强调了公共交通优先发展战略，提出科学规范地建设城市轨道交通、规范出租车的发展、完善城乡公共交通等一系列解决交通拥挤的措施。《纲要》还用较大篇幅强调了绿色发展，从环境保护、循环经济等六大方面对绿色发展做出了规划，明确提出推广绿色消费模式，倡导文明、节约、绿色、低碳消费理念，明确提出绿色生活方式和消费模式在全社会的养成，鼓励消费者选择绿色产品，拒绝过度包装，减少一次性产品的消费，并推行政府采购绿色化。

2014 年是"十二五"的第四个年头，各地的绿色消费城市建设都取得了一些阶段性成果，抚州市畜禽养殖业污染治理已累计削减化学需氧量 4457 吨，氨氮 633 吨。[①] 杭州市推广智慧交通，市交通运输局推出一款"交通·杭州"

---

① 《我市"十二五"畜禽养殖减排工作取得阶段性成果》，抚州市环境保护局，2013 年 12 月 17 日。

公众出行手机软件，涵盖了城市公交、公共自行车、地铁、水上巴士、出租车等多种出行系统，自 2013 年 1 月 23 日上线运行以来，获得了良好的社会反响。湘潭市公交改革在 2013 年也取得了阶段性成果，截至 12 月 26 日，共有 280 台新型环保公交车分批次投入运营。

在城市绿色照明方面，住房和城乡建设部出台了《"十二五"城市绿色照明规划纲要》（以下简称《照明纲要》）。该《照明纲要》指出，"十一五"期间我国的城市道路节能取得了较好成绩，实现节电 14.6%；以高效照明产品替代了低效照明产品，并对景观照明进行了规范。但是，从总体上看，城市绿色照明工作还处于起步阶段，城市绿色照明发展的体制机制还存在薄弱环节，有待完善。个别地区还存在管理粗放、有路无灯、监管低效等问题。针对这些城市照明建设过程中存在的问题，《照明纲要》也提出了相应的发展目标，如绿色照明的推广，节能环保产品的使用，相应规章制度的建立、健全，管理体制的完善等。

2013 年 2 月 5 日，国务院印发《循环经济发展战略及近期行动计划》（以下简称《计划》），对发展循环经济做出战略规划。确定了循环经济近期发展目标：到"十二五"末，我国主要资源产出率提高 15%，资源循环利用产业总产值达到 1.8 万亿元。[①]《计划》从循环经济现状与形势，指导思想、基本原则和主要目标，构建循环型服务业体系，实施循环经济"十百千"示范行动等 8 个章节进行了阐述。《计划》明确指出政府机关要在节能、节水、节纸、节粮等方面率先垂范，以实际行为推动全社会树立绿色消费理念，逐步形成绿色消费习惯。此外，《计划》还要求中央和省级人民政府依法设立循环经济发展专项资金，支持循环经济重大工程、重点项目及能力建设；加大政府采购支持力度，优先采购节能节水环保产品和再生利用产品；同时，研究制定激励流通企业采购节能环保产品的政策。[②]

2013 年 9 月 22 日，我国开展了中国城市无车日活动，活动主题为"绿色交通·清新空气"，旨在倡导民众选择绿色出行。这种活动不仅有利于城市交

---

① 《我国循环经济发展战略规划发布 普及推广绿色消费》，中国广播网，2013 年 2 月 7 日。

② 《政府采购强化绿色消费理念》，《中国财经报》2013 年 2 月 27 日。

通发展模式的转变，也有助于城市空气污染物的改善。我国环境保护部公布的《2012 年中国机动车污染防治年报》显示，2011 年，全国机动车排放污染物4607.9 万吨，比 2010 年增加 3.5%；机动车排放的氮氧化物超过全国氮氧化物排放总量的 1/4。来自欧洲的《长程越界空气污染公约》数据也显示，机动车是氮氧化物排放的重要来源；由道路交通引起的 PM2.5 排放约为 15%。机动车污染成为灰霾、光化学烟雾污染的重要原因。因此，倡导公共交通、自行车和步行出行不仅能对城市交通拥堵状况加以改善，亦是提高空气质量的一种措施。无车日活动将为城市降低机动车污染、改善空气质量发挥作用。① 无车日当天，多个城市分别以延长公交运营时间，公益骑行等形式多样的绿色出行方式展开了活动，当绿色交通、公交优先成为城市生活的常态，城市环境一定会更加健康、美丽、宜居。

此外，在国内较为普遍的推广绿色消费的举措还有乙醇汽油的使用，从2003 年起黑龙江、吉林、辽宁、河南、安徽、河北、山东、江苏、湖北等省的 27 个城市陆续宣称全面停用普通无铅汽油，改用添加 10% 酒精的乙醇汽油。推广乙醇汽油是"十五计划"的重点工作之一。② 乙醇汽油是一种由粮食及各种植物纤维加工成的燃料乙醇和普通汽油按一定比例混配形成的新型替代能源。在汽油中加入适量乙醇作为汽车燃料，可节省石油资源，减少汽车尾气对空气的污染，还可促进农业的生产。不过，使用乙醇汽油的试验车进气阀上的堆积物总量要比使用 93 号车用无铅汽油的车平均高出 33%。这是由于燃料乙醇的不稳定性造成的，会使喷油嘴雾化不好、乙醇汽油燃烧效率下降、耗油量增加。③ 当然，随着科学技术的创新和发展，这些问题可以得以解决。

宣传教育方面，全国各地每年都积极开展世界环境日的相关宣传活动，以近年为例，2012 年世界环境日的主题为"绿色经济：你参与了吗？"，中国将主题定为"绿色消费：你行动了吗？"。2013 年世界环境日的主题是"思前，食后，厉行节约"，中国主题将定为"同呼吸，共奋斗"。这些主题，都较为

① 《2013 年中国城市无车日主题：绿色交通·清新空气》，吉林网络广播电视台，2013 年 9 月 18 日。
② 《燃料乙醇及车用乙醇汽油"十五"发展专项规划》（计产业〔2002〕1697 号）。
③ 乙醇汽油，百度百科。

符合中国的国情，提醒人们关注节约、环境等绿色发展问题。这些宣传活动旨在唤醒公众参与绿色消费的理念，培养健康的消费行为。当绿色消费意识渗透到社会经济生活的各个层面，引起日常生产生活的良性改变时，每个社会成员都会成为绿色消费的参与者和推动者。[1]

随着城镇化进程的脚步，各大城市自行车道被机动车占用、人行道变身停车场的问题日益显著，也成为城市当中普遍存在的问题。面对这个城市问题，各地政府也都积极出台政策进行应对，这里仅列举个别案例。在 2013 年兰州市"两会"期间，建议恢复自行车道成为民间一号提案。[2] 1 月 10 日，在兰州市城关区政协会议上，区政协委员杜播升等在"关于恢复自行车专用车道及其配套设施的提案"中建议：在城市道路改扩建中重新设置标识明显的自行车专用车道，禁止机动车抢道；尽快复建自行车停车场、保管站等配套设施，并对机动车辆乱停放占用自行车道的现象从严管理。[3] 深圳将自行车等低碳交通网络的发展构建写进了政府工作报告："完善人行道、自行车道建设，构建步行、自行车与公交便捷接驳系统，推广公共自行车租赁服务，全年新投放公共自行车 1 万辆以上。"[4] 在南京市的政府工作报告中也明确指出要"完善城市慢行系统、自行车道网络"。[5] 目前，还有多个城市的人行道建设为全国其他城市做出了榜样，例如河源市、宝鸡市、焦作市、金昌市、湖州市等，这五个城市人行道面积占道路面积的比例居全国五强。

（三）北京市绿色消费型城市建设

北京为筹办奥运会，自 2003 年的世界环境日即开始启动"绿色奥运"计划，建设中涉及了绿色消费的方方面面，包括优化能源结构、环境污染防治、公共交通大力发展、清洁汽车推广等。2008 年奥运会期间，北京成功兑现绿色奥运承诺。奥运会结束后，北京仍旧坚持着绿色发展的道路。2009 年提出

① 《吴晓青：2012 年世界环境日唤醒公众绿色消费观念》，中国经济网，2012 年 6 月 5 日。
② 《本报兰州"两会"直通车启动首日，建议恢复自行车道成为焦点民间一号提案：请把自行车道还给市民》，《兰州晨报》2013 年 1 月 10 日。
③ 《兰州多条自行车道濒临灭绝 新建专用道宽仅 1 米》，《工人日报》2013 年 1 月 14 日。
④ 《政府工作报告》，《深圳特区报》2013 年 2 月 1 日。
⑤ 《南京市政府工作报告：今年压缩城建保民生》，《扬子晚报》2014 年 1 月 15 日。

"三个北京"，即"绿色北京、人文北京、科技北京"，作为北京在奥运会结束后的发展方向。之后，北京又陆续出台了一些发展绿色消费的举措，有些举措也获得了阶段性的成果，值得其他城市借鉴学习。

1. 城市绿色规划

北京市发展和改革委员会公布的《北京市"十二五"时期绿色北京发展建设规划》（以下简称《建设规划》）提出，"十二五"期间北京将从六大方面推进绿色消费，同时，北京还计划建成"山区绿屏、平原绿网、城市绿景"三道绿色生态屏障。其中，推进绿色消费的举措包括了推广绿色建筑、绿色产品，构建公共交通网络、食品安全体系、公共机构能耗水耗统计体系以及绿色消费试点城市等六大方面。

2. 城市绿化

《建设规划》中提出了北京"十二五"期间将要完成的绿化任务，并就平原和城区所要完成的绿化带分别做出了说明，例如在城区将新增百万平方米立体绿化。① 除了对绿化方面的要求，还提出"创新驱动、内涵促降"的科学发展新格局，提出建设绿色发展先进示范区并保持全国领先地位。《建设规划》设置了20项具体指标，将发展目标明了化、直观化，并首次提出了"资源产出效率"指标。在这一规划的指导下，到2012年——"十二五"时期的第二年，北京市城市园林绿地面积达到65540公顷，城市公园绿地面积达到21178公顷，建成区绿化覆盖率达到46.2%，人均公园绿地面积达到了11.87平方米，比"十一五"末2010年的人均公园绿地面积11.28平方米增加了0.59平方米。

3. 资源高效利用

资源产出效率是指消耗一次资源所产生的国内生产总值，即地区生产总值（亿元）除以资源消耗量（万吨）。由此可见自然资源利用效益会随该指标增加而增加。《建设规划》提出，"十二五"末该项指标要比"十一五"末提高15%。

《建设规划》还首次提出要建设"城市矿产"示范基地，以此来推动循环

---

① 《北京市将积极推进绿色消费》，新华网，2011年9月21日。

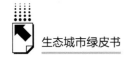

经济发展。"城市矿产"是对废弃资源再生利用规模化发展的形象比喻。北京市在规划中提出，要重点扶持进行废旧资源再生利用的企业与项目，发展相应的先进技术，扩大固体废物的利用方式。

在这一规划指导下，北京市 2010 年工业固体废物综合利用率为 65.8%，2011 年增加到 66.26%，2012 年对一般工业固体废物的综合利用率达到了78.96%。2012 年全市的污水处理率达到 83%，比上年提高 1 个百分点。生活垃圾无害化处理率达到 99.1%，比上年增加了 0.9%。

4. 垃圾分类系统

关于餐厨垃圾，《建设规划》提出将对其进行单独的装运和处理，不再与其他垃圾混合。北京计划通过建设餐厨垃圾的集中处理设施使之实现单独收集、处理，降低填埋比例，充分利用餐厨垃圾含有的营养物质，将其加工成饲料、制取出生物燃料等进行更有效的利用。北京计划在"十二五"期间实现生活垃圾资源化率达到 55%。

在处理垃圾的能力上，北京市计划"十二五"末生活垃圾处理设施处理能力达到 3 万吨/日，比"十一五"末增加 1.3 万吨/日，满足全市生活垃圾处理需要。餐厨垃圾的日处理能力将从"十一五"末的 600 吨/日增加到 2900 吨/日，增加 2300 吨/日。在处理方式上，填埋比例大为减少是一个很重要的改变。"十一五"末，垃圾焚烧、生化处理、填埋比例是 1:1:8。而在"十二五"末，这一比例将优化为 4:3:3。填埋比例将从 80% 下降到 30%。①

5. 节能降耗

"十二五"期间，北京市计划在全国首先执行节能 75% 的设计标准。北京市住建委相关负责人表示，这意味着，每平方米建筑的年采暖能耗可以再降低2.65 千克标准煤。北京市还将通过现有建筑节能改造、新建建筑节能化和绿色化等方式，节省 620 万吨标准煤。到 2015 年，北京市将在建筑节能方面构建起完善的法律法规体系，包括建筑节能工作的法规标准体系、产业支撑体系、政策调控体系、市场监管体系等，建筑节能的创新驱动、市场拉动和政策推动相结合的发展格局将基本形成。建筑节能的总体工作和大部分领域将达到

---

① 《人文北京科技北京绿色北京"十二五"规划发布》，《北京日报》2011 年 9 月 2 日。

国内领先水平，新建建筑采用的主要材料、施工技术和集中供热技术将达到国际先进水平，新建建筑节能设计标准将达到国际先进水平，绿色建筑示范项目的技术集成将达到国际领先水平。到 2020 年，对城镇、农村已有非节能建筑的节能改造将基本完成，并以达到或接近世界城市水平的标准来要求新建建筑采用可再生能源的比重、新建建筑达到绿色建筑标准的比重。"十一五"时期，北京市通过全面推进新建建筑节能、农民住宅建筑节能、既有建筑节能改造、公共建筑节能运行管理、可再生能源建筑应用、推广绿色建筑等一系列建筑节能措施的实施，每年节约标准煤 396 万吨，减排二氧化碳 990 万吨。①

以万元 GDP 能耗为例，"十一五"期间北京市万元 GDP 能耗降至 0.582 吨标煤（2005 年可比价），累计下降 26.59%，降幅居全国首位，成为全国单位地区生产总值能耗最低、唯一一个连续 5 年完成年度节能目标的省级地区，到 2011 年，北京万元 GDP 能耗又下降为 0.459 吨标煤，降幅全国最大。②

6. 治理大气污染

关于治理大气污染，2012 年 6 月 12 日，北京市政协常委会审议通过"关于进一步提升首都空气质量的建议案"，提出了内容详尽的 19 条具体建议，治理 2012 年以来备受关注的大气污染问题。其中包括污染物排放总量控制制度的制定，对机动车征收排污费，重建自行车道等；提出要加强区域慢行系统建设，恢复自行车道，进一步提高自行车出行比例。③ 2012 年 6 月，北京市公共自行车服务系统开始试运营，这是北京市政府部门第一次主导公共自行车服务，首批试点共投入 2000 辆公共自行车。据北京市交通委运输管理局介绍，将在 2015 年建成约 1000 个租车服务站点，计划使公共自行车总数达到 5 万辆。住建部副部长仇保兴亦表示，应倡导中国大城市恢复自行车道，并引用国外城市的经验称："市长不应只考虑去改善 30% 有车族的生活，而是要考虑为占人口 70% 的无车市民做些什么。"④

北京市 2014 年的政府工作报告就大气污染问题提出，要认真落实防治条

---

① 《北京"十二五"将在全国率先执行节能 75% 设计标准》，《北京日报》2011 年 9 月 2 日。

② 《2011 年各省区市万元 GDP 能耗公布北京降幅最大》，中国经济网，2012 年 8 月 16 日。

③ 《政协建议恢复自行车道》，《北京青年报》2012 年 6 月 13 日。

④ 《探寻北京"消失的自行车道"》，《燕赵都市报》2012 年 7 月 8 日。

例，使清洁空气行动计划年度任务顺利完成。具体措施包括：对燃煤锅炉进行改造，使五环路以内没有燃煤锅炉；加强对农村电网的建设，减少农村地区因原煤散烧造成的污染物排放；并计划完成四大燃气热电中心的建设。汽车方面，对于黄标车要进行淘汰，新能源汽车应逐年增加等。对于施工场地及渣土运输，应采用相应的降尘措施减少扬尘污染。绿地和森林建设工作要持续推进，完成造林主体任务并管护好已建成的森林和绿地。重点研究细颗粒物的成因及减排技术，做好重污染日应急预案的实施工作。此外，还要对公众进行宣传教育，积极引导群众参与、监督环保减排的相关工作。这方面的工作到2012 年也取得了阶段性的成果，北京市 2012 年可吸入颗粒物、二氧化硫、二氧化氮年日均值分别为 0.109、0.028、0.052 毫克/立方米，分别比上年下降4.4%、1.5% 和 5.5%。

7. 开展宣传教育

2013 年 8 月 31 日，北京开展了"绿色可持续消费宣传周"活动，主题是"绿色生活，智慧消费"。这次宣传周还设立了"限冰令"主题，与水产相关行业的企业代表与水产协会一起签署了"限冰令"承诺书，承诺将执行 2013年农业部发布的有关冻熟对虾的包冰标准，减少对社会资源的不必要浪费，促进节能减排。此外，宣传周还加大了宣传教育工作，给市民发放《绿色消费宣传册》，引导市民从节约粮食、节能节水等点滴小事了解绿色消费，养成可持续生活习惯，逐步树立绿色可持续消费意识，自觉选择节能、环保、绿色、可循环产品，把可持续消费理念贯穿于日常生活中，并通过绿色消费力量的传递影响生产商，促进可持续生产。① 除了对社会大众的宣传引导，北京市还以校园为平台，开展多种教育活动，加强学生的环保意识，例如"绿色中国梦"之环保系列进校园、"创建节约型校园优秀案例展示"等多种形式的活动。

8. 完善公共交通系统

针对交通拥堵问题，2014 年的北京市政府工作报告提出了优先发展公交网络的计划，准备加快轨道交通建设，2014 年新增通车里程 62 公里，并研究

---

① 《正谷参与"2013 绿色可持续消费宣传周"推广可持续生产与消费》，中国商业电讯，2013 年9 月 16 日。

编制到 2020 年的轨道交通建设规划。另外还要完善城市快速路和主干路系统，改造中心城主要拥堵节点；建设地面公交快速通勤系统，拓展多样化地面公交服务，建设好交通枢纽场站和驻车换乘设施，使中心城公交出行比例达到48%；合理规划整治行人步道和自行车道，加快建设公共自行车租赁系统；实施停车综合改革，开展老旧居住区停车自治管理试点，坚决治理乱停车；加强交通秩序管理，完善分区域、分时段限行措施，做好交通信息预测预报，引导车辆合理出行。这些措施足见北京市对公共交通发展的重视，以 2012 年为例，北京市的公路里程比 2011 年增加 107 公里，高速公路增加 11 公里，城市道路增加 24 公里。公共电汽车运营线路比 2011 年增加 30 条，达到 779 条，客运总量也比上年增加了 2.4%。因此，我们有理由相信，北京市的城市公共交通会在 2014 年得到更好更快的发展。

三　绿色消费型城市建设对策建议

绿色消费型城市作为生态城市发展的一个新阶段，是需要全社会为之共同努力的，为此我们提出了"政策引导，完善基建，全民参与"的发展对策。

（一）政策引导

政府制定的绿色政策与消费者的科学消费观念是相互依靠、互为条件的关系：政府的政策不仅引导着经济的发展方向，也渗透在居民的日常生活中，可以逐渐改变人们的消费观念，形成绿色环保的消费意识和绿色文化；而随着中国人民达到温饱、进入全面建设小康社会的阶段，生活水平的提高必然会引起消费需求的变化，新的消费需求更关注健康与环保，这也势必对产业的发展方向和政府政策的制定产生影响。国内的主流媒体近年也以多种形式对绿色消费、环保生活的理念进行了宣传引导，例如中央电视台在黄金时段播出了多个关于垃圾分类和绿色出行等方面的公益广告，相信绿色消费的理念会随着宣传的加大而逐步被大众接受，并同化为生活习惯。因此，绿色政策的制定和科学消费观念的养成都是绿色消费型城市建设过程中的关键因素。

（二）完善基建

政策的引导与完善的基础设施建设相辅相成，二者共同运作将能够事半功倍地把大众参与绿色消费的热情付诸行动。例如很多城市在发展过程中存在自行车道、人行道被占用的情况，直接影响绿色出行的发展，该状况已经得到了政府的重视，多个城市已将整治行人步道和自行车道写入了政府工作报告当中。城市快速公交、轨道交通的建设也是大中型城市在绿色出行方面建设的重点，快捷、便利是激励人们选择公共交通出行的必要条件。城市绿地面积的增加也显示出政府对绿色消费问题的重视，城市绿地不仅可以改善城市容貌，净化空气，降噪除尘，也为城市居民提供了休闲健身的场所，甚至能够缓解群体之间的矛盾，例如城市中频发的广场舞事件就可以通过绿地的合理规划、布局来解决。垃圾分类也在逐步发展，城市中经常看到的生物能源收集车辆，正是在收集泔水进行加工利用，这项工作不仅可以避免不法分子制作地沟油危害公共卫生，又可变废为宝避免浪费。城市中还建设了对废旧电池的回收点，美中不足的是回收点较少，尤其在城市郊区，此类回收点踪迹难寻。垃圾分类的理念尽管倡导了多年，但是关于垃圾分类的基础设施建设一直相对薄弱。因此，要引导大众将绿色消费的理念付诸行动，首先要有配套的设施作为基础，给绿色消费提供一个平台，才能发挥大众的力量，努力建设绿色消费型城市。

（三）全民参与

有了政策的引导及相应的基础设施，再加上全民的参与，才能让绿色消费这个车轮完美地运转起来。购买绿色产品，需要每个消费者或消费团体的参与才能实现；消费观念的转变亦是以人为主体作的改变；垃圾分类处置的顺利开展更加需要每个公民的配合。因此，我们倡导每一个公民都从身边一点一滴的小事做起，践行绿色消费。

我们所建立的评价体系是围绕绿色政策的制定和科学消费观念的养成展开的，以模型模拟为手段，对中国主要城市的绿色消费建设进行评价。通过评价体系也探讨了中国城市的绿色消费现状，为今后的城市建设提供了建议。整个评价体系首先注重的并不是城市排名，而是肯定建设优秀的绿色消费型城市，鼓励其继续保持城市发展的先进理念，早日带领中国城市的绿色发展与世界先进水平接轨。这些优秀的绿色消费型城市对其他城市的建设将起到模范带头作用，提供参考和启发。本报告旨在宣传和倡导环保的、资源节约的、保护生命的发展理念，需要政府和市民持之以恒的努力来共同促进城市建设更生态、更健康、更宜居。

G.8

综合创新型生态城市评价报告

曾 刚　滕堂伟　辛晓睿　朱贻文　尚勇敏　海骏娇　顾娜娜

摘　要：

综合创新型生态城市是创新型城市和生态城市的有机融合，两者互相促进形成城市自然、社会和经济多领域的创新系统，可使城市综合服务功能大大增强，推动整个城市及周边区域的持续、和谐、高效发展。本报告借助综合创新型生态城市指标体系以及2013年各相关省份的统计年鉴、各相关城市的统计年鉴、各相关城市的国民经济和社会发展统计公报、2012年全国运输机场生产统计公报等发布的2012年统计数据，对中国116个地级及以上城市的综合创新水平进行了排名，选取了排名前50位的城市进行了更深入的比较，并以北京市、深圳市、上海市和苏州市为案例进行了分析。

关键词：

综合性　创新型　生态城市　评价体系　案例分析

一　综合创新型生态城市的评价体系

（一）综合创新型生态城市的内涵

综合创新型城市是指以科技进步为动力，生态、生产、生活相互促进，主要依靠科技知识、人力资本、文化创意等创新要素驱动发展的城市。① 大力发展创新型城市是我国"十二五"国民经济和社会发展规划、"十二五"科学与

---

① 方创：《中国创新型城市建设的总体评估与瓶颈分析》，《城市发展研究》2013年第5期。

技术发展规划确立的重要目标。2010 年国家发改委发布的《国家发展改革委关于推进国家创新型城市试点工作的通知》、科技部发布的《关于进一步推进创新型城市试点工作的指导意见》等文件，进一步从发展战略、发展方式、企业发展、人才培育、体系建立等方面明确了创新型城市建设的主要任务。

创新型城市建设需要一系列特定条件，具有较高的准入门槛和衡量标准。2005 年世界银行发布的《东亚创新型城市的研究报告》指出，[①] 只有同时具备良好的交通、通信、文体等硬件基础设施，高素质人才等软实力，高质高效政府等保障体系，多样、低碳且舒适的生活场所以及多元、宽容的文化氛围等条件，才能建设创新型城市。中国城市发展研究会对全球创新型国家进行分析后指出，研发投入占 GDP 比重大于 2.5%、科技进步对地方经济的贡献率大于60%、对外技术依存度小于 30%、发明专利和创新产业化成果较多的城市才能被称为创新型城市。

从构成要素来看，创新型城市必须具备丰富的物质、人力创新资源，必须拥有一定数量的创新型企业、大学、中介、政府、行业协会等创新主体，必须具备优良的推动创新的机制体制，必须拥有鼓励交流合作、多元共存的创新文化氛围（见图 1）。[②]

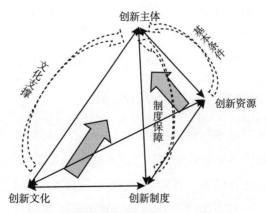

图 1　创新型城市的内部创新要素构成图

---

① 世界银行：《东亚创新型城市的研究报告》，2005。
② 杨冬梅、赵黎明、闫凌州：《创新型城市：概念模型与发展模式》，《科学学与科学技术管理》2006 年第 8 期。

创新型城市有不同的类型与发展模式，高新技术产业发展、传统产业的技术升级都有利于创新型城市的形成。按经济发展驱动力划分，法国巴黎、意大利米兰为典型的文化创新型城市，依托发达的经济，重点开展文化创意产业创新；美国堪萨斯、英国哈德斯费尔德为典型的工业创新型城市，依托良好的工业基础、专业人才和技术优势，开展工业技术创新；美国纽约、德国柏林为典型的服务创新型城市，通过增加新服务创新内容，扩大内需、促进外销，发展现代服务业；印度班加罗尔、美国硅谷为典型的科技创新型城市，依托全球顶尖的大学、研究所等知识服务机构，促进高新技术产业的持续高效发展。

秦柯、李利等学者指出，生态城市建设包括城市重构、田园城市建设、生态修复、城市设计、交通体系优化、生态补偿、体制机制创新等内容。城市重构的核心是停止城市的无序蔓延；建设田园城市的重点是改造传统村庄、小城镇和农村地区；生态修复包括修复自然环境和生态系统；城市设计是指根据能源保护和垃圾回收的要求，对城市进行设计；交通体系优化指停止对小汽车的补贴，建立步行、自行车和公共交通优先的交通体系；生态补偿指为生态重建提供足够的资金支持；体制机制创新指从推进城市生态开发的要求出发，建立健全相应的政府管理机构。[①]

综合创新型生态城市是创新型城市和生态城市的有机耦合体，两者互相促进形成城市自然、社会和经济多领域的复合创新系统，可使城市综合服务功能大大增强，推动整个城市及周边区域的持续、和谐、高效发展。

（二）综合创新型生态城市指标体系

综合创新型生态城市指标体系包括13个核心指标和5个扩展指标。2012年，我国地级及以上城市总数为287个，通过查询2013年中国城市统计年鉴、全国运输机场生产统计公报、各省统计年鉴、各城市统计年鉴、各城市国民经济和社会发展统计公报、2014年中国城市轨道交通协会信息，能够获得完整统计数据的城市为116个（不包括港澳台地区），占城市总数的40.4%。

除了生态城市指标体系的13个核心指标外，综合创新型生态城市指标体

---

① 秦柯、李利：《国内外生态城市研究进展》，《现代农业科技》2008年第19期。

系还包括百万人口专利授权数、R&D 经费支出占 GDP 比重、高新技术产业增加值占 GDP 比重、机场客货运吞吐量、轨道交通运营里程等 5 个扩展指标。

（1）百万人口专利授权数

百万人口专利授权数是指按常住人口计算的每百万人获得专利授权的件数，它是体现城市科技进步、创新能力与水平、对外科技服务辐射能力的重要指标，也是国际上衡量城市知识产出水平的通用指标。其中，专利授权量指由专利行政部门授予专利权的件数，是发明、实用新型、外观设计三种专利授权数的总和。国际知名的美国硅谷、我国台湾新竹、北京中关村等地区专利授权数都很高，国际影响很大的美国硅谷指数、中关村创新指数均赋予专利授权数很高权重。《国家"十二五"科学技术发展规划》确立的发展目标是，到"十二五"规划末期，我国百万人口发明专利拥有量力争达到 3.3 件。

（2）R&D 经费支出占 GDP 比重

R&D 经费支出是指用于基础研究、应用研究和试验发展的经费支出，包括研究与试验的人员劳务费、原材料费、固定资产购建费、管理费及其他费用。R&D 经费支出占 GDP 比重，指城市 R&D 经费支出与其国内生产总值之比，反映了城市的科学发展能力、自主创新能力、经济增长潜力，是国际上衡量城市科技活动规模、科技投入水平、科技创新能力、创新城市建设水平的通用指标。《国家"十二五"科学技术发展规划》指出，"十二五"规划期间，我国综合创新能力世界排名争取由第 21 位上升至前 18 位，科技进步贡献率力争达到 55% 以上，研发经费占国内生产总值的比重提高到 2.2%。

（3）高新技术产业增加值占 GDP 比重

高新技术产业增加值占 GDP 比重是指高新技术产业增加值与国内生产总值之比，它是衡量高新技术产业对城市产业结构调整、经济发展方式转变的贡献率以及城市创新产出水平、创新能力、发展潜力的重要指标。放眼全球，世界各国实力的竞争归根结底是科技实力和高新技术产业发展水平的竞争。发展高技术产业，可以大幅度提高城市劳动生产率、减少资源消耗、提高企业竞争力、增强城市综合实力。美国二战后的经济奇迹正是得益于其高新技术产业的高速发展。《中共中央、国务院关于加速科学技术进步的决定》将高技术产业列为国家产业政策和发展规划的重点，党的十七大报告将发展信息、生物、新

材料、航空航天、海洋等高新技术产业作为国家重要的战略任务。

（4）机场客货运吞吐量（换算旅客吞吐量）

机场客货运吞吐量指飞机旅客运送数量和货物运送数量。它反映了机场的规模、能力和效率，是衡量城市国际影响力的重要指标之一。航空运输业是全球最重要的产业之一，便利了所在城市与世界其他地方的联系，促进了地方经济的发展。机场客货运吞吐量排名靠前的城市，都是国际上综合实力、创新能力非常强的城市。为了便于计算和量纲的统一，依据旅客吞吐量和货物吞吐量之间100∶9的换算比，将货运吞吐量换算为旅客吞吐量。

（5）轨道交通运营里程

城市轨道交通是指具有固定线路、铺设固定轨道、配备运输车辆及服务设施等的公共交通设施，是城市内（有别于城际铁路，但可涵盖郊区及城市圈范围）起骨干作用的公共客运服务，具有运量大、速度快、安全、准点、低能耗、节约能源和用地（"绿色交通"）等特点，是城市的生命线，直接影响到城市的功能结构、运行效率和市民生活质量，直接影响到城市高素质人才的去留。轨道交通运营里程指投入运营的城市地铁、轻轨、有轨电车运营线路的长度，能很好地反映城市公共交通的完善程度。根据交通部发布的《"十二五"综合交通运输体系规划》，到2015年，我国城市轨道建设里程将达到3000公里。

二 综合创新型生态城市的发展评价与类型划分

（一）综合创新型生态城市指标体系

借助构建的综合创新型生态城市指标体系以及2013年各相关省的统计年鉴、各相关城市的统计年鉴、各相关城市的国民经济和社会发展统计公报、2012年全国运输机场生产统计公报等发布的2012年统计数据，我们对全国116个地级及以上城市的综合创新水平进行了评价。

1. 指标权重确立

指标体系权重的确立采取逐级等分分配的方式。首先，将目标层的权重设为1，再将目标层下属的各个主题层均分，例如生物多样性占目标层的

1/3；又将每个主题层视作 1，把该主题层所包括的各个分主题层均分，例如分主题层的生态环境占主题层生物多样性的 1/2，占目标层的 1/6；同理，将分主题层视作 1，把该分主题层所包含的各个具体指标均分，例如建城区绿化覆盖率占分主题层生态环境的 1/6，占主题层的 1/12，占目标层的 1/36（见表 1）。

表 1　综合创新型生态城市评价指标体系及权重

目标层	主题层	主题层相对目标层的权重	分主题层	分主题层相对主题层的权重	指　标　层	指标层相对分主题层的权重
综合创新型生态城市	生物多样性	1/3	生态环境	1/2	建成区绿化覆盖率(%)	1/6
					空气质量优良天数(天)	1/6
					城市绿地面积(公顷)	1/6
					人均用水量(吨/人)	1/6
					生活垃圾无害化处理率(%)	1/6
					工业废水排放达标率(%)	1/6
			生态经济	1/2	单位 GDP 综合能耗(吨标准煤/万元)	1/2
					工业固体废物综合利用率(%)	1/2
	环境协调性	1/3	生态体制	1/3	每万人从事水利、环境和公共设施管理业人数(人)	1
			生态文化	1/3	百人公共图书馆藏书(册、件)	1/2
					每万人在校大学生数(人)	1/2
			生态社会	1/3	人均绿地面积(平方米/人)	1/2
					人均 GDP(元/人)	1/2
	综合创新性	1/3	创新能力	1/2	R&D 经费占 GDP 比重(%)	1/3
					百万人口专利授权数(项)	1/3
					高新技术产业产值占 GDP 比重(%)	1/3
			服务能力	1/2	机场客货运吞吐量	1/2
					轨道交通运营里程(公里)	1/2

2. 计算方法

在对指标进行计算前，首先区分该指标属于正指标还是逆指标。对属于正指标的数据，将其中最大的值打 100 分；对属于逆指标的数据，将其中最小的值打 100 分；随后，其余城市的得分按与得分最高城市的比例，计算出该项指标的最终得分。

$$具体正指标的得分 = \frac{现状值}{统计城市中该类指标最大值} \times 100$$

$$具体逆指标的得分 = \frac{统计城市中该类指标最小值}{现状值} \times 100$$

正、逆指标得分取值范围均为 0 ~ 100，也就是说，若出现负值统一进行归零处理。得分越高，表示该指标越好，越小表示该指标越差。

我们围绕生物多样性、环境协调性及综合创新性三个主题，生态环境、生态经济、生态制度、生态文化、生态社会、创新能力及服务能力七个分主题，最终落实到各个具体指标，对综合创新型生态城市的发展状况进行计算和比较。分别得到 116 个城市相应的 18 个具体指标、各主题层和分主题层得分，城市的某一级得分越高表示该城市在这一级表现越好，整体得分越高则表明该城市在综合创新型生态城市中的发展水平越高。

（二）综合创新型生态城市排名

根据前述方法，我们对 116 个城市 2012 年、2010 年的综合创新水平进行了计算和比较，并选取了排名前 50 名的城市进行了更深入的分析。总得分排名位列前 50 名的城市主要包括北京、上海等直辖市；广州、杭州等省会城市；烟台、连云港等沿海开放型城市；东营、克拉玛依等资源型城市；还有无锡、镇江等交通地理区位优越的城市（见表 2）。

从排名前 50 位的榜单中我们可以看到，排在前 3 名的北京、深圳、上海三个城市得分都在 60 分左右，几乎是 50 名中靠后城市得分的两倍。这表明全国综合创新型生态城市之间的差距仍然较大。同时，登上榜单的城市，尤其是其中较为靠前的城市主要分布在东部沿海地区，西部地区城市的数量较少，地域差异明显。

将 2012 年的计算结果与 2010 年的计算结果进行对比分析表明：第一，我国综合创新型生态城市前 50 名城市的总体得分水平呈上升趋势。前 50 名城市得分的均值由 2010 年的 40.45 分提高到 2012 年的 40.96 分，排名在第 50 名的城市得分由 31.92 分上升到 34.36 分。第二，许多城市的赶超式发展趋势显著。例如，深圳的排名从 2010 年的第 3 名上升至 2012 年的第 2 名，而榆林、鹰

表2 2012年综合创新型生态城市前50名

排名	城市名称	总分	排名	城市名称	总分	排名	城市名称	总分
1	北 京	64.39	18	南 京	40.62	35	连云港	37.02
2	深 圳	63.23	19	长 沙	40.49	36	东 莞	36.93
3	上 海	59.86	20	鹰 潭	39.97	37	威 海	36.63
4	广 州	55.14	21	常 州	39.93	38	舟 山	36.21
5	珠 海	50.33	22	成 都	39.37	39	济 南	35.67
6	厦 门	50.30	23	武 汉	39.19	40	湖 州	35.59
7	杭 州	49.49	24	镇 江	39.15	41	克拉玛依	35.57
8	三 亚	46.10	25	中 山	38.94	42	郑 州	35.57
9	苏 州	45.85	26	青 岛	38.85	43	汕 头	35.49
10	无 锡	42.74	27	福 州	38.79	44	绍 兴	35.44
11	西 安	42.57	28	合 肥	38.69	45	廊 坊	34.87
12	海 口	42.35	29	沈 阳	38.53	46	宜 春	34.83
13	宁 波	41.98	30	南 昌	37.72	47	重 庆	34.73
14	大 连	41.89	31	长 春	37.59	48	绵 阳	34.53
15	东 营	41.45	32	烟 台	37.54	49	哈尔滨	34.36
16	天 津	41.42	33	嘉 兴	37.54	50	黄 山	34.36
17	榆 林	40.99	34	徐 州	37.26			

潭等未进入2010年前50名的城市出现在2012年前50的榜单中，且排名较为靠前。第三，各个城市之间的差距正在缩小。前50名城市得分的方差由2010年的63.13缩小到2012年的50.94。

（三）综合创新型生态城市聚类分析

为了对各种城市的类型进行更为细致和精确的划分，我们以指标体系中的七个分主题（生态环境、生态经济、生态体制、生态文化、生态社会、创新能力、服务能力）作为变量，综合创新型生态城市前50名的城市作为样本，利用系统聚类法进行聚类分析，采用离差平方和算法，得到这50个综合创新型生态城市的聚类谱系图（见图2）。

根据图2中的聚类谱系图，按照各个城市在七大分主题上得分的特征与区别，可以将这50个城市分为四类。

第一类城市：北京市、深圳市、上海市、广州市（共4个）；

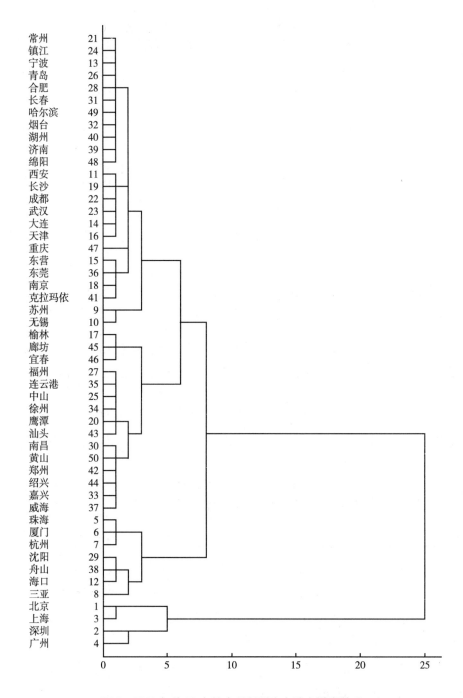

图2　2012年前50名综合创新型生态城市聚类谱系

第二类城市：珠海市、厦门市、杭州市、三亚市、海口市、沈阳市、舟山市（共7个）；

第三类城市：苏州市、无锡市、西安市、宁波市、大连市、东营市、天津市、南京市、长沙市、常州市、成都市、武汉市、镇江市、青岛市、合肥市、长春市、烟台市、东莞市、济南市、湖州市、克拉玛依市、重庆市、绵阳市、哈尔滨市（共24个）；

第四类城市：榆林市、鹰潭市、中山市、福州市、南昌市、嘉兴市、徐州市、连云港市、威海市、郑州市、汕头市、绍兴市、廊坊市、宜春市、黄山市（共15个）。

通过各类城市在不同分主题上的得分情况（见图3），可以看出各个类型城市的不同特点。

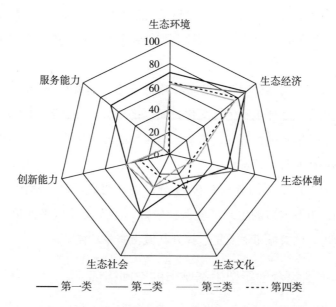

图3 2012年我国四种类型综合创新型生态城市的各分主题得分

第一类城市的综合实力特别突出，各方面几乎都在全国处于领先地位。从总分上看，4个第一类城市的平均分达到了60.66分，遥遥领先于其他类别的城市。从各个分主题来看，第一类城市在服务能力上特别突出，平均分达到68.90分，与其他类别的城市相比拥有非常显著的优势。北京市、深圳市、上

海市、广州市4个城市在我国综合创新型生态城市的发展中各方面基本都位居前列，起到了引领和示范作用。

第二类城市的综合水平较高。从总分上看，7个第二类城市的平均分达到了44.76分，与第三、第四类城市相比具有一定优势。从各个分主题来看，第二类城市的强项在于生态经济和生态体制，平均分分别达到86.89分和64.71分。尤其是在生态体制方面，第二类城市的得分在所有类别的城市中是最高的。珠海市、厦门市、杭州市、三亚市等城市综合创新型生态城市建设发展势头良好，而经济和机制优势是其内部重要的支持和保障。

第三、第四类城市虽然在总分上并不占优势，但也有着各自的突出领域。对于第三类城市而言，24个城市的平均分为36.87分。第三类城市的优势体现在生态社会和创新能力方面，平均分分别达到了32.68分和41.01分，它们在这两个分主题上的水平是第二、第三、第四类城市中最高的。苏州市、无锡市、西安市、宁波市等城市在生态社会和创新方面独树一帜，在未来拥有较大的发展潜力。

第四类城市平均得分为35.39分，略低于第三类城市。不过15个第四类城市的强项在于生态环境和生态文化方面，平均分分别达到64.00分和34.18分。其中生态环境水平在第二、第三、第四类城市中是最高的，而生态文化方面的得分更是在所有类别城市中最高。但是，第四类城市的缺陷十分明显，它们在服务能力方面的平均分只有0.94分，表现明显不佳。榆林市、鹰潭市、中山市、福州市等城市的生态环境保护较好，生态文化氛围的培育也较为成熟。展望未来，这类城市需要重点提升其城市服务功能。

（四）中国综合创新型生态城市的空间格局

为了优化国土空间，需要对我国综合创新型生态城市建设状况的空间格局进行分析。根据综合创新型生态城市的盈亏状况，可以将我国划分为长三角生态盈余城市区、珠三角生态盈余城市区、环渤海生态持平城市区、海西生态持平城市区、中部生态略亏城市区、东北生态亏空城市区、西部生态亏空城市区等七大区域。与2010年相比，2012年的空间分布略有变化。

（1）长三角生态盈余城市区

长三角生态盈余城市区位于我国长江三角洲地区，包括上海市、南京市、苏州市、无锡市、杭州市、宁波市等城市，2012 年综合创新型生态城市综合指标得分的平均分为 45.00，大部分城市得分在 40 分以上。长三角生态盈余城市区总体上处于全国领先位置，城市发展基础较好、生态创新综合能力较强。在 2010～2012 年，区域中一些原本不太突出的城市发展迅速。例如，徐州不仅进入了总分前 50 名，而且是所有 116 座城市中得分进步最大的城市。究其原因，徐州在工业固体废物综合利用率、高新技术产业产值占 GDP 比重等指标上进步显著。展望未来，长三角生态盈余城市区应该进一步提升生态技术水平、优化产业结构。

（2）珠三角生态盈余城市区

珠三角生态盈余城市区位于我国珠江三角洲地区，包括广州市、深圳市、中山市、珠海市等城市。珠三角生态盈余城市区的综合发展水平同样较好，2012 年平均得分为 44.68，且大部分城市得分在 40 以上。但在 2010～2012 年深圳市等城市保持稳步上升态势的同时，河源市等城市得分却出现了下降。展望未来，本地区城市需要加强生态环境、创新能力建设。

（3）环渤海生态持平城市区

环渤海生态持平城市区处于我国环渤海地区，包括北京市、天津市、沈阳市、大连市、济南市、青岛市、石家庄市等城市。该区 2012 年平均得分为 37.83，大部分城市得分在 35 分左右，总体上处于生态持平状态。从地区内部差异来看，北京市的综合实力非常突出，但其他城市表现相对较差。在 2010～2012 年，该区内城市地位有升有降，烟台市、东营市等城市得分有所提升，鞍山市等城市则出现了不同程度的下降，内部稳定性较差。展望未来，这些城市应当重视生态与经济发展的协调关系，重视资源型城市的升级改造。

（4）海西生态持平城市区

海西生态持平城市区位于我国台湾海峡西岸，包括厦门市、福州市、泉州市、赣州市、鹰潭市、汕头市等城市。该区 2012 年平均得分为 37.09，大部分城市得分在 35 分左右，总体上处于生态持平状态。在 2010～2012 年，区内城市得分变化不大，呈现略微上升的趋势。其中，鹰潭市跃升至 2012 前 50

强，且排名较为靠前。究其原因，鹰潭市在建成区绿化覆盖率、单位 GDP 综合能耗等指标上进步明显。展望未来，鹰潭市在生态环境优化和资源利用效率提升方面积累的经验值得其他城市学习借鉴。

（5）中部生态略亏城市区

中部生态略亏城市区位于我国中部，包括武汉市、宜昌市、长沙市、张家界市、怀化市、南昌市等城市。该区 2012 年平均得分为 33.38，大部分城市得分在 30 分左右，总体上处于生态略亏状态。从区内差异来看，武汉市、长沙市、南昌市的综合水平较高，其他城市综合水平不高。在 2010~2012 年，长沙市等大部分城市得分变化不大，而怀化虽然仍未进入 2012 的 50 强，但其得分在两年间已经有了显著的进步，生活垃圾无害化处理率上升幅度很大。怀化市在城市生态优化方面积累的经验值得其他城市学习。

（6）东北生态亏空城市区

东北生态亏空城市区位于我国东北，包括长春市、吉林市、哈尔滨市、大庆市等城市。该区 2012 年平均得分为 30.28，且大部分城市得分在 30 分以下，处于生态亏空状态。区中大部分城市为东北老工业基地，资源开发过度，产业转型升级压力较大。在 2010~2012 年，区内许多城市进步明显，哈尔滨市、大庆市等城市的得分有所增加，在建成区绿化覆盖率、生活垃圾无害化处理率等指标上提升不少。但吉林市等城市的得分出现了下降，在工业固废综合利用率、高新技术产业产值占 GDP 比重等方面表现欠佳。从提升综合水平考虑，区内城市应该重视城市生态环境改善、城市生活质量提升，在技术创新、产业的生态化、产业结构调整方面做出更大的努力。

（7）西部生态亏空城市区

西部生态亏空城市区位于我国西部，包括重庆市、成都市、贵阳市、西安市、兰州市等城市。该区 2012 年平均得分为 30.14，除省会城市外，区内大部分城市得分在 30 分以下，属于生态亏空城市区。在 2010~2012 年，区内城市得分变动较大，西南的钦州、西北的榆林得分、排名大幅度上升，提升幅度分别位居全部 116 座城市中的第 2 名和第 4 名，其中榆林市跃升至全国 50 强的前列，这两个城市在绿化覆盖率、工业固废综合处理率、单位 GDP 综合能耗等指标上进步显著；而西北的金昌市、西南的攀枝花市等城市得分则出现了下降。对于得分较低的城市，应该重视城市生活质量提升、生态环境改善、产业技术升级，逐步扭转目前的生态亏空状态。

三 综合创新型生态城市建设的典型案例

（一）北京市：绿色出行的先行城市

北京市委、市政府高度重视生态文明建设，2012 年北京市综合创新型生态城市综合指数为 64.39，在 116 个城市中排名第 1；其中，服务能力得分15.02，仅次于上海市，遥遥领先于其他城市；生态体制得分 8.25，仅次于三亚市；在生态经济、生态体制、服务能力、创新能力等七个领域均处在全国领先地位。究其原因，北京市作为中国的政治文化中心、中国对外交流的窗口，科技资源非常集中，在建设综合创新型城市方面具有得天独厚的优势，尤其是2008 年奥运会极大地提升了北京市的生态城市建设水平。从具体措施来看，北京市政府从北京人口多、出行压力大的现实出发，采取切实措施，优先支持容量大、污染小、效率高、受益面广的城市公共交通的发展，走出了一条生态城市建设的新路。

1. 坚持公交优先战略，大力发展公共交通

北京市 2012 年常住人口达 2069.3 万人，职住分离现象严重，居民交通需求旺盛，治理交通拥堵、发展公共交通系统特别是城市轨道交通成为社会各界关注的问题。[1][2] 北京市政府积极落实 2006 年建设部、国家发展改革委、财政部、劳动保障部等四部门共同印发的《关于优先发展城市公共交通若干经济政策的意见》，在"加大城市公共交通的投入、建立低票价的补贴机制、认真落实燃油补助及其他各项补贴、规范专项经济补偿"等方面采取了实际行动。2006 年底，在广泛征求人大代表、政协委员和社会各界意见的基础上，北京

---

① 吕巍：《民进北京市委呼吁完善公共交通体系让首都不再成为"首堵"》，《人民政协报》2013年 1 月 23 日第 A03 版。

② 马兴峰、许瑞华：《城市轨道交通网络列车运行延误产生与抑制》，载《交通运输工程领域博士研究生国际创新论坛会议论文集》，人民交通出版社，2006，第 56～65 页。

市交通委等部门联合制定了《关于优先发展公共交通的意见》，确定了发展公共交通在城市可持续发展中的重要战略地位，进一步明确了公交的公益属性，明确了在加快轨道建设的同时，对地面公交系统进行全面提升改造，对公共交通施行设施用地、投资安排、路权分配、财税扶持的"四优先"政策。[1] 并以迎接 2008 年北京奥运会为契机，进行了两次大规模的公共交通改革，通过大力发展公共交通、提高自行车道和人行道的通行能力，为市民慢行交通、低碳出行创造了优越的条件，扩大了市民对绿色生活的知晓度和参与度，使绿色消费、绿色出行、绿色居住成为人们的自觉行动，北京市民对自然、环保、节俭、健康融合的生活方式的热情空前高涨，[2] 形成了独具特色的"北京模式"，引起了国内外的广泛关注。[3]

2. 加大财政补贴力度，实行低票价政策

公交优先政策最直接的体现就是价格调整，北京市从 2007 年 1 月 1 日开始公交普遍降价，普通卡 4 折，学生卡 2 折，包括空调车在内的公交线路的基础价为 1 元，并且对北京市享受居民最低生活保障待遇的人员及其家庭的学生购买月票卡每卡每月给予 10 元的补助。2006 年北京市财政共安排 36.72 亿元资金支持公共交通事业发展，2007 年增加到 49.76 亿元，2008 年为 100 亿元，2009 年为 120 亿元，2010 年为 150 亿元，2011 年为 175 亿元。2012 年，随着地铁 6 号线、10 号线二期、9 号线北段、8 号线南段等几条线路的开通，公交补贴额达到 243 亿元。七年间，年度公交财政补贴额增加了 5 倍多（见图 4）。北京成为国内公交票价最低的城市之一，受到了北京市民和国内外赴京人士的好评。

3. 重视城市交通基础设施建设的投入，交通输送能力大幅提升

北京市委、市政府十分重视对交通基础设施的投入，投资额由"十五"期间的 1000 亿元增长到"十一五"期间的 1500 亿元。北京市在优化地面公交的同时，非常重视轨道交通建设。《北京市轨道交通近期建设规划（2004 ~

---

① 《公共交通优先发展的"北京模式"——市委书记市长关注什么？2007 年中国城市管理进步奖推荐案例》，《领导决策信息》2007 年第 39 期。

② 叶立梅：《北京生态城市的实现路径》，《北京规划建设》2012 年第 2 期。

③ 刘波：《北京公共交通补贴的路径、问题及对策》，《北京规划建设》2013 年第 3 期。

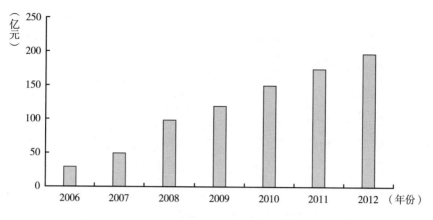

图4　2006~2012 年北京市公共交通补贴额变化

2015 年)》指出，到 2015 年，北京将建成开通共 19 条公交轨道，总里程达561 公里，形成"三环、四横、五纵、七放射"的轨道交通骨架网络，公共交通出行比例也将大幅提升。2013 年，公共交通出行比例从 2012 年的 44% 提高到 46%，日均运送乘客达 1320 万人。预计到 2014 年，公共交通出行比例将达 48%。北京即将步入公共交通主导城市交通的时代。①

4. 鼓励科技创新，着力构建低碳城市交通技术体系

在低碳交通方面，北京市政府出台了《北京市建设低碳交通运输体系试点实施方案（2012~2014 年)》，紧紧围绕"人文交通、科技交通、绿色交通"的发展理念，以加快转变交通发展方式为主线，以提高能源利用效率、降低二氧化碳排放强度为重点，突出城市公交、社会车辆需求管理、智慧交通"三个特色"，构建了都市低碳交通运输框架体系，有力地促进了北京交通节能减排工作，提高了首都全面协调可持续发展能力，为全国低碳建筑和低碳交通运输体系建设提供了有益的借鉴。

（二）深圳市：产城融合的示范市

在综合创新型生态城市排名中，深圳市以 63.23 的总分位居第 2。其中，核心指标得分以绝对优势折桂，而扩展指标稍逊于北京市与上海市，屈居第 3。

---

① 孙文剑、赵正阳：《北京步入公共交通时代》，《中国交通报》2014 年 3 月 3 日第 1 版。

自 1979 年建市以来，深圳市凭借"深圳速度"在 30 多年间完成了从小渔村到大都市的嬗变，产业规模迅速扩大，产城分离问题日益突出，深圳生态城市建设面临严峻挑战。为了解决这一问题，深圳市政府率先开展了"产城融合"的实践探索，重视生产、生活、生态三者的融合发展，进一步丰富了新时期"深圳模式"的内容。

1. 重视城市空间布局的组团化，城市功能区之间的协调程度大幅上升

为实现产城融合，深圳在城市空间结构上形成"市—分区组团—产业分区"三级空间层级，[①] 并根据规划重点发展的产业、产业布局及要素富集程度划出五类产业分区。产业分区内部，土地混合使用，产业用地、生活用地、生态用地统一规划。中心区为城市中心及各分区组团中心，是服务要素集中区，重点引导商贸及生产性服务业发展；特色资源区是交通、政策或文化等各类特色资源要素集中区，主要引导交通枢纽、大学城、特色旅游等产业发展；产业园区是成本和科技要素的集中区，以制造业为主；过渡区是城市中心区外围的服务和成本要素集中区，接近轨道站点，以 2.5 产业及一般性服务业为主；生态保护区则是各类山体、河流等生态资源要素集中区。此外，深圳市政府还将产业园区边界划定为制造业"产业控制线"，明确控制线外不再新增制造业，已有制造业鼓励向控制线内集聚，[②] 有效地控制了工业污染的扩散。

2. 启动"工改工"项目，推进产城社区建设

"工改工"项目源于深圳市土地资源稀缺、工业用地利用不充分且产能较低，迫切需要进行土地盘活及二次开发的背景。该项目实施的重要方式之一即是以产城融合的第四代产业园区模式改造提升旧工业区，以"产城社区"的形式同步推进产业"高新软优"升级与城市更新改造。

"工改工"产城社区建设模式分为政府主导和企业主导两种。为吸引更多社会企业资金注入并保证开发商预期利润，深圳市政府出台了一系列政策引导

---

① 贺传皎、王旭、邹兵：《由"产城互促"到"产城融合"——深圳市产业布局规划的思路与方法》，《城市规划学刊》2012 年第 5 期。
② 李江、王旭：《从集聚走向融合：对产城互动与规划统筹的若干思考——以深圳为例》，载《第十五届中国科协年会，产城互动与规划统筹研讨会论文集》，2013，第 1～6 页。

"工改工"产城社区的建设，如适当放松了工业用地转让的限制并降低了地价计收，引导开发商进入"工改工"领域。例如，深圳大运软件小镇是政府主导的建设项目，位于地铁龙岗线大运站南侧莲塘尾工业区，占地约14万平方米，建筑面积16万多平方米。项目改造前，莲塘尾工业区内有各类工矿企业90多家，大多数属于低端制造业，产值不高、税收不多。一期启动区改造建筑共33栋，改造面积5.52万平方米。现为以软件产业为主体的产城社区，5分钟生活圈内各式特色餐饮、服装、超市等生活配套一应俱全，各类高档住宅区环境优美，均价仅为市区一半。一期改造成效显著，在此基础上综合整治二期工程将于2014年展开。

3. 倡导绿色交通、绿色建筑，构建宜居宜业环境

深圳已经进入后工业化时代，近年来的产业升级较为成功，率先摆脱了粗放型的发展模式，2009年深圳成为国家住房和城乡建设部批准的第一个"国家低碳生态示范市"，目前正致力于全国"设计之都""绿色建筑之都"的建设。在绿色交通方面，深圳市政府重视轨道交通和绿道网的建设。以轨道交通建设为契机，借助TOD模式，带动了城市功能调整和组团结构优化；通过轨道的延伸和结网，使城市体系逐步从单一、扁平向多元、立体发展，用地功能愈发趋于紧凑集约，产城融合取得突破性进展。2010年起，深圳联合广州、珠海等城市共同推进"珠三角绿道网"的规划建设，深圳段区域绿道总长度约300公里。在此基础上，2011年深圳市进一步完善形成"深圳绿道网"专项规划，以2条区域绿道为主干，增添2条滨海风情线、1条城市活力线、6条滨河休闲线、16条山海风光线，共同组成"四横八环"，为产城融合提供了良好的环境保障（见图5）。

在绿色建筑方面，深圳市政府从存量建筑和增量建筑两方面共同着手，致力于打造绿色建筑之都。2009年起，深圳市政府将存量建筑节能改革纳入政府年度投资计划，首批改造试点项目包括市民中心、市委办公楼等重点单位，以能源审计、能效公示等工作作为基础，有序推进存量建筑节能改造。对于增量建筑，深圳市以3R原则（减量化、再利用、资源化）为引导，推进建筑废弃物减排与综合利用，发展绿色建材，并提倡绿色施工，强制推行12层以下新建住宅安装太阳能热水系统。在建筑用遮阳百叶、冰蓄冷技术、可

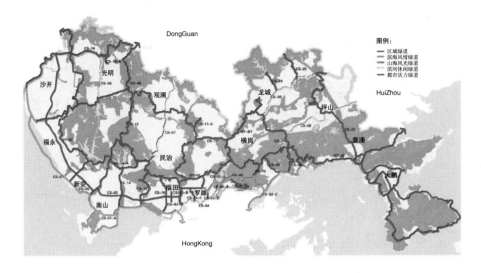

图5 深圳市绿道网规划布局图

资料来源：深圳绿道网专项规划公示版，深圳市城市规划设计研究院。

再生能源规模化利用、能源监测、雨水收集、创新钢结构体系、清水混凝土技术、全过程室内污染物控制等生态技术领域，深圳市取得了一大批有价值的科技成果。

（三）上海市：生态文明建设试验区

上海市是我国重要的经济和金融中心，2012年综合创新型生态城市总得分为59.86，在116个城市中排名第3。作为国际大都市，上海在综合服务能力、创新与高新技术产业发展等方面优势显著，而以崇明生态岛建设为抓手的生态文明建设试验区探索则成为上海谋求竞争新优势和发展新空间、进行全球性城市建设的战略重点之一。

崇明岛位于上海市北部，是我国第三大岛屿，面积1200平方千米，占上海市域面积的近1/5，具有较好的生态环境、丰富的土地空间、多样化的自然生物资源等优势，是上海可持续发展的重要战略空间，是上海市最重要的生态功能区，对进一步完善城市综合功能、提升综合竞争力、实现"四个率先"意义重大。2014年3月联合国环境规划署（UNEP）在上海发布了《崇明生态岛建设国际评估报告》，对崇明生态岛的发展模式、技术体系及示范效益给予了很高的评价："崇明模式"已经成为世界生态建设的样板之一。①

1. 科技先行，凸显创新性生态建设理念

上海市发改委、科委等政府职能部门支持华东师范大学、复旦大学、同济大学等高校、研究机构围绕崇明生态岛建设问题开展联合攻关，编制了《崇明生态岛建设指标体系》《崇明生态岛建设纲要（2010～2020）》《崇明陈家镇低碳国际生态社区建设导则》等文件，建设了瀛东生态村、陈家镇国际生态社区、东滩湿地公园等一批科技示范工程，开发了地源热泵、可再生能源利用、自然通风系统、个性化新风系统、自然采光、污水处理中水回用雨水收集、尿粪的资源化利用、智能控制系统等生态技术，综合节能高达75%，可再生能源利用率达50%。此外，崇明已初步形成了水环境治理和湿地保护、生态农业建设与稀有物种保护等方面的关键技术体系。

2. 以"水土林"为抓手，重视自然生态建设与维护

作为我国东部沿海大通道的沪崇苏隧桥工程通车后，进入崇明的物流、人流大幅增加，崇明脆弱的生态环境面临巨大冲击。为此，上海市政府建成了崇明东滩、西滩两大湿地保护示范区，使崇明占全球1%水鸟种数保持在7种，特别是东滩湿地保护区已列入国际重要湿地名录，建成了326平方公里的国家级自然保护区；加强林带和绿地系统建设，使崇明绿化率提高到23%；建成了东风西沙原水水库，加大对河道生态修复的支持力度，使崇明骨干河道水质达Ⅲ类及以上的河段达到97.5%以上，"天蓝、地绿、水清"的崇明开始显现，崇明对上海中心城区的生态贡献率稳步上升。2010～2012年的3年间，通过水、土、林的系统建设，崇明岛的岛屿生态环境保障能力得到有效提升，成功创建了科技部"国家可持续发展实验区"，并顺利通过中期成果验收。

3. 构建绿色产业体系，实现富民惠民目标

崇明岛大力发展现代生态农业，成功引入一批行业领军企业，农产品质量稳步提升。生态岛成为全市最大的蔬菜基地，被农业部认定为"国家级现代农业示范区"；截至2012年12月底，建成3个千亩绿叶菜生产基地；农业标

---

① 俞陶然：《崇明岛能否建"生态文明特区"》，《解放日报》2014年3月11日第9版。

准化示范园达到 100 个，全县已有 499 种产品获得了有机、绿色、无公害认证；在市区新增崇明农产品专卖店（柜）102 家，年销售额达到 6.1 亿元。崇明生态岛已经成为全市最大的蔬菜基地，在稳定市区菜价、保障全市食品安全中发挥了巨大作用，被农业部认定为"国家级现代农业示范区"。同时，崇明岛推广清洁生产技术，以整治铸造、危化、小化工、黑色金属冶炼加工、橡胶制品等"两高一低"企业为抓手，关停园区外污染企业 106 家，产业结构调整成果显著。另外，悉心培育现代服务业，以休闲农业与乡村旅游为龙头，着力打造生态旅游集聚地，创立了"西沙湿地保护与利用双赢模式实践区"，日接待游客高峰时达 3.2 万人，成为市民理想的休憩旅游目的地之一，2013 年接待游客 370 万人次，实现直接收入 6 亿元。此外，近年来崇明岛的文化创意产业、新能源产业和软件信息服务业也获得较快发展。

4. 重视大型民生工程建设，改善人居生态环境

崇明生态岛在建设自然生态和产业生态的同时，积极推动人居生态的发展。首先，建设现代化城乡交通体系，在发展过程中对骨干路网进行了有序衔接，并积极建设农村路网。实施了公交车辆升级，开通了超级电容公交示范线，加快推进现代绿色公交体系建设。其次，崇明岛通过加快城镇生活污水截污纳管与集中处理设施建设，开创了农村污水分散式处理新模式，改善了农村的水环境质量。在固体废弃物综合管理上，崇明岛通过建立生活垃圾处理厂等实现了固体废弃物的"减量化、无害化、资源化"。崇明以生态宜居为核心的人居生态建设成效已经初步显现，2010 年 9 月被评为"中国长寿之乡"，成为我国第一个"长寿之岛"。

5. 通过体制机制创新，确保生态文明建设战略目标的实现

崇明县政府形成了生态岛建设统筹规划机制。首先，崇明建设世界级生态岛是经过多年科学论证、系统规划的战略举措，先后经过了近百次的专家论证、专题研讨和实地调研，先后出台了三岛总体规划、生态岛指标体系研究、生态岛建设纲要等系列规划，保障生态岛建设的前瞻性、系统性与科学性。其次，上海市政府与崇明县政府联手，构建了生态岛建设滚动推进机制。《崇明生态岛建设纲要（2010～2020）》战略举措与多轮三年行动计划有机结合，有效统筹了长远规划与当前建设的关系，建立了崇明生态岛重大工程项目库，按

照"储备一批、开工一批、竣工一批"的滚动推进模式，有序推进《纲要》的实施。在项目落实过程中推行项目全过程管理，执行"项目工程前期研究、立项建设质量跟踪、竣工验收质量评价、项目实施效益评估"的四阶段项目管理制度，将动态反馈机制深化落实到项目层面，保证了建设项目的动态优化。再次，建立了生态岛绩效动态评估机制。不断完善"一年一考核、三年一评估"的评估考核制度。最后，建立了生态环境预警监测评估体系，落实动态监测与年度考核工作，及时开展生态岛建设三年绩效评估。通过评估考核，建立动态反馈机制，及时发现问题，持续优化生态岛建设。

崇明岛作为生态文明建设的成功试验区，其可借鉴的经验主要是以下几方面。第一，精准的定位，科学的规划。崇明一直是长三角地区受工业化活动影响最小的区域。1998 年，上海市政府正式提出建设崇明生态岛的设想。2005 年，上海市提出加快崇明生态岛建设，制定了《崇明三岛总体规划》。随后上海市联合多所高校和研究机构，对崇明的发展进行了科学规划，将其定位于"世界级生态岛"，并形成了《崇明生态岛建设指标体系》《崇明生态岛建设纲要（2010～2020)》等多个规划方案，科学指导崇明生态岛有序建设，同时也为崇明岛的生态技术应用、绿色建筑和绿色交通建设等方面提供了有力的科技支撑。第二，内生动力是其区域升级的核心。崇明岛区位优势明显，沪崇苏隧桥工程通车后，其与长三角形成良好互动，但崇明经济发展并没有依靠简单地承接来自外部发达地区的产业转移，利用其廉价的土地、劳动力等成本优势，而是挖掘区域内的生态价值，构建了基于技术创新的地方特色生态产业体系，特别是通过建设产业集群来培育产业竞争力，形成了具有地方特色的区域竞争力。

（四）苏州市：生态产业化典范城市

苏州是江苏省重要的经济、文化、商业中心。2012 年，苏州市综合创新型生态城市综合得分为 45.85，在 116 个城市中排名第 9。2012 年，苏州市被确定为全国生态文明建设首批试点城市。2013 年，苏州被评为国家循环经济示范城市、国家低碳试点城市。苏州市政府在产业园区、产业联盟、生态补偿等领域，创造了生态城市建设的苏州经验。

1. 以产业园区为载体，大力发展环保产业

苏州是全国开发区兴办时间最早、发展速度最快、数量最多的城市之一，开发区现已成为苏州经济发展的重要支撑、科技创新的主战场、产业转型升级的核心载体。苏州开发区着力创建国家级、省级生态工业示范区，引导企业开展清洁生产、中水回用和节能降耗等循环经济试点。2007年，苏州工业园区、苏州高新区在全省率先通过了创建国家级生态园区的省级考核验收。① 作为一个富有生命力的新兴产业，环保产业已成为高新区经济发展的重要组成部分。苏州高新技术产业开发区1999年被国家环保总局认定为国内首家"ISO14000国家示范区"，2001年被批准建设国内首家国家级环保高新技术产业园，2003年12月被国家环保总局批准建设首批国家生态工业示范园区。经过多年发展，园区累计引进大批环保型生产企业，对长三角乃至全国的环保事业产生了巨大影响。环保产业园的特色在于其建成了一个集环保企业聚集、环保信息交流、环保知识培训、环保产品展示、环保科技服务于一体的专业园区。专业园区内配套了试验平台、生活社区、商业服务、科研办公场所，实现了企业产学研一体化和员工吃住行一体化，大大节约了企业的经营成本。此外，园区还通过一系列优惠政策吸引环保企业进驻园区，加速了环保产业的集群式发展。例如，2009年11月，苏州工业园从税收减免、项目支持、资金扶持等方面推动生态环保产业落户新生态科技城。近几年来，苏州市节能环保产业得到快速发展。据不完全统计，2011年苏州市200多家规模以上环保企业创造了1520亿元的总产值，比上年同期增长25%，处于全省领先地位。苏州环保产业涉及的行业范围不断扩大，包括节能装备制造、环保产品制造、环保服务、资源循环利用等。

2. 借助环保产业协会及产业联盟，大力发展绿色经济

行业协会有效弥补了市场失灵和政府失灵，在协调企业行动、促进企业交流合作、培育信任等方面发挥着重要作用。为满足环保产业的发展需要，2002年3月，环保产业领域的相关组织建立了苏州市环保协会，该协会开展了多方

---

① 王仲君：《苏州开发区深度开发与发展战略转型研究》，《苏州科技学院学报》（社会科学版）2011年第1期。

位的咨询、服务等活动。为加强环保产业内部企业间的技术交流与技术扩散，提高环保企业的竞争力，2013 年 11 月 1 日，苏州环保协会搭建了"环保技术沙龙"交流互动平台。苏州市高新区、虎丘区内从事环境保护科研、设备生产、工程设计、施工等方面的企事业单位组建成立了苏州市高新区、虎丘区环境保护产业协会，该协会负责对全区的环保产业进行辅助管理，为区域的环境保护事业和经济建设提供服务。

作为新型的产业组织形式，产业联盟必然成为高新技术产业提高自主创新能力的重要力量。[①] 产业联盟旨在强化行业内相关组织机构的协作互动，通过产学研一体化的合作方式提高行业的整体创新能力。在苏州工业园区转型升级的现实背景下，为将苏州工业园区打造成国内领先的环保产业集群，苏州工业区低碳产业联盟于 2010 年 6 月 11 日正式成立。36 家来自新能源、新材料、节能减排等领域的相关材料生产企业、装备制造企业、系统集成企业、服务咨询和研发机构等抱团发展"绿色经济"。该联盟以服务为核心，立足园区的低碳产业，整合各方资源，推动了园区产业的快速发展。

3. 建立生态补偿机制，为生态产业化提供可靠的制度保障

生态补偿是政府通过财政转移支付等手段，对因保护和恢复生态环境及其功能，经济发展受到限制的地区给予的经济补偿。面对环境保护和经济发展的两难困境，苏州市在生态补偿机制建设上开展了积极的探索与实践。苏州市以立法的形式确定了生态补偿机制，由财政局直接牵头推动，由分管财政的副局长统筹，国土、水利、农委、环保等部门协同参与，确保政策的有效落实。2006 年，苏州市人大常委会修订《苏州市阳澄湖水源水质保护条例》，第一次以地方性法规的形式对建立生态补偿机制做出了原则性规定。2010 年 7 月，苏州市政府推出了《关于建立生态补偿机制的意见（试行）》，在全国率先建立了生态补偿机制，该意见对生态补偿对象、生态保护职责、补偿资金分配使用原则等重点内容做出了明确规定。2013 年 3 月，市委市政府再次出台《关于调整完善生态补偿政策的意见》，对生态补偿政策进行调整和完善，预计

---

① 孟梓涵、武建龙：《基于产业联盟的高新技术产业自主创新能力提升路径研究》，《科技与管理》2014 年第 2 期。

2014 年上半年将完成《苏州市生态补偿条例》的立法工作。至 2010 年底，苏州仅市、县两级财政即核拨生态补偿资金约 1.1 亿元，惠及 31 个镇、204 个行政村，受到生态补偿的水稻面积近 4 万亩，生态公益林 24 万亩。2012 年，苏州市投入生态补偿资金 15.59 亿元。此外，生态补偿有效改善了保护区群众的生产生活环境，社会公益事业持续发展，保护区干部群众保护生态环境的积极性进一步提升，群众主动参与生态保护与建设的意识明显增强。[1]

---

① 杨羚、程德润：《苏州市探索建立生态补偿机制回顾》，《环境保护》2011 年第 18 期。

核心问题探索

Studies on Key Issues

提升人文素质　养成绿色行为

孙伟平　曾祥富

摘　要：

生态城市建设是一项庞大的系统工程，需要政府、企业、市民等不同主体积极参与、共同创建。生态城市建设的核心是处理好人与城市、人与自然的关系，其中提升人文素质、养成绿色行为至关重要。人文素质是绿色行为的前提和凝练，绿色行为是人文素质的外显和结果，两者相互依存、相互作用、相辅相成。生态城市建设必须"坚持两手抓，两手都要硬"，任何一个方面都不可偏废。本报告立足人的素质、行为与生态城市建设的关系，总结了政府、企业、市民等不同主体在生态城市建设中表现出来的素质和行为现状，针对其中存在的问题进行了扼要的分析，提出了立足人文素质和绿色行为建设生态城市的具体对策。

关键词：

生态城市　人文素质　绿色行为　绿色生产　绿色消费

生态城市建设，关键在人。在生态城市建设这一宏大的系统工程中，作为建设主体的居民、企业、政府和民间组织发挥着不可替代的作用。生态城市的理念和构想是否先进，设计和规划是否合理，建设过程中能否获得公众的广泛认同和参与，不同主体能否相互沟通、理解和合作，以及建设目标能否顺利实现，都与人们的素质和行为密切相关。只有相应主体意识到自己肩负的使命和责任，自觉提高文化水平和人文素质，养成绿色行为习惯，生态城市的建设才有坚实的基础和现实的希望。

一 人文素质、绿色行为与生态城市建设的关系

生态城市建设直接面对的是人与自然的关系。然而，处理人与自然的关系，要害在于人与人之间的关系，更为重要的则是加强"自身建设"。生态城市建设要坚持"以人为本"，围绕"人"做文章：建设的目的不仅是"为了人"，更需要"依靠人"，最大限度地调动人的积极性。确立广大"城市人"在生态城市建设中的主体地位，努力提高其人文素质，养成绿色行为，令蕴藏在其中的创造力充分涌流，是生态城市建设的必由之路。

（一）人文素质与生态城市建设

所谓人文素质，是指人们在人文社会发展方面所具有的综合品质或达到的发展程度，它通过人的思想和行动体现出来，并对社会发展产生积极或消极的影响。适应生态文明的要求，不断提高人文素质，是生态城市建设对当代市民提出的新要求，也是每一位市民对所栖居的城市应尽的义务。可以说，人们具有的人文素质的高度，决定着生态城市建设所能达到的水平。

人文素质首先依赖人的观念，即是否理解、认同和践行生态价值观。生态文明是一种新型的文明形态，它包含着一系列先进的生态理念和发展逻辑。建设生态城市，首先必须与那些不顾生态环境、盲目追求发展的观念和思想进行决裂，而将追求人与自然的和谐、实现全面协调可持续发展、增进人的健康和幸福奉为城市建设的指导思想。它要求人们全面、客观、历史地认识生态和发展的关系，把生态建设作为社会发展的应有之义。就此而言，环境保护、生态

修复不是经济发展的累赘，生态破坏不是社会进步的必然代价。以实际行动践行生态价值观，要求人们具有对于城市生态的忧患意识、责任意识、参与意识、合作意识、公德意识、奉献意识等。

中国社会科学院的一项国情调研结果显示：在"生态环境保护与经济社会发展关系"这一问题上，有77.5%的受访者赞成"为子孙后代着想，必须环保先行，确保可持续发展"，仅有13.5%的人选择了"先发展再说，管不了那么多"，另外9%的受访者认为"儿孙自有儿孙福，后辈肯定会有办法解决的"。① 调查反映了公众生态价值观的基本现状：人们正日益认识到生态保护、可持续发展的重要性，摒弃了"先发展后治理""经济发展至上"等错误观念，对生态价值观的理解日渐深刻。

树立正确的生态价值观，是采取绿色行动的前提。对于个人来说，关键在于处理好人与自然、人与城市的关系，视所生活的城市为"家园"，在生活实践中以高度的责任感、义务感参与生态城市建设；对于企业来说，关键在于担当相应的生态责任，把维护生态作为生产的前提，谋求经济效益、生态效益和社会效益的全面进步；对于政府来说，则在于抛弃狭隘、落后的政绩观和发展观，树立全面、协调、可持续的发展理念，把生态保护作为经济发展和城市建设的重要方面，以绿色GDP和人民幸福等作为衡量政府工作的新标准。

其次，必须更新知识结构，理解生态文明的新要求。对于事物的认识制约着人们的相应行为。人的活动与动物不同，是一种有目的、有计划的自主的能动的创造性活动。在生态城市建设过程中，只有对所作所为的必要性、可能性和后果有所认识和把握，并据此形成良好的品质和习惯，才能不断取得积极有效的成果。

一般而言，只有掌握了生态城市建设的知识和信息，才能做出合理的评价和恰当的选择。一些看似无关紧要的现象和行为，实则时刻威胁着城市生态和可持续发展。据科学家测算，一粒纽扣电池所带来的重金属污染，会使600吨水无法饮用，相当于一个人一生的饮水量。盛夏时北京市空调用电总负荷为400万~500万千瓦，如果将空调温度调高1摄氏度，就可节约用电量的6%~

---

① 孙伟平主编《当代中国社会价值观调研报告》，中国社会科学出版社，2013，第164页。

8%，节约电费至少1.1亿元，减少发电用煤16万~25万吨，减排二氧化硫2400~3500吨。炫耀性奢侈消费带来的浪费和生态破坏更是惊人，如高档皮草、象牙、鱼翅等制品直接源于赤裸裸的杀戮。正是由于消费者对之的盲目、过度追捧，加剧了生态的破坏。只有更新知识结构、提高认识，人们才能从根本上理解并接受生态思想，并付诸行动。

再次，必须探索生态保护和可持续发展的方法，养成良好的品质和行动习惯。人们除了知道什么是应该做的，还需要知道如何做才是正确和有效的，即要讲究做事的方法，具备一定的能力。例如，对于垃圾分类、环保建材选用、节能减排等，既要弄清其可能造成的危害，又要学会解决问题的方法和技巧。

在方法和技能方面，国人正在不断取得进步。一项在天津市民中开展的调查显示：在列出的"世界环境日"日期选项中，受访者中有69%的公众知道"世界环境日"的准确日期，而31%的受访者无法给出准确答案；对于"引起'温室效应'的主要原因是人类过多地向大气排放某种气体"的调研结果显示，275人知道"二氧化碳"是真正引起"温室效应"的气体，仅有5人给出了不正确答案；"可回收废物垃圾箱的颜色"的调研结果显示，有172人知道"绿色"垃圾箱是真正的"可回收废物"垃圾箱，占总调查人数的61.4%；在对"装修后开窗通风的原因"进行的调研中，几乎所有人都知道是为了"释放屋内的甲醛等有害气体"；在对"限塑令的主要原因"的调研中，255人选择了正确答案"塑料袋会带来白色污染"，占比91.07%。[①]当然，也应该看到，不少人所掌握的相关方法和技能还比较有限，甚至在某些方面存在不少误区。

生态城市建设对居民、政府和企业等不同主体提出了新的更高的要求：个人要主动学习生态和环境保护的知识，掌握具体可行的技能，在日常生活中有意识地探索新方法；企业要改进生产设备、工艺，采用低碳、节能、降耗等有利于生态建设的生产方式，通过科技研发和资金投入，实现向绿色生产的转变；政府要着力在生态知识普及方面做好工作，营造生态城市建设的舆论氛围，为居民和企业总结、传授一些经济实惠而又现实可行的生态保护知识和方法。

---

① 李慧、徐展：《我国生态城市公众环境意识现状调查研究》，《江苏商论》2013年第5期。

人文素质既包括人的思想和意识层面，也包括在实际行动中落实的能力，而且，行为往往比思想意识具有更直接的现实意义。在垃圾分类、不随地吐痰、不践踏草地等"琐碎"的事情上，人们有时会出现"明知"而"故犯"的情形，经常因为习以为常的思维和行为方式的影响，一时难以根除陋习。因此，提升人文素质，还需能够依据生态文明的要求，着眼于行动，养成良好的环保品质和行为习惯，始终做生态城市建设的参与者和促进者。

（二）绿色行为与生态城市建设

　　生态城市建设要求人们提高人文素质，更呼唤人们养成绿色行为习惯。一个人人文素质的高低，直接体现在行为上——是否坚持全面、协调、可持续发展的价值原则，是否坚持低碳、节能、环保、循环等价值标准和取向，是否养成了绿色行为方式和行为习惯。在生态城市建设中，政府、企业、个人等不同主体应该履行相应的责任，养成各自的绿色行为。

1. 社会绿色发展

　　政府是生态城市建设的主导力量。在一项关于"造成环境污染的原因"的调查中，19.5%的受访者认为，居民、政府和企业都负有不可推卸的责任，其中，认为政府应该负主要责任的比例占到了60%。[1]一方面，政府必须自觉秉承生态文明的理念，在政策和法规制定、城市规划以及社会管理方面践行生态文明的要求，并要求政府部门和公职人员在节能减排、垃圾分类、杜绝奢侈浪费等方面率先垂范；另一方面，政府承担着引领社会绿色发展的责任，要持续引导企业绿色生产、居民绿色生活，并发挥教育、管理和监督的作用。

　　政府率先垂范，先行先试，以实际行动引领社会风向，是近年来生态城市建设呈现出的新特点。例如，为了加快新能源汽车的推广应用，促进节能减排，2012年9月26日，中央国家机关正式启动了新能源公务车试点工作。如果试点成功，下一步还将提高新能源公务用车的配备和使用比例，发挥中央国家机关在推动新能源汽车产业发展中的带头示范作用。2013年11月，中共中央、国务院印发了《党政机关厉行节约反对浪费条例》。之后，各级政府严格

---

　　① 孙伟平主编《当代中国社会价值观调研报告》，中国社会科学出版社，2013，第178~179页。

落实厉行节约的要求，在公车改革、接待、会务及公职人员福利等环节纷纷做出改进，在社会上引起了强烈反响。

2. 企业绿色生产

企业作为市场经济的主体，在生态城市建设中的地位至关重要。企业不仅消耗了大量的能源、资源，也排放了大量的废水废气，给城市生态造成了巨大的压力。企业是政府产业政策的主要作用对象，企业的素质和行为直接决定着其担当的角色是破坏者还是建设者。企业的绿色生产，就是要把生态文明理念贯穿到企业生产的全过程中：在产业规划、厂址选择等一系列问题上充分考虑对城市生态可能造成的影响；在生产过程中采用无毒害、低排放、低耗能的生产设备和工艺；主动防范可能造成的环境污染和生态灾难；建立生态灾难的应急预案并在事件发生后严格执行。

目前企业绿色生产的方式主要是发展循环经济。循环经济一般遵循 3R 原则，即减量化（Reducing）、再利用（Reusing）、再循环（Recycling）。企业发展循环经济的途径是根据以上原则调整产业结构，重点发展既有可观的经济效益，又对城市生态大有裨益的产业和行业。具体做法是发展节能降耗低碳产业、再生利用产业、废弃物回收利用产业、可再生能源与新能源产业、环境产业和文化创意产业等。甘肃省金昌市通过产业规划和调整，在发展循环经济方面就摸索出了可贵的经验。金昌模式是"通过构建资源循环利用产业体系，从依赖单一资源发展向多产业共生发展转型的资源型城市循环经济发展模式"，具体做法包括实施节能减排，加大固废综合利用力度，回收利用工业废气等，不仅有效解决了环境污染问题，提高了资源综合利用水平，而且为发展化工产业提供了优质资源，取得了经济效益、生态效益和社会效益等多重收获。2011 年 10 月 18 日，国家发改委公布了 60 个循环经济典型模式，金昌被列为区域循环经济 12 个典型案例之一，向全国推广。[①]

3. 个人绿色生活

为了建设生态城市，普通市民在衣食住行等生活需求方面，应当将生态保

---

① 刘兴元：《金昌循环经济发展模式入选全国典型推广案例》，《甘肃日报》2012 年 2 月 7 日第 1 版。

护作为重要原则，不断改进各种落后做法，养成绿色生活方式。在关于"造成环境污染的原因"的一项调查中，有 11.5% 的受访者认为，环境污染和生态破坏的主要原因是人类无止境的贪欲。这一选择在众多选项中列第二位。这说明转变消费观念、倡导合理的消费方式和休闲娱乐方式也是环境保护的题中之义。①

国际上倡导的绿色生活方式要求遵循"5R 原则"：即 Reduce，节约资源、减少污染；Reevaluate，绿色生活、环保选购；Reuse，重复使用、多次利用；Recycle，分类回收、循环再生；Rescue，保护自然、万物共存。居民绿色生活涵盖了生活的方方面面，包括绿色出行、绿色消费、绿色交往、绿色居住、绿色休闲等。如尽量采取步行、骑自行车或者公共交通作为出行方式，购买无公害生产、包装的用品，爱护花草树木和公共卫生，杜绝奢侈浪费等消费方式，节约水、电、气、油等能源资源，等等。这些行为虽然看似细微琐碎，却因为居民数量巨大，可以起到"积少成多，聚沙成塔"之效应，直接影响城市的生态环境和可持续发展。除了严格要求自己，广大居民还可以相互监督和劝导，谴责和抵制身边的不良行为，不断扩大绿色生活方式的覆盖面；可以通过邻里合作共同创建生态小区，将绿色生活方式从自身、家庭等逐渐扩展到社区、城市等更大的范围。

总之，提高人文素质，养成绿色行为，是生态城市建设的两个重要环节。人文素质是绿色行为的前提和凝练，绿色行为是人文素质的外显和结果，两者相互依存、相互作用、相辅相成。生态城市建设必须"坚持两手抓，两手都要硬"，任何一个方面都不可偏废。

二　人文素质、绿色行为的现状及其
对生态城市建设的影响

在中国生态城市建设实践中，政府、企业、居民乃至其他民间组织的作用得到充分彰显，有力地证明了提高人文素质、养成绿色行为的重要性。从现状

---

① 孙伟平主编《当代中国社会价值观调研报告》，中国社会科学出版社，2013，第178页。

来看，整体趋于上升，但仍有较大的提升空间。以下不妨总结、分析一下不同主体在生态城市建设中的素质和行为现状。

（一）政府的观念、素质与绿色发展状况

随着生态文明制度体系的逐步建立和生态城市建设的大力推进，各地政府也不断转变观念，更新思路，结合自身的实际情况探索适合自己的生态城市建设之路。近年来，政府的素质和行为在生态城市建设中得到提升，呈现出以下新的趋势。

确立生态文明理念，推进生态城市建设。坚持以人为本的科学发展理念，着力建设生态城市，正在成为全社会的共识，也上升为国家层面的战略规划。十八大报告明确提出："我们一定要更加自觉地珍爱自然，更加积极地保护生态，努力走向社会主义生态文明新时代。"[1] 2013 年 11 月，十八届三中全会公报指出：建设生态文明，必须建立系统完整的生态文明制度体系，用制度保护生态环境。要健全自然资源资产产权制度和用途管制制度，划定生态保护红线，实行资源有偿使用制度和生态补偿制度，改革生态环境保护管理体制。这些为将来一个时期落实好生态文明建设这一战略部署提出了具体的措施，从制度层面对人们的行为提出了约束和指导。

近年来，政府在对生态文明的理解和落实方面不断取得成效。各地政府正在逐步树立以人为本的全面、协调、可持续发展的生态文明观，按照生态文明理念进行城市规划、政策引导、产业调整，综合运用政策、法规等手段，引导和扶持循环经济、低碳经济的发展，在生态城市建设中起到了很好的引领作用。比如，上海市在城市规划中专门设立了循环经济示范区，建立合理的产业布局，使生产、生活、物流等协调发展；杭州市坚持城市扩张与城市生态系统建设同步发展，把景观资源与休闲产业发展相结合，在城市规划中体现出了较高的前瞻性和超前性。此外，各地还通过多种方式倡导全社会实施节能减排，教育和引导市民养成绿色生活习惯；建立生态保护和生态灾难预防的制度和机

---

① 胡锦涛：《坚定不移沿着中国特色社会主义道路前进 为全面建成小康社会而奋斗——在中国共产党第十八次全国代表大会上的报告》，人民出版社，2012，第 41 页。

制；增强责任意识和合作精神，通过区域联动和国际合作共同面对生态问题。

转变传统的唯 GDP 论英雄的政绩观，以绿色 GDP 作为新的考核标准。改革开放以来，GDP 一直是考核地方官员政绩的主要指标，导致有些官员将经济发展与生态保护分离开来，甚至奉行"GDP 至上"的行事原则。随着生态文明理念日益深入人心，绿色 GDP 逐渐成为社会各界的共识，各级政府开始转变传统的唯 GDP 论英雄的政绩观，将生态建设成效和经济发展成果同样列为官员的考核指标。当然也应看到，绿色 GDP 的数据一般明显低于传统 GDP，加之缺乏统一的强制性，屡遭地方抵制。2006 年 12 月 10 日据《新京报》报道，发布中国第一份绿色 GDP 核算研究报告的绿色 GDP 课题研究小组表示，绿色 GDP 尚未获得地方政府的普遍支持，不少省份甚至要求退出核算试点。

近年来，摒弃高投入高消耗高污染的增长模式、转变经济发展方式已经成为时代的呼唤。2013 年 12 月，中共中央组织部印发《关于改进地方党政领导班子和领导干部政绩考核工作的通知》，明确干部绩效考核将不再"以 GDP 论英雄"："政绩考核要突出科学发展导向""选人用人不能简单以地区生产总值及增长率论英雄"。今后政府官员的绩效考核不仅要以绿色 GDP 为依据，而且要实行严格的"环保问责制"和"一票否决制"。[①]各地相继出台了推行绿色 GDP、规范政府自身行为的若干文件和指标，表现出可贵的决心和勇气。如新颁布的《北京市"十二五"主要污染物总量减排考核办法》明确提出，减排不达标的领导在评选先进时将被"一票否决"。广东省佛山市在《佛山市绩效管理暂行办法（实施细则）》中也明确提出，在领导干部的政绩考核中，发生重大环保事件的相关单位将被"一票否决"。

采取综合措施，倡导和推广绿色行为。政府作为社会的组织者和管理者，有义务采取各种可能的措施，动员一切社会力量参与到生态城市的建设中来。近些年，针对广大市民生态意识不强、对生态知识知之甚少的情况，各地开展了多种形式的生态知识普及和教育活动。据统计，在 2013 年全国科普日，各

---

① 中共中央组织部：《关于改进地方党政领导班子和领导干部政绩考核工作的通知》，《人民日报》2013 年 12 月 10 日第 2 版。

地开展了 11000 多项科普活动。北京主场的活动以"保护生态环境，建设美丽中国"为主题。活动结合生产生活实际，运用群众喜闻乐见的活动形式，向广大市民讲解生态知识、传授生态方法，引导人们逐渐养成绿色、低碳、环保的生产生活习惯。利用互联网、手机等新兴媒体进行宣教活动，成为政府部门的一项新举措。如北京利用微博发布空气质量等环保信息；重庆市 40 个区、县环保局集体开通官方微博，广纳民意民智；江苏省在 2011 年"6·5"世界环境日联合省电视台编辑播出特别节目，同时网络视频同步直播，微博、网络、电话、短信实时互动。直播期间，网络点击量超过 200 万人（次）。这些宣教活动有效增强了大众的环境意识，绿色出行、绿色消费、绿色办公、低碳生活等逐渐成为全体公民的自觉行动，为全社会共同推进环境保护与绿色发展营造了良好氛围。

生态城市建设需要在制度设计和政策制定上统筹考虑，需要综合运用经济、法律、行政、教育等不同手段。不少地方制定地方性法规、条例，利用法律的强制力引导社会绿色发展。2009 年，贵阳市制定了国内首部促进生态文明建设的地方性法规《贵阳市促进生态文明建设条例》。针对现行法规存在的问题和不足，贵阳市还总结经验，出台了《贵阳市建设生态文明城市条例》（2013 年 5 月 1 日起正式实施）。该条例重点对市民的不文明行为做出相应规定并列出惩罚措施，对广大市民的行为起到了很好的引导作用。珠海市也出台法规，对政府及其工作人员进行约束。2014 年 3 月 1 日起实行的《珠海经济特区生态文明建设促进条例》首次在立法中规定："对领导干部实施自然资源离任审计"，"建立生态环境损害责任终身追究制"。以法律的强制性、普遍性来约束居民和企业的行为，很多地方已经摸索出了成功的经验，这一做法正在各地得到推广。

生态环境问题积重难返，其解决需要痛下决心，有时甚至需要有"壮士断腕"的勇气。南京是强力推行节能减排、创建生态城市的典型。作为全国首个通过创建国家环保模范城市复核的城市，南京以铁的手腕治理企业污染，关停污染严重的企业。仅 2012 年一年，全市就实施减排项目 238 个，万元工业增加值能耗降幅超过 2011 年同期约 7 个百分点，162 家"三高两低"污染企业整治的年度任务基本完成；此外，还实施了更加严格的高污染车辆区域限行举措。

综合来看，政府在生态城市建设中的主导作用逐渐凸显，成效也比较显著。但同时也要看到，在创建生态城市的过程中，政府主体的素质和行为还有待进一步改善。"先污染后治理"的思想还未彻底清除，盲目规划、大拆大建甚至以拆代建的做法还时有发生，以"经济建设"为生态破坏开脱的政府官员还为数不少。对城市生态的态度暧昧，不能做到言行一致是一个突出问题。已经认识到重要性却不情愿落实是一些政府官员存在的矛盾心理。从前些年绿色 GDP 试点屡遭地方政府抵制的新闻中便可以看到这一情况。① 在治理污染、保护生态的实践中还缺乏铁的手腕，监管处罚的力度常因考虑到经济发展速度而打折扣。有些政府甚至在充当企业违规排污的保护伞，以牺牲生态来换取一时的所谓政绩。有些官员则缺乏大局意识，局限于所在城市的政绩，置全国大局于不顾，甚至以邻为壑，向邻近地区输出污染。

（二）企业的观念、素质与绿色生产状况

企业是生产主体和资源、能源消耗的主体，也是污染物排放的主体。企业经营管理者的素质和行为与生态城市建设直接相关。生态文明成为新的治国理念和国家战略，对企业的素质和行为提出了新的要求。席卷全球的企业社会责任运动，迫使企业经营管理者将生态环保视为自己的行为准则，特别是那些高能耗、高污染的企业，更是如此。

（1）提升主体地位，主动承担生态责任。企业不仅承担着创造经济效益的任务，也承担着保护生态的社会责任。近年来，企业在生态城市建设中的责任意识、主体意识有较大幅度提升。调查显示，90% 以上的企业认可以企业为主、政策为辅开展节能减排的模式。与此同时，市场化手段在企业节能减排中发挥了更加重要的作用。接受调查的企业认为，企业确实从节能改造中获取了更大的利益，因而产生了内生的动力。② 一些企业依照生态文明的要求调整企

① 人民网《中国经济周刊》评论员：《"叫好不叫座"绿色 GDP 缺乏地方政府支持》，http：// finance. people. com. cn/GB/72020/74689/76024/5181685. html。

② 张蔚：《2012 年全国 GDP 能耗下降 3. 6% 中小企业成新亮点》，中国新闻网，http：//finance. chinanews. com/ny/2013/06 - 28/4982602. shtml。

业发展战略，不仅主动采用环保无公害的绿色生产、绿色包装，而且将绿色作为一种新的营销理念，依靠绿色产品赢得市场份额，并彰显企业的实力和良心。随着企业素质的不断提升和绿色生产行为的普及，企业在生态建设中的主体地位将继续增强，"政府唱主角、企业搞配合"的生态建设模式有望彻底改变。

（2）落实生态理念，注重改变生产模式。近年来，中国企业的环保意识不断提升，越来越多的企业开始运用生态文明新理念、生态保护新知识、节能减排新手段，绿色生产、低碳生产、循环生产成为新的生产和经营理念，各种新的生态经济模式正在发挥明显的经济、社会、生态效益。严格的惩罚、适当的利益诱导，加上企业社会责任感的增强，使不少企业高度重视生态平衡和环境保护，自觉承担生态责任，主动实施节能减排，大力推进绿色生产。与"十一五"期间相比，"十二五"时期，企业能够更好地把循环经济、清洁生产等先进的理念与模式融入发展战略、管理体系和日常经营活动之中，在具体行动中展现了其素质的提升。目前，相当数量的企业经营者具备较好的节能、减排意识，希望转变生产经营模式，采用高新技术，主动发展循环经济、低碳经济。发展清洁能源和可再生能源，提高能源资源利用效率，降低单位产值的能耗，成为不少企业在生态文明时代的生存之道。中国企业联合会、中国企业家协会与中国企业管理科学基金会联合发布的《2012 年中国企业节能减排状况报告》显示：2012 年全国 GDP 能耗下降 3.6%，圆满完成年初预定的目标。90% 以上企业均能按照"减量化、再利用、资源化"的原则，大力发展循环经济，提高能源、资源利用率，减少污染物的产生和排放，以尽可能少的资源消耗和尽可能小的环境代价，取得尽可能大的经济产出；70% 以上的企业应用了合同能源管理机制开展节能减排。

（3）采取积极行动，努力防范生态灾难。积极接受政府环境评估，建立生态预警和补偿机制，防范和避免一切可能的生态风险和生态灾难，并努力加强生态修复和治理，是中国企业素质提升的另一表现。从几起近年来发生的生态灾难事件可以看出，与过去常见的逃避、隐瞒等消极做法不同，企业在遇到类似问题时，一般能够主动承担起应负的责任，积极投入救援工作，采取补救措施，对受害各方实施赔偿。当然，图 1 也表明，企业虽然在治理环境污染、肩负生态责任方面做出了一定的努力，但是投资的力度有下降趋势。

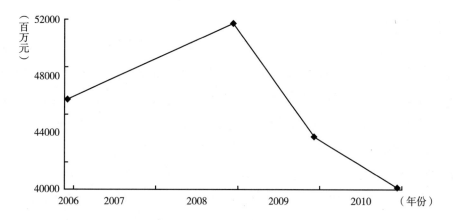

图1　2006～2011年中国企业自筹资金用于环境污染治理的投资数额

数据来源：CEIC全球数据库。

与生态城市建设的要求相比，目前企业的所作所为还存在许多问题，还有巨大的提升空间。如对企业的生态化发展趋势把握不够，自主创新能力较弱；改进生产方式实行绿色生产的积极性不高，绿色产业方向的升级换代进展缓慢；往往只是被动地节能减排，缺乏主动性，不能将生态保护与谋求经济效益有机统一起来，等等。如节能方面：据测算，中国的能源利用率与发达国家相差甚远，以单位国内生产总值能耗（标准油吨/万美元）为例，1990年中国是24.43，而世界平均数是3.95，高收入国家是2.43。2004年中国是8.33，世界平均数是2.65，高收入国家是1.66。[①]"十二五"规划提出，未来五年要实现节约能源6.7亿吨标准煤。到2015年，全国万元国内生产总值能耗下降到0.869吨标准煤（按2005年价格计算），比2010年的1.034吨标准煤下降16%，比2005年的1.276吨标准煤下降32%。就此而言，中国企业在节能减排降耗方面追赶世界发达国家水平还有相当长的路要走。

（三）城市居民的观念、素质与绿色消费状况

城市连着千万家，生态事关每个人。生态城市建设是一项艰巨的工程，离不开广大市民的积极参与和努力创建。由于生态环境问题不断恶化，广大市民

---

① 国家统计局：《2008国际统计年鉴》，中国统计出版社，2008。

的责任和义务也显得更加沉甸甸的。

（1）生态观念深入人心。城市生态问题成为人们日常关注的问题，居民对于空气质量、水质、城市宜居等问题的关注度明显提升。中国人民大学舆论研究所与百度网络公司共同推出的《中国社会舆情年度报告（2012）》显示，生态环境问题排在民生、公共安全、社会责任之后，位列中国网民最关注问题的第四位。2013年5月，中国社会科学院中国舆情调查实验室发布第一次舆情指数：在最受关注的重大社会问题方面，食品安全和空气污染是选择比例最高的两项，分别为70.4%和67.9%；在15项重大事件中，关注"连续雾霾天气"的比例为38.2%，排在"两会""民生"之后，列第三位。① 2013年8月社会科学文献出版社和上海交通大学舆情研究实验室联合发布《中国社会舆情与危机管理报告（2013）》（舆情蓝皮书），生态环境依然是舆情事件的热门话题。据统计，2012年重大环境舆情事件的诱因主要集中在环境污染方面，全年占比39.3%。②

由于环境状况恶化与重大灾害频繁发生，市民的危机感也在增加，对城市生态抱有较强的忧患意识，对城市生态的满意度不高。中国生态道德教育促进会、北京大学生态文明研究中心2008年发布的《中国城市居民生态需求调查报告》显示，市民对目前所居城市生态环境质量的总体满意度还处于低水平。以百分制计算，所调查的广州、阿克苏、成都、新乡、大连等5个城市居民对生态环境总体满意度的得分为58分，得分最高的城市也只有69分。③ 这表明人们对生态现状存在不满和担忧。与此同时，一些城市居民的生态观念还有待增强，对生态城市的理解比较狭隘，对生态知识的认知还不够充分，获取生态知识的渠道和方式也比较单一。

（2）绿色生活方式基本养成。市民的绿色消费行为是其发挥建设者作用的重要途径。市民的绿色消费不仅可以直接起到保护生态环境的作用，还可以促进企业的绿色生产。近年来，在选择消费品时，符合生态环保要求的产品受

---

① 仲昭举：《社科院舆情报告：7成民众最关注食品安全与雾霾天》，央视网，http：//news.cntv.cn/2013/05/24/ARTI1369366108964838.shtml。

② 程福俊：《〈2013舆情蓝皮书〉发布》，《燕赵都市报》2013年8月20日第8版。

③ 新华社：《调查显示城市生态环境问题成为我国市民关注热点》，中央政府门户网站，http：//www.gov.cn/jrzg/2008-03/12/content_918241.htm。

到人们的追捧。据调查，我国53.8%的人乐意消费绿色产品；37.9%的人表示已经购买过诸如绿色食品、绿色服装、绿色建材、绿色家电等绿色产品。① 在国家优先发展公共交通的背景下，广大市民热烈响应，公共交通正逐渐成为市民的出行首选。据报载，2012年北京市公共交通出行比例由40%上升至42%，小汽车出行比例首次下降。②

整体来看，中国城市居民的生活方式正在向绿色生活的方向转变，但仍存在广阔的提升空间。据联合国统计，目前世界的"绿色消费"总量已达6000亿美元以上。2009年中国商品销售总额约为7万亿元，但真正达到世界环境标志产品标准的产品还不足1万亿元，出口产品遭遇了农药残留量超标等多种"绿色壁垒"。无论是企业的绿色生产，还是城市居民的绿色消费，都有待进一步提高。

（3）理性适度消费成为习惯。城市生态问题很大程度上是由人的过度消耗造成的。生态建设要处理好人与自然之间的矛盾关系，在生产与索取之间求得平衡。绿色消费提倡适度、理性、有节制的物质消费，过度消费所造成的奢侈浪费，不仅造成重大经济损失，而且严重危害人类赖以生存的自然资源。据央视报道，中国每年在餐桌上浪费的粮食价值高达2000亿元，被倒掉的食物相当于2亿多人一年的口粮。对北京数个大学餐后剩菜剩饭情况的调查表明，倒掉的饭菜总量约为学生购买饭菜总量的1/3。如果按照全国大专以上在校生总数2860万人计，每年大学生们倒掉了可养活大约1000万人一年的食物。《人民日报》曾报道，中国农业大学专家课题组对大、中、小三类城市，共2700桌不同规模的餐桌中剩余饭菜的蛋白质、脂肪等进行系统分析，保守推算，我国2007～2008年仅餐饮浪费的食物蛋白质就达800万吨，相当于2.6亿人一年所需；浪费脂肪300万吨，相当于1.3亿人一年所需。③ 2013年1月，习近平总书记在新华社一份《网民呼吁遏制餐饮环节"舌尖上的浪费"》的材料上批示："从文章反映的情况看，餐饮环节上的浪费现象触目惊心。广

①　王秋艳主编《中国绿色发展报告》，中国时代经济出版社，2009，第32页。
②　刘冕：《今年公交出行比例有望达44%》，《北京日报》2012年1月19日第3版。
③　冯华：《人民日报：要居安思危 厉行节约 珍惜每一粒粮食》，新华网，http://news.xinhuanet.com/food/2012-06/21/c_123313495.htm。

大干部群众对餐饮浪费等各种浪费行为特别是公款浪费行为反映强烈。"① 该批示要求厉行节约，反对浪费，在社会各界引起强烈反响。中国人口多，资源有限，仍有数千万人尚未脱贫，还处于社会主义初级阶段，倡行文明、健康、适度、绿色的消费尤其必要。

由于中央三令五申反对奢侈腐败，由于社会各界"光盘行动"等活动的推动，奢侈浪费等现象得到明显遏制。在就餐过程中，理性点餐、打包剩菜等节约行为明显增多，炫耀性奢侈浪费的现象有所减少。中国奢侈品协会发布的《2012 中国奢侈品市场消费报告》指出：随着以厉行勤俭节约、制止奢侈浪费、整治公款消费等为主题的国家新政策的实施，奢侈品消费迅速成为主流消费者共同认定的不合时宜的生活方式。市民普遍养成了节约用水、电、气等能源资源的习惯，也提出了许多杜绝浪费的办法和建议。中国工程院院士、著名的水稻专家袁隆平在谈到粮食浪费严重这一话题的时候表示，政府应该出台相关的法规政策遏制浪费陋习，把浪费粮食作为一种犯罪来惩治。②

（4）生态参与行为明显增加。市民们不仅关心居住城市的生态状况，而且学习生态知识，参与生态活动，在实际行动中贡献力量。市民大多数都参加过各种形式的植树造林、爱林护林、野生动物保护、生态环境宣传等生态公益活动。市民参与生态保护的方式趋向多元化，参与的力度也在增大。通过对政府施加压力以实现保护城市生态的目的，是居民参与生态保护的新方式。2013年，发生了两起有关城市生态的群体性事件：2013 年 5 月 4 日，近 3000 名昆明市民聚集在昆明市中心的南屏广场，抗议 PX 炼油项目，昆明市政府随后回应，项目还在规划研究中；2013 年 7 月 12 日，因对中核集团龙湾工业园项目的安全性表示担忧，广东省江门市近千名群众到市政府门口反映诉求，随后这一项目被叫停。正是由于政府部门生态意识淡薄，在城市规划、行业监管中缺乏生态环保的考虑，酿成了群体性事件的发生。这些负面事件也充分显示了公众在生态保护中的参与意识正逐步觉醒并增强。

当然也应该看到，目前人们整体上缺少常态化的生态参与习惯，生态行为

---

① 隋笑飞、赵仁伟等：《习近平作出批示，要求厉行节约、反对浪费　批示在各地引起强烈反响》，新华网，http：//news. xinhuanet. com/politics/2013 - 01/29/c_ 124290828. htm？prolongation =1。
② 《袁隆平：浪费粮食就是犯罪》，《齐鲁晚报》2013 年 1 月 24 日第 A13 版。

带有较多的随机性、偶发性。公众参与的主要形式仍然是政府倡导下的被动参与；从参与的内容来看，公众参与主要集中在参与宣传教育等短期的暂时的活动方面；从参与的过程来看，主要侧重于事后的监督，缺少有效的事前预警；从公众参与的制度保障来看，仅依靠政府主导的活动较多，缺乏市民自发组织的活动，制度性建设不够；从参与的效果来看，流于口头的较多，见诸行动的较少。

（四）环保组织等的观念、素质状况

各种以生态环保为宗旨的组织机构也是生态城市建设的有生力量。中国的环境NGO（非政府组织）从20世纪90年代初诞生起，数量不断增加，素质、能力和影响力逐渐增强。据保守估计，目前中国有1000多个成型的本土环境NGO，其中民间组织100多个，学生社团500多个，还有一些有政府背景的环境NGO。近年来，由于网络的迅速扩展，拥有共同生态价值观和生态城市建设目标的组织和个人更容易聚集在一起，组成网络社团。民间环保人士和NGO之间的联系和合作趋势日益加强，他们常相互分享生态保护的知识和信息，相互交换技能实现资源整合，扩大单个组织的社会影响力，协力提出解决问题的方案，采取协同一致的行动。

民间环保组织是普及环境知识、倡导公众参与环保的重要力量。近年来，这些组织已经从早期以宣传、教育、倡导为主，转向注重采取实质性的行动。他们在一系列事件中高调出场，公开倡议并力图影响人们的行为，为推动环境事业发展做出了贡献。据报载，2004～2005年，多家环保民间组织连续发起"26度空调节能行动"，倡议在夏季用电高峰时期，将空调温度调至不低于26摄氏度，并特别对政府部门、驻京使领馆、跨国公司等空调用户送达了呼吁书。

（1）提出生态主张，为政府献计献策。绿家园、自然之友、地球村等环保组织通过多种方式表达自己的生态主张：2009年自然之友向"两会"代表发出倡议，希望加大政府投资环境监管的力度，呼吁不能以牺牲节能减排的长远目标为代价换取"增长"。中国民间环保组织还联合发布了一些倡议公约，如《2009中国公民社会应对气候变化立场》，表达了对哥本哈根联合国气候变化大会的期望；在联合国气候变化大会召开期间，阿拉善SEE生态协会组织200余名中国企业家发布了《中国企业界哥本哈根宣言》。此外，他们还经常

举办各种环保宣传活动，召开会议和论坛，促进环保共识的形成。

（2）干预企业行为，促其绿色生产。民间组织对企业行为的干预有多种形式，最为常见的是征集公众意愿，持续关注企业违法排污、违规开工和环境保护相关信息公开的情况。2009年，公众环境研究中心通过发布"水污染地图""空气污染地图"，以民间立场对相关企业施加影响。除了监督企业作为、揭露企业生态违规事件外，它们有时还采取直接"上门"抗议、示威等面对面的行动。如绿色和平组织就曾在2009年6月来到位于北京的惠普大厦门口，组织成员头戴惠普公司CEO头像面具将"有毒的电脑产品"还给惠普公司，以抗议惠普不履行其在2009年底之前逐步淘汰其电脑产品中溴化阻燃剂（BFR$_s$）和聚氯乙烯（PVC）等有毒物质的承诺。

（3）与政府紧密互动，合作推进生态城市建设。搜集相关数据、发布生态环保调查报告，为政府决策提供依据是民间环保组织与政府合作的传统做法。如大自然保护协会（TNC）与政府合作开展了滇西北生物多样性保护活动，与中国国家湿地中心、上海林业局共建了中国东部湿地鸟类迁徙保护网等。针对可能有损生态环境的政府决策和重大事件，要求信息公开、提出行政复议、上访、问责，则是转型中的民间生态环保组织与政府互动的新方式。公众环境研究中心在2009年就政府的环境信息公开做了专项调查，并多次要求政府公开环境信息；与自然资源保护委员会（NRDC）共同开发了污染源监管信息公开指数（PITI指数），并据此对中国113个城市2008年度污染源监管信息公开状况做出评价，给每个城市进行了打分与排名。

事实证明，民间组织是生态保护的一支重要力量，也做出了卓有成效的努力。可以推断，今后民间组织在生态城市建设中将发挥更加重要的作用。当然，也应该看到，民间环境、生态保护组织的生存和行动空间仍然比较狭小，缺乏稳定、充足的资金支持，缺乏高效的组织手段和能力，难以独当一面。这种状况在短期内还难以改观，还需要政府的大力支持和公众的积极参与。

三 立足人文素质和绿色行为建设生态城市

生态城市建设的关键在人。人既可能是城市生态的破坏者，也可能是生态城市的建设者。能否有效提高人们的素质、改善人们的行为，关系到生态城市建设的成败。当前，广大居民、企业、政府等建设主体的素质和行为与生态城市建设的要求还存在一定的差距，必须采取有效措施，促使其进一步提高人文素质，养成绿色行为。

（一）加强舆论宣传，达成社会共识

行为的转变要从改变认识开始。生态城市建设要依靠教育和宣传，逐步在全社会形成保护生态、人人有责的共识，普遍增强居民、企业等社会主体的生态危机意识、责任意识、公德意识。城市经济发展与生态环境保护是不可分割的整体，保护环境就是保护资源，保护生态也就是保护人类自己。可以在全社会广泛传授生态保护的知识和方法，推广节约能源、垃圾分类、循环利用、绿色生产、爱护环境等具体的做法和技巧。还应该让人们知道，生产、生活中哪些行为可能造成生态破坏和环境污染，如何制止或杜绝这些行为，以什么方式取代、替代这些不利于生态与环保的生产生活方式，使生态保护成为人们的日常习惯。此外，要尊重市民的生态知情权，让广大居民了解生态发展的真实状况，通过典型案例和生态情况报告的警醒作用，促使人们自觉参与到环保活动中来。

（二）深化制度改革，明确行为准则

从法律、政策和管理制度等入手，建立健全合理有效的制度保障体系，明确政府、企业和个人在生态城市建设中所扮演的角色和应当承担的责任，让生态城市建设的目标真正落到实处。这一保障体系包括对人们行为的教育、监管、激励、惩戒等方面，以让人们有章可循、行之有据。比如，深圳市政府和市民一起签订了《市民生态公约》，共同制定并严格遵守相应的行为规则。这些行为包括：举报违法排污企业、空调定在26摄氏度以上、每月至少减少开车一天、每年参加义务植树、不向江河湖海倾倒垃圾、参与环保宣传和公益活动、白天尽量利用自然光、随手关灯、节约用电、优先选购绿色和节能产品、不选用过度包装产品、了解更多环保政策法规和相关知识、争做环保卫士等。这对深圳创建"生态城市"发挥了明显的促进作用。

（三）采取绿色行动，转变生产生活方式

除了通过各种形式加强宣传和教育，提高公众的生态意识之外，还应改变人们的生产生活方式，倡导绿色行为，杜绝有违生态城市宗旨的消极行为。例如，政府机关及其工作人员在城市规划中，应进一步确立生态文明理念，加大城市建设的绿色含量，强化城市的生态功能，用科学发展观统筹城市的经济发展；在日常管理中，应严格履行政府的监管职能，建立生态监管的常态化机制，对企业、居民的行为实施有效的引导；在环保执法方面，应加大环保执法力度，严肃惩处破坏生态的行为。企业经营者则应对自身的生产行为进行生态评估，把生态监督贯穿到企业活动的全过程。企业要努力实行低碳、环保、节能的生产方式，加大旨在保护生态的技术升级、设备改造力度，要将排污、能耗等指标置于公众监督之下，接受居民、民间环保组织和政府的监督。普通市民则应在日常生活中落实生态文明理念，养成绿色生活习惯。在家庭层面，居民应主动节约能源，选购环保产品；在社区层面，应积极组织或参加环保公益活动，争创安静社区、卫生社区、健康社区；在社会层面，应关心城市的环境状况，自觉配合城市管理部门实行的垃圾分拣等措施，勇于制止乱扔废弃物、袭击鸟类等各种非环保行为，通过合理的方式向政府有关部门及新闻媒体反映身边的噪声、排污等环境问题，为生态城市建设出谋划策，添砖加瓦。

（四）提高合作意识，采取协同行动

生态破坏和环境污染所造成的危害没有国界，治理与建设也同样没有国界。生态城市建设往往不能局限于一座城市，而应该具有全局观念、协同意识，加强城市间、区域间乃至国际合作。2009 年 4 月，西北五省区、山西、河南、湖北、四川、重庆和内蒙古共 11 个省（区、市）的环保厅（局）在西安市签署了《共同应对区域环境问题高层会商框架协议》，决定携手建立跨省界、跨流域的环境污染防控机制，开启了生态保护区域合作的新模式，相信此举将产生事半功倍的综合效果。当然，协同行动不仅包括不同地域之间的合作，还包括同一地域内部不同行为主体之间的协作，应充分发挥政府、企业、居民和民间组织等不同主体的优势，共同致力于相关城市的生态化建设。

总之，生态城市建设的核心是处理好人与城市、人与自然的关系，关键是转变人们的价值观念，着眼点在于改变人们的生产生活方式，归根到底还要靠提高人们的素质、转变人们的行为。由于中国城镇化速度快，过去的环保欠账太多，因而基于生态文明的绿色城市建设，任重而道远。但只要我们坚持以人为本、重在建设的原则，着力探索提高人文素质的有效途径，建立养成绿色行为的长效机制，并采取切实有效的行动，就一定能够将我们居住的城市建成绿色家园，实现"国家富裕、民族振兴、人民幸福"的"中国梦"。

G.10

汽车文明与生态城市建设

杨通进

摘　要：

目前，我国是世界机动车生产和销售的第一大国。随着城市机动车保有量的急剧增加，我国城市的空气质量急剧下降。全球污染最严重的城市中，我国就占了 7 个；许多城市的空气污染都远远超过了国家规定的安全标准。日益严重的机动车污染不仅损害着城市居民的身心健康，还破坏着城市的生态环境。治理城市机动车污染已经成为摆在我们面前的一项迫切任务。城市机动车污染的治理是一项复杂的社会系统工程，必须采取法律、科技等综合治理措施，才能最终实现治理的目标。

关键词：

机动车污染　空气质量　雾霾　综合治理

包括汽车在内的机动车是现代文明的重要标签，也是衡量一个民族福利水平的重要指标。但是，近年来，随着我国城市机动车保有量的急剧增长，城市机动车不仅成为导致城市拥堵和交通瘫痪的主要根源，也成为加剧城市污染的重要因素。城市的发展由此陷入困境，而令人向往的"汽车梦"也渐渐退了色，变成了城市人的噩梦。如何治理城市机动车污染，使城市机动车与城市建设协调发展，已经成为我国生态城市建设乃至生态文明建设所面临的重要课题。

一 城市机动车与城市污染

（一）走向汽车第一大国①

2014 年 1 月，国家环境保护部发布《2013 年中国机动车污染防治年报》，公布了 2012 年我国机动车的产销量和污染排放状况。年报指出，我国已连续四年成为世界机动车生产和销售第一大国，机动车污染已成为我国空气污染的重要来源，是造成灰霾、光化学烟雾污染的重要原因。② 机动车污染防治的紧迫性日益凸显。

根据年报提供的数据，与 2011 年相比，我国机动车保有量增加了 7.8%，达到 22382.8 万辆（见图 1）；其中，摩托车 10400.0 万辆，低速汽车 1145.0 万辆，汽车 10837.8 万辆（各自比例见图 2）。按排放标准分类，国 I 标准的汽车占 14.9%，

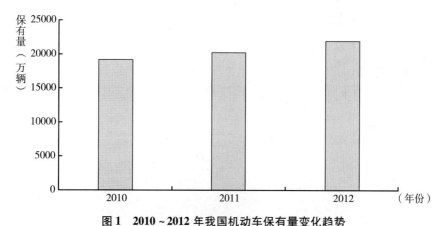

图 1 2010～2012 年我国机动车保有量变化趋势

资料来源：本文所用图表均来自环保部的《2012 年中国机动车污染防治年报》。

---

① 在日常用语中，人们往往交替使用"机动车"与"汽车"这两个概念，但是，机动车的范围要比汽车更广。因此，在以下的行文中，本文将使用机动车（而非"汽车"）一词，尽管机动车的主体是汽车。

② 环保部发布的《2012 年中国机动车污染防治年报》的序言中也有类似的表述："当前我国机动车污染问题日益突出。2011 年全国机动车保有约 2.08 亿辆，尾气排放已成为我国空气污染的主要来源，是造成灰霾、光化学烟雾污染的重要原因。"（见《2012 年中国机动车污染防治年报》"序言"）

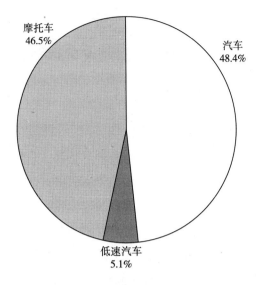

图2 2012年我国机动车保有量构成

国Ⅱ标准的汽车占15.7%，国Ⅲ标准的汽车比较多，占51.5%，而达到国Ⅳ及以上标准的汽车仅占10.1%，还有7.8%的汽车达不到国Ⅰ标准（见图3）。按环保标志分类，"绿标车"占86.6%，高排放的"黄标车"仍占13.4%（各省黄标车数量见图4；我国黄标车保有量变化趋势见图5）。

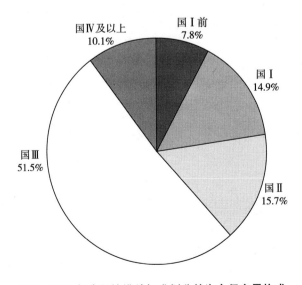

图3 2012年我国按排放标准划分的汽车保有量构成

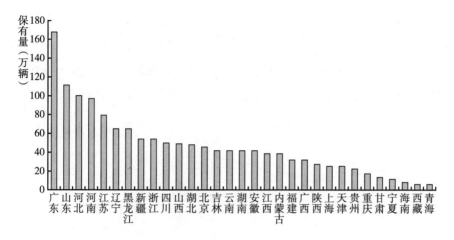

图4　2012年各省黄标车保有量

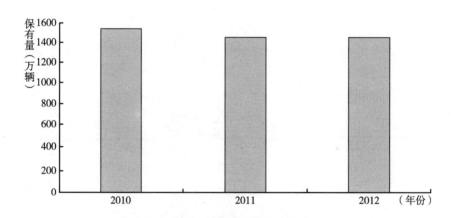

图5　2010～2012我国黄标车保有量趋势

　　随着机动车保有量的快速增长，我国的城市空气开始呈现出煤烟和机动车尾气复合污染的特点。年报提供的数据表明，2012年，全国机动车排放污染物4612.1万吨，比2011年增加0.1%。其中一氧化碳（CO）3471.7万吨，颗粒物（PM）62.2万吨，氮氧化物（NOx）640.0万吨，碳氢化合物（HC）438.2万吨。汽车是机动车污染物总量的主要排放者（各类机动车分担率见图6），它们排放的HC和CO超过70%，NOx和PM超过90%。按排放标准分类，占汽车保有量7.8%的国Ⅰ前标准汽车排放的四种主要污染物占排放总量的35%以上；而占保有量61.6%的国Ⅲ及以上标准汽车，其排放量还不到排放总量的30%。按环保标志分类，仅占汽车保有量13.4%的"黄标车"是机动车污染物总量的主要贡献者，它们排放了58.2%的NOx、81.9%的PM、52.5%的CO和56.8%的HC（见图7）。加速淘汰黄标车已成为机动车污染治理的迫切任务。环保部也表示，我国将在2017年基本淘汰黄标车。

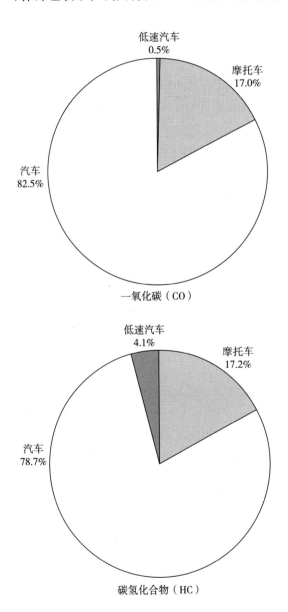

低速汽车
0.5%

摩托车
17.0%

汽车
82.5%

一氧化碳（CO）

低速汽车
4.1%

摩托车
17.2%

汽车
78.7%

碳氢化合物（HC）

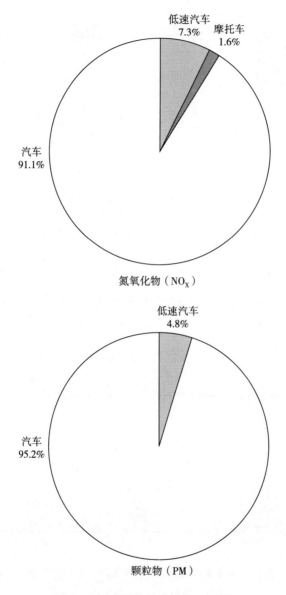

图6 机动车污染物排放量分担率

　　2010~2012年，我国机动车排放的一氧化碳（CO）、碳氢化合物（HC）、氮氧化物（NOx）和颗粒物（PM）持续增加（见图8）。一氧化碳的排放量由3362.2万吨增加到3471.7万吨，年均增长1.6%。碳氢化合物的排放量由429.7万吨增加到438.2万吨，年均增长1.0%。氮氧化物的排放量由599.4

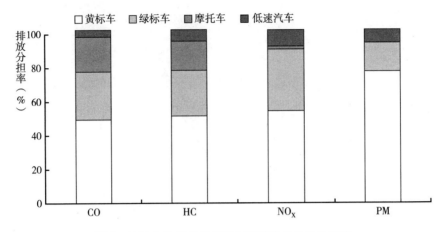

图7　2012年我国各类机动车污染物排放量分担率

万吨增加到640.0万吨，年均增长3.3%。颗粒物的排放量由59.8万吨增加到62.2万吨，年均增长1.8%（2012年各省机动车排放的一氧化碳、碳氢化合物、氮氧化物和颗粒物的总量，分别参见图9~图12）。

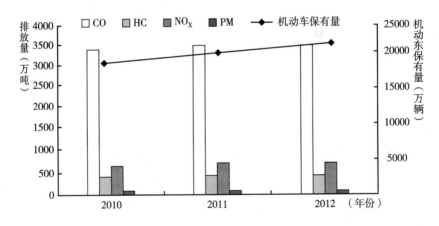

图8　2010~2012年我国机动车保有量及污染物排放量变化趋势

2010~2012年，我国汽车排放的一氧化碳、碳氢化合物、氮氧化物和颗粒物也持续增加。一氧化碳的排放量由2670.6万吨增加到2865.5万吨，年均增长3.6%。碳氢化合物的排放量由323.7万吨增加到345.2万吨，年均增长3.3%。氮氧化物的排放量由536.8万吨增加到582.9万吨，年均增长4.2%。颗粒物的排放量由56.5万吨增加到59.2万吨，年均增长2.4%（见图13）。

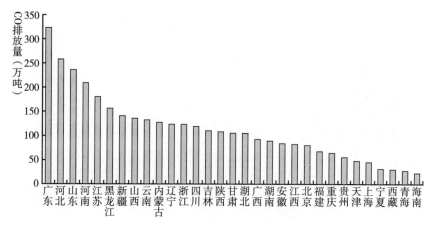

图9　2012年各省机动车一氧化碳排放总量

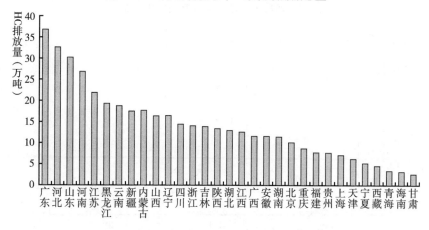

图10　2012年各省机动车碳氢化合物排放总量

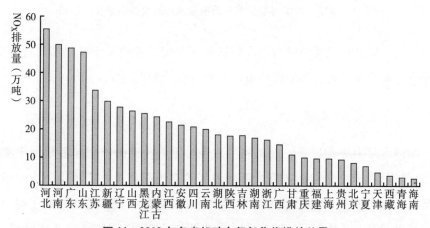

图11　2012年各省机动车氮氧化物排放总量

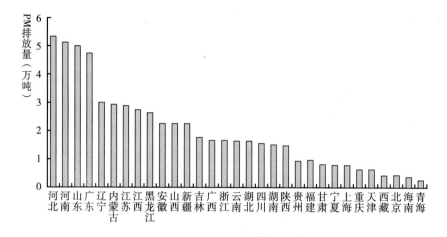

图12　2012 年各省机动车颗粒物排放总量

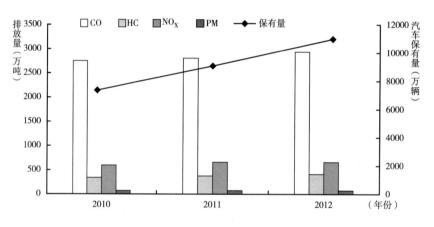

图13　2010～2012 年我国汽车保有量及污染物排放量变化趋势

总之，随着我国成为机动车产销量第一大国，机动车污染问题日益突出。机动车污染治理已经成为生态城市建设所面临的重要挑战。

（二）北京的雾霾

2014 年 2 月中旬以来，受不利气象条件影响，我国中东部多地出现雾霾天气。2 月 20 日中午起，北京大部分地区的空气都陷入重度污染。为应对此次雾霾天气，20 日 12 时，北京市空气重污染应急指挥部办公室启动了空气重污染黄色预警。这是 2013 年 10 月《北京市空气重污染应急预案（试行）》发布以来，首次启动该级别预警。

2 月 21 日，北京市的空气质量继续恶化。根据北京环境监测中心发布的数据，21 日 12 时，北京的实况空气质量状态图显示为一片红褐色和紫色，除 3 个监测站点显示为数据缺失外，全市 35 个监测站点中，27 个站点达到六级严重污染，仅有 5 个站点为五级重度污染，北京 PM2.5 累积的平均浓度达到 270 微克/立方米，空气质量达到污染最高级"严重污染"。为此，北京市空气重污染应急指挥部再次将空气重污染黄色预警提升至橙色预警。从黄色预警提升为橙色预警，间隔只有 24 小时。这是北京市自 2013 年《北京市空气重污染应急预案》出台后发布的首个"空气重污染橙色预警"。而橙色预警是仅次于红色预警的第二高级别预警。机动车、燃煤、工业污染和扬尘是北京市雾霾天气的主要成因。

关于北京市 PM2.5 的来源，一般认为，机动车的年均贡献在 10% ~50%，多数认为在 20% ~30%。[①] 由中国科学院大气物理研究所研究员王跃思主持的"大气灰霾追因与控制"课题组专门对京津冀地区 2009 ~2011 年 PM2.5 的平均状态进行了研究。研究结果表明，汽车及相关产业对京津冀地区 PM2.5 的贡献率约为 30%，而在雾霾严重时，机动车的贡献率更是高达 40%。[②] 因此，机动车尾气是北京市雾霾天气的主要"元凶"。

雾霾已经成为影响北京市空气质量的首要因素。从 2013 年 1 月 1 日起，北京市开始正式监测 PM2.5。截至 2013 年 12 月 31 日，北京市的 PM2.5 年均浓度为 89.5 微克/立方米，与年均 35 微克/立方米的国家标准相比，超标 1.5 倍。据 2014 年 1 月北京市环保局公布的数据，2013 年北京空气质量一级优 41 天，占 11.2%；二级良 135 天，占 37%；三级轻度污染 84 天，占 23%；四级中度污染 47 天，占 12.9%；五级重度污染 45 天，占 12.3%；六级严重污染 13 天，占 3.6%。其中，空气质量优良的天数为 176 天，占 48.2%，重污染累计 58 天，占 15.9%。在轻度污染以上的超标污染日中，首要污染物是 PM2.5，占 77.8%，其次为臭氧，占 20.1%，其他污染物（PM10、NO_2 等）

---

① 南方网：《雾霾成地方两会最热词汇超九成提及大气污染》，2014 年 2 月 8 日，http://energy.southcn.com/e/2014 –02/08/content_ 92058155. htm。

② 齐芳：《机动车尾气排放是北京雾霾的主因之一》，《光明日报》2014 年 1 月 3 日 006 版；贺泓、王新明、王跃思等：《大气灰霾追因与控制》，《中国科学院院刊》2013 年第 28 卷第 3 期。

仅占 2.1%。中国科学院院士、中国科学院副院长丁仲礼在接受记者采访时指出，"从 2013 年 3 月到 2014 年 3 月，北京连续 3 天及以上能见度小于 3 千米的严重雾霾污染事件共出现了 18 次"。这意味着，在过去的一年里，北京平均每 20 天就有一次雾霾迷城。北京市的空气质量由此可见一斑。根据北京市环境保护科学研究院提供的北京大气污染源排放清单数据，对氮氧化物和挥发性有机物来说，机动车排放所占的比重分别高达 42% 和 32%。[①]

（三）我国的雾霾天气与城市空气污染

北京市的雾霾和空气污染只是我国城市空气污染的一个缩影。我国大部分城市的空气污染状况都令人忧虑。2013 年 1 月，我国出现了 4 次较大范围的雾霾天气，涉及 30 个省（区、市），多个城市 PM2.5 指数"爆表"。中东部大部地区都出现了持续时间最长、影响范围最广、强度最强的雾霾过程。国家环保部提供的调查数据显示，2013 年，江苏、北京、浙江、安徽、山东月平均雾霾日数分别为 23.9 天、14.5 天、13.8 天、10.4 天、7.8 天，都是 1961 年以来同期雾霾天数最多的年份。中东部地区大部分站点 PM2.5 浓度超标日数达到 25 天，有些地区的 PM2.5 指数达到五年来的最高值。[②]

世界卫生组织 2011 年公布的全球 1100 个城市空气质量排名当中，我国有 32 个城市列入排名；其中最好的是海口，但仅排名第 814；拉萨第 891，南宁第 892。其余城市都在 940 名之后。广州第 962，上海第 978，北京第 1035，排名接近垫底。[③]

根据《气候变化绿皮书（2013）》提供的数据，2013 年，我国有 25 个省（区、市）被雾霾缠身，平均雾霾天数逼近 30 天，较同期偏多 10.3 天。安徽、湖北、浙江、江苏等 13 个省区的雾霾天气都创下了"历史纪录"。亚洲开发银行和清华大学 2014 年 1 月发布的《迈向环境可持续的未来：中华人民共和国国

---

① 赵伊蕾、杨杰：《去年北京 20 天一次雾霾迷城专家称要有减排清单》，《中国青年报》2014 年 4 月 14 日。

② 张彬、杨桦、钟源：《全国 2013 年平均雾霾天数达 29.9 天创 52 年来之最》，《经济参考报》2013 年 12 月 30 日。

③ 百度百科：《世界卫生组织城市空气质量排名》。

家环境分析》报告指出，尽管我国政府一直在积极地治理大气污染，但是，全球污染最严重的 10 个城市中，我国就占有 7 个，它们分别是：太原、北京、乌鲁木齐、兰州、重庆、济南和石家庄。我国 500 个大型城市中，能够达到世界卫生组织规定的空气质量标准的不到 1%。2013 年，石家庄重度污染和严重污染的天数分别达到 77 天和 76 天，为我国 2013 年空气污染最严重的城市。

2014 年 2 月，国家环境保护部向媒体发布了 2014 年 1 月京津冀、长三角、珠三角区域及直辖市、省会城市和计划单列市等 74 个城市的空气质量状况。根据环保部的数据，2014 年 1 月，全国 74 个城市平均达标天数比例为 37.6%，平均超标天数比例为 62.4%，轻度污染占 26.8%，中度污染占 14.4%，重度污染占 16.2%，严重污染占 5.0%。仅拉萨达标天数比例为 100%。京津冀地区 13 个城市的空气污染较为严重，空气质量平均达标天数比例仅为 25.4%，重度污染占 23.0%，严重污染占 17.8%。①

2014 年，"雾霾"成为我国地方两会的关键词之一，治理雾霾和空气污染也成为代表委员热议的话题。而各地 2013 年的政府工作报告中，明确提及"雾霾"和"PM2.5"的只有河北、天津等 8 个省市。2014 年，除了宁夏和西藏外，其他省（区、市）的政府工作报告都提到了大气污染的治理问题。北京、上海、广东等省市更是明确提到了要治理雾霾天气和监测 PM2.5。湖北、浙江、黑龙江等 12 省市的政府工作报告均指出，要以更有力、空前的姿态对付"雾霾"、换取蓝天。河北省的政府工作报告使用了约 700 字的篇幅来讨论大气污染的治理问题，而江苏省的政府工作报告中更是使用了"铁腕治污"一词，明确将大气污染的防治列为 2014 年重中之重的工作任务来对待。

不仅如此，2014 年，我国不少省（区、市）的政府工作报告都不约而同地立下了治理空气污染的"军令状"。例如，北京计划全年削减燃煤 260 万吨，关停 300 家污染企业，大气细颗粒物 PM2.5 年均浓度下降 5% 左右。河北省的政府工作报告也提出，2014 年，河北全省空气污染治理的目标之一就是使 PM2.5 浓度下降 4%。

雾霾和城市空气污染也引起了中央政府的高度关注。2013 年 9 月，国务院

---

① 刘毅、于荣华：《1 月份京津冀重污染天气超四成》，《人民日报》2014 年 2 月 21 日。

通过了《大气污染防治行动计划》（以下简称《行动计划》）。《行动计划》的目标是，经过五年努力，使全国空气质量总体改善，重污染天气较大幅度减少；京津冀、长三角、珠三角等区域空气质量明显好转。力争再用五年或更长时间，逐步消除重污染天气，使全国的空气质量明显改善。具体指标是：到 2017 年，全国地级以上城市可吸入颗粒物浓度比 2012 年下降 10% 以上，空气质量优良天数逐年提高；京津冀、长三角、珠三角等区域细颗粒物浓度分别下降 25%、20%、15% 左右，其中北京市细颗粒物年均浓度控制在 60 微克/立方米左右。

为贯彻落实《大气污染防治行动计划》，国家环保部于 2014 年 1 月与全国 31 个省（区、市）签署了《大气污染防治目标责任书》，明确了各地空气质量改善的目标和重点工作任务。目标责任书明确规定了各地 PM2.5 年均浓度下降目标，其中，北京、天津、河北确定了下降 25% 的目标，山东、山西、上海、江苏、浙江确定了下降 20% 的目标，广东、重庆确定了下降 15% 的目标，内蒙古确定了下降 10% 的目标。

2014 年 2 月 12 日，国务院总理李克强主持召开国务院常务会议，研究并部署了进一步加强雾霾等大气污染治理的措施。会议认为，打好大气污染防治的攻坚战和持久战，是推进生态文明建设的重大任务，也是改善民生的当务之急。会议指出，要立足国情、科学治理、分类指导，以雾霾频发的特大城市和区域为重点，以 PM2.5 和 PM10 治理为突破口，抓住能源结构、尾气排放和扬尘等关键环节，不断推出远近结合、有利于标本兼治、带动全局的配套政策措施，在大气污染防治上下大力、出真招、见实效，努力实现重点区域空气质量逐步好转，消除人民群众的"心肺之患"。

在 2014 年全国"两会"结束时的记者招待会上，李克强总理进一步指出，要"向雾霾等污染宣战"，彻底改变我们自身粗放的生产和生活方式。对包括雾霾在内的污染宣战，就要"铁腕治污加铁规治污"，对那些违法偷排、伤天害人的行为，政府绝不能手软，要坚决予以惩处。对那些熟视无睹、监管不到位的监管者也要严肃追查责任。

从中央和地方采取的以上措施可以看出，我国城市的空气污染状况已经严重影响了我国人民的生产和生活，雾霾和城市空气污染的治理已经到了刻不容缓的地步。

二 城市机动车污染的表现及其危害

进入 21 世纪以来，机动车污染已经成为我国城市污染，特别是大气污染的主要来源之一。其中，噪声污染和尾气污染是两种最重要也最常见的机动车污染。机动车尾气的成分非常多，包含有 10 多种化合物，如一氧化碳、二氧化碳、碳氢化合物、氮氧化物、硫氧化物、颗粒物、铅化合物、醛类等。这些排放物不仅危害人们的健康，还破坏着城市的环境。

（一）机动车污染对人的影响

1. 一氧化碳

一氧化碳（CO）是一种无色、无臭、无刺激性的有毒气体，是机动车有害排放物中浓度最高的一种成分。城市大气中的一氧化碳大部分来自机动车尾气。一氧化碳是燃油燃烧不充分的产物。机动车的速度越慢，交通堵塞越严重，一氧化碳的排放量就越多。一氧化碳比较稳定，在大气中可以存在2~3年。当空气中一氧化碳的比重达到每立方米 0.48 克时，人就会轻微中毒，一小时内出现耳鸣、心跳、头昏、头疼等症状；达到每立方米 1.28 克时，人就会严重中毒，半小时到一个小时内出现耳鸣、头疼、心跳、四肢无力、呕吐、哭闹等症状；达到每立方米 4 克时，人就会在很短时间内失去知觉，不及时抢救就会死亡。

一氧化碳经呼吸道进入血液循环，与血液中起输氧作用的血红蛋白结合生成碳氧血红蛋白，会削弱血液向各个组织输送氧的功能，危害中枢神经系统，导致心脏、头脑等重要器官严重缺氧，造成人的感觉、反应、理解、记忆等机能障碍，轻者可使中枢神经系统慢性中毒而受损，引起头晕、头痛、呕吐、恶心、心跳加快等症状，重者则可危害血液循环系统，使心血管工作困难，导致中毒窒息死亡。长期暴露于一氧化碳之中，会导致动脉硬化、脑溢血、末梢神经炎等疾病。一氧化碳还会严重危害胎儿和幼儿的生长发育。[1]

---

[1] 李滨丹、吴宁：《探讨汽车尾气污染危害与对策》，《环境科学与管理》2009 年第 7 期。

2. 氮氧化物

氮氧化物（NOx）主要是指一氧化氮、二氧化氮，它们的排放量取决于燃烧温度、时间和空燃比等因素。一氧化氮是无色无臭的气体，它能刺激人的呼吸道并引起喘息，诱发支气管炎、肺气肿等疾病。高浓度的一氧化氮还会引起中枢神经系统的功能障碍。一氧化氮与血液中血红素的结合能力比一氧化碳还强，容易使血液的输氧能力下降从而导致缺氧现象的出现，最终导致人体因缺氧而昏迷甚至死亡。二氧化氮是一种褐色、具有特殊刺激性臭味的有毒气体，它主要损害人的眼睛、呼吸道和肺部。二氧化氮与空气中的水分、氨以及其他化合物反应，会生成含硝酸的细微颗粒物，影响呼吸和呼吸系统，损害肺组织；进入人体肺脏深处，就会在肺泡内形成亚硝酸和硝酸，对肺组织产生强烈的刺激作用，增加肺毛细血管的通透性，引发胸闷、咳嗽、气喘甚至肺气肿等疾病。在二氧化氮浓度为 9.4 毫克/立方米的空气中暴露 10 分钟，就可造成人的呼吸系统功能失调。总之，机动车尾气中的氮氧化物会损害人的呼吸系统，刺激人的肺部，使人难以抵抗感冒之类的呼吸系统疾病；更为严重的是，它还会造成儿童肺部发育受损。①

3. 碳氢化合物

机动车尾气中所含的各种碳氢化合物（HC）总称为烃类，包括烷烃、烯烃、醛类（甲醛、丙烯醛）、芳烃（苯并芘等）等 20 多种成分，其浓度总量比一氧化碳要少。其中，饱和烃对人体健康的影响并不明显，但是，不饱和烃（如烯烃、醛类和芳烃）对人体健康的危害极为明显。在太阳光紫外线的作用下，烯烃会与氮氧化合物发生光化反应生成一种具有刺激性的淡蓝色烟雾；这种具有致癌作用的光学烟雾能够刺激并伤害人们的眼睛和上呼吸道黏膜，引起眼睛红肿和喉炎。1952 年 12 月，伦敦发生光化学烟雾事件，4 天中死亡的人数就较常年同期多 4000 人；45 岁以上的死亡最多，为平时的 3 倍；1 岁以下婴儿的死亡率则是平时的 2 倍。烯烃对人的伤害由此可见一斑。醛类物质对眼睛、呼吸器官和皮肤有强烈的刺激作用，会造成鼻、肺等机能下降；醛类超过一定浓度，还会导致头晕、恶心、红细胞减少、贫血甚至急性中毒等症状。芳

---

① 杨新兴、冯丽、华蔚鹏：《汽车尾气污染及其危害》，《前言科学》2012 年第 3 期。

烃则会引起食欲不振、体重减轻、易倦、头昏、头疼、失眠、呕吐、黏膜出血等症状，还会使人的红细胞减少，造成贫血，甚至会导致白血病。烃类中的环芳烃对人体的危害最大，烃类中的苯并芘是一种强致癌物质，具有最高的致癌活性。[1]

4. 细微颗粒物

机动车尾气中含有的细微颗粒物（PM）主要由燃料不完全燃烧生成的碳粒和铅化物微粒等组成，其中大部分是直径为 0.1 微米（PM0.1）至 10 微米（PM10）的多孔性碳粒。这些细微颗粒物不仅本身含有多种有害、有毒的物质，其颗粒表面还能吸附各种金属粉尘、二氧化硫、苯并芘和病原微生物等有毒、强致癌物质，从而导致皮肤病、结膜炎、肺气肿、慢性病、癌症等多种疾病。这些细微颗粒物还能够随呼吸道直接进入人体肺部，以碰撞、扩散、沉积等方式滞留在呼吸道的不同部位，引起呼吸系统疾病。具体而言，2.5 微米以下的颗粒物（PM2.5）非常容易沉积在肺部从而导致肺气肿；当 PM2.5 在肺部的积累达到临界浓度时，就会激发形成恶性肿瘤。PM1.0 能够轻易地通过肺泡直接进入血液系统，引发各种肺病。

机动车尾气中的铅化物微粒对人体健康也十分有害。铅是一种蓄积毒物；机动车尾气中的铅化物颗粒很容易通过人的呼吸、饮水、食物等途径进入人体，对人体的造血系统、神经系统以及肾脏等产生慢性危害；铅一旦进入人的大脑组织，就会紧紧黏附在脑细胞的关键部位，导致人的智能发育障碍和血红素制造障碍等后果。当人们吸入这种有害物质并积累到一定程度时，就会阻碍血液中红细胞的生长与成熟，使心、肺等器官发生病变。铅中毒的症状主要表现为头晕、头痛、失眠、多梦、记忆力减退、乏力、食欲不振、上腹胀满、恶心、腹泻、便秘、贫血、周围神经炎等。重症铅中毒者的肝脏会明显受损，患者会出现黄疸、肝脏肿大、肝功能异常等症状。[2]

---

① 刘丽华：《我国机动车尾气污染现状与防治对策》，《海峡科学》2011 年第 8 期。
② 朱静、李晓倩、张虞：《我国汽车尾气污染危害及对策研究》，载《环境安全与生态学基准/标准国际研讨会、中国环境科学学会环境标准与基准专业委员会 2013 年学术研讨会、中国毒理学会环境与生态毒理学专业委员会第三届学术研讨会会议论文集》（二），2013。

5. 噪声污染

机动车的另一个对人的健康产生重要影响的污染就是噪声污染。据统计，城市噪声中，交通运输噪声占75%，而机动车的噪声在交通噪声中又占了85%。噪声污染虽然不会危及人的生命，但会给人的生理及心理带来不适，干扰人们的睡眠，甚至导致疾病，影响人们的生活质量。

（二）机动车污染对城市环境的影响

机动车对城市环境的一个重要影响就是城市烟雾污染。机动车排放的碳氢化合物和氮氧化物等一次污染物，在阳光的作用下会发生化学反应，生成臭氧、醛、酮、酸、过氧乙酰硝酸酯等二次污染物。参与光化学反应过程的一次污染物和二次污染物的混合物所形成的烟雾污染现象就是光化学烟雾。光化学烟雾具有特殊气味，不仅使大气的能见度降低，还妨碍城市植物的生长，影响城市的绿化。光化学烟雾污染是世界上许多大城市共同面临的难题。

机动车排放的二氧化碳还是导致全球变暖的重要温室气体之一。当大气中二氧化碳的含量升高时，就会增强大气对太阳光中红外线辐射的吸收，阻止地球表面的热量向外散发，使地球表面的平均温度上升，导致温室效应的出现。近几十年，全球气候变暖已经导致冰川融化、水位上涨、厄尔尼诺和拉尼娜等现象的出现，对人类的命运和前途构成了严峻的挑战。目前，全世界每年排放的二氧化碳已超过200亿吨，机动车排放的二氧化碳占其中的10%～15%。此外，汽车空调中的氟利昂及空调排出的热量还加剧了城市上空的"热岛效应"，使城市的夏天变得更加闷热。

机动车排放的氮氧化物与空气中的水发生反应后生成的硝酸和亚硝酸是酸雨、酸雾的主要成分。酸雨和酸雾不仅腐蚀城市的建筑物和历史文物等，还污染河流、湖泊，威胁鱼类的生存，影响农作物和森林的生长。

道路交通的拥堵也可视为机动车导致的一种特殊形式的污染。由于城市机动车保有量的急剧增加，交通堵塞已经成为严重的城市顽疾，不仅浪费大量的时间和金钱，降低整个社会的运行效率，还增加了能源消耗，加重了城市的空气污染。在道路拥堵的情况下，机动车频繁启动、刹车和低速行驶，使机动车排放的尾气中一氧化碳、二氧化碳、氮氧化物、碳氢化合物等污染物的含量比正常行驶时高出许多，使城市的空气质量进一步恶化。

此外，城市机动车还以各种方式间接地影响着城市的环境。例如，机动车的生产、使用和维护都需要消耗大量的自然资源。机动车排放的铅化物微粒、泄漏的汽油直接污染着城市的地下水和地表水。修建城市公路和停车场会挤占城市绿地。露天停车场不仅占地，还会改变城市气流的方向和速率，加剧城市的热岛效应。报废车辆的拆卸和处理也会产生大量固体废弃物、废水、废油等，增加城市垃圾的总量。如果对回收报废后的机动车处理不及时，还会出现废弃车辆堆积成山的现象，不仅占用大量土地，废机油还会随雨水漫流，污染周边环境及地下水资源。[①]

三 城市机动车污染的治理与生态城市建设

我国城市的机动车污染问题日益严峻，已经严重威胁着城市居民的身心健康，破坏着城市的环境，妨碍着生态城市和生态文明的建设，因此，我们必须把城市机动车的污染当成城市管理的优先事务来加以考虑。导致城市机动车污染的原因是多种多样的，必须采取法律、管理和技术等综合措施，实施机动车污染治理的社会系统工程，才能真正实现城市机动车污染的治理，促进生态城市和生态文明建设。

（一）通过完善相关法律法规，为机动车污染的治理提供法律框架

制定科学、合理、可行的机动车污染防治法律、法规和标准，是机动车污染防治工作顺利推进的基础。20 世纪 80 年代以来，我国相继制定并实施了一系列相关的法律法规，例如，《汽车排气污染监督管理办法》（1990）规定了对汽车及其发动机产品、在用汽车、汽车维修、进口汽车以及汽车排气污染检测的监督管理办法；《防治汽车排放污染监督管理条例》（2000）规定了防治汽车污染排放的宏观政策和具体的监督管理办法；《中华人民共和国大气污染防治法》（2000）确定了汽车制造、使用和维修的国家排放标准；《中华人民

---

① 曲凌夫：《汽车与环境污染》，《生态经济》2010 年第 7 期。

共和国道路交通安全法》（2003）规定了汽车上路登记制度和汽车强制报废制度。这些法律和法规对我国机动车污染的防治起到了一定的积极作用。

但是，这些法律和法规仍存在内容不够系统和全面、原则性条款过多、可操作性较差、执法主体和责任主体不够明确等问题，因此，相关的法律体系仍需进一步健全和完善。例如，可以参照日本的《汽车回收利用法》（2002）将汽车的报废回收理念贯穿于汽车的设计、制造和生产过程中，要求生产厂家承担报废汽车的回收责任，并采用可回收利用的材料和零部件进行生产；同时，要求消费者在购买汽车时缴纳汽车回收处理的费用。美国的《清洁空气法》（1968）规定，各种新车或新车发动机在投产前要获得相关机构的认证和鉴定，生产期间要通过产品合格性实验和产品一致性试验，在销售和使用环节要对产品实施全程的质量监督控制。①

针对我国城市空气污染较为严重、汽车行业快速发展的现实，国家有关部门应完善和加快机动车污染防治方面的相关立法，制定科学、合理、可行的法律条款，从整体上提升我国机动车污染防治的立法水平。同时，各级地方政府也要在严格执行国家机动车排放标准的基础上，因地制宜地制定更为具体的地方性法规和规章，对机动车的生产、运营及尾气的排放实施全方位的监督管理。

严格执行机动车污染防治法律、法规和标准，是控制机动车污染排放的关键。为提高执法的质量和效能，政府各部门要做到各司其职，相互配合；在必要时，各部门还应开展联合执法行动。环保部门应严格依据国家发布的排放标准和检测技术规范对机动车实施初检、年检，并负责组织实施道路行使机动车的检测、检查工作。公安车管部门要把机动车排污纳入初检、年检的内容，扣押排污超标车辆的行驶证，配合环保部门责令排污超标车辆的限期治理，治理合格后再办理年检手续。交警部门应按规定对无机动车排污检测合格证或有明显排黑烟现象的车辆进行及时处罚。②

总之，面对日益严峻的机动车污染现象，我们必须首先建立完善的法律体

---

① 宗芳：《我国汽车尾气污染防治政策研究》，天津师范大学硕士学位论文，2012年5月。
② 田俊广：《汽车尾气污染与控制对策》，《河南教育学院学报》2006年第2期。

系，树立"依法治车""依法治污"的理念。同时，要建立更加独立和高效的执法制度，提高执法人员的能力和素质，把对机动车污染的治理纳入法治的轨道。此外，还应加强公众和媒体对执法的监督，规范相关部门的执法行为，坚决杜绝执法不严或钱权交易行为的发生。

（二）通过技术改进，减少机动车的污染排放

西方发达国家的机动车总体技术较为先进，机动车污染控制技术也较为先进，目前正在朝低污染排放和零排放的方向努力。我国的机动车技术起步较晚，在机动车污染控制技术方面需要急起直追。

1. 开发先进的尾气净化技术

通过采用先进的机动车尾气排放控制技术，降低有害污染物的产生与排放，是有效控制机动车尾气污染的一项有效措施。机动车尾气排放控制技术主要包括机内净化技术和机外净化技术两类。机内净化技术主要是通过改进发动机本身的设计、优化发动机的运行参数来降低污染物的排放，减少污染物的生成量。机外净化技术主要是通过在机动车排气系统中安装各种净化装置，将有害气体转化为无害气体，达到降低甚至消除机动车排放的有害污染物的目的。

机动车的发动机主要有汽油机型和柴油机型两种。汽油机排放的污染物主要是一氧化碳（CO）、碳氢化合物（HC）和氮氧化物（NOx），柴油机排放的污染物主要是氮氧化物和细微颗粒物（PM）。采用汽油机直喷技术、电子控制燃油喷射系统、推迟点火提前角、废气再循环、燃烧系统优化设计、可变进气系统和层状充气发动机等机内净化技术，可以有效减少汽油机 CO、HC 和 NOx 的排放；采用燃油喷射技术、进气管理技术、新型燃烧技术、废气再循环技术等机内净化技术，则可以降低柴油机 NOx 和 PM 的排放。机外净化技术主要包括低温等离子处理技术、催化剂净化技术、颗粒捕捉器技术等。[①] 目前，我国机动车尾气污染控制技术水平较低，大多数机动车生产厂家使用的都是美国或德国的技术和产品。因此，国家应加大对机动车尾气排放控制技术的投入

---

① 姚志良：《机动车能源消耗及污染物排放与控制》，化学工业出版社，2012，第18～27页。

和支持，鼓励科研院所、高校和机动车生产厂家联合开发适合我国国情的、具有自主知识产权的机动车尾气排放控制技术，为机动车污染物的排放控制提供必要的技术支持。

2. 提高燃油的质量

燃油质量的好坏是决定机动车尾气污染的关键因素之一。使用不符合标准的燃油，不仅会损害车辆的供油系统，影响车辆的使用寿命，还会对人体健康和社会环境造成不可估量的损害。2000 年 7 月以来，我国制定了汽油无铅化的政策，在很大程度上提高了燃油的质量。但是，与发达国家和国际先进水平相比，我国的燃油品质仍有一定差距，尤其是在燃油中的芳烃、苯、硫、烯烃等物质的含量方面差距较大。因此，全面提高燃油质量，研制、生产并提供清洁油品和代用燃料，防止不合格的燃油流向市场，是在短期内实现机动车污染源头控制的重要捷径。

3. 研发并推广节能与新能源汽车

气候变暖、资源枯竭、人口增加、环境恶化等是人类在 21 世纪所面临的重要难题，它们使机动车消费与环保之间的矛盾越来越尖锐。要解决汽车产业与环保之间的矛盾，就必须着力研发并大力推广各种节能与新能源汽车。开发并大力推广包括燃气汽车、电动汽车和混合动力汽车在内的各种新型汽车，不仅是我国，也是世界汽车产业的发展方向，是治理机动车尾气污染的最根本途径。

燃气汽车以压缩天然气和液化石油气为燃料，具有经济性、安全性和环保性等优点。相关证据表明，压缩天然气汽车能使一氧化碳、碳氢化合物、氮氧化物、二氧化碳和二氧化硫的排放量分别减少 97%、72%、39%、24% 和 90%。液化石油气汽车则能使排放的一氧化碳减少 70% ~ 90%，碳氢化合物减少 20% ~ 50%，氮氧化物减少 20% ~ 40%，二氧化硫减少 90% 以上，并能不同程度地减少铅、苯、芳香烃等有害物质的排放。目前，我国已具备了发展和推广燃气汽车的客观条件。因此，在我国发展和推广燃气汽车具有广阔的前景。[①]

---

① 朱静、李晓倩、张虞：《我国汽车尾气污染危害及对策研究》，《环境安全与生态学基准/标准国际研讨会、中国环境科学学会环境标准与基准专业委员会 2013 年学术研讨会、中国毒理学会环境与生态毒理学专业委员会第三届学术研讨会会议论文集》（二），2013 年 6 月 29 日。

电动汽车具有能量转换效率高、动力源多样化、环境污染小、噪声低、使用维修方便等优点，是比较理想的无污染汽车。目前，由于纯电动汽车的关键部件之一的电池存在能量密度低、寿命短、价格较高等诸多问题，因而，开发新型实用、绿色环保的动力电池，成为国内各科研机构和生产企业的努力方向。

在这种背景下，锂离子电动车动力电池脱颖而出。由于不含镉、铅、汞之类的有害重金属物质，锂电池在生产、使用及回收过程中没有污染物的产生。配备锂电池的电动车还具有许多其他优势，例如，锂电池在冬季的低温环境下也能正常使用；锂电池还能随时充电、无记忆效应。目前，动力锂电池存在的主要问题是，动力电池成组后安全性下降，使用寿命缩短。因此，开展动力锂电池成组技术研究、成组应用技术研究和设备研究，是推动锂电池产业发展的关键。①

与传统汽车相比，混合动力汽车在节能和排放上都具有不可替代的优势。目前，由于制造成本较高，混合动力汽车的价格比传统汽车高约20%。但是，随着科学技术的发展，混合动力汽车的性能必将日益得到提高，其价格也必将不断降低。如果辅之以相关政策的调整，以及新能源汽车基础设施建设的完善，那么，混合动力汽车将会逐渐获得人们的青睐。

（三）通过系统而全面的管理措施，实现对机动车污染的最终治理

完善的法律法规体系和先进的机动车污染控制技术为机动车污染的治理提供了可能，但是，要使这种可能性转变成现实性，还必须要采取科学合理的行政和管理措施，把机动车污染治理落到实处。

1. 优化城市规划，建立高效合理的路网体系

合理的城市规划和路网建设，是解决城市机动车污染问题的前提。我国许多大城市在规划、设计和建设方面存在的一个共同问题就是，政治、文化、教育、医疗、商业等城市核心功能都集中在中心城区内，形成了单中心的城市空间格局。学校、幼儿园等教育资源在各城区之间以及城市和郊区之间的配置非

---

① 李滨丹、吴宁：《探讨汽车尾气污染危害与对策》，《环境科学与管理》2009 年第 7 期。

常不平衡，"跨区择校"上学相当普遍。城市规模的不断扩展，城市中心土地的超强度开发与城市功能的过度集中，使就业人群高度集中在城市中心地带，导致了交通出行的高度拥堵，给城市带来了极大的交通压力。路网和停车场的设计和建设更是直接决定着城市机动车的通行速度。因此，科学地规划城市布局，合理地配置商业中心、学校、行政中心区的空间格局，是城市规划需要优先加以考虑的问题。

2. 加强城市交通的总体规划，优先发展公共交通

优先发展公共交通，可以提高道路资源的利用率和交通输送的效率。为此，需要制定优先发展公共交通的政策，从公共财政中拿出更多的资金用于更新公交工具，完善公共交通基础设施，提高公共交通服务水平，并提供补贴鼓励人们选择公交出行。还应根据城市的人口规模、市民的出行习惯、交通的流量和流向、城市用地的形态和布局、土地建设的强度等实际情况，规划和建设公交路线网和公交站点，做到公交"线"与城市"面"的有效融合，减少乘客的换乘次数、绕行距离，缩短乘车时间，增加公共交通的运力和频次，引导更多居民乘坐公共交通工具。应大力发展轨道交通，加快建设公共汽、电车专用道（路），设置公交优先通行信号系统。城市的主要交通干道应按照湾式公交停靠站设计建设，安装遮雨棚，设置候车凳，配备路线指示牌、运营时刻表、公交线路站点图、乘车指引等服务设施。此外，还应充分利用科学技术对传统的公共交通系统进行改造，通过信息化技术的应用实现人、车、路三者的紧密协调，推动公共交通的智能化发展。总之，要实现对机动车污染的有效治理，就必须优先发展公共交通，让公共交通变得舒适、方便、快捷、实惠，这样，人们才会优先选择公共交通，使城市的车流量得到有效控制。[①]

3. 完善检测维修和旧车淘汰制度，加大对在用车的管理力度

在用车排放的污染物是造成大气污染的重要来源之一，因此，控制在用车辆的污染，是治理机动车污染的关键环节。国外治理机动车尾气污染的经验表明，在用车的检测维修制度（即 I/M 制度），是目前国际上公认的治理在用车

---

① 李森、周时骏：《我国城市道路公共交通的现状分析及优先发展对策》，《城市研究》2010 年第 4 期。

污染排放的最合理、最科学、最经济、最有效的机动车污染治理制度。目前，我国对在用车辆的检测往往只强调安全性和动力性，忽视经济性和环保性等内容；只重检测，忽视维修。因此，我们需要进一步完善我国的检测维修制度，制定出更加合理、科学、有效的在用车检测标准；这些标准应把排放标准限值、检测的周期、厂家必须对排放不合格的车辆进行维修等内容纳入其中。

旧车淘汰制度能有效减少机动车污染物的排放，是控制在用车污染排放的另一个重要的有效手段。由于我国存在的老旧车辆数量庞大，它们的自然淘汰速度比较慢，对它们的强制淘汰又难以做到公平合理，因此，旧车淘汰制度在我国一直难以有效执行。为了有效控制在用车的污染排放，政府有关部门必须采取有效措施来加速老旧车辆的淘汰。例如，强制淘汰黄标车；提高车辆的尾气排放标准；增加老车的年检频率和检查费用；延长新车的免检期限；免除更新车辆的部分附加税费等。①

4. 加强城市交通设施建设，减少和消除尾气污染

加强城市交通设施建设也可以在一定程度上降低尾气污染。例如，拓宽道路，修建立交桥和地下铁道缓解城市交通拥堵，可以达到提高车速、降低机动车尾气排放的目的。加快旧城区的改造和市政建设，保证道路的畅通，使道路发展与车辆增长的速度相协调，尽量减少机动车在行驶中的减速、怠速和加速，可以降低油耗和排污。此外，还可以采取措施合理调整机动车流量，加强交通管制，在交通拥挤或车流量较大的路口、路段采取智能措施，合理调配车流，保障车辆的畅通；加强城市道路绿化带的建设，扩大城市的绿化面积，使城市的空气得到净化。②

5. 大力宣传环保知识，提高公众的环保意识

机动车污染的防治既离不开政府的引导，更需要广大公众的积极参与。环保部门应借助广播、电视、报刊和网络等新闻媒体，积极向广大市民传播机动车尾气形成的原因及其危害的知识，宣传机动车污染防治的各项法律和法规，定期发布机动车检测和抽测违法信息，提高公众对机动车排气污染防治工作的

① 刘丽华：《我国机动车尾气污染现状与防治对策》，《海峡科学》2011 年第 8 期。
② 李云、冯颖俊：《我国城市机动车污染控制对策初探》，《今日科苑》2009 年第 8 期。

认识，使他们参与、理解并支持政府的污染防治措施。有关部门还应时常开展机动车尾气危害、"环保驾驶"、选购"环境友好型"私家车等知识讲座或图片长廊知识普及活动，倡导低碳生活，鼓励绿色出行，使公众自觉选择公交，不购买尾气排放超标的车辆，不驾驶超过使用年限的车辆等。总之，只有加大对机动车污染防治知识的宣传和舆论引导，提高公众的环保意识，动员全社会参与到机动车污染的防治活动中来，机动车污染的治理才能持之以恒，治理的成果才能长期保存。[①]

6. 其他措施

除了以上措施，各地还要根据本地的实际情况，采取其他辅助措施。例如，加强机动车污染防治监督管理队伍的建设；在某些城市实行机动车总量控制制度；鼓励出租车预约服务，降低出租车的空驶率；划定高污染车辆限行区域；提高城市中心的停车费用；根据空气质量和交通流量，对某些路段实施限行或征收通行费；提高公车和社会车辆的使用效率；征收机动车燃油附加费和排污费；改善居民步行、自行车出行的条件，鼓励绿色出行。[②]

总之，城市机动车污染的治理是一项复杂的社会系统工程，只有坚持不懈地采取综合治理措施，努力建设生态型城市，加大生态文明建设的力度，机动车污染的治理目标才能最终得到实现。

---

① 张秦赓、牛鲁燕、周永刚：《新形势下对我国汽车尾气污染的思考》，《环境科技》2011 年增刊第 2 期。
② 宗芳：《我国汽车尾气污染防治政策研究》，天津师范大学硕士学位论文，2012 年 5 月。

附　　录

Appendices

G.11
生态城市建设案例介绍

杭州市"三江两岸"生态景观保护与建设工程（局部）

杭州市 "三江两岸" 生态景观保护与建设工程

为顺应人民群众新期盼和杭州发展新要求，建设生态型城市、打造"生态杭州"，市委、市政府立足当前、着眼长远，做出了实施"三江两岸"生态景观保护与建设工程的重大战略决策。2011 年 3 月，杭州市委正式提出《关于加快推进"三江两岸"生态景观保护与建设的实施意见》，意图将"三江两岸"打造成一条"山水秀美、生态宜居、城景交融、和谐发展"的黄金生态旅游线。整个工程力争一年全面启动、三年卓有成效、五年全面建成。杭州各级各部门积极行动，全面推进"三江两岸"生态景观保护与建设工作，取得了初步成效。组建现场办公室，加强制度建设，建立多层次例会制、通报制、进度上墙和督查制、目标责任考核制，确保工作有序推进。市政府每年拿出两亿元用于补助和奖励县市区实施的工程项目，制定了相应的《专项资金管理办法》和《以奖代补暂行办法》。在规划对接落地上，旅委、规划、交通、林水各部门之间积极协调，四大规划形成了一个系统。

"三江"，包括新安江、富春江、钱塘江，以及浦阳江、兰江、大源溪、分水江等主要支流。"两岸"，指的是三江沿线可视范围，上游起于建德市新安江大坝，下游止于杭州经济开发区和大江东新城。"三江两岸"生态景观保护与建设工程涵盖了"保护水源水质、促进产业转型、完善基础设施、开发人文旅游、整治两岸环境、修复岸线生态" 6 大任务 28 项工程。如今，整治已初见成效。

贵州贵阳市阿哈湖国家湿地公园水磨时光景点

贵阳市生态文明建设委员会简介

2012 年 11 月 27 日，作为贵阳市贯彻落实党的十八大精神有关大力推进生态文明建设的重大举措，贵阳市生态文明建设委员会挂牌成立。贵阳市生态文明建设委员会在原市环保局、市林业绿化局（市园林管理局）的基础上整合组建，并划入市文明办、发改委、工信委、住建局、城管局、水利局等部门涉及生态文明建设的相关职责，作为市政府的工作部门，负责全市生态文明建设的统筹规划、组织协调和督促检查等工作。这是贵阳市继组建全国首个环保法庭、环保审判庭，编制全国首部建设生态文明的地方性法规——《贵阳市促进生态文明建设条例》之后，又一次率先创新生态文明体制机制之举。贵阳生态文明建设委员会还负责统筹全市的自然生态系统、环境保护、林业和园林绿化等工作。

甘肃省张掖市北郊湿地

张掖生态城市建设简介

张掖是坐落在祁连山和黑河湿地两个国家级自然保护区之内的城市，自古

就有"塞上江南"和"金张掖"之美誉，是国务院公布的国家级历史文化名城和中国优秀旅游城市。近年来，张掖抢抓历史机遇，科学研判形势，把城镇化建设作为发展生态经济和通道经济的重要突破口，作为推动经济结构调整和发展方式转变的重要载体，放在优先位置进行推进，适时做出了"以生态文明引领城市建设，依托城镇化建设拓宽'三条路子'，促进三次产业协调发展"的战略部署。围绕"山—水—林—城—人"生态人文特色，构建"圈、带、片、群"空间布局，打造"1＋5"生态城市圈。投入资金近 200 亿元，建设了甘州滨河新区、临泽大沙河、高台湿地新区、山丹城西新区、民乐城北生态新区、裕固文化风情苑，融自然生态元素和景观于城市之中，显山、露水、见林。点线面、乔灌草相结合的园林绿地系统，山、水、林、城、人的和谐交融，使自然环境与人工环境和谐共生，形成了一幅幅既有现代化设施，又与大自然融合的立体山水画卷。目前，张掖市建成区绿地率达 40% 以上，全市人均已建成公园绿地面积达 20 平方米以上，"湿地之城""戈壁水乡"的独特魅力进一步彰显，走出了一条从张掖实际出发，具有西部特色的科学发展之路。

中国生态城市建设大事记

（2013 年 1～12 月）

朱 玲

2013 年 1 月 1 日　全国 74 个城市开始发布细颗粒物浓度数据。1 月 14 日，在 74 个城市之中，有 33 个城市空气质量指数达到了严重污染程度，北京政府部门发布了首个能见度不足 200 米的大雾橙色预警。

2013 年 1 月 4 日　国土资源部公布了高岭土、金、磷 3 种矿产资源开发利用"三率"指标。这是继煤炭、攀西钒钛磁铁矿"三率"指标之后又一重要标准公布。标准的公布对推进资源节约、提高资源利用水平具有重大意义。

2013 年 1 月 4 日　中华人民共和国水利部印发了《关于加快推进水生态文明建设工作的意见》，这是贯彻落实党的十八大关于加强生态文明建设重要思想，全面推进水生态文明建设的具体部署。《意见》提出，水利部将选择一批基础条件较好、代表性和典型性较强的城市，开展水生态文明建设试点工作，探索符合我国水资源、水生态条件的水生态文明建设模式。

2013 年 1 月 21 日　环保部与保监会联合制定了《关于开展环境污染强制责任保险试点工作的指导意见》。明确涉重金属企业、按地方有关规定已被纳入投保范围的企业、其他高环境风险企业三类企业必须强制投保社会环境污染强制责任险，否则将在环评、信贷等方面受到影响。这种保险模式将有效遏制能源环境问题的持续恶化。

2013 年 1 月 23 日　《能源发展"十二五"规划》正式公布。规划提出三项约束性指标：2015 年"能源消费总量 40 亿吨标煤；单位国内生产总值能耗比 2010 年下降 16%；非化石能源消费比重提高到 11.4%"。《规划》中多次出现页岩气、页岩油、能源独立等字眼，并特别指出加快常规油气勘探开发，大力开发非常规天然气资源。可以看出我国大力开发自有油气能源，特别是气

体能源的时机已经成熟。

2013 年 1 月 28 日　国家发改委、国家能源局联合印发了《矿井水利用发展规划》。要求以提高矿井水利用率为目标，以企业为主体，以市场为导向，以技术创新为动力，坚持统筹规划、因地制宜、统筹兼顾、有效利用的方针，促进矿井水净化处理工程建设，推动矿井水利用产业化发展。污水再生利用是提高水资源综合利用率、缓解水资源短缺矛盾、减少水体污染、保障矿山地区水资源可持续利用的有效途径之一。

2013 年 2 月 6 日　国务院总理温家宝主持召开国务院常务会议，讨论通过了《关于促进海洋渔业持续健康发展的若干意见》。明确今后一段时期的主要任务：加强海洋生态环境保护；控制近海养殖密度，积极稳妥发展外海和远洋渔业；提高设施装备水平和组织化程度；改善渔民民生；加强渔政执法维权和涉外渔业管理。会议要求加大政策支持力度，将渔业纳入农业用水、用电、用地等方面的优惠政策范围。

2013 年 2 月 7 日　国务院印发我国首部循环经济发展战略规划——《循环经济发展战略及近期行动计划》。确定了循环经济近期发展目标：到"十二五"末，我国主要资源产出率提高 15%，资源循环利用产业总产值达到 1.8 万亿元。循环经济以资源的高效利用和循环利用为核心，是对"大量生产、大量消费、大量废弃"的传统增长模式的根本变革。

2013 年 2 月 15 日　山西洪洞发生水库坝体坍塌事故。山西省洪洞县曲亭水库灌溉输水洞洞顶垮塌，水库内近 1800 万立方米水被排出库区，经 10 公里注入汾河，水库下游 3 个乡镇 19 个村庄 1 万余人受灾。

2013 年 2 月 23 日　上海苹果供应商日腾电脑配件（上海）有限公司向上海市松江河道排泄废液，河面上泛着厚厚的乳白色油渍，附近河流被严重污染。上海松江区环保局对涉嫌排污的企业日腾公司发出行政处罚告知书。

2013 年 2 月 25 日　湖南岳阳林纸股份有限公司怀化子公司恶意排污殃及数十万百姓。泰格林纸集团（岳阳林纸母公司）怀化骏泰纸业除了给大湘西地区森林资源带来生态灾难外，闲置从芬兰进口的先进治污设备而选择每天半夜排污，造成严重环境污染事件。

2013 年 2 月 27 日　环境保护部发布公告，决定对重点控制区的火电、钢铁、石化、水泥、有色、化工等六大行业以及燃煤锅炉项目执行大气污染物特别排放限值。重点控制区共涉及京津冀、长三角、珠三角等"三区十群"19个省（区、市）47个地级及以上城市。这是迄今为止中国污染治理史上最严厉的一项措施，特别排放限值的实施将从源头上严格控制大气污染物的新增量，为治理大气污染提供有效的倒逼手段，也有利于加快产业结构调整和产业升级。

2013 年 3 月 1 日 我国监管食品中农药残留的唯一强制性国家标准——《食品中农药最大残留限量》（GB2763—2012）实施。为规范科学合理使用农药和农产品质量安全监管，严厉打击非法使用和滥用农药行为，提供了法定的技术依据。

2013 年 3 月 5 日 从上海水源地黄浦江中打捞出 16000 多头死猪，造成重大水污染和疾病传染事件。

2013 年 3 月 18 日 为积极应对第三次工业革命能源领域生产和消费方式的新变革，天津电力启动中新天津生态城"智能电网支撑智慧城市创新示范工程建设"，该工程包含了高效的可再生能源利用、广泛的分布式能源接入、便捷的能源存储、高效的清洁出行及能源互联共享等五大支柱领域建设方案。

2013 年 3 月 21 日 生态文明国际契约科学家联盟在北京发起成立，来自70 多个国家的近百位科学家在同意书上签字，加入该联盟。

2013 年 3 月 28 日 "第十届国际绿色建筑与建筑节能大会暨新技术与产品博览会"在北京国际会议中心隆重开幕。大会主题为"普及绿色建筑，促进节能减排"。中新天津生态城低碳体验中心被授予了"中国三星级绿色建筑设计标识"，以表彰其在绿色建筑领域、环境保护及能源节约方面所做出的贡献。

2013 年 3 月 29 日 中国绿化基金会艺术家专项基金在北京启动。专项基金以"募集各项社会资金、促进艺术良好发展"为理念，募集的资金将被广泛应用于生态文化传播及生态文明弘扬，通过支持文献资料整理、出版作品聚集、艺术论坛开展等，为繁荣社会生态文化做出积极贡献。

2013 年 3 月 29 日 由英国外交及联邦事务部繁荣基金资助，阿特金斯与中国城市科学研究院合作编制的《低碳生态城市规划方法》正式发布。该

《方法》旨在为中国未来的低碳生态城市规划提供高水准的参考和标杆。

2013 年 4 月 1 日 国务院办公厅发出通知要求做好城市排水防涝设施建设工作。2013 年汛期前，各地区要认真排查隐患点，有效解决影响较大的严重积水内涝问题。2014 年底前编制完成城市排水防涝设施建设规划，力争用 5 年时间完成排水管网的雨污分流改造，用 10 年左右的时间，建成较为完善的城市排水防涝工程体系。

2013 年 4 月 8 日 国家发改委首次发布了较为全面系统的资源综合利用年度报告——《中国资源综合利用年度报告（2012）》，标志着我国在资源综合利用管理方面开始形成一套系统化、配套化的完整工作思路。

2013 年 4 月 23 日 中国哈尔滨国际生态城市建设博览会（简称"CHECE 哈尔滨建博会"）在哈尔滨召开。

2013 年 4 月 26 日 包钢集团尾矿坝附近遭污染村民多人身患重病。包钢集团旗下的白云鄂博矿尾矿坝占地面积达 11 平方公里，堆积尾矿已增至 1.5 亿吨。在正常年份的雨季，坝内蓄积的水量可达 1700 万立方米。尾矿坝由于顶部未封闭，底部未衬砌，加上循环使用的排渣水中盐类含量过高，因此对周围环境和地下水造成严重污染。

2013 年 5 月 4 日 近 3000 名昆明市民聚集在昆明市中心的南屏广场，抗议 PX 炼油项目，表明公众城市环境意识的提高。

2013 年 5 月 10 日 2013 中国·锦州世界园林博览会开幕。博览会主题为"城市与海、和谐未来"，以"蓝色大海滋润绿色家园"为中心理念。博览会获国际园艺生产者协会支持，由中华人民共和国住房和城乡建设部、国家旅游局、国家海洋局、中国国际贸易促进委员会、辽宁省人民政府、中国风景园林学会共同主办。

2013 年 5 月 14 日 环保部通报了 2012 年度全国主要污染物总量减排核查处罚情况，攀枝花的两家企业——华电四川攀枝花三维发电厂和攀枝花钢铁（集团）公司——因脱硫设施不正常运行、监测数据弄虚作假，被挂牌督办，责令限期整改，追缴排污费。

2013 年 5 月 17 日 "2013 年中华环保世纪行"宣传活动启动仪式在京举行。宣传活动以"治理大气污染、改善空气质量"，"保护饮用水源地、保障饮用水安全"和"大力推进可再生能源产业健康发展"为专题和重点。

2013年5月18日 第九届中国（北京）国际园林博览会在北京市丰台区永定河西岸开幕。博览会由国家住建部和北京市人民政府共同主办，中国风景园林学会、中国公园协会、北京市园林绿化局、北京市公园管理中心和北京市丰台区人民政府共同承办。

2013年6月7日 厦门公交车起火造成47死34伤重大事故。公安机关确认为一起严重刑事案件，犯罪嫌疑人陈水总被当场烧死。这一重大事故为城市安全敲响了警钟。

2013年6月13日 农业部批准发放了巴斯夫农化有限公司申请的抗除草剂大豆CU127、孟山都远东有限公司申请的抗虫大豆MON87701和抗虫耐除草剂大豆MON87701×MON89788三个可进口用作加工原料的大豆品种的农业转基因生物安全证书。这一公布引起了公众对转基因食品安全的关注和讨论。

2013年6月14日 国务院部署大气污染防治十条措施。国务院总理李克强主持召开国务院常务会议，会议确定了大气污染防治工作十条措施，包括大力推行清洁生产；大力发展公共交通；加快调整能源结构；加大天然气、煤制甲烷等清洁能源供应；强化节能环保指标约束，对未通过能评、环评的项目，不得批准开工建设、不得提供土地、不得提供贷款支持、不得供电供水等。

2013年6月17日 最高人民法院和最高人民检察院出台《关于办理环境污染刑事案件适用法律若干问题的解释》。对环境污染犯罪明确了新标准，降低了入罪门槛，更加注重环境污染行为犯罪。

2013年6月18日 深圳市碳排放权交易平台上线。深圳成为我国首个正式启动碳排放交易的试点城市。随后，上海、北京碳排放权交易相继开市，2013年也由此正式成为中国碳交易元年。

2013年6月20日 中国社会科学院发布《生态城市绿皮书：中国生态城市建设发展报告（2013）》（孙伟平、刘举科主编）。该书由中国社会科学院社会发展研究中心、甘肃省城市发展研究院、兰州城市学院共同研究编撰。报告分析了当前我国生态城市建设存在的五方面主要问题，指出生态城市建设是城镇化发展的必由之路。

2013年6月20日 中石油长庆油田号5－15－27AH苏气井污水直接排入

额日克淖尔湖，导致当地数百牲畜暴死。

2013 年 7 月 1 日 《老年人权益保障法》正式实施。明确规定"子女要常回家看看"。

2013 年 7 月 22 日 "生态文明贵阳国际论坛 2013 年年会"在贵阳开幕，主题为"建设生态文明：绿色变革与转型——绿色产业、绿色城镇和绿色消费引领可持续发展"。习近平向生态文明贵阳国际论坛 2013 年年会致贺信指出，走向生态文明新时代，建设美丽中国，是实现中华民族伟大复兴的中国梦的重要内容。4000 多位中外嘉宾应邀参加论坛。

2013 年 8 月 2 日 环境保护部印发《突发环境事件应急处置阶段污染损害评估工作程序规定》。突发环境事件应急处置阶段污染损害评估是指对突发环境事件应急处置期间造成的直接经济损失进行量化，评估其损害数额的活动。直接经济损失包括人身损害、财产损害、应急处置费用以及应急处置阶段可以确定的其他直接经济损失。

2013 年 8 月 9 日 水利部确定吉林等 45 个城市为全国水生态文明城市建设试点。

2013 年 8 月 11 日 国务院对外发布《关于加快发展节能环保产业的意见》，提出到 2015 年，节能环保产业总产值达到 4.5 万亿元，年均增速 15%以上。未来 2 年环保投资会进一步加速，节能环保将成为国民经济新的支柱产业。根据《意见》，节能产业重点领域、资源循环利用产业重点领域、环保产业重点领域、节能环保服务业等四大产业领域在"十二五"期间将得到重点发展。

2013 年 8 月 13 日 国务院印发《关于加快发展养老服务业的若干意见》，明确今后一段时期的主要任务：统筹规划发展城市养老服务设施；大力发展居家养老服务网络；大力加强养老机构建设；切实加强农村养老服务；繁荣养老服务消费市场；积极推进医疗卫生与养老服务相结合。

2013 年 8 月 28 日 国务院"促进健康服务业发展"会议召开。会议决定：要多措并举发展健康服务业；加快发展健康养老服务；丰富商业健康保险产品；培育相关支撑产业，加快医疗、药品、器械、中医药等重点产业发展。加大价格、财税、用地等方面的政策引导和支持，简化对老年病、儿童、护理等紧缺型医疗机构的审批手续。

2013 年 8 月 29 日　环保部公布 2012 年度全国主要污染物总量减排情况考核结果。中石油、中石化分别未完成 COD、NOx 的减排任务。自考核结果公布之日起，暂停审批中石油、中石化两家集团公司除油品升级和节能减排项目外的新、改、扩建炼化项目环评。事件加速了投资者环保思维的形成、扩散，进一步消除了公众对环保行业投资增速兑现程度的质疑。

2013 年 8 月 29 日　中国残联网站发布了《中共中央组织部等 7 部门关于促进残疾人按比例就业的意见》。意见提出，到 2020 年，所有省级党政机关、地市级残工委主要成员单位至少安排有 1 名残疾人。省级残联机关干部队伍中残疾人干部的比例应达到 15% 以上。各级党政机关在坚持具有正常履行职责的身体条件的前提下，对残疾人能够胜任的岗位，在同等条件下要鼓励优先录用残疾人。

2013 年 8 月 30 日　"2013 新型城市化·广州论坛"在广州举行。论坛由中国社会科学院、国务院参事室、中共广州市委、广州市人民政府、中山大学共同主办。论坛主题为"生态文明与美丽城乡"。

2013 年 8 月 30 日　"2013 智慧城市（南沙）高端论坛暨广东智慧城市产业技术创新联盟"第二届理事会议在广州中国科学院软件应用技术研究所举行。智慧城市是指充分借助物联网、传感网、云计算等技术，对城市生活涉及的各个领域，包括交通、医疗、金融、工业、能源、环保、公共安全等，提出有针对性的技术解决方案，代表了生态城市建设的另一种崭新思路。

2013 年 9 月 12 日　国务院正式公布《大气污染防治行动计划》。该计划被认为是我国有史以来最为严格的大气治理行动计划。计划旨在实现到 2017 年全面降低各地区细颗粒物浓度，其中京津冀地区 PM2.5 浓度降低 25%。禁止在北京、上海、广州三个城市周边区域新建燃煤电厂，鼓励清洁燃料汽车等措施赢得了认同。

2013 年 9 月 13 日　由新华社《半月谈》杂志社与《中国名牌》杂志社主办的"城市与生活"发展研讨会在北京举行。研讨会公布了"第四届品牌生活榜——2013 年度城市榜"名单。名单由广大读者和网友投票选出，其中海南海口市、湖南长沙市等被评为十佳生态文明建设示范城市，广东珠海市、四

川绵阳市等被评为十佳最具投资竞争力城市（区），四川双流县、江苏睢宁县等被评为十佳最具投资竞争力县（市），北京中关村软件园、大连经济技术开发区等被评为十佳最具投资竞争力园区，江苏江阴市、辽宁海城市被评为十佳新型城镇化建设示范城市，北京西城区金融街街道、海南琼海市博鳌镇被评为十佳魅力城镇（街道）。

2013 年 9 月 16 日 全国首届中国最美地质公园最终名单正式出炉。内蒙古阿拉善沙漠地质公园、云南石林国家地质公园、河南嵩山国家地质公园等30 家地质公园上榜。

2013 年 9 月 16 日 国务院下发《国务院关于加强城市基础设施建设的意见》。《意见》指出，要保障城市运行安全，改善城市人居生态环境，推动城市节能减排，促进经济社会持续健康发展。

2013 年 9 月 24 日 在 2013 中国城市森林建设座谈会上，国家林业局、教育部、共青团中央授予首都经济贸易大学等 13 家单位"国家生态文明教育基地"称号。"国家生态文明教育基地"创建工作的开展，在全社会树立起了尊重自然、顺应自然、保护自然的生态文明理念。

2013 年 9 月 26～27 日 创新驱动生态城市建设——2013 欧亚经济论坛在古城西安举行。

2013 年 10 月 12 日 国际《水俣公约》签署。这是中国及其他 140 个国家就控制汞污染问题签署的一项对环境治理至关重要的协议。公约要求水银温度计等产品在 2020 年之前退出各国市场，要求限制燃煤发电站、工业锅炉、水泥制造等行业的汞排放，并在 15 年内关闭所有汞矿。这一协议给作为全球最大的汞生产、使用和排放国的中国带来了严峻的挑战。

2013 年 10 月 14 日 《北京市突发环境事件应急预案》2013 年修订版由市环保局发布。新预案对突发环境事件的分级做出大幅调整，大气污染事件首次被列入突发环境事件，因环境污染直接导致 10 人以上死亡，即为"特别重大突发环境事件"。

2013 年 10 月 16 日 国务院公布《城镇排水与污水处理条例》。规定县级以上人民政府应当将城镇排水与污水处理工作纳入国民经济和社会发展规划。条例自 2014 年 1 月 1 日起施行。

2013 年 10 月 22 日　由中国生态修复网、中国环境科学研究院、中国科学院生态环境研究中心、北京市环境保护科学研究院共同主办的"2013 污染场地治理修复国际论坛（中国·北京）"在北京举行。

2013 年 10 月 30 日　国务院常务会议讨论建立健全社会救助制度，推进以法治方式织牢保障困难群众基本生活的安全网。会议要求统筹城乡居民最低生活保障制度；建立城乡特困人员供养制度，覆盖农村五保户和城市中类似人员；健全自然灾害救助制度；注重做好"零就业"家庭的失业救助工作；充分发挥社会力量的作用。

2013 年 11 月 11 日　联合国气候大会在华沙召开。中国宣传了自己在气候方面取得的成绩。在官方报告中表示其煤炭能源所占比例减少，碳排放密度降低。资深能源研究员姜克隽在中外对话中表示，有可能会在"十三五"规划期间对碳消费总量进行控制。

2013 年 11 月 12 日　十八届三中全会审议并通过了《中共中央关于全面深化改革若干重大问题的决定》。全会公报提出，要紧紧围绕建设"美丽中国"，深化生态文明体制改革，加快建立生态文明制度，健全国土空间开发、资源节约利用、生态环境保护的体制机制，推动形成人与自然和谐发展的现代化建设新格局。建立系统完整的生态文明制度体系，健全自然资源资产产权制度和用途管制制度将成为我国今后 10 年全面改革的重要内容。报告提出要健全国家自然资源资产管理，更好地补偿环境污染受害者。

2013 年 11 月 22 日　青岛中石化东黄输油管道泄漏爆炸，胶州湾海面被严重污染，62 人在事故中死亡。输油管道泄漏事故原因分析认为是管线漏油进入市政管网导致起火。这是中国石油化工史上一起罕见的特别重大事故，国家安监总局确认为严重责任事故。

2013 年 11 月 28 日　"2013 国际生态城市建设高端论坛"在北京召开。论坛由中国工程院和国际生态城市建设理事会联合举办。论坛主题为"新型城镇化中的城市生态基础设施工程技术与管理"。城市生态基础设施包括城市湿地（肾），城市绿地（肺），城市地表（皮），废弃物排放点（口），交通与河流廊道（脉）等。

2013 年 12 月 3 日　国务院办公厅印发了《全国资源型城市可持续发展规

划（2013～2020年)》。首次界定了全国262个资源型城市，并要求到2020年基本解决资源枯竭城市的历史遗留问题，同时建立健全促进资源型城市可持续发展的长效机制。

2013年12月9日　中共中央组织部印发《关于改进地方党政领导班子和领导干部政绩考核工作的通知》，明确干部绩效考核将不再以GDP论英雄。

2013年12月12日　中央城镇化工作会议首次在北京召开。会议要求紧紧围绕提高城镇化发展质量，高度重视生态安全，不断改善环境质量，减少主要污染物排放总量，控制开发强度，增强抵御和减缓自然灾害的能力。

2013年12月18日　国务院总理李克强主持召开国务院常务会议，部署推进青海三江源生态保护、建设甘肃省国家生态安全屏障综合试验区、京津风沙源治理、全国五大湖区湖泊水环境治理等一批重大生态工程。

2013年12月19日　首届全国未成年人生态道德教育论坛在北京举办。论坛围绕未成年人生态道德教育进行了理论探索、实践经验交流和优秀案例展示，深入探讨了未成年人生态道德教育理论与实践的新形式、新思路和新举措。

2013年12月20日　河北省人民法院对四起污染环境案进行集中宣判。四名被告人均被判犯有污染环境罪，处三年以内有期徒刑，并处三万到五万元不等的罚金。这是我国首次对污染环境案件进行集中宣判。

G.13
参考文献

[1] 国家统计局国民经济综合统计司、农村社会经济调查司:《中国区域经济统计年鉴 (2013)》,中国统计出版社,2013。

[2] 国家统计局城市社会经济调查司:《中国城市统计年鉴 (2013)》,中国统计出版社,2013。

[3] 中国环境年鉴社:《中国环境年鉴 (2013)》,中国环境年鉴社,2013。

[4] 中国城乡建设部:《中国城市建设统计年鉴 (2013)》,中国计划出版社,2013。

[5] 李景源、孙伟平、刘举科:《中国生态城市建设发展报告 (2012)》,社会科学文献出版社,2012。

[6] 孙伟平、刘举科:《中国生态城市建设发展报告 (2013)》,社会科学文献出版社,2013。

[7] 胡鞍钢:《中国创新绿色发展》,中国人民大学出版社,2012。

[8] 北京师范大学科学发展观与经济可持续发展研究基地等:《2013 中国绿色发展指数报告》,北京师范大学出版社,2013。

[9] 王秋艳:《中国绿色发展报告》,中国时代经济出版社,2009。

[10] 全国能源基础与管理标准化技术委员会:《节能基础与管理标准汇编·单位产品能耗限额》,中国标准出版社,2010。

[11] 冯之浚:《中国循环经济高端论坛》,人民出版社,2005。

[12] 孙国强:《循环经济的新范式——循环经济生态城市的理论与实践》,清华大学出版社,2005。

[13] 杨士弘:《城市生态环境学》,科学出版社,2000。

[14] 史宝娟:《城市循环经济系统构建及评价方法研究》,天津大学博士学位论文,2006。

[15] 孙国强：《循环经济的新范式——循环经济生态城市理论与实践》，清华大学出版社，2005。

[16] 贾秋淼、王信东：《浅谈我国城市循环经济发展进程中的经验与问题》，《北京工业机械学院学报》2008 年第 3 期。

[17] 孙伟平主编《当代中国社会价值观调研报告》，中国社会科学出版社，2013。

[18] 谢耘耕主编《中国社会舆情与危机管理报告（2013）》，社会科学文献出版社，2013。

[19] 喻国明主编《中国社会舆情年度报告（2013）》，人民日报出版社，2013。

[20] 杨士弘：《城市生态环境学》，科学出版社，2000。

[21] 陈汉坤：《"国家森林城市"部分评价指标的解读与探讨》，《内蒙古林业调查设计》2008 年第 3 期。

[22] 韩娜：《我国城市绿地质量评价指标体系研究》，《现代企业教育》2007 年第 20 期。

[23] 龙赟、张聪林：《城市绿地系统规划评价——从技术指标体系走向综合评价》，《山西建筑》2004 年第 15 期。

[24] 刘滨谊、姜允芳：《中国城市绿地系统规划评价指标体系的研究》，《城市规划汇刊》2002 年第 2 期。

[25] 杨静怡：《中国城市绿化评价系统比较分析》，《城市环境与城市生态》2011 年第 4 期。

[26] 于静：《城市规划与空气质量关系研究》，《城市规划》2011 年 12 期。

[27] 汪光焘、王晓云、苗世光、蒋维楣、郭文利、季崇萍、陈鲜艳：《城市规划大气环境影响多尺度评估技术体系的研究与应用》，《中国科学》（D 辑：地球科学）2005 年第（S1）期。

[28] 马克平：《2011 年中国绿化面积研究进展简要回顾》，《绿化面积》2012 年第 1 期。

[29] 吕明：《我国水资源概况及节约用水措施》，《现代农业科技》2011 年第 9 期。

[30] 全国能源基础与管理标准化技术委员会：《节能基础与管理标准汇编·单位产品能耗限额》，中国标准出版社，2010。

[31] 王玉庆：《当前生态城市建设中的几个突出问题》，《求是》2012年第4期。

[32] 诸大建、减漫丹：《上海发展循环经济的目标和领域分析》，《上海经济研究》，2005。

[33] 刘敏：《可持续发展的生态城市规划初探》，《上海环境科学》2002年第2期。

[34] 陈颐：《循环型社会和城市现代化》，《江海学刊》2003年第5期。

[35] 宋永昌：《生态城市的指标体系与评价方法》，《城市环境与生态城市》1999年第5期。

[36] 诸大建：《从可持续发展到循环经济》，《世界环境》2000年第3期。

[37] 欧阳志云、王如松：《生态规划的回顾与展望》，《自然资源学报》1995年第3期。

[38] 王艳、尹建中：《城市循环经济理论与实践现状及展望》，《对外经贸》2012年第6期。

[39] 聂帅：《产业园区循环经济发展模式的实证研究——以山东省发展循环经济试点园区为例》，山东师范大学硕士学位论文，2009年4月。

[40] 贾秋淼、王信东：《浅谈我国城市循环经济发展进程中的经验与问题》，《北京工业机械学院学报》2008年第3期。

[41] 石森昌：《城市循环经济发展压力问题的研究》，《城市经济》2008年第12期。

[42] 靳小钊：《沿海城市循环经济发展的三个推进层面》，《哈尔滨工业大学学报》（社会科学版）2006年第11期。

[43] 牛桂敏：《城市循环经济发展模式初探》，中国可持续发展研究会2006学术年会，2006。

[44] 张博：《滨海新区海洋循环经济产业选择及其产业链优化研究》，天津理工大学硕士学位论文，2010年1月。

[45] 武志杰、张丽莉：《循环经济——可持续的经济发展模式》，《生态学杂

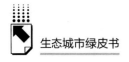
志》2006 年第 10 期。

[46] 李兆前、齐建国：《循环经济理论与实践综述》，《数量经济技术经济研究》2004 年第 9 期。

[47] 陈洁：《西部发展循环经济的对策研究》，西南农业大学硕士学位论文，2004。

[48] 王均奇：《循环经济在日照工业化发展中的应用研究》，山东科技大学硕士学位论文，2003。

[49] 吴小莲：《论绿色循环经济》，武汉大学硕士学位论文，2003。

[50] 李慧：《对循环经济的理论研究和实证分析》，电子科技大学硕士学位论文，2004。

[51] 丁乐群、于捷、朱越：《循环经济的理论基础及运行模式研究》，《东北电力学院学报》2005 年第 3 期。

[52] 毛齐正、罗上华、马克明、邬建国、唐荣莉、张育新、宝乐、张田：《城市绿地生态评价研究进展》，《生态环境》2012 年第 32（17）期。

[53] 孙然好、许忠良、陈利顶、李芬：《城市生态景观研究的基础理论框架与技术构架》，《生态学报》2012 年第 32（7）期。

[54] 王如松、胡聃：《弘扬生态文明深化学科建设》，《生态学报》2009 年第 29（3）期。

[55] 邵琳、黄嘉玮：《城市公园系统公共服务格局分析——以无锡市传统中心区为例》，《中国园林》2007 年第 11 期。

[56] 孔繁花、尹海伟：《济南城市生态网络构建》，《生态学报》2008 年第 28（4）期。

[57] 李素英、王计平：《城市带状公园的景观结构分析》，《城市规划》2010 年第 14（2）期。

[58] 石惠春、刘伟、何剑、刘鹿、师晓娟、万海滢：《一种城市生态系统现状评价方法及其应用》，《生态学报》2012 年第 32（17）期。

[59] 张浪、李静、傅莉：《城市绿地系统布局结构进化特征及趋势研究——以上海为例》，《城市规划》2009 年第 33（3）期。

[60] 杜松翠、魏开云：《昆明市五华区城市绿地景观空间特征分析研究》，

《安徽农业科学》2011 年第 39（25）期。

［61］熊春妮、魏虹、兰明娟：《重庆市都市区绿地景观的连通性》，《生态学报》2008 年第 28（5）期。

［62］吴昌广、周志翔、王鹏程、肖文发、滕明君：《景观连接度的概念、度量及其应用》，《生态学报》2010 年第 30（7）期。

［63］富伟、刘世梁、崔保山、张兆苓：《景观生态学中生态连接度研究进展》，《生态学报》2009 年第 29（11）期。

［64］王云才：《上海市城市景观生态网络连接度评价》，《地理研究》2009 年第 28（2）期。

［65］仇保兴：《挑战与希望——我国城市发展面临的主要问题及基本对策》，《动感》（生态城市与绿色建筑）2011 年第 1 期。

［66］赵峥、倪鹏飞：《当前我国城镇化发展的特征、问题及政策建议》，《中国国情国力》2012 年第 2 期。

［67］单霁翔：《城市文化遗产保护与文化城市建设》，《城市规划》2007 年第 5 期。

［68］Zhu L J, Liu H Y. Landscape Connectivity of Red-crowned Crane Habitat during Its Breeding Season in NaoLi River Basin. *Journal of Ecology and Rural Environment*, 2008, 24（2）。

［69］Schreiber S J, Kelton M. Sink Habitats can Alter Ecological Outcomes for Competing Species. *Journal Of Animal Ecology*, 2005,（6）。

［70］Janssens X, Bruneau E, Lebrun P. Prediction of the Potential Honey Production at the Apiary Scale Using a Geographical Information System. *Apidologie.* 2006,（3）。

［71］Gulinck H. Neo-rurality and Multifunctional Landscapes. *Multifunctional Landscapes.* 2004,（14）。

［72］Haber W G. Biological Diversity: A Concept Going Astray. *Gaia-Ecological Perspectives For Science And Society*, 2008,（17）。

［73］http：//baike. baidu. com/view/180667. htm。

［74］http：//www. biodiversity-science. net/CN/vmn/home. shtml。

［75］http：//baike. baidu. com/view/167957. htm。

［76］http：//baike. baidu. com/view/955212. htm。

［77］http：//www. cusdn. org. cn/index. php。

［78］http：//baike. baidu. com/view/29443. htm。

［79］http：//baike. baidu. com/view/4634034. htm。

［80］http：//www. zhongguogongyi. com/index. php。

G.14

后　记

　　城镇化是现代化的必由之路，生态城市是城镇化的必然选择。建设绿色、智慧、健康、宜居的中国特色新型生态化城市是我们的发展目标，也是我们研究工作的落脚点。党的十八届三中全会提出紧紧围绕建设美丽中国，加快生态文明制度建设。中央第一次城镇化工作会议和中共中央国务院印发的《国家新型城镇化规划（2014～2020年)》确立了走以人为本、四化同步、优化布局、生态文明、文化传承的中国特色新型城镇化道路，全面提高城镇化质量的指导思想。

　　《中国生态城市建设发展报告》以绿色发展、循环经济、低碳生活、健康宜居为理念，以生态城市服务现代化建设，实现人的全面发展为宗旨，以更新民众观念、提供决策咨询、指导工程实践、引领绿色发展为己任，把生态城市理念全面融入城镇化进程中，用农业带、自然带和人文带"三带镶嵌"，让城市融入大自然，把绿水青山保留给城市居民，让居民望得见山，看得见水，记得住乡愁，将生态城市建设视为最根本的民生工程、民心工程和德政工程。推动形成绿色低碳的生产生活方式，试图探索一条具有中国特色的新型生态城市发展之路。

　　我国已进入全面建成小康社会的决定性历史阶段，城镇化建设也进入快速发展阶段，成为保持经济社会持续健康发展的强大引擎。2013年我国城镇化率已经达到53.73%。在快速发展的同时，我们也看到物质能源信息没有得到高效利用，文化技术与景观也还没有得到充分融合，人与自然的关系非常不和谐。以损害自然环境为代价换取局部利益、绿色低碳的生产生活方式还没有有效建立、大面积长时间雾霾肆虐、"城市病"日益加深的严峻现实令人忧虑。人民群众在生活水平大幅度提高的前提下，急切期盼生态环境的改善，"人民群众既要温饱更要环保，既要小康更要健康"。生态是最公平的福利，环境是最基本的民生。生态城市建设与治理成为城镇化进程中的头等大事。绿色、智慧、健康、宜居的生态城市建设成为主题。我们仍然坚持生态城市绿色发展理念与建设标准，坚持普遍性要求与特色发展相结合的原则，用"核心指标＋扩展指标"建立动态评价模型，对280多个地级城市进行考核评价，评选出生态城市健康发展100强和特色发展50强。并有针对性地探索"分类评价，分类指导，分类建设，分步实施"的梯次推进新路径，依据考核评价结果，对处于不同历史发展阶段的生态城市提出了更具操作性的指导意见。在对生态城市进行考核评价的同时对生态城市建设进程中人的城镇化素质提高和汽车文明与生态城市建设进行了集中讨论，提出了"人的自然健康是绿色发展的首要前提，生态环境是人的自然健康的最基本保障"；雾霾、城市病治理是一项综合工程，而汽车尾气治理成为首要因素，重中之重，需要制度、技术和持之以恒的决心来实现。按照习近平总书记的要求：保护生态环境就是保护生产力，改善生态环境就是发展生产力，正确处理好生态环境保护和发展的关系，也就是绿水青山和金山银山的关系，是实现可持续发展的内在要求，也是推进现代化建设的重大原则。

《中国生态城市建设发展报告（2014）》的理论构架、理念目标、方向定位、评价标准等由主编做出。编撰者有：李景源、孙伟平、刘举科、胡文臻、曾刚、王定君、崔剑波、寇凤梅、朱小军、张志斌、常国华、石晓妮、汪永臻、王翠云、康玲芬、李开明、赵有翼、钱国权、冯等田、刘涛、王太春、王芳、瞿燕花、高天鹏、郭睿、束文圣、黄凌风、滕堂伟、辛晓睿、朱贻文、尚勇敏、海骏娇、顾娜娜、曾祥富、杨通进、齐诚等。附录部分中国生态城市建设大事记由朱玲负责完成。中英文统筹由赵跟喜、李永霞负责完成。负责不同部分审稿工作的有曾刚、汪永臻、赵跟喜等，最后由主编统稿定稿。在西部地区的生态城市建设中，贵阳市、张掖市创新了各自的做法与经验，东部典型生态城市杭州的经验也值得其他地区借鉴，我们对其进行了专门介绍。

生态城市建设研究与"生态城市绿皮书"的编撰、发行工作得到皮书顾问委员会及诸多机构领导专家真诚无私的关心支持，我们对所有支持和关心这项研究的单位和人士表示衷心感谢。在这里，要特别感谢中国社会科学院领导、甘肃省政府领导和财政厅领导所给予的亲切关怀和巨大支持。感谢那些配合和帮助我们开展社会调研与信息采集的城市和志愿者，感谢社会科学文献出版社谢寿光社长和项目统筹王绯、责任编辑赵慧英和关晶焱为本书出版所付出的辛勤劳动。

刘举科　孙伟平　胡文臻

二〇一四年三月十日

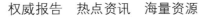

权威报告　热点资讯　海量资源

当代中国与世界发展的高端智库平台

皮书数据库　www.pishu.com.cn

皮书数据库是专业的人文社会科学综合学术资源总库,以大型连续性图书——皮书系列为基础,整合国内外相关资讯构建而成。该数据库包含七大子库,涵盖两百多个主题,囊括了近十几年间中国与世界经济社会发展报告,覆盖经济、社会、政治、文化、教育、国际问题等多个领域。

皮书数据库以篇章为基本单位,方便用户对皮书内容的阅读需求。用户可进行全文检索,也可对文献题目、内容提要、作者名称、作者单位、关键字等基本信息进行检索,还可对检索到的篇章再作二次筛选,进行在线阅读或下载阅读。智能多维度导航,可使用户根据自己熟知的分类标准进行分类导航筛选,使查找和检索更高效、便捷。

权威的研究报告、独特的调研数据、前沿的热点资讯,皮书数据库已发展成为国内最具影响力的关于中国与世界现实问题研究的成果库和资讯库。

皮书俱乐部会员服务指南

1. 谁能成为皮书俱乐部成员?

- 皮书作者自动成为俱乐部会员
- 购买了皮书产品(纸质皮书、电子书)的个人用户

2. 会员可以享受的增值服务

- 加入皮书俱乐部,免费获赠该纸质图书的电子书
- 免费获赠皮书数据库100元充值卡
- 免费定期获赠皮书电子期刊
- 优先参与各类皮书学术活动
- 优先享受皮书产品的最新优惠

社会科学文献出版社　皮书系列
SOCIAL SCIENCES ACADEMIC PRESS (CHINA)

卡号: 8531272907589438
密码:

3. 如何享受增值服务?

(1) 加入皮书俱乐部,获赠该书的电子书

第1步 登录我社官网(www.ssap.com.cn),注册账号;

第2步 登录并进入"会员中心"—"皮书俱乐部",提交加入皮书俱乐部申请;

第3步 审核通过后,自动进入俱乐部服务环节,填写相关购书信息即可自动兑换相应电子书。

(2) 免费获赠皮书数据库100元充值卡

100元充值卡只能在皮书数据库中充值和使用

第1步 刮开附赠充值的涂层(左下);

第2步 登录皮书数据库网站(www.pishu.com.cn),注册账号;

第3步 登录并进入"会员中心"—"在线充值"—"充值卡充值",充值成功后即可使用。

4. 声明

解释权归社会科学文献出版社所有

皮书俱乐部会员可享受社会科学文献出版社其他相关免费增值服务,有任何疑问,均可与我们联系
联系电话: 010-59367227　企业QQ: 800045692　邮箱: pishuclub@ssap.cn
欢迎登录社会科学文献出版社官网(www.ssap.com.cn)和中国皮书网(www.pishu.cn)了解更多信息

社会科学文献出版社

皮书系列

"皮书"起源于十七、十八世纪的英国，主要指官方或社会组织正式发表的重要文件或报告，多以"白皮书"命名。在中国，"皮书"这一概念被社会广泛接受，并被成功运作、发展成为一种全新的出版形态，则源于中国社会科学院社会科学文献出版社。

皮书是对中国与世界发展状况和热点问题进行年度监测，以专业的角度、专家的视野和实证研究方法，针对某一领域或区域现状与发展态势展开分析和预测，具备权威性、前沿性、原创性、实证性、时效性等特点的连续性公开出版物，由一系列权威研究报告组成。皮书系列是社会科学文献出版社编辑出版的蓝皮书、绿皮书、黄皮书等的统称。

皮书系列的作者以中国社会科学院、著名高校、地方社会科学院的研究人员为主，多为国内一流研究机构的权威专家学者，他们的看法和观点代表了学界对中国与世界的现实和未来最高水平的解读与分析。

自20世纪90年代末推出以《经济蓝皮书》为开端的皮书系列以来，社会科学文献出版社至今已累计出版皮书千余部，内容涵盖经济、社会、政法、文化传媒、行业、地方发展、国际形势等领域。皮书系列已成为社会科学文献出版社的著名图书品牌和中国社会科学院的知名学术品牌。

皮书系列在数字出版和国际出版方面成就斐然。皮书数据库被评为"2008~2009年度数字出版知名品牌"；《经济蓝皮书》《社会蓝皮书》等十几种皮书每年还由国外知名学术出版机构出版英文版、俄文版、韩文版和日文版，面向全球发行。

2011年，皮书系列正式列入"十二五"国家重点出版规划项目；2012年，部分重点皮书列入中国社会科学院承担的国家哲学社会科学创新工程项目；2014年，35种院外皮书使用"中国社会科学院创新工程学术出版项目"标识。

法 律 声 明

　　"皮书系列"（含蓝皮书、绿皮书、黄皮书）由社会科学文献出版社最早使用并对外推广，现已成为中国图书市场上流行的品牌，是社会科学文献出版社的品牌图书。社会科学文献出版社拥有该系列图书的专有出版权和网络传播权，其 LOGO（ ■ ）与"经济蓝皮书"、"社会蓝皮书"等皮书名称已在中华人民共和国工商行政管理总局商标局登记注册，社会科学文献出版社合法拥有其商标专用权。

　　未经社会科学文献出版社的授权和许可，任何复制、模仿或以其他方式侵害"皮书系列"和 LOGO（ ■ ）、"经济蓝皮书"、"社会蓝皮书"等皮书名称商标专用权的行为均属于侵权行为，社会科学文献出版社将采取法律手段追究其法律责任，维护合法权益。

　　欢迎社会各界人士对侵犯社会科学文献出版社上述权利的违法行为进行举报。电话：010－59367121，电子邮箱：fawubu@ ssap. cn。

社会科学文献出版社

我们是图书出版者，更是人文社会科学内容资源供应商；

我们背靠中国社会科学院，面向中国与世界人文社会科学界，坚持为人文社会科学的繁荣与发展服务；

我们精心打造权威信息资源整合平台，坚持为中国经济与社会的繁荣与发展提供决策咨询服务；

我们以读者定位自身，立志让爱书人读到好书，让求知者获得知识；

我们精心编辑、设计每一本好书以形成品牌张力，以优秀的品牌形象服务读者，开拓市场；

我们始终坚持"创社科经典，出传世文献"的经营理念，坚持"权威、前沿、原创"的产品特色；

我们"以人为本"，提倡阳光下创业，员工与企业共享发展之成果；

我们立足于现实，认真对待我们的优势、劣势，我们更着眼于未来，以不断的学习与创新适应不断变化的世界，以不断的努力提升自己的实力；

我们愿与社会各界友好合作，共享人文社会科学发展之成果，共同推动中国学术出版乃至内容产业的繁荣与发展。

社会科学文献出版社社长
中国社会学会秘书长

2014 年 1 月

"皮书"起源于十七、十八世纪的英国，主要指官方或社会组织正式发表的重要文件或报告，多以"白皮书"命名。在中国，"皮书"这一概念被社会广泛接受，并被成功运作、发展成为一种全新的出版形态，则源于中国社会科学院社会科学文献出版社。

皮书是对中国与世界发展状况和热点问题进行年度监测，以专家和学术的视角，针对某一领域或区域现状与发展态势展开分析和预测，具备权威性、前沿性、原创性、实证性、时效性等特点的连续性公开出版物，由一系列权威研究报告组成。皮书系列是社会科学文献出版社编辑出版的蓝皮书、绿皮书、黄皮书等的统称。

皮书系列的作者以中国社会科学院、著名高校、地方社会科学院的研究人员为主，多为国内一流研究机构的权威专家学者，他们的看法和观点代表了学界对中国与世界的现实和未来最高水平的解读与分析。

自20世纪90年代末推出以经济蓝皮书为开端的皮书系列以来，至今已出版皮书近1000余部，内容涵盖经济、社会、政法、文化传媒、行业、地方发展、国际形势等领域。皮书系列已成为社会科学文献出版社的著名图书品牌和中国社会科学院的知名学术品牌。

皮书系列在数字出版和国际出版方面成就斐然。皮书数据库被评为"2008~2009年度数字出版知名品牌"；经济蓝皮书、社会蓝皮书等十几种皮书每年还由国外知名学术出版机构出版英文版、俄文版、韩文版和日文版，面向全球发行。

2011年，皮书系列正式列入"十二五"国家重点出版规划项目，一年一度的皮书年会升格由中国社会科学院主办；2012年，部分重点皮书列入中国社会科学院承担的国家哲学社会科学创新工程项目。

经 济 类

经济类皮书涵盖宏观经济、城市经济、大区域经济，
提供权威、前沿的分析与预测

经济蓝皮书

2014 年中国经济形势分析与预测

李 扬 / 主编　　2013 年 12 月出版　　定价 :69.00 元

◆　本书课题为"总理基金项目"，由著名经济学家李扬领衔，
联合数十家科研机构、国家部委和高等院校的专家共同撰写，
对 2013 年中国宏观及微观经济形势，特别是全球金融危机及
其对中国经济的影响进行了深入分析，并且提出了 2014 年经
济走势的预测。

世界经济黄皮书

2014 年世界经济形势分析与预测

王洛林　张宇燕 / 主编　　2014 年 1 月出版　　定价 :69.00 元

◆　2013 年的世界经济仍旧行进在坎坷复苏的道路上。发达
经济体经济复苏继续巩固，美国和日本经济进入低速增长通
道,欧元区结束衰退并呈复苏迹象。本书展望 2014 年世界经济,
预计全球经济增长仍将维持在中低速的水平上。

工业化蓝皮书

中国工业化进程报告（2014）

黄群慧 吕 铁 李晓华 等 / 著　　2014 年 11 月出版　　估价 :89.00 元

◆　中国的工业化是事关中华民族复兴的伟大事业，分析跟踪
研究中国的工业化进程，无疑具有重大意义。科学评价与客
观认识我国的工业化水平，对于我国明确自身发展中的优势
和不足，对于经济结构的升级与转型，对于制定经济发展政策，
从而提升我国的现代化水平具有重要作用。

金融蓝皮书

中国金融发展报告（2014）

李扬　王国刚／主编　2013年12月出版　定价：65.00元

◆　由中国社会科学院金融研究所组织编写的《中国金融发展报告（2014）》，概括和分析了2013年中国金融发展和运行中的各方面情况，研讨和评论了2013年发生的主要金融事件。本书由业内专家和青年精英联合编著，有利于读者了解掌握2013年中国的金融状况，把握2014年中国金融的走势。

城市竞争力蓝皮书

中国城市竞争力报告No.12

倪鹏飞／主编　2014年5月出版　定价：89.00元

◆　本书由中国社会科学院城市与竞争力研究中心主任倪鹏飞主持编写，汇集了众多研究城市经济问题的专家学者关于城市竞争力研究的最新成果。本报告构建了一套科学的城市竞争力评价指标体系，采用第一手数据材料，对国内重点城市年度竞争力格局变化进行客观分析和综合比较、排名，对研究城市经济及城市竞争力极具参考价值。

中国省域竞争力蓝皮书

"十二五"中期中国省域经济综合竞争力发展报告

李建平　李闽榕　高燕京／主编　2014年3月出版　定价：198.00元

◆　本书充分运用数理分析、空间分析、规范分析与实证分析相结合、定性分析与定量分析相结合的方法，建立起比较科学完善、符合中国国情的省域经济综合竞争力指标评价体系及数学模型，对2011~2012年中国内地31个省、市、区的经济综合竞争力进行全面、深入、科学的总体评价与比较分析。

农村经济绿皮书

中国农村经济形势分析与预测（2013~2014）

中国社会科学院农村发展研究所　国家统计局农村社会经济调查司／著

2014年4月出版　定价：69.00元

◆　本书对2013年中国农业和农村经济运行情况进行了系统的分析和评价，对2014年中国农业和农村经济发展趋势进行了预测，并提出相应的政策建议，专题部分将围绕某个重大的理论和现实问题进行多维、深入、细致的分析和探讨。

西部蓝皮书

中国西部经济发展报告（2014）

姚慧琴　徐璋勇 / 主编　　2014 年 7 月出版　　估价 :69.00 元

◆　本书由西北大学中国西部经济发展研究中心主编，汇集了源自西部本土以及国内研究西部问题的权威专家的第一手资料，对国家实施西部大开发战略进行年度动态跟踪，并对2014 年西部经济、社会发展态势进行预测和展望。

气候变化绿皮书

应对气候变化报告（2014）

王伟光　郑国光 / 主编　　2014 年 11 月出版　　估价 :79.00 元

◆　本书由社科院城环所和国家气候中心共同组织编写，各篇报告的作者长期从事气候变化科学问题、社会经济影响，以及国际气候制度等领域的研究工作，密切跟踪国际谈判的进程，参与国家应对气候变化相关政策的咨询，有丰富的理论与实践经验。

就业蓝皮书

2014 年中国大学生就业报告

麦可思研究院 / 编著　　王伯庆　周凌波 / 主审
2014 年 6 月出版　　定价 :98.00 元

◆　本书是迄今为止关于中国应届大学毕业生就业、大学毕业生中期职业发展及高等教育人口流动情况的视野最为宽广、资料最为翔实、分类最为精细的实证调查和定量研究；为我国教育主管部门的教育决策提供了极有价值的参考。

企业社会责任蓝皮书

中国企业社会责任研究报告（2014）

黄群慧　彭华岗　钟宏武　张 蒽 / 编著
2014 年 11 月出版　　估价 :69.00 元

◆　本书系中国社会科学院经济学部企业社会责任研究中心组织编写的《企业社会责任蓝皮书》2014 年分册。该书在对企业社会责任进行宏观总体研究的基础上，根据 2013 年企业社会责任及相关背景进行了创新研究，在全国企业中观层面对企业健全社会责任管理体系提供了弥足珍贵的丰富信息。

社 会 政 法 类

社会政法类皮书聚焦社会发展领域的热点、难点问题，
提供权威、原创的资讯与视点

社会蓝皮书

2014年中国社会形势分析与预测

李培林　陈光金　张　翼 / 主编　2013 年 12 月出版　定价 :69.00 元

◆　本报告是中国社会科学院"社会形势分析与预测"课题
组 2014 年度分析报告，由中国社会科学院社会学研究所组
织研究机构专家、高校学者和政府研究人员撰写。对 2013
年中国社会发展的各个方面内容进行了权威解读，同时对
2014 年社会形势发展趋势进行了预测。

法治蓝皮书

中国法治发展报告 No.12（2014）

李　林　田　禾 / 主编　　2014 年 2 月出版　　定价 :98.00 元

◆　本年度法治蓝皮书一如既往秉承关注中国法治发展进程
中的焦点问题的特点，回顾总结了 2013 年度中国法治发展
取得的成就和存在的不足，并对 2014 年中国法治发展形势
进行了预测和展望。

民间组织蓝皮书

中国民间组织报告（2014）

黄晓勇 / 主编　　2014 年 8 月出版　　估价 :69.00 元

◆　本报告是中国社会科学院"民间组织与公共治理研究"
课题组推出的第五本民间组织蓝皮书。基于国家权威统计数
据、实地调研和广泛搜集的资料，本报告对 2013 年以来我
国民间组织的发展现状、热点专题、改革趋势等问题进行了
深入研究，并提出了相应的政策建议。

社会保障绿皮书

中国社会保障发展报告（2014）No.6

王延中 / 主编　2014 年 9 月出版　定价 :79.00 元

◆　社会保障是调节收入分配的重要工具，随着社会保障制度的不断建立健全、社会保障覆盖面的不断扩大和社会保障资金的不断增加，社会保障在调节收入分配中的重要性不断提高。本书全面评述了 2013 年以来社会保障制度各个主要领域的发展情况。

环境绿皮书

中国环境发展报告（2014）

刘鉴强 / 主编　2014 年 5 月出版　定价 :79.00 元

◆　本书由民间环保组织"自然之友"组织编写，由特别关注、生态保护、宜居城市、可持续消费以及政策与治理等版块构成，以公共利益的视角记录、审视和思考中国环境状况，呈现 2013 年中国环境与可持续发展领域的全局态势，用深刻的思考、科学的数据分析 2013 年的环境热点事件。

教育蓝皮书

中国教育发展报告（2014）

杨东平 / 主编　2014 年 5 月出版　定价 :79.00 元

◆　本书站在教育前沿，突出教育中的问题，特别是对当前教育改革中出现的教育公平、高校教育结构调整、义务教育均衡发展等问题进行了深入分析，从教育的内在发展谈教育，又从外部条件来谈教育，具有重要的现实意义，对我国的教育体制的改革与发展具有一定的学术价值和参考意义。

反腐倡廉蓝皮书

中国反腐倡廉建设报告 No.3

李秋芳 / 主编　2014 年 1 月出版　定价 :79.00 元

◆　本书抓住了若干社会热点和焦点问题，全面反映了新时期新阶段中国反腐倡廉面对的严峻局面，以及中国共产党反腐倡廉建设的新实践新成果。根据实地调研、问卷调查和舆情分析，梳理了当下社会普遍关注的与反腐败密切相关的热点问题。

行 业 报 告 类

行业报告类皮书立足重点行业、新兴行业领域，
提供及时、前瞻的数据与信息

房地产蓝皮书

中国房地产发展报告 No.11（2014）

魏后凯　李景国 / 主编　　2014 年 5 月出版　　定价 :79.00 元

◆　本书由中国社会科学院城市发展与环境研究所组织编写，
秉承客观公正、科学中立的原则，深度解析 2013 年中国房地产
发展的形势和存在的主要矛盾，并预测 2014 年及未来 10 年或
更长时间的房地产发展大势。观点精辟，数据翔实，对关注房
地产市场的各阶层人士极具参考价值。

旅游绿皮书

2013~2014 年中国旅游发展分析与预测

宋　瑞 / 主编　　2013 年 12 月出版　　定价 :79.00 元

◆　如何从全球的视野理性审视中国旅游，如何在世界旅游版
图上客观定位中国，如何积极有效地推进中国旅游的世界化，
如何制定中国实现世界旅游强国梦想的线路图？本年度开始，
《旅游绿皮书》将围绕"世界与中国"这一主题进行系列研究，
以期为推进中国旅游的长远发展提供科学参考和智力支持。

信息化蓝皮书

中国信息化形势分析与预测（2014）

周宏仁 / 主编　　2014 年 7 月出版　　估价 :98.00 元

◆　本书在以中国信息化发展的分析和预测为重点的同时，反
映了过去一年间中国信息化关注的重点和热点，视野宽阔，观
点新颖，内容丰富，数据翔实，对中国信息化的发展有很强的
指导性，可读性很强。

企业蓝皮书

中国企业竞争力报告（2014）

金 碚 / 主编　　2014 年 11 月出版　　估价 :89.00 元

◆　中国经济正处于新一轮的经济波动中，如何保持稳健的经营心态和经营方式并进一步求发展，对于企业保持并提升核心竞争力至关重要。本书利用上市公司的财务数据，研究上市公司竞争力变化的最新趋势，探索进一步提升中国企业国际竞争力的有效途径，这无论对实践工作者还是理论研究者都具有重大意义。

食品药品蓝皮书

食品药品安全与监管政策研究报告（2014）

唐民皓 / 主编　　2014 年 7 月出版　　估价 :69.00 元

◆　食品药品安全是当下社会关注的焦点问题之一，如何破解食品药品安全监管重点难点问题是需要以社会合力才能解决的系统工程。本书围绕安全热点问题、监管重点问题和政策焦点问题，注重于对食品药品公共政策和行政监管体制的探索和研究。

流通蓝皮书

中国商业发展报告（2013~2014）

荆林波 / 主编　　2014 年 5 月出版　　定价 :89.00 元

◆《中国商业发展报告》是中国社会科学院财经战略研究院与香港利丰研究中心合作的成果，并且在 2010 年开始以中英文版同步在全球发行。蓝皮书从关注中国宏观经济出发，突出中国流通业的宏观背景反映了本年度中国流通业发展的状况。

住房绿皮书

中国住房发展报告（2013~2014）

倪鹏飞 / 主编　　2013 年 12 月出版　　定价 :79.00 元

◆　本报告从宏观背景、市场主体、市场体系、公共政策和年度主题五个方面，对中国住宅市场体系做了全面系统的分析、预测与评价，并给出了相关政策建议，并在评述 2012~2013 年住房及相关市场走势的基础上，预测了 2013~2014 年住房及相关市场的发展变化。

国别与地区类

国别与地区类皮书关注全球重点国家与地区，
提供全面、独特的解读与研究

亚太蓝皮书

亚太地区发展报告（2014）

李向阳 / 主编　　2014 年 1 月出版　　定价 :59.00 元

◆　本书是由中国社会科学院亚太与全球战略研究院精心打造的又一品牌皮书，关注时下亚太地区局势发展动向里隐藏的中长趋势，剖析亚太地区政治与安全格局下的区域形势最新动向以及地区关系发展的热点问题，并对 2014 年亚太地区重大动态作出前瞻性的分析与预测。

日本蓝皮书

日本研究报告（2014）

李　薇 / 主编　　2014 年 3 月出版　　定价 :69.00 元

◆　本书由中华日本学会、中国社会科学院日本研究所合作推出，是以中国社会科学院日本研究所的研究人员为主完成的研究成果。对 2013 年日本的政治、外交、经济、社会文化作了回顾、分析与展望，并收录了该年度日本大事记。

欧洲蓝皮书

欧洲发展报告 (2013~2014)

周　弘 / 主编　　2014 年 5 月出版　　估价 :89.00 元

◆　本年度的欧洲发展报告，对欧洲经济、政治、社会、外交等面的形式进行了跟踪介绍与分析。力求反映作为一个整体的欧盟及 30 多个欧洲国家在 2013 年出现的各种变化。

拉美黄皮书

拉丁美洲和加勒比发展报告（2013~2014）

吴白乙／主编　2014 年 4 月出版　定价：89.00 元

◆　本书是中国社会科学院拉丁美洲研究所的第 13 份关于拉丁美洲和加勒比地区发展形势状况的年度报告。本书对 2013 年拉丁美洲和加勒比地区诸国的政治、经济、社会、外交等方面的发展情况做了系统介绍，对该地区相关国家的热点及焦点问题进行了总结和分析，并在此基础上对该地区各国 2014 年的发展前景做出预测。

澳门蓝皮书

澳门经济社会发展报告（2013~2014）

吴志良　郝雨凡／主编　2014 年 4 月出版　定价：79.00 元

◆　本书集中反映 2013 年本澳各个领域的发展动态，总结评价近年澳门政治、经济、社会的总体变化，同时对 2014 年社会经济情况作初步预测。

日本经济蓝皮书

日本经济与中日经贸关系研究报告（2014）

王洛林　张季风／主编　2014 年 5 月出版　定价：79.00 元

◆　本书对当前日本经济以及中日经济合作的发展动态进行了多角度、全景式的深度分析。本报告回顾并展望了 2013~2014 年度日本宏观经济的运行状况。此外，本报告还收录了大量来自于日本政府权威机构的数据图表，具有极高的参考价值。

美国蓝皮书

美国问题研究报告（2014）

黄平　倪峰／主编　2014 年 6 月出版　估价：89.00 元

◆　本书是由中国社会科学院美国所主持完成的研究成果，它回顾了美国 2013 年的经济、政治形势与外交战略，对 2013 年以来美国内政外交发生的重大事件以及重要政策进行了较为全面的回顾和梳理。

地方发展类

地方发展类皮书关注大陆各省份、经济区域，
提供科学、多元的预判与咨政信息

社会建设蓝皮书

2014 年北京社会建设分析报告

宋贵伦/主编　2014 年 9 月出版　估价 :69.00 元

◆　本书依据社会学理论框架和分析方法，对北京市的人口、就业、分配、社会阶层以及城乡关系等社会学基本问题进行了广泛调研与分析，对广受社会关注的住房、教育、医疗、养老、交通等社会热点问题做了深刻了解与剖析，对日益显现的征地搬迁、外籍人口管理、群体性心理障碍等进行了有益探讨。

温州蓝皮书

2014 年温州经济社会形势分析与预测

潘忠强　王春光　金　浩/主编　　2014 年 4 月出版　定价 : 69.00 元

◆　本书是由中共温州市委党校与中国社会科学院社会学研究所合作推出的第七本"温州经济社会形势分析与预测"年度报告，深入全面分析了 2013 年温州经济、社会、政治、文化发展的主要特点、经验、成效与不足，提出了相应的政策建议。

上海蓝皮书

上海资源环境发展报告（2014）

周冯琦　汤庆合　任文伟/著　　2014 年 1 月出版　定价 : 69.00 元

◆　本书在上海所面临资源环境风险的来源、程度、成因、对策等方面作了些有益的探索，希望能对有关部门完善上海的资源环境风险防控工作提供一些有价值的参考，也让普通民众更全面地了解上海资源环境风险及其防控的图景。

广州蓝皮书

2014年中国广州社会形势分析与预测

张 强 陈怡霓 杨 秦/主编 2014年9月出版 估价:65.00元

◆ 本书由广州大学与广州市委宣传部、广州市人力资源和社会保障局联合主编,汇集了广州科研团体、高等院校和政府部门诸多社会问题研究专家、学者和实际部门工作者的最新研究成果,是关于广州社会运行情况和相关专题分析与预测的重要参考资料。

河南经济蓝皮书

2014年河南经济形势分析与预测

胡五岳/主编 2014年3月出版 定价:69.00元

◆ 本书由河南省统计局主持编纂。该分析与展望以2013年最新年度统计数据为基础,科学研判河南经济发展的脉络轨迹、分析年度运行态势;以客观翔实、权威资料为特征,突出科学性、前瞻性和可操作性,服务于科学决策和科学发展。

陕西蓝皮书

陕西社会发展报告(2014)

任宗哲 石 英 牛 昉/主编 2014年2月出版 定价:65.00元

◆ 本书系统而全面地描述了陕西省2013年社会发展各个领域所取得的成就、存在的问题、面临的挑战及其应对思路,为更好地思考2014年陕西发展前景、政策指向和工作策略等方面提供了一个较为简洁清晰的参考蓝本。

上海蓝皮书

上海经济发展报告(2014)

沈开艳/主编 2014年1月出版 定价:69.00元

◆ 本书系上海社会科学院系列之一,报告对2014年上海经济增长与发展趋势的进行了预测,把握了上海经济发展的脉搏和学术研究的前沿。

广州蓝皮书

广州经济发展报告（2014）

李江涛 朱名宏 / 主编　2014 年 6 月出版　估价 :65.00 元

◆　本书是由广州市社会科学院主持编写的"广州蓝皮书"系列
之一，本报告对广州 2013 年宏观经济运行情况作了深入分析，
对 2014 年宏观经济走势进行了合理预测，并在此基础上提出了
相应的政策建议。

文 化 传 媒 类

文化传媒类皮书透视文化领域、文化产业，
探索文化大繁荣、大发展的路径

新媒体蓝皮书

中国新媒体发展报告 No.4(2013)

唐绪军 / 主编　2014 年 6 月出版　估价 :69.00 元

◆　本书由中国社会科学院新闻与传播研究所和上海大学合作编
写，在构建新媒体发展研究基本框架的基础上，全面梳理 2013 年
中国新媒体发展现状，发表最前沿的网络媒体深度调查数据和研
究成果，并对新媒体发展的未来趋势做出预测。

舆情蓝皮书

中国社会舆情与危机管理报告（2014）

谢耘耕 / 主编　2014 年 8 月出版　估价 :85.00 元

◆　本书由上海交通大学舆情研究实验室和危机管理研究中心主
编，已被列入教育部人文社会科学研究报告培育项目。本书以新
媒体环境下的中国社会为立足点，对 2013 年中国社会舆情、分
类舆情等进行了深入系统的研究，并预测了 2014 年社会舆情走势。

经济类

产业蓝皮书
中国产业竞争力报告（2014）No.4
著(编)者:张其仔　2014年5月出版 / 估价:79.00元

长三角蓝皮书
2014年率先基本实现现代化的长三角
著(编)者:刘志彪　2014年6月出版 / 估价:120.00元

城市竞争力蓝皮书
中国城市竞争力报告No.12
著(编)者:倪鹏飞　2014年5月出版 / 定价:89.00元

城市蓝皮书
中国城市发展报告No.7
著(编)者:潘家华 魏后凯　2014年7月出版 / 估价:69.00元

城市群蓝皮书
中国城市群发展指数报告(2014)
著(编)者:刘士林 刘新静　2014年10月出版 / 估价:59.00元

城乡统筹蓝皮书
中国城乡统筹发展报告（2014）
著(编)者:程志强、潘晨光　2014年9月出版 / 估价:59.00元

城乡一体化蓝皮书
中国城乡一体化发展报告（2014）
著(编)者:汝信 付崇兰　2014年8月出版 / 估价:59.00元

城镇化蓝皮书
中国新型城镇化健康发展报告（2014）
著(编)者:张占斌　2014年5月出版 / 定价:79.00元

低碳发展蓝皮书
中国低碳发展报告（2014）
著(编)者:齐晔　2014年3月出版 / 定价:89.00元

低碳经济蓝皮书
中国低碳经济发展报告（2014）
著(编)者:薛进军 赵忠秀　2014年5月出版 / 估价:79.00元

东北蓝皮书
中国东北地区发展报告（2014）
著(编)者:鲍振东 曹晓峰　2014年8月出版 / 估价:79.00元

发展和改革蓝皮书
中国经济发展和体制改革报告No.7
著(编)者:邹东涛　2014年7月出版 / 估价:79.00元

工业化蓝皮书
中国工业化进程报告（2014）
著(编)者: 黄群慧 吕铁 李晓华 等
2014年11月出版 / 估价:89.00元

国际城市蓝皮书
国际城市发展报告（2014）
著(编)者:屠启宇　2014年1月出版 / 定价:69.00元

国家创新蓝皮书
国家创新发展报告（2013~2014）
著(编)者:陈劲　2014年6月出版 / 估价:69.00元

国家竞争力蓝皮书
中国国家竞争力报告No.2
著(编)者:倪鹏飞　2014年10月出版 / 估价:98.00元

宏观经济蓝皮书
中国经济增长报告（2014）
著(编)者:张平 刘霞辉　2014年10月出版 / 估价:69.00元

减贫蓝皮书
中国减贫与社会发展报告
著(编)者:黄承伟　2014年7月出版 / 估价:69.00元

金融蓝皮书
中国金融发展报告（2014）
著(编)者:李扬 王国刚　2013年12月出版 / 定价:65.00元

经济蓝皮书
2014年中国经济形势分析与预测
著(编)者:李扬　2013年12月出版 / 定价:69.00元

经济蓝皮书春季号
2014年中国经济前景分析
著(编)者:李扬　2014年5月出版 / 定价:79.00元

经济信息绿皮书
中国与世界经济发展报告（2014）
著(编)者:杜平　2013年12月出版 / 定价:79.00元

就业蓝皮书
2014年中国大学生就业报告
著(编)者:麦可思研究院　2014年6月出版 / 估价:98.00元

流通蓝皮书
中国商业发展报告（2013~2014）
著(编)者:荆林波　2014年5月出版 / 定价:89.00元

民营经济蓝皮书
中国民营经济发展报告No.10（2013～2014）
著(编)者:黄孟复　2014年9月出版 / 估价:69.00元

民营企业蓝皮书
中国民营企业竞争力报告No.7（2014）
著(编)者:刘迎秋　2014年9月出版 / 估价:79.00元

农村绿皮书
中国农村经济形势分析与预测（2013~2014）
著(编)者:中国社会科学院农村发展研究所
　　　国家统计局农村社会经济调查司 著
2014年4月出版 / 估价:69.00元

企业公民蓝皮书
中国企业公民报告No.4
著(编)者:邹东涛　2014年7月出版 / 估价:69.00元

企业社会责任蓝皮书
中国企业社会责任研究报告（2014）
著(编)者:黄群慧 彭华岗 钟宏武 等
2014年11月出版 / 估价:59.00元

气候变化绿皮书
应对气候变化报告（2014）
著(编)者:王伟光 郑国光　2014年11月出版 / 估价:79.00元

15

区域蓝皮书
中国区域经济发展报告（2013~2014）
著(编)者:梁昊光　2014年4月出版 / 定价:79.00元

人口与劳动绿皮书
中国人口与劳动问题报告No.15
著(编)者:蔡昉　2014年6月出版 / 估价:69.00元

生态经济（建设）绿皮书
中国经济（建设）发展报告（2013~2014）
著(编)者:黄浩涛　李周　2014年10月出版 / 估价:69.00元

世界经济黄皮书
2014年世界经济形势分析与预测
著(编)者:王洛林　张宇燕　2014年1月出版 / 定价:69.00元

西北蓝皮书
中国西北发展报告（2014）
著(编)者:张进海　陈冬红　段庆林
2013年12月出版 / 定价:69.00元

西部蓝皮书
中国西部发展报告（2014）
著(编)者:姚慧琴　徐璋勇　2014年7月出版 / 估价:69.00元

新型城镇化蓝皮书
新型城镇化发展报告（2014）
著(编)者:沈体雁　李伟　宋敏　2014年9月出版 / 估价:69.00元

新兴经济体蓝皮书
金砖国家发展报告（2014）
著(编)者:林跃勤　周文　2014年9月出版 / 估价:79.00元

循环经济绿皮书
中国循环经济发展报告（2013~2014）
著(编)者:齐建国　2014年12月出版 / 估价:69.00元

中部竞争力蓝皮书
中国中部经济社会竞争力报告（2014）
著(编)者:教育部人文社会科学重点研究基地
　　　　南昌大学中国中部经济社会发展研究中心
2014年7月出版 / 估价:59.00元

中部蓝皮书
中国中部地区发展报告（2014）
著(编)者:朱有志　2014年10月出版 / 定价:59.00元

中国科技蓝皮书
中国科技发展报告（2014）
著(编)者:陈劲　2014年4月出版 / 定价:69.00元

中国省域竞争力蓝皮书
"十二五"中期中国省域经济综合竞争力发展报告
著(编)者:李建平　李闽榕　高燕京　2014年3月出版 / 定价:198.00元

中三角蓝皮书
长江中游城市群发展报告（2013~2014）
著(编)者:秦尊文　2014年6月出版 / 估价:69.00元

中小城市绿皮书
中国中小城市发展报告（2014）
著(编)者:中国城市经济学会中小城市经济发展委员会
　　　　《中国中小城市发展报告》编纂委员会
2014年10月出版 / 估价:98.00元

中原蓝皮书
中原经济区发展报告（2014）
著(编)者:刘怀廉　2014年6月出版 / 估价:68.00元

社会政法类

殡葬绿皮书
中国殡葬事业发展报告（2014）
著(编)者:朱勇 副主编 李伯森　2014年9月出版 / 估价:59.00元

城市创新蓝皮书
中国城市创新报告（2014）
著(编)者:周天勇　旷建伟　2014年7月出版 / 估价:69.00元

城市管理蓝皮书
中国城市管理报告2014
著(编)者:谭维克　刘林　2014年7月出版 / 估价:98.00元

城市生活质量蓝皮书
中国城市生活质量指数报告（2014）
著(编)者:张平　2014年7月出版 / 估价:59.00元

城市政府能力蓝皮书
中国城市政府公共服务能力评估报告（2014）
著(编)者:何艳玲　2014年7月出版 / 估价:59.00元

创新蓝皮书
创新型国家建设报告（2013~2014）
著(编)者:詹正茂　2014年5月出版 / 定价:69.00元

慈善蓝皮书
中国慈善发展报告（2014）
著(编)者:杨团　2014年5月出版 / 定价:79.00元

法治蓝皮书
中国法治发展报告No.12（2014）
著(编)者:李林　田禾　2014年2月出版 / 定价:98.00元

反腐倡廉蓝皮书
中国反腐倡廉建设报告No.3
著(编)者:李秋芳　2014年1月出版 / 定价:79.00元

非传统安全蓝皮书
中国非传统安全研究报告（2014）
著(编)者:余潇枫　2014年5月出版 / 估价:69.00元

妇女发展蓝皮书
福建省妇女发展报告（2014）
著(编)者:刘群英　2014年10月出版 / 估价:58.00元

妇女发展蓝皮书
中国妇女发展报告No.5
著(编)者:王金玲 高小贤　2014年5月出版 / 估价:65.00元

妇女教育蓝皮书
中国妇女教育发展报告No.3
著(编)者:张李玺　2014年10月出版 / 估价:69.00元

公共服务满意度蓝皮书
中国城市公共服务评价报告（2014）
著(编)者:胡伟　2014年11月出版 / 估价:69.00元

公共服务蓝皮书
中国城市基本公共服务力评价（2014）
著(编)者:侯惠勤 辛向阳 易定宏
2014年10月出版 / 估价:55.00元

公民科学素质蓝皮书
中国公民科学素质报告（2013~2014）
著(编)者:李群 许佳军　2014年3月出版 / 定价:79.00元

公益蓝皮书
中国公益发展报告（2014）
著(编)者:朱健刚　2014年5月出版 / 估价:78.00元

国际人才蓝皮书
中国国际移民报告（2014）
著(编)者:王辉耀　2014年1月出版 / 定价:79.00元

国际人才蓝皮书
中国海归创业发展报告（2014）No.2
著(编)者:王辉耀 路江涌　2014年10月出版 / 估价:69.00元

国际人才蓝皮书
中国留学发展报告（2014）No.3
著(编)者:王辉耀　2014年9月出版 / 估价:59.00元

国家安全蓝皮书
中国国家安全研究报告（2014）
著(编)者:刘慧　2014年5月出版 / 定价:98.00元

行政改革蓝皮书
中国行政体制改革报告（2013）No.3
著(编)者:魏礼群　2014年3月出版 / 定价:89.00元

华侨华人蓝皮书
华侨华人研究报告（2014）
著(编)者:丘进　2014年5月出版 / 估价:128.00元

环境竞争力绿皮书
中国省域环境竞争力发展报告（2014）
著(编)者:李建平 李闽榕 王金南
2014年12月出版 / 估价:148.00元

环境绿皮书
中国环境发展报告（2014）
著(编)者:刘鉴强　2014年5月出版 / 定价:79.00元

基本公共服务蓝皮书
中国省级政府基本公共服务发展报告（2014）
著(编)者:孙德超　2014年9月出版 / 估价:69.00元

基金会透明度蓝皮书
中国基金会透明度发展研究报告（2014）
著(编)者:基金会中心网　2014年7月出版 / 估价:79.00元

教师蓝皮书
中国中小学教师发展报告（2014）
著(编)者:曾晓东　2014年9月出版 / 估价:59.00元

教育蓝皮书
中国教育发展报告（2014）
著(编)者:杨东平　2014年5月出版 / 定价:79.00元

科普蓝皮书
中国科普基础设施发展报告（2014）
著(编)者:任福君　2014年6月出版 / 估价:79.00元

口腔健康蓝皮书
中国口腔健康发展报告（2014）
著(编)者:胡德渝　2014年12月出版 / 估价:59.00元

老龄蓝皮书
中国老龄事业发展报告（2014）
著(编)者:吴玉韶　2014年9月出版 / 估价:59.00元

连片特困区蓝皮书
中国连片特困区发展报告（2014）
著(编)者:丁建军 冷志明 游俊　2014年9月出版 / 估价:79.00元

民间组织蓝皮书
中国民间组织报告（2014）
著(编)者:黄晓勇　2014年8月出版 / 估价:69.00元

民调蓝皮书
中国民生调查报告（2014）
著(编)者:谢耕耘　2014年5月出版 / 定价:128.00元

民族发展蓝皮书
中国民族区域自治发展报告（2014）
著(编)者:郝时远　2014年6月出版 / 估价:98.00元

女性生活蓝皮书
中国女性生活状况报告No.8（2014）
著(编)者:韩湘景　2014年4月出版 / 定价:79.00元

汽车社会蓝皮书
中国汽车社会发展报告（2014）
著(编)者:王俊秀　2014年9月出版 / 估价:59.00元

青年蓝皮书
中国青年发展报告（2014）No.2
著(编)者:廉思　2014年4月出版 / 定价:59.00元

全球环境竞争力绿皮书
全球环境竞争力发展报告（2014）
著(编)者:李建平　李闽榕　王金南　2014年11月出版 / 估价:69.00元

青少年蓝皮书
中国未成年人新媒体运用报告（2014）
著(编)者:李文革　沈杰　季为民　2014年6月出版 / 估价:69.00元

区域人才蓝皮书
中国区域人才竞争力报告No.2
著(编)者:桂昭明　王辉耀　2014年6月出版 / 估价:69.00元

人才蓝皮书
中国人才发展报告（2014）
著(编)者:潘晨光　2014年10月出版 / 估价:79.00元

人权蓝皮书
中国人权事业发展报告No.4（2014）
著(编)者:李君如　2014年7月出版 / 估价:98.00元

世界人才蓝皮书
全球人才发展报告No.1
著(编)者:孙学玉　张冠梓　2014年9月出版 / 估价:69.00元

社会保障绿皮书
中国社会保障发展报告（2014）No.6
著(编)者:王延中　2014年9月出版 / 估价:69.00元

社会工作蓝皮书
中国社会工作发展报告（2013~2014）
著(编)者:王杰秀　邹文开　2014年8月出版 / 估价:59.00元

社会管理蓝皮书
中国社会管理创新报告No.3
著(编)者:连玉明　2014年9月出版 / 估价:79.00元

社会蓝皮书
2014年中国社会形势分析与预测
著(编)者:李培林　陈光金　张翼　2013年12月出版 / 定价:69.00元

社会体制蓝皮书
中国社会体制改革报告No.2（2014）
著(编)者:龚维斌　2014年4月出版 / 定价:79.00元

社会心态蓝皮书
2014年中国社会心态研究报告
著(编)者:王俊秀　杨宜音　2014年9月出版 / 估价:59.00元

生态城市绿皮书
中国生态城市建设发展报告（2014）
著(编)者:李景源　孙伟平　刘举科　2014年6月出版 / 估价:128.00元

生态文明绿皮书
中国省域生态文明建设评价报告（ECI 2014）
著(编)者:严耕　2014年9月出版 / 估价:98.00元

世界创新竞争力黄皮书
世界创新竞争力发展报告（2014）
著(编)者:李建平　李闽榕　赵新力　2014年11月出版 / 估价:128.00

水与发展蓝皮书
中国水风险评估报告（2014）
著(编)者:苏杨　2014年9月出版 / 估价:69.00元

土地整治蓝皮书
中国土地整治发展报告No.1
著(编)者:国土资源部土地整治中心　2014年5月出版 / 定价:89.

危机管理蓝皮书
中国危机管理报告（2014）
著(编)者:文学国　范正青　2014年8月出版 / 估价:79.00元

小康蓝皮书
中国全面建设小康社会监测报告（2014）
著(编)者:潘璠　2014年11月出版 / 估价:59.00元

形象危机应对蓝皮书
形象危机应对研究报告（2014）
著(编)者:唐钧　2014年9月出版 / 估价:118.00元

行政改革蓝皮书
中国行政体制改革报告（2013）No.3
著(编)者:魏礼群　2014年3月出版 / 定价:89.00元

医疗卫生绿皮书
中国医疗卫生发展报告No.6（2013~2014）
著(编)者:申宝忠　韩玉珍　2014年4月出版 / 定价:75.00元

政治参与蓝皮书
中国政治参与报告（2014）
著(编)者:房宁　2014年7月出版 / 估价:58.00元

政治发展蓝皮书
中国政治发展报告（2014）
著(编)者:房宁　杨海蛟　2014年6月出版 / 估价:98.00元

宗教蓝皮书
中国宗教报告（2014）
著(编)者:金泽　邱永辉　2014年8月出版 / 估价:59.00元

社会组织蓝皮书
中国社会组织评估报告（2014）
著(编)者:徐家良　2014年9月出版 / 估价:69.00元

政府绩效评估蓝皮书
中国地方政府绩效评估报告（2014）
著(编)者:贠杰　2014年9月出版 / 估价:69.00元

行业报告类

保健蓝皮书
中国保健服务产业发展报告No.2
著(编)者:中国保健协会 中共中央党校
2014年7月出版 / 估价:198.00元

保健蓝皮书
中国保健食品产业发展报告No.2
著(编)者:中国保健协会
　　　　中国社会科学院食品药品产业发展与监管研究中心
2014年7月出版 / 估价:198.00元

保健蓝皮书
中国保健用品产业发展报告No.2
著(编)者:中国保健协会 2014年9月出版 / 估价:198.00元

保险蓝皮书
中国保险业竞争力报告（2014）
著(编)者:罗忠敏 2014年9月出版 / 估价:98.00元

餐饮产业蓝皮书
中国餐饮产业发展报告（2014）
著(编)者:中国烹饪协会 中国社会科学院财经战略研究院
2014年5月出版 / 估价:59.00元

测绘地理信息蓝皮书
中国地理信息产业发展报告（2014）
著(编)者:徐德明 2014年12月出版 / 估价:98.00元

茶业蓝皮书
中国茶产业发展报告（2014）
著(编)者:李闽榕 杨江帆 2014年9月出版 / 估价:79.00元

产权市场蓝皮书
中国产权市场发展报告（2014）
著(编)者:曹和平 2014年9月出版 / 估价:69.00元

产业安全蓝皮书
中国烟草产业安全报告（2014）
著(编)者:李孟刚 杜秀亭 2014年1月出版 / 定价:69.00元

产业安全蓝皮书
中国出版与传媒安全报告（2014）
著(编)者:北京交通大学中国产业安全研究中心
2014年9月出版 / 估价:59.00元

产业安全蓝皮书
中国医疗产业安全报告（2013~2014）
著(编)者:李孟刚 高献书 2014年1月出版 / 定价:59.00元

产业安全蓝皮书
中国文化产业安全蓝皮书(2014)
著(编)者:北京印刷学院文化产业安全研究院
2014年4月出版 / 定价:69.00元

产业安全蓝皮书
中国出版传媒产业安全报告（2014）
著(编)者:北京印刷学院文化产业安全研究院
2014年4月出版 / 定价:89.00元

典当业蓝皮书
中国典当行业发展报告（2013~2014）
著(编)者:黄育华 王力 张红地
2014年10月出版 / 估价:69.00元

电子商务蓝皮书
中国城市电子商务影响力报告（2014）
著(编)者:荆林波 2014年5月出版 / 估价:69.00元

电子政务蓝皮书
中国电子政务发展报告（2014）
著(编)者:洪毅 王长胜 2014年9月出版 / 估价:59.00元

杜仲产业绿皮书
中国杜仲橡胶资源与产业发展报告（2014）
著(编)者:杜红岩 胡文臻 俞瑞
2014年9月出版 / 估价:99.00元

房地产蓝皮书
中国房地产发展报告No.11（2014）
著(编)者:魏后凯 李景国 2014年5月出版 / 定价:79.00元

服务外包蓝皮书
中国服务外包产业发展报告（2014）
著(编)者:王晓红 李楠 2014年9月出版 / 估价:89.00元

高端消费蓝皮书
中国高端消费市场研究报告
著(编)者:依绍华 王雪峰 2014年9月出版 / 估价:69.00元

会展经济蓝皮书
中国会展经济发展报告（2014）
著(编)者:过聚荣 2014年9月出版 / 估价:65.00元

会展蓝皮书
中外会展业动态评估年度报告（2014）
著(编)者:张敏 2014年8月出版 / 估价:68.00元

基金会绿皮书
中国基金会发展独立研究报告（2014）
著(编)者:基金会中心网 2014年8月出版 / 估价:58.00元

交通运输蓝皮书
中国交通运输服务发展报告（2014）
著(编)者:林晓言 卜伟 武剑红
2014年10月出版 / 估价:69.00元

金融监管蓝皮书
中国金融监管报告（2014）
著(编)者:胡滨 2014年5月出版 / 定价:69.00元

金融蓝皮书
中国金融中心发展报告（2014）
著(编)者:中国社会科学院金融研究所
　　　　中国博士后特华科研工作站 王力 黄育华
2014年10月出版 / 估价:59.00元

金融蓝皮书
中国商业银行竞争力报告（2014）
著(编)者:王松奇　2014年5月出版 / 估价:79.00元

金融蓝皮书
中国金融发展报告（2014）
著(编)者:李扬 王国刚　2013年12月出版 / 定价:65.00元

金融蓝皮书
中国金融法治报告（2014）
著(编)者:胡滨 全先银　2014年9月出版 / 估价:65.00元

金融蓝皮书
中国金融产品与服务报告（2014）
著(编)者:殷剑峰　2014年6月出版 / 估价:59.00元

金融信息服务蓝皮书
金融信息服务业发展报告（2014）
著(编)者:鲁广锦　2014年11月出版 / 估价:69.00元

抗衰老医学蓝皮书
抗衰老医学发展报告（2014）
著(编)者:罗伯特·高德曼 罗纳德·科莱兹
　　　　尼尔·布什 朱敏　金大鹏　郭弋
2014年9月出版 / 估价:69.00元

客车蓝皮书
中国客车产业发展报告（2014）
著(编)者:姚蔚　2014年12月出版 / 估价:69.00元

科学传播蓝皮书
中国科学传播报告（2014）
著(编)者:詹正茂　2014年9月出版 / 估价:69.00元

流通蓝皮书
中国商业发展报告（2013~2014）
著(编)者:荆林波　2014年5月出版 / 定价:89.00元

旅游安全蓝皮书
中国旅游安全报告（2014）
著(编)者:郑向敏 谢朝武　2014年6月出版 / 估价:79.00元

旅游绿皮书
2013~2014年中国旅游发展分析与预测
著(编)者:宋瑞　2014年9月出版 / 定价:79.00元

旅游城市绿皮书
世界旅游城市发展报告（2013~2014）
著(编)者:张辉　2014年1月出版 / 估价:69.00元

贸易蓝皮书
中国贸易发展报告（2014）
著(编)者:荆林波　2014年5月出版 / 估价:49.00元

民营医院蓝皮书
中国民营医院发展报告（2014）
著(编)者:朱幼棣　2014年10月出版 / 估价:69.00元

闽商蓝皮书
闽商发展报告（2014）
著(编)者:李闽榕 王日根　2014年12月出版 / 估价:69.00元

能源蓝皮书
中国能源发展报告（2014）
著(编)者:崔民选 王军生 陈义和
2014年10月出版 / 估价:59.00元

农产品流通蓝皮书
中国农产品流通产业发展报告（2014）
著(编)者:贾敬敦 王炳南 张玉玺 张鹏毅 陈丽华
2014年9月出版 / 估价:89.00元

期货蓝皮书
中国期货市场发展报告（2014）
著(编)者:荆林波　2014年6月出版 / 估价:98.00元

企业蓝皮书
中国企业竞争力报告（2014）
著(编)者:金碚　2014年11月出版 / 估价:89.00元

汽车安全蓝皮书
中国汽车安全发展报告（2014）
著(编)者:中国汽车技术研究中心
2014年4月出版 / 估价:79.00元

汽车蓝皮书
中国汽车产业发展报告（2014）
著(编)者:国务院发展研究中心产业经济研究部
　　　　中国汽车工程学会 大众汽车集团（中国）
2014年7月出版 / 估价:79.00元

清洁能源蓝皮书
国际清洁能源发展报告（2014）
著(编)者:国际清洁能源论坛（澳门）
2014年9月出版 / 估价:89.00元

人力资源蓝皮书
中国人力资源发展报告（2014）
著(编)者:吴江　2014年9月出版 / 估价:69.00元

软件和信息服务业蓝皮书
中国软件和信息服务业发展报告（2014）
著(编)者:洪京一 工业和信息化部电子科学技术情报研究所
2014年6月出版 / 估价:98.00元

商会蓝皮书
中国商会发展报告 No.4（2014）
著(编)者:黄孟复　2014年9月出版 / 估价:59.00元

商品市场蓝皮书
中国商品市场发展报告（2014）
著(编)者:荆林波　2014年7月出版 / 估价:59.00元

上市公司蓝皮书
中国上市公司非财务信息披露报告（2014）
著(编)者:钟宏武 张旺 张蒽 等
2014年12月出版 / 估价:59.00元

食品药品蓝皮书
食品药品安全与监管政策研究报告（2014）
著(编)者:唐民皓 2014年7月出版 / 估价:69.00元

世界能源蓝皮书
世界能源发展报告（2014）
著(编)者:黄晓勇 2014年9月出版 / 估价:99.00元

私募市场蓝皮书
中国私募股权市场发展报告（2014）
著(编)者:曹和平 2014年9月出版 / 估价:69.00元

体育蓝皮书
中国体育产业发展报告（2014）
著(编)者:阮伟 钟秉枢 2014年9月出版 / 估价:69.00元

体育蓝皮书·公共体育服务
中国公共体育服务发展报告（2014）
著(编)者:戴健 2014年12月出版 / 估价:69.00元

投资蓝皮书
中国投资发展报告（2014）
著(编)者:杨庆蔚 2014年4月出版 / 定价:128.00元

投资蓝皮书
中国企业海外投资发展报告（2013~2014）
著(编)者:陈文晖 薛誉华 2014年9月出版 / 定价:69.00元

物联网蓝皮书
中国物联网发展报告（2014）
著(编)者:龚六堂 2014年9月出版 / 估价:59.00元

西部工业蓝皮书
中国西部工业发展报告（2014）
著(编)者:方行明 刘方健 姜凌等
2014年9月出版 / 估价:69.00元

西部金融蓝皮书
中国西部金融发展报告（2014）
著(编)者:李忠民 2014年10月出版 / 估价:69.00元

新能源汽车蓝皮书
中国新能源汽车产业发展报告（2014）
著(编)者:中国汽车技术研究中心
　　　　日产（中国）投资有限公司
　　　　东风汽车有限公司
2014年9月出版 / 估价:69.00元

信托蓝皮书
中国信托业研究报告（2014）
著(编)者:中建投信托研究中心 中国建设建投研究院
2014年9月出版 / 估价:59.00元

信托蓝皮书
中国信托投资报告（2014）
著(编)者:杨金龙 刘屹 2014年7月出版 / 估价:69.00元

信托市场蓝皮书
中国信托业市场报告（2013~2014）
著(编)者:李旸 2014年1月出版 / 定价:198.00元

信息化蓝皮书
中国信息化形势分析与预测（2014）
著(编)者:周宏仁 2014年7月出版 / 估价:98.00元

信用蓝皮书
中国信用发展报告（2014）
著(编)者:章政 田侃 2014年9月出版 / 估价:69.00元

休闲绿皮书
2014年中国休闲发展报告
著(编)者:刘德谦 唐兵 宋瑞
2014年6月出版 / 估价:59.00元

养老产业蓝皮书
中国养老产业发展报告（2013~2014年）
著(编)者:张车伟 2014年9月出版 / 估价:69.00元

移动互联网蓝皮书
中国移动互联网发展报告（2014）
著(编)者:官建文 2014年5月出版 / 估价:79.00元

医药蓝皮书
中国医药产业园战略发展报告（2013~2014）
著(编)者:裴长洪 房书亭 吴滌心
2014年3月出版 / 定价:89.00元

医药蓝皮书
中国药品市场报告（2014）
著(编)者:程锦锥 朱恒鹏 2014年12月出版 / 估价:79.00元

中国林业竞争力蓝皮书
中国省域林业竞争力发展报告No.2（2014）
（上下册）
著(编)者:郑传芳 李闽榕 张春霞 张会儒
2014年8月出版 / 估价:139.00元

中国农业竞争力蓝皮书
中国省域农业竞争力发展报告No.2（2014）
著(编)者:郑传芳 宋洪远 李闽榕 张春霞
2014年7月出版 / 估价:128.00元

中国总部经济蓝皮书
中国总部经济发展报告（2013~2014）
著(编)者:赵弘 2014年5月出版 / 定价:79.00元

珠三角流通蓝皮书
珠三角商圈发展研究报告（2014）
著(编)者:王先庆 林至颖 2014年8月出版 / 估价:69.00元

住房绿皮书
中国住房发展报告（2013~2014）
著(编)者:倪鹏飞 2013年12月出版 / 定价:79.00元

资本市场蓝皮书
中国场外交易市场发展报告（2014）
著(编)者:高峦 2014年9月出版 / 估价:79.00元

资产管理蓝皮书
中国信托业发展报告（2014）
著(编)者:智信资产管理研究院　2014年7月出版 / 估价:69.00元

支付清算蓝皮书
中国支付清算发展报告（2014）
著(编)者:杨涛　2014年5月出版 / 定价:45.00元

文化传媒类

传媒蓝皮书
中国传媒产业发展报告（2014）
著(编)者:崔保国　2014年4月出版 / 定价:98.00元

传媒竞争力蓝皮书
中国传媒国际竞争力研究报告（2014）
著(编)者:李本乾　2014年9月出版 / 估价:69.00元

创意城市蓝皮书
武汉市文化创意产业发展报告（2014）
著(编)者:张京成　黄永林　2014年10月出版 / 估价:69.00元

电视蓝皮书
中国电视产业发展报告（2014）
著(编)者:卢斌　2014年9月出版 / 估价:79.00元

电影蓝皮书
中国电影出版发展报告（2014）
著(编)者:卢斌　2014年9月出版 / 估价:79.00元

动漫蓝皮书
中国动漫产业发展报告（2014）
著(编)者:卢斌　郑玉明　牛兴侦　2014年9月出版 / 估价:79.00元

广电蓝皮书
中国广播电影电视发展报告（2014）
著(编)者:庞井君　杨明品　李岚
2014年6月出版 / 估价:88.00元

广告主蓝皮书
中国广告主营销传播趋势报告N0.8
著(编)者:中国传媒大学广告主研究所
　　　　中国广告主营销传播创新研究课题组
　　　　黄升民　杜国清　邵华冬等
2014年5月出版 / 估价:98.00元

国际传播蓝皮书
中国国际传播发展报告（2014）
著(编)者:胡正荣　李继东　姬德强
2014年9月出版 / 估价:69.00元

纪录片蓝皮书
中国纪录片发展报告（2014）
著(编)者:何苏六　2014年10月出版 / 估价:89.00元

两岸文化蓝皮书
两岸文化产业合作发展报告（2014）
著(编)者:胡惠林　肖夏勇　2014年6月出版 / 估价:59.00元

媒介与女性蓝皮书
中国媒介与女性发展报告（2014）
著(编)者:刘利群　2014年8月出版 / 估价:69.00元

全球传媒蓝皮书
全球传媒产业发展报告（2014）
著(编)者:胡正荣　2014年12月出版 / 估价:79.00元

视听新媒体蓝皮书
中国视听新媒体发展报告（2014）
著(编)者:庞井君　2014年6月出版 / 估价:148.00元

文化创新蓝皮书
中国文化创新报告（2014）No.5
著(编)者:于平　傅才武　2014年4月出版 / 定价:79.00元

文化科技蓝皮书
文化科技融合与创意城市发展报告（2014）
著(编)者:李凤亮　于平　2014年7月出版 / 估价:79.00元

文化蓝皮书
中国文化产业发展报告（2014）
著(编)者:张晓明　王家新　章建刚
2014年4月出版 / 定价:79.00元

文化蓝皮书
中国文化产业供需协调增长测评报（2014）
著(编)者:王亚楠　2014年2月出版 / 定价:79.00元

文化蓝皮书
中国城镇文化消费需求景气评价报告（2014）
著(编)者:王亚南　张晓明　祁述裕
2014年5月出版 / 估价:79.00元

文化蓝皮书
中国公共文化服务发展报告（2014）
著(编)者:于群　李国新　2014年10月出版 / 估价:98.00元

文化蓝皮书
中国文化消费需求景气评价报告（2014）
著(编)者:王亚南　2014年2月出版 / 估价:79.00元

文化蓝皮书
中国乡村文化消费需求景气评价报告（2014）
著(编)者:王亚南　2014年5月出版 / 估价:79.00元

文化蓝皮书
中国中心城市文化消费需求景气评价报告（2014）
著(编)者:王亚南　2014年9月出版 / 估价:79.00元

文化蓝皮书
中国少数民族文化发展报告（2014）
著(编)者:武翠英 张晓明 张学进
2014年9月出版 / 估价:69.00元

文化建设蓝皮书
中国文化发展报告（2013）
著(编)者:江畅 孙伟平 戴茂堂
2014年4月出版 / 定价:138.00元

文化品牌蓝皮书
中国文化品牌发展报告（2014）
著(编)者:欧阳友权 2014年4月出版 / 定价:79.00元

文化软实力蓝皮书
中国文化软实力研究报告（2014）
著(编)者:张国祚 2014年7月出版 / 估价:79.00元

文化遗产蓝皮书
中国文化遗产事业发展报告（2014）
著(编)者:刘世锦 2014年9月出版 / 估价:79.00元

文学蓝皮书
中国文情报告（2013~2014）
著(编)者:白烨 2014年5月出版 / 估价:59.00元

新媒体蓝皮书
中国新媒体发展报告No.5（2014）
著(编)者:唐绪军 2014年6月出版 / 估价:69.00元

移动互联网蓝皮书
中国移动互联网发展报告（2014）
著(编)者:官建文 2014年6月出版 / 估价:79.00元

游戏蓝皮书
中国游戏产业发展报告（2014）
著(编)者:卢斌 2014年9月出版 / 估价:79.00元

舆情蓝皮书
中国社会舆情与危机管理报告（2014）
著(编)者:谢耘耕 2014年8月出版 / 估价:85.00元

粤港澳台文化蓝皮书
粤港澳台文化创意产业发展报告（2014）
著(编)者:丁未 2014年9月出版 / 估价:69.00元

地方发展类

安徽蓝皮书
安徽社会发展报告（2014）
著(编)者:程桦 2014年4月出版 / 定价:79.00元

安徽经济蓝皮书
皖江城市带承接产业转移示范区建设报告（2014）
著(编)者:丁海中 2014年4月出版 / 定价:69.00元

安徽社会建设蓝皮书
安徽社会建设分析报告（2014）
著(编)者:黄家海 王开玉 蔡宪 2014年9月出版 / 估价:69.00元

北京蓝皮书
北京公共服务发展报告（2013~2014）
著(编)者:施昌奎 2014年2月出版 / 定价:69.00元

北京蓝皮书
北京经济发展报告（2013~2014）
著(编)者:杨松 2014年4月出版 / 定价:79.00元

北京蓝皮书
北京社会发展报告（2013~2014）
著(编)者:缪青 2014年5月出版 / 定价:79.00元

北京蓝皮书
北京社会治理发展报告（2013~2014）
著(编)者:殷星辰 2014年4月出版 / 定价:79.00元

北京蓝皮书
中国社区发展报告（2013~2014）
著(编)者:于燕燕 2014年8月出版 / 估价:59.00元

北京蓝皮书
北京文化发展报告（2013~2014）
著(编)者:李建盛 2014年4月出版 / 估价:79.00元

北京旅游绿皮书
北京旅游发展报告（2014）
著(编)者:鲁勇 2014年7月出版 / 估价:98.00元

北京律师蓝皮书
北京律师发展报告No.2（2014）
著(编)者:王隽 周塞军 2014年9月出版 / 估价:79.00元

北京人才蓝皮书
北京人才发展报告（2014）
著(编)者:于淼 2014年10月出版 / 估价:89.00元

城乡一体化蓝皮书
中国城乡一体化发展报告·北京卷（2014）
著(编)者:张宝秀 黄序 2014年6月出版 / 估价:59.00元

创意城市蓝皮书
北京文化创意产业发展报告（2014）
著(编)者:张京成 王国华 2014年10月出版 / 估价:69.00元

创意城市蓝皮书
重庆创意产业发展报告（2014）
著(编)者:程宁宁　2014年4月出版 / 定价:89.00元

创意城市蓝皮书
青岛文化创意产业发展报告（2013~2014）
著(编)者:马达　2014年9月出版 / 估价:69.00元

创意城市蓝皮书
无锡文化创意产业发展报告（2014）
著(编)者:庄若江　张鸣年　2014年8月出版 / 估价:75.00元

服务业蓝皮书
广东现代服务业发展报告（2014）
著(编)者:祁明　程晓　2014年1月出版 / 估价:69.00元

甘肃蓝皮书
甘肃舆情分析与预测（2014）
著(编)者:陈双梅　郝树声　2014年1月出版 / 定价:69.00元

甘肃蓝皮书
甘肃县域经济综合竞争力报告（2014）
著(编)者:刘进军　柳民　曲玮　2014年9月出版 / 估价:69.00元

甘肃蓝皮书
甘肃县域社会发展评价报告（2014）
著(编)者:魏胜文　2014年9月出版 / 估价:69.00元

甘肃蓝皮书
甘肃经济发展分析与预测（2014）
著(编)者:朱智文　罗哲　2014年1月出版 / 定价:69.00元

甘肃蓝皮书
甘肃社会发展分析与预测（2014）
著(编)者:安文华　包晓霞　2014年1月出版 / 定价:69.00元

甘肃蓝皮书
甘肃文化发展分析与预测（2014）
著(编)者:王福生　周小华　2014年1月出版 / 定价:69.00元

广东蓝皮书
广东省电子商务发展报告（2014）
著(编)者:黄建明　祁明　2014年11月出版 / 估价:69.00元

广东蓝皮书
广东社会工作发展报告（2014）
著(编)者:罗观翠　2014年9月出版 / 估价:69.00元

广东外经贸蓝皮书
广东对外经济贸易发展研究报告（2014）
著(编)者:陈万灵　2014年9月出版 / 估价:65.00元

广西北部湾经济区蓝皮书
广西北部湾经济区开放开发报告（2014）
著(编)者:广西北部湾经济区规划建设管理委员会办公室
　广西社会科学院　广西北部湾发展研究院
2014年7月出版 / 估价:69.00元

广州蓝皮书
2014年中国广州经济形势分析与预测
著(编)者:庾建设　郭志勇　沈奎　2014年6月出版 / 估价:69.00元

广州蓝皮书
2014年中国广州社会形势分析与预测
著(编)者:易佐永　杨秦　顾涧清　2014年5月出版 / 估价:65.00元

广州蓝皮书
广州城市国际化发展报告（2014）
著(编)者:朱名宏　2014年9月出版 / 估价:59.00元

广州蓝皮书
广州创新型城市发展报告（2014）
著(编)者:李江涛　2014年8月出版 / 估价:59.00元

广州蓝皮书
广州经济发展报告（2014）
著(编)者:李江涛　刘江华　2014年6月出版 / 估价:65.00元

广州蓝皮书
广州农村发展报告（2014）
著(编)者:李江涛　汤锦华　2014年8月出版 / 估价:59.00元

广州蓝皮书
广州青年发展报告（2014）
著(编)者:魏国华　张强　2014年9月出版 / 估价:65.00元

广州蓝皮书
广州汽车产业发展报告（2014）
著(编)者:李江涛　杨再高　2014年10月出版 / 估价:69.00元

广州蓝皮书
广州商贸业发展报告（2014）
著(编)者:陈家成　王旭东　荀振英
2014年7月出版 / 估价:69.00元

广州蓝皮书
广州文化创意产业发展报告（2014）
著(编)者:甘新　2014年10月出版 / 估价:59.00元

广州蓝皮书
中国广州城市建设发展报告（2014）
著(编)者:董皞　冼伟雄　李俊夫
2014年8月出版 / 估价:69.00元

广州蓝皮书
中国广州科技与信息化发展报告（2014）
著(编)者:庾建设　谢学宁　2014年8月出版 / 估价:59.00元

广州蓝皮书
中国广州文化创意产业发展报告（2014）
著(编)者:甘新　2014年10月出版 / 估价:59.00元

广州蓝皮书
中国广州文化发展报告（2014）
著(编)者:徐俊忠　汤应武　陆志强
2014年8月出版 / 估价:69.00元

贵州蓝皮书
贵州法治发展报告（2014）
著(编)者:吴大华　2014年3月出版 / 定价:69.00元

贵州蓝皮书
贵州人才发展报告（2014）
著(编)者:于杰　吴大华　2014年3月出版 / 定价:69.00元

贵州蓝皮书
贵州社会发展报告（2014）
著(编)者:王兴骥　2014年3月出版 / 定价:69.00元

贵州蓝皮书
贵州农村扶贫开发报告（2014）
著(编)者:王朝新　宋明　2014年9月出版 / 估价:69.00元

贵州蓝皮书
贵州文化产业发展报告（2014）
著(编)者:李建国　2014年9月出版 / 估价:69.00元

海淀蓝皮书
海淀区文化和科技融合发展报告（2014）
著(编)者:陈名杰　孟景伟　2014年5月出版 / 估价:75.00元

海峡经济区蓝皮书
海峡经济区发展报告（2014）
著(编)者:李闽榕　王秉安　谢明辉（台湾）
2014年10月出版 / 估价:78.00元

海峡西岸蓝皮书
海峡西岸经济区发展报告（2014）
著(编)者:福建省人民政府发展研究中心
2014年9月出版 / 估价:85.00元

杭州蓝皮书
杭州市妇女发展报告（2014）
著(编)者:魏颖　揭爱花　2014年9月出版 / 估价:69.00元

杭州都市圈蓝皮书
杭州都市圈发展报告（2014）
著(编)者:董祖德　沈翔　2014年5月出版 / 定价:89.00元

河北经济蓝皮书
河北省经济发展报告（2014）
著(编)者:马树强　金浩　张贵　2014年4月出版 / 定价:79.00元

河北蓝皮书
河北经济社会发展报告（2014）
著(编)者:周文夫　2014年1月出版 / 定价:69.00元

河南经济蓝皮书
2014年河南经济形势分析与预测
著(编)者:胡五岳　2014年3月出版 / 定价:69.00元

河南蓝皮书
2014年河南社会形势分析与预测
著(编)者:刘道兴　牛苏林　2014年1月出版 / 定价:69.00元

河南蓝皮书
河南城市发展报告（2014）
著(编)者:谷建全　王建国　2014年1月出版 / 定价:59.00元

河南蓝皮书
河南法治发展报告（2014）
著(编)者:丁同民　闫德民　2014年3月出版 / 定价:69.00元

河南蓝皮书
河南金融发展报告（2014）
著(编)者:喻新安　谷建全　2014年4月出版 / 定价:69.00元

河南蓝皮书
河南经济发展报告（2014）
著(编)者:喻新安　2013年12月出版 / 定价:69.00元

河南蓝皮书
河南文化发展报告（2014）
著(编)者:卫绍生　2014年1月出版 / 定价:69.00元

河南蓝皮书
河南工业发展报告（2014）
著(编)者:龚绍东　2014年1月出版 / 定价:69.00元

河南蓝皮书
河南商务发展报告（2014）
著(编)者:焦锦淼　穆荣国　2014年5月出版 / 定价:88.00元

黑龙江产业蓝皮书
黑龙江产业发展报告（2014）
著(编)者:于渤　2014年10月出版 / 估价:79.00元

黑龙江蓝皮书
黑龙江经济发展报告（2014）
著(编)者:张新颖　2014年1月出版 / 定价:69.00元

黑龙江蓝皮书
黑龙江社会发展报告（2014）
著(编)者:艾书琴　2014年1月出版 / 定价:69.00元

湖南城市蓝皮书
城市社会管理
著(编)者:罗海藩　2014年10月出版 / 估价:59.00元

湖南蓝皮书
2014年湖南产业发展报告
著(编)者:梁志峰　2014年4月出版 / 定价:128.00元

湖南蓝皮书
2014年湖南电子政务发展报告
著(编)者:梁志峰　2014年4月出版 / 定价:128.00元

湖南蓝皮书
2014年湖南法治发展报告
著(编)者:梁志峰　2014年9月出版 / 估价:79.00元

湖南蓝皮书
2014年湖南经济展望
著(编)者:梁志峰　2014年4月出版 / 定价:128.00元

湖南蓝皮书
2014年湖南两型社会发展报告
著(编)者:梁志峰　2014年4月出版 / 定价:128.00元

湖南蓝皮书
2014年湖南社会发展报告
著(编)者:梁志峰　2014年4月出版 / 定价:128.00元

湖南蓝皮书
2014年湖南县域经济社会发展报告
著(编)者:梁志峰　2014年4月出版 / 定价:128.00元

湖南县域绿皮书
湖南县域发展报告No.2
著(编)者:朱有志 袁准 周小毛　2014年7月出版 / 估价:69.00元

沪港蓝皮书
沪港发展报告（2014）
著(编)者:尤安山　2014年9月出版 / 估价:89.00元

吉林蓝皮书
2014年吉林经济社会形势分析与预测
著(编)者:马克　2014年1月出版 / 定价:79.00元

济源蓝皮书
济源经济社会发展报告（2014）
著(编)者:喻新安　2014年4月出版 / 定价:69.00元

江苏法治蓝皮书
江苏法治发展报告No.3（2014）
著(编)者:李力 龚廷泰 严海良　2014年8月出版 / 估价:88.00元

京津冀蓝皮书
京津冀发展报告（2014）
著(编)者:文魁 祝尔娟　2014年3月出版 / 定价:79.00元

经济特区蓝皮书
中国经济特区发展报告（2013）
著(编)者:陶一桃　2014年4月出版 / 定价:89.00元

辽宁蓝皮书
2014年辽宁经济社会形势分析与预测
著(编)者:曹晓峰 张晶　2014年1月出版 / 定价:79.00元

流通蓝皮书
湖南省商贸流通产业发展报告No.2
著(编)者:柳思维　2014年10月出版 / 估价:75.00元

内蒙古蓝皮书
内蒙古经济发展蓝皮书(2013~2014)
著(编)者:黄育华　2014年7月出版 / 估价:69.00元

内蒙古蓝皮书
内蒙古反腐倡廉建设报告No.1
著(编)者:张志华 无极　2013年12月出版 / 定价:69.00元

浦东新区蓝皮书
上海浦东经济发展报告（2014）
著(编)者:沈开艳 陆沪根　2014年1月出版 / 估价:59.00元

侨乡蓝皮书
中国侨乡发展报告（2014）
著(编)者:郑一省　2014年9月出版 / 估价:69.00元

青海蓝皮书
2014年青海经济社会形势分析与预测
著(编)者:赵宗福　2014年2月出版 / 定价:69.00元

人口与健康蓝皮书
深圳人口与健康发展报告（2014）
著(编)者:陆杰华 江捍平　2014年10月出版 / 估价:98.00元

山西蓝皮书
山西资源型经济转型发展报告（2014）
著(编)者:李志强　2014年5月出版 / 定价:98.00元

陕西蓝皮书
陕西经济发展报告（2014）
著(编)者:任宗哲 石英 裴成荣　2014年2月出版 / 定价:69.00元

陕西蓝皮书
陕西社会发展报告（2014）
著(编)者:任宗哲 石英 牛昉　2014年2月出版 / 定价:65.00元

陕西蓝皮书
陕西文化发展报告（2014）
著(编)者:任宗哲 石英 王长寿　2014年3月出版 / 定价:59.00元

上海蓝皮书
上海传媒发展报告（2014）
著(编)者:强荧 焦雨虹　2014年1月出版 / 定价:79.00元

上海蓝皮书
上海法治发展报告（2014）
著(编)者:叶青　2014年4月出版 / 定价:69.00元

上海蓝皮书
上海经济发展报告（2014）
著(编)者:沈开艳　2014年1月出版 / 定价:69.00元

上海蓝皮书
上海社会发展报告（2014）
著(编)者:卢汉龙 周海旺　2014年1月出版 / 定价:69.00元

上海蓝皮书
上海文化发展报告（2014）
著(编)者:蒯大申　2014年1月出版 / 定价:69.00元

上海蓝皮书
上海文学发展报告（2014）
著(编)者:陈圣来　2014年1月出版 / 定价:69.00元

上海蓝皮书
上海资源环境发展报告（2014）
著(编)者:周冯琦 汤庆合 任文伟　2014年1月出版 / 定价:69.00

上海社会保障绿皮书
上海社会保障改革与发展报告（2013~2014）
著(编)者:汪泓　2014年9月出版 / 估价:65.00元

上饶蓝皮书
上饶发展报告（2013~2014）
著(编)者:朱寅健 2014年3月出版 / 定价:128.00元

社会建设蓝皮书
2014年北京社会建设分析报告
著(编)者:宋贵伦 2014年9月出版 / 估价:69.00元

深圳蓝皮书
深圳经济发展报告（2014）
著(编)者:吴忠 2014年6月出版 / 估价:69.00元

深圳蓝皮书
深圳劳动关系发展报告（2014）
著(编)者:汤庭芬 2014年6月出版 / 估价:69.00元

深圳蓝皮书
深圳社会发展报告（2014）
著(编)者:吴忠 余智晟 2014年7月出版 / 估价:69.00元

四川蓝皮书
四川文化产业发展报告（2014）
著(编)者:侯水平 2014年2月出版 / 定价:69.00元

四川蓝皮书
四川企业社会责任研究报告（2014）
著(编)者:侯水平 盛毅 2014年4月出版 / 定价:79.00元

温州蓝皮书
2014年温州经济社会形势分析与预测
著(编)者:潘忠强 王春光 金浩 2014年4月出版 / 定价:69.00元

温州蓝皮书
浙江温州金融综合改革试验区发展报告
（2013~2014）
著(编)者:钱水土 王去非 李义超
2014年9月出版 / 估价:69.00元

扬州蓝皮书
扬州经济社会发展报告（2014）
著(编)者:张爱军 2014年9月出版 / 估价:78.00元

义乌蓝皮书
浙江义乌市国际贸易综合改革试验区发展报告
（2013~2014）
著(编)者:马淑琴 刘文革 周松强
2014年9月出版 / 估价:69.00元

云南蓝皮书
中国面向西南开放重要桥头堡建设发展报告（2014）
著(编)者:刘绍怀 2014年12月出版 / 估价:69.00元

长株潭城市群蓝皮书
长株潭城市群发展报告（2014）
著(编)者:张萍 2014年10月出版 / 估价:69.00元

郑州蓝皮书
2014年郑州文化发展报告
著(编)者:王哲 2014年7月出版 / 估价:69.00元

中国省会经济圈蓝皮书
合肥经济圈经济社会发展报告No.4(2013~2014)
著(编)者:董昭礼 2014年4月出版 / 估价:79.00元

国别与地区类

G20国家创新竞争力黄皮书
二十国集团（G20）国家创新竞争力发展报告（2014）
著(编)者:李建平 李闽榕 赵新力
2014年9月出版 / 估价:118.00元

阿拉伯黄皮书
阿拉伯发展报告（2013~2014）
著(编)者:马晓霖 2014年4月出版 / 定价:79.00元

澳门蓝皮书
澳门经济社会发展报告（2013~2014）
著(编)者:吴志良 郝雨凡 2014年4月出版 / 定价:79.00元

北部湾蓝皮书
泛北部湾合作发展报告（2014）
著(编)者:吕余生 2014年7月出版 / 估价:79.00元

大湄公河次区域蓝皮书
大湄公河次区域合作发展报告（2014）
著(编)者:刘稚 2014年8月出版 / 估价:79.00元

大洋洲蓝皮书
大洋洲发展报告（2014）
著(编)者:魏明海 喻常森 2014年7月出版 / 估价:69.00元

德国蓝皮书
德国发展报告（2014）
著(编)者:李乐曾 郑春荣等 2014年5月出版 / 估价:69.00元

东北亚黄皮书
东北亚地区政治与安全报告（2014）
著(编)者:黄凤志 刘雪莲 2014年6月出版 / 估价:69.00元

东盟黄皮书
东盟发展报告（2013）
著(编)者:崔晓麟 2014年5月出版 / 定价:75.00元

东南亚蓝皮书
东南亚地区发展报告（2013~2014）
著(编)者:王勤 2014年4月出版 / 定价:79.00元

俄罗斯黄皮书
俄罗斯发展报告（2014）
著(编)者:李永全　2014年7月出版 / 估价:79.00元

非洲黄皮书
非洲发展报告No.15（2014）
著(编)者:张宏明　2014年7月出版 / 估价:79.00元

港澳珠三角蓝皮书
粤港澳区域合作与发展报告（2014）
著(编)者:梁庆寅 陈广汉　2014年6月出版 / 估价:59.00元

国际形势黄皮书
全球政治与安全报告（2014）
著(编)者:李慎明 张宇燕　2014年1月出版 / 定价:69.00元

韩国蓝皮书
韩国发展报告（2014）
著(编)者:牛林杰 刘宝全　2014年6月出版 / 估价:69.00元

加拿大蓝皮书
加拿大发展报告（2014）
著(编)者:仲伟合　2014年4月出版 / 定价:89.00元

柬埔寨蓝皮书
柬埔寨国情报告（2014）
著(编)者:毕世鸿　2014年6月出版 / 估价:79.00元

拉美黄皮书
拉丁美洲和加勒比发展报告（2013~2014）
著(编)者:吴白乙　2014年4月出版 / 定价:89.00元

老挝蓝皮书
老挝国情报告（2014）
著(编)者:卢光盛 方芸 吕星　2014年6月出版 / 估价:79.00元

美国蓝皮书
美国问题研究报告（2014）
著(编)者:黄平 倪峰　2014年5月出版 / 估价:79.00元

缅甸蓝皮书
缅甸国情报告（2014）
著(编)者:李晨阳　2014年9月出版 / 估价:79.00元

欧亚大陆桥发展蓝皮书
欧亚大陆桥发展报告（2014）
著(编)者:李忠民　2014年10月出版 / 估价:59.00元

欧洲蓝皮书
欧洲发展报告（2014）
著(编)者:周弘　2014年9月出版 / 估价:79.00元

葡语国家蓝皮书
巴西发展与中巴关系报告2014（中英文）
著(编)者:张曙光 David T. Ritchie
2014年8月出版 / 估价:69.00元

日本经济蓝皮书
日本经济与中日经贸关系研究报告（2014）
著(编)者:王洛林 张季风　2014年5月出版 / 定价:79.00元

日本蓝皮书
日本发展报告（2014）
著(编)者:李薇　2014年3月出版 / 定价:69.00元

上海合作组织黄皮书
上海合作组织发展报告（2014）
著(编)者:李进峰 吴宏伟 李伟　2014年9月出版 / 估价:98.00元

世界创新竞争力黄皮书
世界创新竞争力发展报告（2014）
著(编)者:李建平　2014年9月出版 / 估价:148.00元

世界能源黄皮书
世界能源分析与展望（2013~2014）
著(编)者:张宇燕 等　2014年9月出版 / 估价:69.00元

世界社会主义黄皮书
世界社会主义跟踪研究报告（2013~2014）
著(编)者:李慎明　2014年3月出版 / 定价:198.00元

泰国蓝皮书
泰国国情报告（2014）
著(编)者:邹春萌　2014年6月出版 / 估价:79.00元

亚太蓝皮书
亚太地区发展报告（2014）
著(编)者:李向阳　2014年1月出版 / 定价:59.00元

印度蓝皮书
印度国情报告（2012~2013）
著(编)者:吕昭义　2014年5月出版 / 定价:89.00元

印度洋地区蓝皮书
印度洋地区发展报告（2014）
著(编)者:汪戎　2014年3月出版 / 定价:79.00元

越南蓝皮书
越南国情报告（2014）
著(编)者:吕余生　2014年8月出版 / 估价:65.00元

中东黄皮书
中东发展报告No.15（2014）
著(编)者:杨光　2014年10月出版 / 估价:59.00元

中欧关系蓝皮书
中欧关系研究报告（2014）
著(编)者:周弘　2013年12月出版 / 定价:98.00元

中亚黄皮书
中亚国家发展报告（2014）
著(编)者:孙力　2014年9月出版 / 估价:79.00元

皮书大事记

☆　2012年12月，《中国社会科学院皮书资助规定（试行）》由中国社会科学院科研局正式颁布实施。

☆　2011年，部分重点皮书纳入院创新工程。

☆　2011年8月，2011年皮书年会在安徽合肥举行，这是皮书年会首次由中国社会科学院主办。

☆　2011年2月，"2011年全国皮书研讨会"在北京京西宾馆举行。王伟光院长（时任常务副院长）出席并讲话。本次会议标志着皮书及皮书研创出版从一个具体出版单位的出版产品和出版活动上升为由中国社会科学院牵头的国家哲学社会科学智库产品和创新活动。

☆　2010年9月，"2010年中国经济社会形势报告会暨第十一次全国皮书工作研讨会"在福建福州举行，高全立副院长参加会议并做学术报告。

☆　2010年9月，皮书学术委员会成立，由我院李扬副院长领衔，并由在各个学科领域有一定的学术影响力、了解皮书编创出版并持续关注皮书品牌的专家学者组成。皮书学术委员会的成立为进一步提高皮书这一品牌的学术质量、为学术界构建一个更大的学术出版与学术推广平台提供了专家支持。

☆　2009年8月，"2009年中国经济社会形势分析与预测暨第十次皮书工作研讨会"在辽宁丹东举行。李扬副院长参加本次会议，本次会议颁发了首届优秀皮书奖，我院多部皮书获奖。

社会科学文献出版社
SOCIAL SCIENCES ACADEMIC PRESS (CHINA)

社会科学文献出版社成立于1985年，是直属于中国社会科学院的人文社会科学专业学术出版机构。

成立以来，特别是1998年实施第二次创业以来，依托于中国社会科学院丰厚的学术出版和专家学者两大资源，坚持"创社科经典，出传世文献"的出版理念和"权威、前沿、原创"的产品定位，社科文献立足内涵式发展道路，从战略层面推动学术出版的五大能力建设，逐步走上了学术产品的系列化、规模化、数字化、国际化、市场化经营道路。

先后策划出版了著名的图书品牌和学术品牌"皮书"系列、"列国志"、"社科文献精品译库"、"中国史话"、"全球化译丛"、"气候变化与人类发展译丛""近世中国"等一大批既有学术影响又有市场价值的系列图书。形成了较强的学术出版能力和资源整合能力，年发稿3.5亿字，年出版新书1200余种，承印发行中国社科院院属期刊近70种。

2012年，《社会科学文献出版社学术著作出版规范》修订完成。同年10月，社会科学文献出版社参加了由新闻出版总署召开加强学术著作出版规范座谈会，并代表50多家出版社发起实施学术著作出版规范的倡议。2013年，社会科学文献出版社参与新闻出版总署学术著作规范国家标准的起草工作。

依托于雄厚的出版资源整合能力，社会科学文献出版社长期以来一直致力于从内容资源和数字平台两个方面实现传统出版的再造，并先后推出了皮书数据库、列国志数据库、中国田野调查数据库等一系列数字产品。

在国内原创著作、国外名家经典著作大量出版，数字出版突飞猛进的同时，社会科学文献出版社在学术出版国际化方面也取得了不俗的成绩。先后与荷兰博睿等十余家国际出版机构合作面向海外推出了《经济蓝皮书》《社会蓝皮书》等十余种皮书的英文版、俄文版、日文版等。

此外，社会科学文献出版社积极与中央和地方各类媒体合作，联合大型书店、学术书店、机场书店、网络书店、图书馆，逐步构建起了强大的学术图书的内容传播力和社会影响力，学术图书的媒体曝光率居全国之首，图书馆藏率居于全国出版机构前十位。

作为已经开启第三次创业梦想的人文社会科学学术出版机构，社会科学文献出版社结合社会需求、自身的条件以及行业发展，提出了新的创业目标：精心打造人文社会科学成果推广平台，发展成为一家集图书、期刊、声像电子和数字出版物为一体，面向海内外高端读者和客户，具备独特竞争力的人文社会科学内容资源供应商和海内外知名的专业学术出版机构。

中国皮书网

发布皮书研创资讯，传播皮书精彩内容
引领皮书出版潮流，打造皮书服务平台

栏目设置：

- □ 资讯：皮书动态、皮书观点、皮书数据、皮书报道、皮书新书发布会、电子期刊
- □ 标准：皮书评价、皮书研究、皮书规范、皮书专家、编撰团队
- □ 服务：最新皮书、皮书书目、重点推荐、在线购书
- □ 链接：皮书数据库、皮书博客、皮书微博、出版社首页、在线书城
- □ 搜索：资讯、图书、研究动态
- □ 互动：皮书论坛

www.pishu.cn

中国皮书网依托皮书系列"权威、前沿、原创"的优质内容资源，通过文字、图片、音频、视频等多种元素，在皮书研创者、使用者之间搭建了一个成果展示、资源共享的互动平台。

自2005年12月正式上线以来，中国皮书网的IP访问量、PV浏览量与日俱增，受到海内外研究者、公务人员、商务人士以及专业读者的广泛关注。

2008年10月，中国皮书网获得"最具商业价值网站"称号。

2011年全国新闻出版网站年会上，中国皮书网被授予"2011最具商业价值网站"荣誉称号。

权威报告　热点资讯　海量资源

当代中国与世界发展的高端智库平台

皮书数据库 www.pishu.com.cn

　　皮书数据库是专业的人文社会科学综合学术资源总库，以大型连续性图书——皮书系列为基础，整合国内外相关资讯构建而成。包含七大子库，涵盖两百多个主题，囊括了近十几年间中国与世界经济社会发展报告，覆盖经济、社会、政治、文化、教育、国际问题等多个领域。

　　皮书数据库以篇章为基本单位，方便用户对皮书内容的阅读需求。用户可进行全文检索，也可对文献题目、内容提要、作者名称、作者单位、关键字等基本信息进行检索，还可对检索到的篇章再作二次筛选，进行在线阅读或下载阅读。智能多维度导航，可使用户根据自己熟知的分类标准进行分类导航筛选，使查找和检索更高效、便捷。

　　权威的研究报告，独特的调研数据，前沿的热点资讯，皮书数据库已发展成为国内最具影响力的关于中国与世界现实问题研究的成果库和资讯库。

皮书俱乐部会员服务指南

1. 谁能成为皮书俱乐部会员？

- 皮书作者自动成为皮书俱乐部会员；
- 购买皮书产品（纸质图书、电子书、皮书数据库充值卡）的个人用户。

2. 会员可享受的增值服务：

- 免费获赠该纸质图书的电子书；
- 免费获赠皮书数据库100元充值卡；
- 免费定期获赠皮书电子期刊；
- 优先参与各类皮书学术活动；
- 优先享受皮书产品的最新优惠。

> 阅 读 卡

3. 如何享受皮书俱乐部会员服务？

（1）如何免费获得整本电子书？

　　购买纸质图书后，将购书信息特别是书后附赠的卡号和密码通过邮件形式发送到pishu@188.com，我们将验证您的信息，通过验证并成功注册后即可获得该本皮书的电子书。

（2）如何获赠皮书数据库100元充值卡？

　　第1步：刮开附赠卡的密码涂层（左下）；

　　第2步：登录皮书数据库网站（www.pishu.com.cn），注册成为皮书数据库用户，注册时请提供您的真实信息，以便您获得皮书俱乐部会员服务；

　　第3步：注册成功后登录，点击进入"会员中心"；

　　第4步：点击"在线充值"，输入正确的卡号和密码即可使用。
